U0181943

国家出版基金项目
NATIONAL PUBLICATION FOUNDATION

"十四五"时期国家重点出版物出版专项规划项目

材料先进成型与加工技术丛书

申长雨　总主编

先进材料激光制造
原理与技术

王学文　著

科学出版社

北　京

内 容 简 介

本书为"材料先进成型与加工技术丛书"之一。主要围绕先进材料激光制造原理、技术与应用展开论述。本书详述激光与不同材料的相互作用机理，尤其是以飞秒激光为代表的超快激光与材料作用的新机理和新效应，并由此发展多种先进激光制造技术，主要包括激光溅射沉积技术、激光退火技术、激光三维微纳打印光制造技术、飞秒激光非线性光刻技术、飞秒激光周期表面微纳结构诱导技术、飞秒激光低维材料诱导合成技术、飞秒激光柔性微纳器件制备技术及飞秒激光极端制造技术等。本书通过对激光制造技术在不同先进材料领域的应用，展示了激光制造技术对先进材料制备和加工的独特性，推动先进材料制造技术的发展。

本书内容结合理论和实践，兼顾新型技术发展和实际应用，系统地阐述了先进材料激光制造的原理、技术与应用，可供材料、激光、新能源和柔性电子等多个领域相关技术人员、研究人员、高校师生阅读和参考。

图书在版编目（CIP）数据

先进材料激光制造原理与技术 / 王学文著. —北京：科学出版社，2023.11
（材料先进成型与加工技术丛书 / 申长雨总主编）
"十四五"时期国家重点出版物出版专项规划项目
ISBN 978-7-03-075835-4

Ⅰ. ①先⋯ Ⅱ. ①王⋯ Ⅲ. ①材料科学－激光加工 Ⅳ. ①TB3

中国国家版本馆 CIP 数据核字（2023）第 108691 号

丛书策划：翁靖一
责任编辑：翁靖一 宁 倩 / 责任校对：杜子昂
责任印制：赵 博 / 封面设计：东方人华

科 学 出 版 社 出版
北京东黄城根北街 16 号
邮政编码：100717
http://www.sciencep.com

北京中科印刷有限公司印刷
科学出版社发行 各地新华书店经销
*
2023 年 11 月第 一 版 开本：720×1000 1/16
2024 年 5 月第二次印刷 印张：20 3/4
字数：416 000
定价：198.00 元

（如有印装质量问题，我社负责调换）

材料先进成型与加工技术丛书

编委会

材料先进成型与加工技术丛书

总　序

核心基础零部件（元器件）、先进基础工艺、关键基础材料和产业技术基础等四基工程是我国制造业新质生产力发展的主战场。材料先进成型与加工技术作为我国制造业技术创新的重要载体，正在推动着我国制造业生产方式、产品形态和产业组织的深刻变革，也是国民经济建设、国防现代化建设和人民生活质量提升的基础。

进入 21 世纪，材料先进成型加工技术备受各国关注，成为全球制造业竞争的核心，也是我国"制造强国"和实体经济发展的重要基石。特别是随着供给侧结构性改革的深入推进，我国的材料加工业正发生着历史性的变化。**一是产业的规模越来越大**。目前，在世界 500 种主要工业产品中，我国有 40%以上产品的产量居世界第一，其中，高技术加工和制造业占规模以上工业增加值的比重达到 15%以上，在多个行业形成规模庞大、技术较为领先的生产实力。**二是涉及的领域越来越广**。近十年，材料加工在国家基础研究和原始创新、"深海、深空、深地、深蓝"等战略高技术、高端产业、民生科技等领域都占据着举足轻重的地位，推动光伏、新能源汽车、家电、智能手机、消费级无人机等重点产业跻身世界前列，通信设备、工程机械、高铁等一大批高端品牌走向世界。**三是创新的水平越来越高**。特别是嫦娥五号、天问一号、天宫空间站、长征五号、国和一号、华龙一号、C919 大飞机、歼 20、东风-17 等无不锻造着我国的材料加工业，刷新着创新的高度。

材料成型加工是一个"宏观成型"和"微观成性"的过程，是在多外场耦合作用下，材料多层次结构响应、演变、形成的物理或化学过程，同时也是人们对其进行有效调控和定构的过程，是一个典型的现代工程和技术科学问题。习近平总书记深刻指出，"现代工程和技术科学是科学原理和产业发展、工程研制之间不可缺少的桥梁，在现代科学技术体系中发挥着关键作用。要大力加强多学科融合的现代工程和技术科学研究，带动基础科学和工程技术发展，形成完整的现代科学技术体系。"这对我们的工作具有重要指导意义。

　　过去十年，我国的材料成型加工技术得到了快速发展。**一是成形工艺理论和技术不断革新**。围绕着传统和多场辅助成形，如冲压成形、液压成形、粉末成形、注射成型，超高速和极端成型的电磁成形、电液成形、爆炸成形，以及先进的材料切削加工工艺，如先进的磨削、电火花加工、微铣削和激光加工等，开发了各种创新的工艺，使得生产过程更加灵活，能源消耗更少，对环境更为友好。**二是以芯片制造为代表，微加工尺度越来越小**。围绕着芯片制造，晶圆切片、不同工艺的薄膜沉积、光刻和蚀刻、先进封装等各种加工尺度越来越小。同时，随着加工尺度的微纳化，各种微纳加工工艺得到了广泛的应用，如激光微加工、微挤压、微压花、微冲压、微锻压技术等大量涌现。**三是增材制造异军突起**。作为一种颠覆性加工技术，增材制造（3D 打印）随着新材料、新工艺、新装备的发展，广泛应用于航空航天、国防建设、生物医学和消费产品等各个领域。**四是数字技术和人工智能带来深刻变革**。数字技术——包括机器学习（ML）和人工智能（AI）的迅猛发展，为推进材料加工工程的科学发现和创新提供了更多机会，大量的实验数据和复杂的模拟仿真被用来预测材料性能，设计和成型过程控制改变和加速着传统材料加工科学和技术的发展。

　　当然，在看到上述发展的同时，我们也深刻认识到，材料加工成型领域仍面临一系列挑战。例如，"双碳"目标下，材料成型加工业如何应对气候变化、环境退化、战略金属供应和能源问题，如废旧塑料的回收加工；再如，具有超常使役性能新材料的加工技术问题，如超高分子量聚合物、高熵合金、纳米和量子点材料等；又如，极端环境下材料成型技术问题，如深空月面环境下的原位资源制造、深海环境下的制造等。所有这些，都是我们需要攻克的难题。

　　我国"十四五"规划明确提出，要"实施产业基础再造工程，加快补齐基础零部件及元器件、基础软件、基础材料、基础工艺和产业技术基础等瓶颈短板"，在这一大背景下，及时总结并编撰出版一套高水平学术著作，全面、系统地反映材料加工领域国际学术和技术前沿原理、最新研究进展及未来发展趋势，将对推动我国基础制造业的发展起到积极的作用。

　　为此，我接受科学出版社的邀请，组织活跃在科研第一线的三十多位优秀科学家积极撰写"材料先进成型与加工技术丛书"，内容涵盖了我国在材料先进成型与加工领域的最新基础理论成果和应用技术成果，包括传统材料成型加工中的新理论和新技术、先进材料成型和加工的理论和技术、材料循环高值化与绿色制造理论和技术、极端条件下材料的成型与加工理论和技术、材料的智能化成型加工理论和方法、增材制造等各个领域。丛书强调理论和技术相结合、材料与成型加工相结合、信息技术与材料成型加工技术相结合，旨在推动学科发展、促进产学研合作，夯实我国制造业的基础。

　　本套丛书于 2021 年获批为"十四五"时期国家重点出版物出版专项规划项目，具有学术水平高、涵盖面广、时效性强、技术引领性突出等显著特点，是国内第一套全面系统总结材料先进成型加工技术的学术著作，同时也深入探讨了技术创新过程中要解决的科学问题。相信本套丛书的出版对于推动我国材料领域技术创新过程中科学问题的深入研究，加强科技人员的交流，提高我国在材料领域的创新水平具有重要意义。

　　最后，我衷心感谢程耿东院士、李依依院士、张立同院士、韩杰才院士、贾振元院士、瞿金平院士、张清杰院士、张跃院士、朱美芳院士、陈光院士、傅正义院士、张荻院士、李殿中院士，以及多位长江学者、国家杰青等专家学者的积极参与和无私奉献。也要感谢科学出版社的各级领导和编辑人员，特别是翁靖一编辑，为本套丛书的策划出版所做出的一切努力。正是在大家的辛勤付出和共同努力下，本套丛书才能顺利出版，得以奉献给广大读者。

中国科学院院士

工业装备结构分析优化与 CAE 软件全国重点实验室

橡塑模具计算机辅助工程技术国家工程研究中心

前　　言

　　激光作为一种尖端制造加工工具，尤其是包括飞秒激光在内的超快激光，被誉为"最快的刀、最准的尺、最亮的光"。激光这个名字本身反映的就是激光器的工作原理。原子中的电子吸收能量后可以从低能级跃迁到高能级。合适频率的光子可以诱发高能级的电子回落到低能级，并额外释放出与入射光子完全相同的光子，它们具有相同的位相、频率和振动方向。自1960年第一台红宝石激光器问世以来，提高激光功率、缩短激光脉宽以获得超强超快的脉冲激光成为研究者孜孜不倦的追求。通过调Q和锁模等方法，人们成功得到了皮秒甚至飞秒级的超快脉冲激光。由于飞秒激光脉冲持续时间远小于热弛豫时间，表现出了与传统光源不同的与物质间相互作用现象。鉴于此，飞秒激光在材料制备与加工方面已经得到了广泛的研究。但是，由于飞秒激光超短脉宽和超高能量密度所带来的极端加工环境，其加工过程中材料发生的能量转移和物相变化过程与传统连续激光、长脉冲激光都有着显著的不同，这使得飞秒激光与物质相互作用的研究及飞秒激光加工技术的发展受到了一系列挑战。

　　展望未来，随着世界科技水平的持续高速发展，高端装备的性能将面临越来越高的要求，对先进材料加工技术的要求也越来越高。作为一种先进的材料加工工具，飞秒激光在材料加工领域已经得到广泛的应用。飞秒激光具有超短脉冲、超强功率及超精确聚焦能力等普通激光不具备的优势，这使得其在材料加工时表现出冷加工、高精度的特点。飞秒激光不仅能被用于激光脉冲沉积、激光表面周期性结构加工等传统激光加工工艺，其独特的非线性吸收效应所带来的双光子聚合现象，以及局部超高能量密度所带来的极端加工环境，使得其在微纳增材制造领域有着其他加工手段无可比拟的优势，同时还可以用来制备传统加工方法所不能实现的新材料。飞秒激光材料加工应用前景广阔，市场潜力巨大。然而，受限于人们对飞秒激光与物质相互作用机理认识的匮乏，以及飞秒激光加工设备的性能限制，目前飞秒激光加工技术还存在效率低、成本高、加工尺寸受限等缺陷，致使其设计性能无法得到保证，难以在工业生产中广泛应用。为了解决这一难题，国内外很多高校、研究所已经开展了广泛深入的相关研究。目前，我国有 30 个与激光相关的国家级科研平台（包括 1 个国家实验中心、14 个国家重点实验室、5 个国家工程研究中心、10 个国家工程技术研究中心）。同时，国内多所高校已经开设了激光制造相关的本科生或研究生课程，旨在传授激光制造相关的基础理论知识，以期提升未来相关领域技术人员的从业水平，进而推动激光加工理论研究的进步及激光加工在工业生产方面的应用。然而，国内关于飞秒激光材料加工理论与技术的专著迄今为止仍较为少见。为满足高校教学以及各研究机构和企业中相关技术人员学习、科研和工作的需要，作者参阅了大量国内外同行的最新研究进展，并结合作者团队多年的研究成果，系统地加以梳理和总结，并撰写了本书。

本书的主要特点在于：①学术性强。内容涵盖了激光与材料相互作用的微观、宏观机理分析，包括理论、仿真方法，可为研究生自学和后续科研提供参考。②实用性强。内容涵盖了激光溅射沉积技术、激光退火技术、激光三维微纳打印光制造技术、飞秒激光非线性光刻技术、飞秒激光周期表面微纳结构诱导技术、飞秒激光低维材料诱导合成技术、飞秒激光柔性微纳器件制备技术及飞秒激光极端制造技术等多种实用技术，可为科研院所、企业中的技术人员提供实际参考。全书由武汉理工大学王学文教授撰写，所涉及的研究成果包括作者团队多年研究工作的总结及对本领域国内外学者取得前沿进展的梳理和凝练，在此特别感谢之江实验室谭德志研究员、中国科学技术大学胡衍雷教授、武汉理工大学麦立强教授、浙江大学邱建荣教授、清华大学孙洪波教授为本书的顺利出版所给予的辛勤付出与指导，同时感谢团队已经毕业和在读的从事先进材料激光制造研究的年轻教师和研究生的辛勤付出及对本书中的成果所做出的贡献。同时，本书中的研究工作得到了国家重点研发计划"变革性技术关键科学问题"重点专项项目（2020YFA0715000）的资助。

尽管作者多年从事激光制造相关的理论与技术方面的研究，但对其中的一些国际前沿问题也处于不断认知的过程中，书中难免有疏漏或不妥之处，恳请读者批评并不吝指正。

王学文

2023 年 11 月

目　录

第1章

激光原理与技术概述

1.1.1　激光技术简介

　　激光（laser）是"受激辐射引起的光放大"的英文名 light amplification by stimulated emission of radiation 第一个字母的缩写。1917 年，爱因斯坦提出了受激辐射理论，为激光的产生打下了理论基础。1953 年，美国物理学家查尔斯·哈德·汤斯和阿瑟·肖洛制成了第一台受激辐射微波放大器（microwave amplification by stimulated emission of radiatio，MASER），获得了高度相干的微波束。1960 年，美国休斯飞机公司科学家梅曼利用红宝石成功制成了第一台激光器[1]。激光被认为是 20 世纪继原子能、半导体、计算机等之后推动人类文明发展和进步的又一重大发明。在过去的 60 多年里，激光的研究与应用获得了巨大的发展。目前，激光应用已经渗透到人类生活的方方面面，在日常照明、显示、通信、医疗技术、交通、国防工业、科学研究及工业制造等领域都展示了极大的价值和广阔的应用前景。在国家出台的"十四五"规划战略中，先进激光技术与加工装备被列为我国未来十五年重点发展的技术之一，也是重点布局的高端装备产业之一。

　　激光这个名字本身反映的就是激光器的工作原理。原子中的电子吸收能量后可以从低能级跃迁到高能级。合适频率的光子可以诱发高能级的电子回落到低能级，并额外释放出与入射光子相位、频率和振动方向都相同的光子。因此相比普通光源，激光具有一些非常重要的特性。首先，激光单色性好。正如它的定义，激光是受激辐射引起的光放大，因此它所发出的所有光子与入射的激发光子完全一致，所以激光波长范围很窄，而普通光源发出的光波长范围很宽。其次，激光方向性好、亮度更高。激光的发散角极小，高度集中，而普通光源发出的光是发散的。最后，相同的频率、偏振方向和传播方向使得激光具有良好的相干特性，而这也是普通光源所不具备的。从激光诞生伊始，这些重要的特点让激光技术及其应用都迅速获得了巨大的发展和成功。

　　按运转方式分，激光器主要可以分为连续激光器和脉冲激光器。脉冲激光器的脉宽可短至 1 ps（10^{-12} s）以下。锁模技术的发展更是让激光迈入飞秒（10^{-15} s）超快时代，并迅速应用到各个领域及前沿基础科学研究。飞秒激光技术与应用的发展也催生了多位诺贝尔奖获得者。例如，美国加州理工学院泽维尔（Zewail）教授因在飞秒化学方面的开创性贡献而获得 1999 年诺贝尔化学奖[2]。法国科学家热拉尔·穆鲁与加拿大科学家唐娜·斯特里克兰则因为发明啁啾脉冲放大（chirped pulse amplification，CPA）技术而和同样在激光应用领域做出卓越贡献的光镊技术的发明人美国科学家阿瑟·阿什金分享了 2018 年的诺贝尔物理学奖[2-5]。

1.1.2　基本原理

　　激光器是产生激光的装置，主要由泵浦源、谐振腔、增益介质等组成，如图 1-1 所示。激光的产生本质上是一种发光现象。原子或者分子（增益介质）中存在许多能级，在没有外界激励的情况下，电子分布在低能级上。外界光照（泵浦源）可以将这些低能级上的电子激发到高能级，如图 1-2（a）所示。高能级的电子处于亚稳态，可以以自发跃迁的方式回到低能级，从而自发辐射产生一个能量为 $h\nu$ 的光子，如图 1-2（b）所示。自发辐射是一个随机过程，所产生的光子是各不相同的，传播方向和偏振态等都不同，不具有相干性。

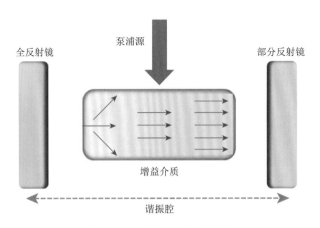

泵浦源

全反射镜　　　　　　　　　　　　　　　　部分反射镜

增益介质

谐振腔

图 1-1　典型激光器装置模型

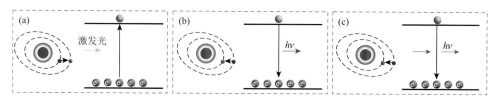

图 1-2　电子的三种跃迁途径

（a）吸收；（b）自发辐射；（c）受激辐射

处于激发态的电子也可以在频率为 ν 的光子的辐射场作用下跃迁到低能级，并释放一个与其具有相同特性的光子。这种过程称为受激辐射，如图 1-2（c）所示。与自发辐射不同的是，受激辐射所产生的光子具有高度的相干性。在这个过程中，频率为 ν 的光子也可以被吸收，从而将电子从低能级激发到高能级，此过程为受激吸收。

激发光通过增益介质时，受激辐射和受激吸收同时存在，相互竞争。当受激辐射的光子数目大于受激吸收的光子数目时，就可以实现光放大的效果；反之，则会出现光吸收。一般热平衡情况下，由于低能级上的电子数（N_1）总是多于高能级上的电子数（N_2），所以激发光通过介质时通常会伴随着光吸收。

因此，产生激光的其中一个必要条件就是 N_2 大于 N_1，即粒子数反转，而这是热平衡条件下不可能实现的。只有存在外界能量激励时，才能让电子处于非平衡分布，从而实现粒子数反转。在这种状态下，一束频率为 ν 的光束即可激发有效的受激辐射，获得放大的光输出，即光增益。也因此，这种产生受激辐射的材料被称为增益介质或者激活介质。

实际工作的激光增益介质都需要存在亚稳态能级（E_3 能级），以利于实现粒子数反转。简而言之，电子在高能级（图 1-3 中的 E_2 能级）的寿命太短，往往难以获得粒子数反转。这个时候，如果存在另一个比 E_2 能级低的 E_3 能级，电子在其上的寿命要远远大于在 E_2 能级上，也就是说电子可以在 E_3 能级停留更长的时间。从低能级 E_1 泵浦到 E_2 能级的电子，很快以非辐射跃迁的方式转移到 E_3 能级，如图 1-3（b）所示。只要电子在 E_3 能级上停留足够长的时间，经过不断的泵浦激励及电子转移，E_3 能级上的电子数就有可能大于 E_1 能级上的电子数，从而实现粒子数反转。当然，此处讨论的是三能级情形，类似地，四能级系统也可以实现有效的粒子数反转，如图 1-3（c）所示，且激励能量相比三能级系统降低不少。

激光泵浦可以通过光激发、化学反应激发、电激发等方式来实现。光激发一般用于固体激光器，可以使用脉冲氙灯、半导体激光器等。化学反应激发则主要用于化学激光器。电激发常用于气体激光器。随着半导体工业的发展，特别是量子点研究与技术的进步，电激发目前也被广泛用于固体激光器。

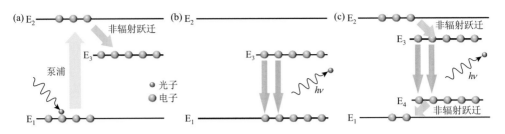

图 1-3　增益介质的工作模式与激光输出

（a）泵浦与粒子数反转；（b）受激辐射与光放大；（c）受激辐射与光放大

除了泵浦源和增益介质之外，激光器还有一个必要的组件：谐振腔。谐振腔的作用主要有两个：一是滤掉由自发辐射引起的放大的受激辐射，因为其随机的取向不利于获得高质量的激光束；二是实现多次增益，获得更高能量输出。介质的增益系数和长度尺寸总是有限的，入射光子激励的单次增益较弱，难以形成激光振荡。于是，科学家们通过在增益介质的两端加上反射镜的方式，使垂直于反射镜端面的光子反复来回经过增益介质，从而可以反复诱发亚稳态能级上的电子发生辐射跃迁，直至发生雪崩式光放大。在这个反复振荡的过程中，其他非同轴的光子会溢出腔外，从而被滤掉，如图 1-1 所示。最终从反射镜输出的就是高能量相干激光束。激光器的输出波长由激光器的增益介质决定，激光重复频率由谐振器决定。

提高激光的输出功率是激光工作者孜孜不倦的追求。从激光器三要素及其设计上来优化（如增加组件尺寸）可以提高激光强度，但是技术和经济条件并不允许材料的尺寸无限增大，所以从激光被发明出来，激光工作者就在努力开发其他提高激光功率的方法。如前所述，根据激光的时间特性，可分为连续激光和脉冲激光。实现脉冲激光输出是提高功率非常有效的方式，也是目前获得超高功率激光最主要的方式之一。脉冲激光的脉宽越窄，峰值功率越高。提高脉冲能量和压缩脉宽是人们获得超强超快激光的两条路径，而调 Q 和锁模是目前使用最为广泛的实现短脉冲强激光输出的技术手段。

早在 1961 年，就有学者提出了调 Q 的概念。翌年，第一台调 Q 激光器便被制成了。调 Q 的基本原理是，在激光器泵浦的初期，使谐振腔处于高损耗低 Q 值状态，以至于激光振荡阈值非常高而暂时无法达到振荡条件。在这个阶段，泵浦光源不断激励增益介质，并使得反转粒子数持续增加，直至达到峰值。再突然增大谐振腔的 Q 值。由于此时反转粒子数远大于阈值，激光振荡可迅速建立起来，亚稳态上的粒子瞬间发生受激辐射，光子如雪崩般快速增长，从而使峰值功率急速升高。紧接着，反转粒子迅速被耗尽，脉冲很快结束。最终，激光器便可输出窄脉宽和大峰值功率的脉冲激光。调 Q 技术可以使激光脉冲输出性能提高几个数量级，可将脉宽压缩至纳秒量级，峰值功率高达 10^9 W。

调 Q 技术主要包括以下几种：电光调 Q、声光调 Q、染料调 Q 等。其中电光调 Q 和声光调 Q 技术，其 Q 开光开启延迟的时间是可控的，一般称为主动调 Q 技术。染料调 Q 技术的 Q 开光开启延迟时间是由材料（可饱和吸收体）本身决定的，故称为被动调 Q 技术。

锁模技术是进一步对激光进行调制。连续激光中包含几个振幅和相位独立、随机的振荡模式，其各个纵模是非相干叠加的，激光输出强度近似常数，正比于各纵模光强之和。如果这些纵模有固定的相位关系，那么输出的激光强度就不再为常数，而是呈现一定的强度起伏，即具有脉冲特征。所以，锁定相邻纵模之间的相位差，保持频率间隔固定，可以使得各模的振动方向或方式一致，因而具有相干性。最终输出的光波即为周期性相长干涉的强激光脉冲。这就是激光锁模技术。锁模技术可以实现脉宽为飞秒级，峰值功率高于太瓦的超短脉冲激光，从而为超快超强激光技术发展及应用奠定了基础。锁模方法主要分为主动锁模、被动锁模、克尔透镜锁模（自锁模）等。从 20 世纪 70 年代的染料超快脉冲激光器，80 年代的钛蓝宝石超快脉冲激光器，90 年代的稀土掺杂光纤超快脉冲激光器再到近年的低维材料超快脉冲激光器，每一次技术的飞跃都推动着超快激光应用领域的扩展及成本的降低。伴随着新材料的涌现，特别是纳米技术的发展，大量研究表明碳纳米管、二维层状材料、等离子体纳米晶及拓扑绝缘体等可实现有效的锁模，从而输出皮秒甚至飞秒量级的超快激光脉冲，但是受限于材料的损伤阈值和尺寸，单脉冲能量较小，还有待进一步提升，所以目前基本上还处于实验室研究阶段[6-8]。

在提高激光脉冲峰值功率方面，除了前面所说的增加谐振腔尺寸和压缩脉宽外，由法国科学家热拉尔·穆鲁和加拿大科学家唐娜·斯特里克兰在 1985 年发明的啁啾脉冲放大技术是最显著有力的技术手段。如图 1-4 所示，首先利用展宽

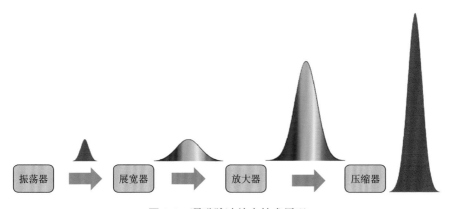

振荡器　展宽器　放大器　压缩器

图 1-4　啁啾脉冲放大技术原理

器对振荡器输出的超短脉冲引入一定的色散，从而将低能量的超短激光脉冲在时域上进行展宽，降低峰值功率，然后在放大器中进行放大。获得较大能量之后，压缩器补偿色散，脉冲持续时间被压缩至原来的宽度，这样就获得了超强超短激光脉冲。自啁啾脉冲放大技术诞生以来，飞秒激光的峰值功率提高了超过 10 个数量级，激光装置的体积及成本也大大降低，为超快激光在高校、研究所及工业界的广泛应用奠定了基础。

1.1.3 激光技术发展前沿与趋势

激光技术理论的发展、装备技术的进步、新材料的不断涌现等都为激光技术的发展提供了动力和支撑。极端环境应用需求，强场物理的研究，集成光学、光电子学的发展及竞争日益激烈的国际环境也为激光技术的发展提供了新的契机，并倒逼学术界和工业界将激光技术推向新的前沿和领域。目前，激光技术的发展前沿与趋势大致可以总结为以下几个方面。

1. 获得超强超短激光脉冲

提高飞秒激光脉冲能量，为微纳加工和强场物理研究提供更强大的工具。超短脉冲激光技术飞速发展，超强超短脉冲激光的能量在时间、空间中高度集中，聚焦后的光场强度可以达到 10^{18} W/cm^2 以上，远远超过原子内部的库仑场（$I > 10^{16}$ W/cm^2）[9]。具备这样高强度的光源，其与物质的相互作用进入到了高度非线性和强相对论性的全新领域，在实验室内就可以创造出超高能量密度、超强电磁场和超快时间尺度综合性极端物理条件，在激光聚变、激光加速、等离子体物理、天体物理、高能物理、核物理、材料科学等领域具有重大应用价值[10]。超强超短激光的发展与应用，是国际激光科技的最新前沿与重点竞争领域之一。如图 1-5 所示，发达国家正在大力发展超强超短激光实验装置，竞争激烈[11, 12]。国际上正在大力发展超强超短激光光源及科技创新型平台，正处于取得重大科学技术突破、开拓重大应用的关键阶段，实现聚焦强度 10^{23} W/cm^2 是未来几年各国的重要目标。在这方面，韩国基础科学研究所的科学家们已经取得了一定的突破，在近期获得了 10^{23} W/cm^2 的超快脉冲激光强度[13]。中国科学院上海光学精密机械研究所在高亮度超短波长光源、超快高性能粒子束等方面取得了一系列重要突破性研究成果，实现了拍瓦级超强超短激光脉冲输出，并于 2016 年承担了由国家和上海市发展和改革委员会共同投资的国家重大科技基础设施项目"上海超强超短激光实验装置"（Shanghai superintense ultrafast laser facility，SULF）的建设，目标是建成世界首套 10 PW（1 PW = 10^{15} W）超强超短激光系统[10]。主要技术路线如图 1-6 所示。

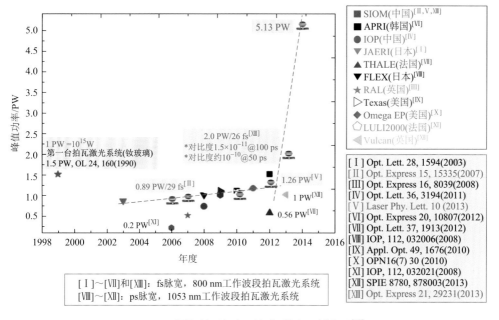

图 1-5　国际拍瓦级超强超短激光研制进展[12]

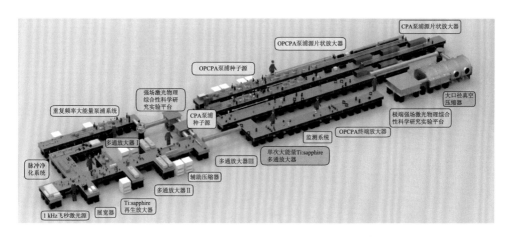

图 1-6　10 PW 级超强超短激光装置示意图[12]

　　脉宽变短不仅可以提高峰值功率，还为超快光谱探测提供强有力的支撑，可以更精确地探测原子、电子等物质内部更快的超快行为过程，为超快信息光子、微结构材料科学、超快化学动力学与生命科学等前沿交叉学科的发展提供了重要方法与思路[14, 15]。目前，超快时间和空间分辨光谱已经成为非常重要，甚至是标准的探测各种物理和化学过程中原子、分子、电子等的动力学行为的技术。复合场操控和探测技术，如基于超快强激光技术、近场光学显微技术、高分辨透射电镜及 X 射线衍射技术等相结合，可以对激光与物质的相互作用进行多维操控，并进行原位观察，从而开拓新的超快激光应用领域，如单分子研究与控制、超快晶格动力学研究等。因此，超短脉冲技术成为各国争相竞逐的领域，特别是最近 10 年，阿秒（as，10^{-18} s）技术备受瞩目。例如，欧盟投资数亿欧元，在匈牙利建造了极端光装置-阿秒脉冲源（ELI-ALPS），使用两个拍瓦激光系统来产生高峰值功率和高平均功率的阿秒脉冲激光[16]。

产生超强超短脉冲激光的一个重要基础条件就是大尺寸材料，如大口径激光增益介质（大口径钛宝石晶体、三硼酸锂、激光玻璃等）。目前在相关领域实现突破的国内研究机构主要集中在中国科学院上海光学精密机械研究所、中国工程物理研究院等为数不多的单位。超大口径激光晶体或非线性晶体研制对未来实现百拍瓦甚至更强超短脉冲激光具有重要意义。

2. 高频率超短脉冲激光

高频率脉冲激光是许多应用的关键性部件，如在高容量通信系统、光学开关、光互连、光钟等领域。这其中，碟片超快激光和光纤超快激光是典型的有效方案，输出脉冲频率可达到吉赫兹。碟片超快激光的频率甚至可达到 100 GHz，如图 1-7 所示[17]。碟片激光晶体的厚度在 200 μm 左右，在激光工作过程中，可以得到快速有效的冷却，从根本上解决热效应问题，从而大幅提升激光束质量、转换效率及功率稳定性。吉赫兹高频碟片激光器的平均输出功率已可达到万瓦级。但是，目前所实现的高频碟片激光器的脉宽一般都在 100 fs 以上，100 fs 以下超高频超短脉冲激光的产生仍然是一个巨大的挑战。

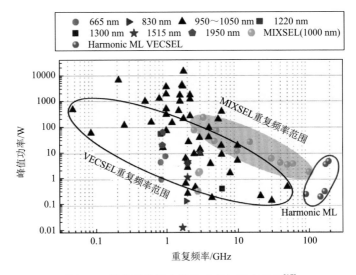

图 1-7　锁模碟片激光器的功率与频率关系[17]

3. 高功率光纤激光器理论与制造

早在 1961 年，美国科学家 E. Snitzer 等就在掺钕玻璃波导中成功观察到了波长约为 1.06 μm 近红外激光输出，可以说是开启了光纤激光器的探索研究进程。光纤激光器具有散热好、光束质量高、稳定性好、转换效率高、体积小、集成方便灵活等一系列优点[18]。光纤激光器的增益介质是掺杂了稀土离子的光纤。稀土离子能级结构丰富，通过选择合适的离子，可以获得不同的输出波长。例如，镱离子（Yb^{3+}）与铒离子（Er^{3+}）掺杂光纤激光器的输出波长分别在 1030 nm 与 1550 nm 左右；铥离子（Tm^{3+}）与钬离子（Ho^{3+}）掺杂光纤激光器的输出波长在 2 μm 左右[19]。当然，激光的输出波长还可以通过控制光纤基质材料，如硅酸盐、氟化物及硫化物玻璃等来调控。如前所述，飞秒光纤激光的输出频率也可以达到吉赫兹，但是高频超快激光脉冲的单脉冲能量仍然很低，低于 1 nJ。目前，飞秒光纤激光器在激光加工、通信、医疗、光纤传感和激光雷达等众多领域获得了广泛的应用。但是可能出现的非线性相移、自聚焦及横模不稳定性等因素大大限制了光纤激光器的最终输出平均功率[20]。结合大模场面积增益光纤与啁啾脉冲放大技术是实现高能量光纤放大器的常用方法。

为了进一步提高超短脉冲激光的脉冲能量和平均功率，相干合成技术被引入至飞秒光纤激光领域。合成时将整个光谱成分分为多个通道分别进行压缩，再将几个压缩后的短脉冲压缩为一个更短的脉冲。早在 2006 年，热拉尔·穆鲁教授就提出将数以千计的飞秒光纤激光器进行空间相干合成，实现高重复频率、高平均功率和高峰值功率的超强激光脉冲，作为下一代粒子加速器的驱动源，并于 2012 年在欧盟启动了相干放大网络（CAN）计划[18]。如图 1-8 所示，结合分脉冲放大（DPA）和空间相干合成的 CPA 技术系统可以将脉冲能量和平均功率提高数个数量级。在相干放大实验演示方面，国际上多个课题组都取得了非常好的进展。例如，德国耶拿大学 Grebing 教授课题组已经实现了 12 路激光束的高效合成，合成效率达到 97%[21]。法国巴黎综合理工大学则报道了 61 路激光束的合成，效率约为 50%[22]。中国科学院物理研究所常国庆课题组将预啁啾管理与分脉冲方法相结合，在实现吉赫兹（2.3 GW）高频高脉冲能量（121 μJ）飞秒激光（44 fs）方面也取得了出色的成果[23]。

相干合成技术的基本思路是将一个目标超连续宽光谱进行分束，多个光束分别进入独立通道，并对其进行调制，最后将调制过的光束进行合束。相干合成技术可以分为三类：时域、空域和频域相干合成。时域相干合成可以有效提高单脉冲能量，空域相干合成则是同时提高单脉冲能量和平均功率的重要途径，多维度相干合成技术则能充分发挥前两者的优势[20, 24]。频域相干合成技术可以将不同中心频率的激光进行相干合成，从而得到周期甚至亚周期量级的超短脉冲，目前被广泛用于获得脉宽短至几飞秒甚至阿秒的超短激光脉冲[25, 26]。

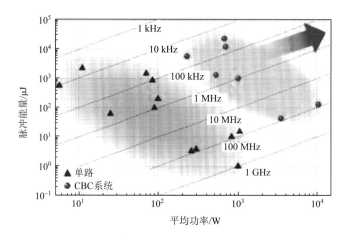

图 1-8 Yb 掺杂光纤 CPA 系统的脉冲能量与平均功率的关系[19]

三角形：单路；圆圈：结合了 DPA 和空间相干合成的 CPA 系统；虚线：脉冲频率

另外，在空间相干合成技术中，由于分脉冲个数及空间合成路数的不断增加，飞秒光纤激光系统所占体积越来越大、结构复杂程度也越来越高。于是，科学家们使用多芯光纤取代传统的多模光纤，大大减少了系统所占空间。基于此，Tünnermann 教授课题组报道了 16 路激光束的高效合成，合成效率达到了 80%[27]。

4. 开发新波段，特别是中红外、X 射线及太赫兹波段超快激光

绝大部分超强超快激光的输出波段都在 1 μm 左右的近红外，因为这是目前主流高功率超快钛宝石脉冲激光所输出的能量最高的波段。同时大部分材料在此区域的吸收也很弱，从而可以减小吸收所带来的损耗。

大多数液体、气体及非金属（如玻璃、塑料、生物分子等）在 2～8 μm 中红外波段都有特定的吸收峰，即对特定波段的光具有指纹般的选择性响应。因此，红外光谱被广泛应用于结构探测和物质分析。同时，特定波长的红外激光在遥感、空气污染监测、生物分子感知、激光微创手术等领域已有广泛的应用。同时，大气中的主要成分对 3～5 μm 及 8～12 μm 长中红外波段的吸收非常低，这两个区域也被称为大气的"透明窗口"。输出波长透明窗口的中红外激光在国防、自由空间通信及太空探测等方面具有重要的应用价值。例如，中红外激光已经实现了导弹尾焰红外辐射模拟、红外制导、激光侦查、人眼安全的激光雷达、激光定向红外干扰等领域的应用[28]。中红外超快脉冲激光研究取得了一定的进展。例如，上海交通大学的钱列加教授课题组于 2013 年基于铌酸锂光学参量放大技术，输出的可调谐中红外飞秒激光脉宽为 111 fs、重复频率为 10 Hz、单脉冲能量为 13.3 mJ，峰值功率达到了 120 GW，调谐范围为 3.3～3.95 μm[29]。同样地，奥地利维也纳大学 Baltuska 等利用光学参量放大技术获得了 3.9 μm 的中红外超快激光，其单脉冲能量为 8 mJ，脉宽为 83 fs，重复频率为 20 Hz[30]。利用 La$_3$Ga$_{5.5}$Nb$_{0.5}$O$_{14}$ 晶体优异的非线性特性及光学参量放大技术，2019 年钱列加教授课题组更是实现了 5.2 μm，0.13 TW 的超强超短脉冲输出，重复频率为 1 kHz[31]。澳大利亚麦考瑞大学 Santipov 等报道了 Ho 掺杂中红外光纤激光器，输出波长为 2.9 μm，脉冲为 180 fs，峰值功率为 37 kW，单脉冲能量为 7.6 nJ[32]。但是相比较于近红外，中红外超快脉冲激光的峰值功率和单脉冲能量仍然偏低，还有很大的提升空间。对于脉冲能量达到毫焦耳级的中红外超快激光，其重复频率一般都低于 100 Hz，这也就限制了其在超快光谱领域的应用。特别地，受增益介质的限制，研制输出 5～12 μm 的中红外超短脉冲激光器也是一个巨大的挑战。近年不断涌现的低维材料在中红外超快激光锁模方面展示了巨大的前景，但是过低的损伤阈值是其实现工业应用的关键性软肋和障碍[33]。开发新型高损伤阈值可饱和吸收材料（包括玻璃、晶体及低维材料等）和超短中红外脉冲锁模技术仍是未来重要的研究课题。另外，中红外超短脉冲超连续宽谱激光的产生也是目前的前沿研究领域之一，对中红外光谱等具有重要意义[34]。

　　X 射线波段超短脉冲可以为研究物质基本结构单元及其运动提供前所未有的时间和空间精度。同时，其超高的峰值功率密度也为操控原子核、电子等带来了可能。通过监测原子的吸收和反射光谱等，X 射线超短脉冲可以捕捉电荷、自旋、原子、原子核及声子等的运动状态，从而探测原子、分子内部状态超快超灵敏变化的动力学过程[35]。例如，中红外飞秒 X 射线脉冲可以诱导电子衍射，能够探测到 5 fs 内 0.1 Å 氧的键长波动[36]。

　　高次谐波是产生极紫外和 X 射线波段超短脉冲的重要手段。高次谐波的产生是原子与超强光场相互作用的极端量子化非线性响应和频率转换过程。原子中的电子在超强超短脉冲作用下，克服库仑势的作用，随着激光场的振荡而振荡。在此过程中，除了因为电离而逃离原子核束缚的电子，部分电子会被光场牵回原子核附近，并与之复合，发射出极紫外和 X 射线等极短波长的光[37]。准相位匹配技术可以进一步使多个原子发射的极短波长的光产生干涉相长，从而输出超强的相干 X 射线超短脉冲。高次谐波的动力源来自有质动力势（ponderomotive potential，E_p），E_p 与激发激光强度（I）及波长（λ）有关，$E_p \propto kI\lambda^2$[38]。这里的 k 是常数。所以，波长越长的超短脉冲激光越有利于产生更短波长的高次谐波。长波长中红外飞秒激光（5～10 μm）是目前获得超短阿秒激光及 X 射线超短脉冲最有力的光源之一[37, 39, 40]。

　　太赫兹（terahertz，THz）波处于红外和微波之间，波长范围是 30 μm～3 mm，频率范围跨越 0.1～10 THz。由于夹在电子主导的低频率微波和光子主导的高频率红外区域之间，因此太赫兹波同时具有其相邻光谱区域的综合优势。一方面，太赫兹波具有较强的穿透性，可以在低能量损耗的情况下穿透多种非极化介质材料；

另一方面，其光子能量极低（1 THz 约 4.1 MeV），从而可以保证介质中化学键的完整性且避免引起载流子跃迁。因此，太赫兹光谱广泛应用于无损检测和成像中，可以实现如高速无线通信、非破坏性生物传感、化学检测和成像等应用。此外，一些超快的物理过程，如固体材料中晶格的振动及自由载流子的运动，都发生在太赫兹波频率对应的时间尺度内，使用较高的时空分辨率的太赫兹波可以在零接触、无损伤的前提下探测材料中的超快过程。

5. 人工智能与机器学习在超快激光技术领域的应用

近些年，伴随着大数据和人工智能的发展，机器学习获得了巨大关注和快速发展，并已广泛应用于系统控制、语音处理、神经科学及机器视觉等多个领域。基于大量的数据训练，机器学习可以极大地提高优化复杂系统的效率。现在的光学系统变得越来越庞大而复杂，需要控制的光学参数越来越多，所以优化这些系统的工作就变得越来越艰巨。为了实现更高效的系统优化，科学家们就将机器学习引入到超快光子学领域[41]。

如前所述，相干合束是获得高功率超短脉冲的重要技术手段，但是随着光束数量的增加，精确控制各光束的相位对实现高效合成至关重要。在实际应用场合，光束的相位又容易受周围环境的影响，这更增加了多光束高效合束的难度。2019 年，日本电气通信大学的 Tünnermann 等将强化深度学习与相干合成系统结合用于处理反馈的误差信号，发现系统最终会收敛到一个相位稳定的状态，并预言此技术可以用于多通道光束相干合成[42]。美国劳伦斯伯克利国家实验室的科学家利用机器学习实现了 81 路光束的稳定合束[43]。基于光束之间的干涉图案识别，他们首先训练神经网络，以探测相误差。然后将训练好的神经网络用于快速相干合束。他们的研究表明神经网络相探测速率比商用的随机并行梯度下降法要快几十倍。利用机器学习神经网络算法误差减小反馈机制，法国科学家们更是实现了对 100 束超快激光的相位进行精确控制[44]。

美国劳伦斯利弗莫尔国家实验室的科学家利用机器学习将高强度超短脉冲激光应用于等离子体加速研究的研究。利用经过训练的神经网络，他们可以快速有效地实现参数优化，提高效率，节约成本[45]。

作为一种方兴未艾的促进多学科交叉融合的新技术，机器学习在超快脉冲激光领域的应用可以说是刚刚起步，我们有理由相信，机器学习必将在超强超快激光设计和性能提升方面获得更多的应用。机器学习也许还能给超快激光理论、控制及系统等方面带来全新的理念和技术，从而全面推动超快激光基础和应用的发展。例如，机器学习在相位、偏振、振幅、角动量等的综合调控方面的研究具有重要意义。

6. 超衍射极限的超快激光直写加工技术

一般，激光加工的结构的基本尺寸限制是由光学衍射极限确定的。对于平面波，其光学极限定义为衍射极限光斑直径 $D = 1.22\lambda/\text{NA}$ 或者极限分辨率 $R = 0.61\lambda/\text{NA}$，其中 λ 为光学波长，NA 为光学系统的数值孔径。因此，在激光加工过程中往往使用更短的波长和更高的数值孔径来获得高加工精度。例如，目前的纳米光刻技术采用短波长的激光光源，如相干深紫外 248 nm 和 193 nm 或非相干极紫外的 13.5 nm 光源，通过使用复杂的光学系统在 10 nm 范围内生成纳米级结构。但以上方法存在明显的局限性，短波长的光源单光子能量一旦超过空气的电离阈值，则加工过程必须在严格的真空环境下进行，这势必会增加成本。另外，提高光学系统的 NA 对光斑直径 D 的改变受限于聚焦介质的折射率 n（$\text{NA} = n\sin\theta$，空气中的 $\text{NA} = n\sin\theta < 1$）。进一步改变工作介质，例如，通过浸油的方法虽然可以提高 NA 到 1.56，但对光斑直径 D 的改变仍然有限。

　　当激光聚焦于材料表面时，其相互作用是一个复杂的过程，它们之间相互作用的过程，如光化学反应、热效应、烧蚀效应、熔化、相变和氧化等将直接影响辐照区域的材料性质，该过程将在第 2 章详细介绍。大多数通过光学系统聚焦并受衍射影响的光束轮廓在表面上的投影焦点近似于艾里或高斯分布的空间轮廓。常规光学系统提供的远场光斑受到衍射的限制，其范围约为激光波长的一半，可见光和近红外激光的光斑为 200～500 nm。然而，由于材料对激光的吸收特性，其在特定能量条件下辐照产生的改性区域尺寸远低于这个值。以金属氧化物薄膜为例，辐照区域的温度场近似于激光光斑的高斯分布，其辐照区域中心的温度高于边缘的温度，这种不均匀的温度分布可能导致辐照区域材料不同的性质改变。因此，利用合适的激光功率匹配材料表面的改性阈值，激光直写技术可以获得超越衍射极限的加工精度。

　　此外，通过巧妙地利用超快激光与材料之间的非线性相互作用，可以实现双光子聚合微纳加工，获得突破光学系统的衍射极限的微纳结构，为提高超快激光加工的分辨率开辟了一条新的技术路线。双光子微纳加工技术主要依赖于材料本身的双光子吸收效应和入射光强度，在一定光强下，激光焦点处材料达到发生光化学效应的阈值获得超越衍射极限的加工精度。以负性光刻胶为例，当红外超快激光聚焦在材料内部时，单个光子的能量小于物质基态 S_0 与激发态 S_1 之间的能量差，物质不吸收该光子，而在两个光子的能量大于该能量差且光子简并度较高的情况下，物质处于基态的电子可以同时吸收两个光子跃迁到激发态 S_1。对于双光子吸收过程，光子的吸收率等于双光子吸收系数与光强平方的乘积，当靠近激光焦点区域时，光斑的截面积逐渐减小，光强逐渐增大，双光子吸收率进一步增大。由此，通过控制光强的范围，可以让双光子吸收只出现在焦点处，其辐照诱导发生双光子聚合区域的尺寸将远小于衍射极限。相关内容将在第 6 章做具体介绍。

7. 更小更便宜更稳定的超快激光系统

目前的高功率超快激光系统普遍都非常复杂，造价和维护费用昂贵，严重阻碍了其广泛应用。2020 年的富兰克林物理学奖章授予了美国的两位科学家，Henry C. Kapteyn 博士与 Margaret M. Murnane 博士，奖励他们在更快更小且更便宜的超快激光系统及高效阿秒脉冲与 X 射线脉冲产生等相关方面做出的贡献。相关工作在推进高强度 X 射线源实用化方面具有重要意义，可广泛用于各种超快物理与化学研究，如飞秒化学反应、超快激光微纳加工与智能制造等。

1.2 国内激光产业发展现状及趋势

1.2.1 激光产业发展现状

激光技术是一种具有极强渗透性、广泛适用性和加工性的使能技术。在日益成熟的技术和日益降低的成本驱动下，以及我国制造产业升级的压力和动力双重作用下，激光技术目前正处于大面积推广应用阶段。特别是在国家政策鼓励及诸多科技部国家重点研发计划、重点专项（如科技部"增材制造与激光制造"重点专项）和国家自然科学基金重点项目等大计划大项目支持下，在地方政府的大力推动和广大激光产业企业的积极努力下，无论是在科研领域还是在产业应用推广领域，我国激光技术及应用都取得了长足的发展和进步。特别是经过动荡的中美关系及不平凡的 2020 年的煎熬，疫情、贸易战、价格战及美国禁运封锁政策等给我国激光产业的发展既带来了困难和挑战，也带来了巨大的机遇。在国产替代进口这一大趋势下，我国激光业界在自主创新和产业推广方面显示出了强大的决心。加大研发投入，实现技术创新及扩大内需，推动激光应用和产业升级已成为激光人的共识。目前，伴随着激光器的不断迭代与发展，激光产业发展前景越来越明朗，也让激光技术进入了一个蓬勃发展的新阶段。根据《激光制造商情》统计，2020 年我国激光产品市场规模首次突破了千亿元大关，达到了 1065 亿元（图 1-9），同比增长约 15.4%，增速比前一年更快。

考虑到激光技术的战略重要性，同时为了促进激光技术的应用和普及，中国工程院于 2018 年启动了"我国激光技术与应用 2035 发展战略研究"重点咨询项目，并给出了具有前瞻性的研究综合报告。2020 年 3 月 3 日，《科技部 发展改革委 教育部 中科院 自然科学基金委关于印发〈加强"从 0 到 1"基础研究工作方案〉的通知》，其中 3D 打印和激光制造与人工智能、网络协同制造等被列为重大支持和发展领域，瞄准关键核心技术突破。

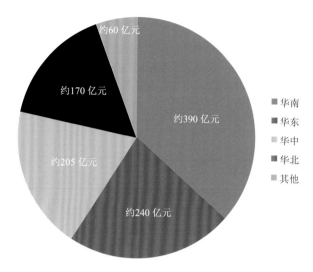

图 1-9　2020 年我国各地区激光产业规模

在激光系统与技术科研方面，科研院所和高校是主要力量，包括中国科学院、各个军工集团和中国工程物理研究院等单位下辖的多个研究所、华中科技大学、清华大学、国防科技大学等，而企业的研发能力相对较弱[46]。据《2019 中国激光产业发展报告》统计，目前我国有 30 个与激光相关的国家级科研平台（包括 1 个国家实验中心、14 个国家重点实验室、5 个国家工程研究中心、10 个国家工程技术研究中心）。这其中的 28 家是依托科研院所和高校建设的，而建在企业的只有精密超精密加工国家工程研究中心、国家半导体泵浦激光工程技术研究中心。激光系统与技术研发成本较高、风险大、与产业关联较弱，所以不少企业，特别是小规模企业并无兴趣不断进行技术升级和换代。要建立结实的产学研链条，扎牢激光发展的基石，摆脱传统产业低技术含量、低附加值竞争的模式，推动激光产业的长远可持续发展，还需要更多的企业加入到前期基础研究和探索中，加大高质量先进光源的研发投入，特别是在核心芯片、关键元器件等方面的工业化生产能力，从而推动我国激光技术的良性发展，实现产研互促的良好环境和反馈。同时，实现知识资本、人力资本和产业资本高度有机聚合，提升激光高端装备的设计制造能力对推动我国由激光制造大国向制造强国的转变也具有重要意义，是我国激光产业的未来目标和立足点。

激光行业产业链庞大，上游为元器件及激光器，中游为激光设备，下游为应用领域。我国激光产业结构主要分为激光加工、激光器、激光芯片及器件、激光晶体、激光显示、激光医疗等。据前瞻产业研究院《中国激光产业市场前瞻与投资战略规划分析报告》显示，按市场规模划分，2019 年我国激光产业市场中占比位居前两位的是激光加工和激光器，分别达到了 40% 和 20%（图 1-10）。其他产业类型虽多，但是规模仍然较小。激光加工和激光器产业具有较高的行业集中度，国内规模以上 150 余家激光企业中，超过一半的企业集中于激光加工和激光器相关领域。

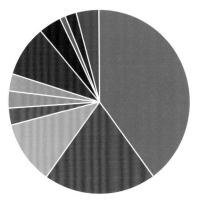

图 1-10　2019 年我国激光产业结构（按市场规模）分布情况

　　优异的性能与低维护成本等特性使得光纤激光器逐渐成为市场上的主流激光设备，发展潜力较大。据国元证券《光纤激光器行业深度报告：价格战加速行业发展，垂直整合强者恒强》，从工业激光器领域来看，2015 年至 2018 年全球光纤激光器销售收入在各类工业激光器中占比从 40.75%上升至 51.46%。全球工业激光器中光纤激光器市场规模 2015～2019 年复合增长率高达 23.83%。中国为全球最大激光器市场，拥有巨大的激光器需求。据《2023～2029 全球中国激光器行业深度研究报告》显示，我国光纤激光器市场规模从 2015 年的 40.7 亿元增长到 2022 年的 133.2 亿元，预计未来仍将持续保持增长态势。目前，我国激光产业占据了全球约一半工业激光器应用市场，也催生了大量激光设备集成商，从而推动了我国激光器，特别是超快激光器产业的发展。在市场规模方面，中国科学院武汉文献情报中心的统计数据显示，2015～2020 年我国超快激光器销售额快速增长，2021 年的销售额超过 821 亿元，同比增长 18.64%，2015～2021 年间超快激光市场规模的年均复合增长率约为 15.15%。

　　根据激光器的功率高低，2020 年我国激光产业报告将光纤激光器分为低功率光纤激光器、中功率光纤激光器及高功率光纤激光器，其功率分别为低于 1 kW、1～1.5 kW 及高于 1.5 kW。经过多年发展，我国低功率光纤激光器技术逐渐成熟且成本低，国内市场基本实现了国产化；中功率光纤激光器国产化率过半；高功率光纤激光器已成为国内外厂商竞争的主要战场。

激光加工是利用透镜聚焦后在焦点上达到很高的能量密度，从而改变材料的性质或者剔除不需要的材料，以达到对材料实施加工的一门技术。激光加工具有三维可控性和非接触式特点，相比于传统的加工技术，在加工效果和质量方面都有独特的优势，在满足客户个性定制及进行一些传统方法无法实现的加工等方面更是提供了更多可能性。在传统制造领域，如汽车、冶金、电器、航空、电子、机械等制造领域，激光正在替代传统加工工艺，实现对金属和非金属材料的切割、焊接、表面处理、钻孔及微加工等。目前，激光加工主要包括激光焊接、激光切割、激光打标、激光雕刻、激光钻孔等。基于这些加工过程，激光技术已被用于各种各样的终端行业，从可穿戴设备等消费电子到轨道交通、航空航天这类高端装备等的制造行业，激光加工都在发挥越来越大的作用。

特别地，在消费电子元器件及能源器件等功能设备的高精度加工领域，超快激光器（皮秒激光器、飞秒激光器）已获得大批量应用，在脆性材料切割加工，如手机液晶显示器（LCD）屏异形切割、手机摄像头蓝宝石盖板切割、手机摄像头玻璃盖板切割，特殊材料标记、防伪打标，有机发光二极管（OLED）材料切割打孔，太阳能钝化发射极和背面电池加工等方面具有广泛而独特的应用。

激光技术也是现代信息产业的支撑技术。光纤通信是高速互联网不可或缺的物质基础；无线光通信技术是实现海量信息远距离快速传输的唯一方式；光存储是海量大数据信息存储的主要方式；高清晰激光显示技术将引发"人类视觉史上的一场革命"。此外，无人驾驶、量子通信及高精度的测量传感等技术的实现，都需要依靠激光技术。

1.2.2　激光产业发展趋势

1. 国产替代，走向国际

激光器为激光加工设备的核心部件。2022 年，我国新增激光技术相关的专利一万余项。激光技术专利逐年递增，说明了激光技术创新水平不断提高。技术创新是打破国外技术壁垒的基础，是增强我国激光产品在国际市场竞争能力的支撑。技术进步推动着国产化率不断提升，也使市场的竞争逐渐转向中高功率光纤激光器。

近年来，在市场扩大和技术进步的双轮驱动下，我国激光器，特别是光纤激光器行业处于快速成长阶段，国产化程度逐年上升。从市场占有率来看，在低功率光纤激光器和中功率光纤激光器市场中，2018 年国产激光器市场份额分别超过了 98%和 50%。高功率光纤激光器的国产化趋势也在加速。中美贸易战等也为我国激光产业实现国产化提供了良好的契机。

从近几年我国激光产业的发展来看，激光产业也是一个强者愈强的行业。行业龙头在技术优势和市场优势的不断积累下，规模变得越来越大。未来国内激光器龙头有望通过自主研发或兼并收购继续延伸上游布局，控制成本同时提升产品性能，在激烈的国际竞争中保持竞争力，最终做到强者恒强。

我国激光龙头企业在做大做强，全面占据国内市场之后，下一步必将瞄准国际市场。目前，我国激光产业已形成芯片、晶体、关键元器件、激光器、激光系统、应用开发等完整成熟的产业链分布，也具备配套全球高端客户的能力。结合技术能力和成本优势，走出去是我国激光企业的重要目标。

期待我国激光产业以应用创新为目标，以关键核心技术突破为基础，形成以国内大循环为主体、国内国际双循环相互促进的新发展格局，实现开放、高水平的合作，推动全球激光产业健康、快速、可持续发展。

2. 提升激光器性能，降低激光器及系统加工设备成本和价格

经过多年的努力，我国激光器行业在高功率激光器及特种光纤等领域取得了不错的成绩，某些方面甚至达到了国际领先水平，但是在更多方面与国外领头企业还有一定的差距。在提升激光器功率与性能稳定性及特种光纤制造等方面还需要进一步努力。另外，相比基于进口同类型同参数的激光器，国产激光器和系统往往具有较大的价格优势。但是技术和应用都发展迅猛的超快激光价格仍然偏高，进一步降低成本和价格是推动超快激光规模应用的重要条件，也有助于开发在精密打标、精密激光焊接、精密激光切割等微观加工领域的应用。未来，技术突破和价格优势的双重助力对扩大激光产业市场具有重大意义。

3. 系统控制与集成

高精度多轴激光加工控制系统和工艺对于充分发挥激光加工的特点和优势有着至关重要的作用。但是我国在激光加工控制软件和系统领域还相对比较薄弱，面向专业领域的中高端激光加工成套装备不够成熟、配套技术不够完善等现状，还不能完全满足行业需求，需要更多的投入。另外，近些年，人工智能与机器学习取得了巨大的发展和进步，但是在激光及其应用领域的应用却较少。我们预期人工智能与机器学习一定可以赋予激光产业新的发展契机，特别是在系统优化、生产效率提高、新应用开发等方面必将有广阔的发展空间。

4. 拓展应用场景，渗透新领域

随着激光系统成本的下降，激光加工必将逐渐走出传统工业应用领域，将更深地渗透到以汽车、生物医疗、能源、消费电子等覆盖日常生活方方面面的各个行业，逐步取代传统制造技术，并且在新技术领域不断发挥作用。这其中，传感器、驱动器、微电子加工与制造、3D打印等将是未来激光应用的重要领域。这方面的应用可以说还处于起步阶段，发展空间巨大。例如，用于汽车自动驾驶的激光雷达可谓是风头正盛。

激光也是光信息处理和光存储的重要基础。大数据与物联网时代，数据传输容量呈现爆炸式增长，光通信变得越来越重要，被认为是巨型计算机、大型超算中心、第五代移动通信技术（5G）基站和数据中心等内部及相互之间高速海量数据传输交换的主要方式[47]。因此，通信领域必将成为激光市场的一个重要增长点和发力点。

同时，人类所产生的数据量也在急剧增长。而传统的磁存储需要耗费大量的电量。作为一种低能耗的冷数据存储技术，光存储近年来获得了大量的关注。超快激光直写多维高密度高容量光存储相关的研究也越来越多。但是目前的光存储成本仍然较高，还无法与传统存储技术相抗衡。激光系统价格的降低及存储技术的进一步成熟必将推动光存储走向产业化。国际上诸多大公司，如微软和华为技术有限公司等也已经在光存储领域布局，预计未来光存储将是一种重要的数据存储手段。另外，光存储也有助于我国实现碳达峰和碳中和两大目标。

在国防军工、船舶等大工程领域，激光加工应用也越来越普遍。据中国航空制造技术研究院分析，超快激光加工在难加工材料类的高性能零部件、超高精度类的高性能零部件及跨尺度效应实现高性能的零部件等的制造方面有一定的应用和优势。例如，超快激光在飞机发动机叶片的斜孔加工、气膜孔加工质量控制和异形孔加工、航空发动机热端部件气膜冷却孔加工、发动机高温传感用的光纤光栅制造等航空航天领域已有应用。

超快激光在核聚变领域的应用研究也正在紧锣密鼓进行中，如超快激光高精密打孔与激光点火已经取得了不错的成果。这方面，高能激光在美国国家点火装置方面的应用就是一个典型的例子，我国也已开展相关的研究工作。

激光智能制造是"中国制造 2025"计划和未来制造技术的重要组成部分，是实现工业 4.0 升级目标的重要基础性技术，是解决工程应用中"卡脖子"问题的突破性手段，因此，进一步拓展应用场景是大势所趋。但是，在对经济社会发展产生革命性、突变式进步的原创技术方面，我国还有一段路要走，需要激光研究与产业界一起努力攻克难关，实现突破乃至跨越式发展。

1.3　总结

从激光诞生至今的 60 余年里，激光技术与产业都取得了非常辉煌的成就。激光技术与多个学科交叉融合，实现了在多个领域的应用，推动基础研究与制造业的进步。激光极大地推动了非线性光学、量子光学、激光化学、激光制造、激光通信、激光检测、激光医疗、激光武器、激光可控核聚变、激光雷达等领域的发展。激光技术为人类认识世界和改造世界提供了一大批新工具。

在激光技术方面，科学家们已经实现了 10 PW 级以上的超强超短脉冲激光输出，为超快激光与物质相互作用研究提供了重要工具和基础。目前，获取更短/更长波长、更窄脉宽、更高频率、更高功率激光仍然是世界科学研究的前沿。超强超短的脉冲激光在各个领域都有广泛的应用前景，如新型的粒子加速器、高能X 射线光源等，是世界各国争相竞逐的焦点之一。我国正在上海浦东张江构建具有全球影响力的光子科学设施集群和光子科学研究中心，集合了同步辐射光源、硬 X 射线自由电子激光装置、X 射线自由电子激光光源和超强超短激光装置等一大批高精尖设备和装置。这也必将进一步促进我国光子学和激光技术的发展，推动产业技术升级。

在材料加工方面，自超快激光出现以来，超短脉冲和超高峰值功率使得其能将能量快速、准确地注入到局部作用区域，具有极高的加工精度，同时还几乎可以对所有材料实施加工和改性，从而获得传统连续激光加工无法比拟的高精度、低损伤等优势。目前，超快激光微纳加工已被广泛用于功能结构和器件制造。

作为一种非常高效的非接触式加工工具，激光对工业智能化进程产生深远影响，因此，激光加工已成为切割、焊接、打标、表面处理、复杂构件制造和精密制造的主流手段[47]。制造业对自动化、智能化生产模式需求的日益增长，消费类电子、新能源、PCB 电路板等加工设备的旺盛需求，信息通信、医疗诊断治疗、航空航天、国防军工等多个领域的发展对激光越来越大的需求等都给激光产业的发展带来了巨大的契机。特别是伴随着超快激光技术的发展及价格的逐渐平民化，超快激光技术及应用正处在出现重大突破的前夜。近几年高功率皮秒、飞秒激光和光纤超快激光技术的规模化工业应用不断铺开，成为激光产业的热门方向。超快激光不仅可以对常规材料，也可以对非常规硬脆材料实现高精密加工，是获得高性能材料和器件的有力工具。相比于传统加工技术，超快激光加工在加工能力、加工质量和加工效率等方面具有突出的优势，可以显著改善制造产业的经济和社会效益。另外，目前激光产业应用主要体现在激光加工和激光设备，可以预期激光产业将于近期在其他应用领域获得进一步扩展和突破，同时开拓新的应用。例如，近些年，激光 3D 打印技术的发展异常迅猛，将激光加工应用从传统的减材制造推向增材制造，实现了金属、陶瓷、玻璃、高分子等多种材料的三维结构与器件的直接打印，乃至多种材料的异质打印，为高精密复杂器件与设备的快速一体化制造开辟了一条全新的途径，为低成本个性化定制带来了更大的可能性。

随着新型激光器的出现、超快超强激光技术的发展、激光与物质相互作用新现象新机理的发现和揭示及激光新应用场景的不断涌现，激光在极端场强物理、超快物理、高端制造、智能制造、精密制造等领域的作用将更为突出，将在推动人类对极端条件下材料结构与物理规律的认知、创新型国家建设和提升国际产业竞争能力中发挥重要作用，可助力完成"中国制造 2025"目标，实现中国制造向中国智造的转变。

参 考 文 献

[1]　Maiman T H. Stimulated optical radiation in ruby. Nature，1960，187（4736）：493-494.

[2]　Zewail A H，de Schryver F C，de Feyter S，et al. Femtochemistry. New York：Wiley-VCH Verlag Gmb H，2001.

[3]　Strickland D，Mourou G. Compression of amplifed chirped optical pulses. Optics Communications，1985，56（3）：219-221.

[4]　Ashkin A. Acceleration and trapping of particles by radiation pressure. Physical Review Letters，1970，24（4）：156.

[5]　Ashkin A，Dziedzic J M，Bjorkholm J E，et al. Observation of a single-beam gradient force optical trap for dielectric particles. Optics Letters，1986，11（5）：288-290.

[6]　Guo B，Xiao Q L，Wang S H，et al. 2D layered materials：Synthesis，nonlinear optical properties，and device applications. Laser & Photonics Reviews，2019，13（12）：1800327.

[7]　Woodward R I，Howe R C T，Hu G，et al. Few-layer MoS$_2$ saturable absorbers for short-pulse laser technology：Current status and future perspectives. Photonics Research，2015，3（2）：A30-A42.

[8]　Liu H，Zheng X W，Liu M，et al. Femtosecond pulse generation from a topological insulator mode-locked fiber laser. Optics Express，2014，22（6）：6868-6873.

[9]　Danson C，Hillier D，Hopps N，et al. Petawatt class lasers worldwide. High Power Laser Science and Engineering，2015，3：e3.

[10]　李儒新. 上海超强超短激光实验装置研制进展. 强激光与粒子束，2020，32（1）：011002.

[11]　Danson C N，Haefner C，Bromage J，et al. Petawatt and exawatt class lasers worldwide. High Power Laser Science and Engineering，2019，7：e54.

[12]　李儒新，冷雨欣，徐至展. 超强超短激光及其应用新进展. 物理，2015，44（8）：509-517.

[13]　Yoon J W，Kim Y G，Choi I W，et al. Realization of laser intensity over 10^{23} W/cm^2. Optica，2021，8（5）：630-635.

[14]　Krausz F，Ivanov M. Attosecond physics. Review of Modern Physics，2009，81（1）：163-234.

[15]　Diddams S A，Vahala K，Udem T. Optical frequency combs：Coherently uniting the electromagnetic spectrum. Science，2020，369（6501）：eaay3676.

[16]　刘军，曾志男，梁晓燕，等. 超快超强激光及其科学应用发展趋势研究. 中国工程科学，2020，22（3）：42-48.

[17]　Gaafar M A，Rahimi-Iman A，Fedorova K A，et al. Mode-locked semiconductor disk lasers. Advances in Optics and Photonics，2016，8（3）：370-400.

[18]　Mourou G，Brocklesby B，Tajima T，et al. The future is fibre accelerators. Nature Photonics，2013，7：258-261.

[19]　Chang G Q，Wei Z Y. Ultrafast fiber lasers：An expanding versatile toolbox. Iscience，2020，23（5）：101101.

[20]　王井上，张瑶，王军利，等. 飞秒光纤激光相干合成技术最新进展. 物理学报，2021，70（3）：7-18.

[21]　Grebing C，Müller M，Buldt J，et al. Kilowatt-average-power compression of millijoule pulses in a gas-filled multi-pass cell. Optics Letters，2020，45（22）：6250-6253.

[22]　Fsaifes I，Daniault L，Bellanger S，et al. Coherent beam combining of 61 femtosecond fiber amplifiers. Optics

Express，2020，28（14）：20152-20161.

[23] Chen R Z，Chang G Q. Pre-chirp managed divided-pulse amplification using composite birefringent plates for pulse division and recombination：En route toward GW peak power. Optics Express，2021，29（5）：6330-6343.

[24] Kienel M，Müller M，Klenke A，et al. 12 mJ kW-class ultrafast fiber laser system using multidimensional coherent pulse addition. Optics Letters，2016，41（14）：3343-3346.

[25] Wirth A，Hassan M T，Grguraš I，et al. Synthesized light transients. Science，2011，334（6053）：195-200.

[26] Hassan M T，Luu T T，Moulet A，et al. Optical attosecond pulses and tracking the nonlinear response of bound electrons. Nature，2016，530（7588）：66-70.

[27] Klenke A，Müller M，Stark H，et al. Coherently combined 16-channel multicore fiber laser system. Optics Letters，2018，43（7）：1519-1522.

[28] 沈德元，范滇元. 中红外激光器. 北京：国防工业出版社，2015.

[29] Zhao K，Zhong H Z，Yuan P，et al. Generation of 120 GW mid-infrared pulses from a widely tunable noncollinear optical parametric amplifier. Optics Letters，2013，38（13）：2159-2161.

[30] Andriukaitis G，Balčiūnas T，Ališauskas S，et al. 90 GW peak power few-cycle mid-infrared pulses from an optical parametric amplifier. Optics Letters，2011，36（15）：2755-2757.

[31] Liu J S，Ma J G，Wang J，et al. Toward terawatt few-cycle pulses via optical parametric chirped-pulse amplification with oxide crystals. High Power Laser Science and Engineering，2019，7（4）：04000e61.

[32] Antipov S，Hudson D D，Fuerbach A，et al. High-power mid-infrared femtosecond fiber laser in the water vapor transmission window. Optica，2016，3（12）：1373-1376.

[33] Ma J，Qin Z P，Xie G Q，et al. Review of mid-infrared mode-locked laser sources in the 2.0 μm～3.5 μm spectral region. Applied Physics Reviews，2019，6（2）：021317.

[34] Seidel M，Xiao X，Hussain S A，et al. Multi-watt，multi-octave，mid-infrared femtosecond source. Science Advances，2018，4（4）：eaaq1526.

[35] di Piazza A，Müller C，Hatsagortsyan K Z，et al. Extremely high-intensity laser interactions with fundamental quantum systems. Reviews of Modern Physics，2012，84（3）：1177.

[36] Blaga C I，Xu J，di Chiara A D，et al. Imaging ultrafast molecular dynamics with laser-induced electron diffraction. Nature，2012，483（7388）：194-197.

[37] Popmintchev D，Hernández-García C，Dollar F，et al. Ultraviolet surprise：Efficient soft X-ray high-harmonic generation in multiply ionized plasmas. Science，2015，350（6265）：1225-1231.

[38] Perry M D，Mourou G. Terawatt to petawatt subpicosecond lasers. Science，1994，264（5161）：917-924.

[39] Nie Z，Pai C H，Hua J F，et al. Relativistic single-cycle tunable infrared pulses generated from a tailored plasma density structure. Nature Photonics，2018，12（8）：489-494.

[40] Popmintchev T，Chen M C，Popmintchev D，et al. Bright coherent ultrahigh harmonics in the keV X-ray regime from mid-infrared femtosecond lasers. Science，2012，336（6086）：1287-1291.

[41] Genty G，Salmela L，Dudley J M，et al. Machine learning and applications in ultrafast photonics. Nature Photonics，2021，15（2）：91-101.

[42] Tünnermann H，Shirakawa A. Deep reinforcement learning for coherent beam combining applications. Optics Express，2019，27（17）：24223-24230.

[43] Wang D，Du Q，Zhou T，et al. Stabilization of the 81-channel coherent beam combination using machine learning. Optics Express，2021，29（4）：5694-5709.

[44]　Shpakovych M，Maulion G，Kermene V，et al. Experimental phase control of a 100 laser beam array with quasi-reinforcement learning of a neural network in an error reduction loop. Optics Express，2021，29（8）：12307-12318.

[45]　Djordjević B Z，Kemp A J，Kim J，et al. Modeling laser-driven ion acceleration with deep learning. Physics of Plasmas，2021，28（4）：043105.

[46]　张建敏. 我国激光技术与应用 2035 发展战略研究. 中国工程科学，2020，22（3）：1-6.

[47]　Sun K，Tan D Z，Fang X Y，et al. Three-dimensional direct lithography of stable perovskite nanocrystals in glass. Science，2022，375（6578）：307-310.

第2章

激光与物质的相互作用机理

2.1 ▷ 引言

超快激光具有超高的峰值功率密度（可达 10^{14} W/cm^2 以上），可以在聚焦区域产生极端强电场，其与物质相互作用时具有非常强的非线性特性。同时，所产生的电场强度已经大于原子的内电场，能够超过价带电子的束缚力，使分子、原子的电子体系发生巨大变化[1]。超快激光与物质相互作用还具有其他有益的特性，如热影响区域小、强烈的非线性效应导致超越衍射极限的光学响应、优秀的空间选择性等。因此，超快激光与物质相互作用研究受到了极大的关注。超快激光也被视为是一种非常通用且有力的研究物质在极端复合场（包括光场、电磁场、温度场乃至压力场）中的性质和行为及其演变的工具，并被广泛用于功能材料与结构的加工和制造。

激光与物质相互作用，首先是物质对激光能量的吸收（第一阶段），然后是能量在物质内部的扩散及物质结构变化（第二阶段），这其中就涉及激光物理、原子与分子物理、等离子体物理及固体物理等多学科交叉领域。

超快激光照射固体材料时，会发生反射、散射和吸收等现象。其中电子通过单光子吸收、多光子吸收、隧道电离、雪崩电子等方式被激发到高能级。随后，电子和材料的性质会随着时间的延长而发生复杂的演化，如图 2-1 所示，在约 10^{-14} s 时间内，电子的自旋-自旋弛豫会导致受激态的相位发生改变，并产生电子退相，随后的电子-电子散射带来电子能级分布的改变，在 10^{-13} s 时间尺度内，电子达到准热平衡，此时，激发态电子的温度远远高于周围晶格的温度[1]。电子的能量会通过电子-声子相互作用的方式传输到周围晶格，这个过程发生在 $10^{-13}\sim 10^{-12}$ s 时间内，随后能量再以声子-声子相互作用使周围晶格温度进一步升高，激光能量和晶格温度会在约 10^{-12} s 的时间段内达到热平衡状态[1]。

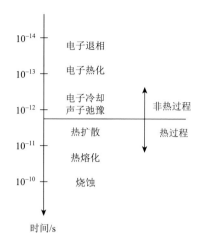

图 2-1　超快激光与物质相互作用的第二阶段过程各种现象发生的时间尺度[1]

一般情况下，具有高激发能的电子转变为热的时间尺度约为 1 ps。光热过程中，被照射的衬底中的电子首先吸收入射激光的能量，在较短时间内通过强碰撞将吸收的能量转移到原子中，导致衬底温度升高。当辐照基板表面温度升高到熔点甚至气化点时，基板会由固体向液体或气体转变，并产生等离子体。以金属材料为例，光子的能量被电子吸收，传导电子的动能增加，从而导致传导电子的温度升高。通过电子和声子之间的相互作用，吸收的能量转移到金属晶格中。对于绝缘材料，由于带隙能量小于入射光子能量，这种材料对入射光基本是透明的。因此，激光与绝缘材料之间的相互作用在足够引起多光子吸收的高激光强度下实现，在这种情况下辐照区域可以产生高浓度的传导电子，这使得光和绝缘材料之间的相互作用变得类似于金属和半导体。

激光与物质相互作用时，其关键性机理、过程及现象都与激光的脉宽有着重要的关系，对于纳秒激光而言，其脉宽要长于热扩散时间，故在激光脉冲与物质相互作用的时间内，电子-声子、声子-声子等相互作用已经开始，从而导致明显的热扩散和熔化现象。所以纳秒激光照射固体靶材时，往往会留下明显的熔融物质结构。类似地，皮秒激光也会诱导热熔融结构的产生，如图 2-2 所示[2]。

飞秒激光与物质的相互作用则不同，由于飞秒激光的时间尺度较短（约 10^{-15} s），能量密度较高，因此在与靶材料的相互作用中往往施加极端条件（>10^{14} W/cm^2），飞秒激光可以聚焦到纳米空间尺寸（约 10^{-9} m）。其作用过程能量的吸收只发生在局部区域，使温度迅速升高，以至于在没有发生明显的热扩散也没有达到热平衡时，物质直接等离子体化或者气化，而没有产生熔融现象。飞秒激光器的非线性（多光子等）吸收使其突破了传统制备方法的限制，导致的非平衡吸收（电子间非平衡、电子-晶格非平衡等）和非热相变（库仑爆炸、静电剥离等）可以最大限度

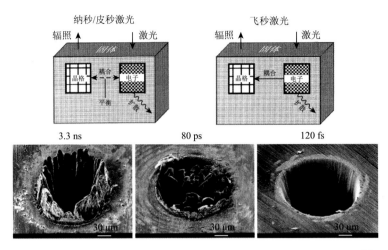

图 2-2　不同脉宽的激光与物质相互作用的过程及所诱导的表面结构[2]

地减少热影响区、裂纹和重铸层[1]。飞秒激光器可以高质量、高精度地实现复杂结构的加工。飞秒激光的这些特性导致了新的制造理念、原理、方法和技术的发展，支持了大量的制造应用，如过程和自动化技术、信息技术、电信技术、生物技术，以及制药、航空航天和环境行业[3-5]。

　　超快激光与物质相互作用的过程和机理也与其他参数有关，如重复频率、脉冲能量等。如果重复频率足够高或者脉冲能量足够大，飞秒激光也可能在局部区域产生熔融效应，类似于皮秒和纳秒脉冲激光。超快激光与物质相互作用的过程中，会存在复杂而快速的温度变化、等离子体的产生及结构演化等，目前，科学家们开发了不少超快探测技术，如时间分辨泵浦探测阴影成像技术、超快连续光学成像技术和四维超快扫描电子显微镜技术等来探究这些过程，从而揭示超快激光与物质相互作用机理[6]。本小节将重点介绍超快激光（主要是飞秒激光）与不同物质相互作用的现象与机理。

2.2　与金属材料的相互作用

2.2.1　基本原理

　　激光辐照金属材料的理论基础与激光脉宽高度相关，本小节分别以纳秒量级和飞秒量级的脉冲激光为例进行说明。图 2-3 显示了纳秒和飞秒量级的激光辐照金属表面时，在对应时间尺度范围内的作用过程，包括激光在表面的吸收和材料激发、温度上升和表面熔化、烧蚀和等离子体形成、激光-等离子体相互作用

（纳秒激光）、冲击波的形成等过程[7]。在飞秒激光辐照的情况下，等离子体在飞秒脉冲作用完成后才形成。而在纳秒激光辐照的情况下，等离子体在纳秒激光脉冲作用过程中形成，一部分的脉冲能量用于加热等离子体。由于在纳秒激光脉冲作用过程中形成的等离子体会阻碍靶材对脉冲激光能量的吸收，因此在使用纳秒激光辐照靶材时，需要合理选择激光波长来降低辐照过程中的脉冲能量损失[7]。不同金属的电子-离子能量转移时间在 $1\sim10$ ps 之间，与热传导时间的量级相同，而飞秒脉冲激光的超短作用时间远小于这一时间量级，因此能明显减少热效应。

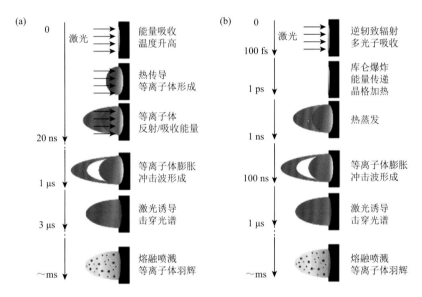

图 2-3　纳秒激光（a）和飞秒激光（b）在室温环境下的激光能量吸收和烧蚀的近似时间尺度及伴随的过程[7]

　　在脉冲激光烧蚀过程中，不同的脉宽决定了不同的激光与物质相互作用机理。对于微米和纳秒级的短激光脉冲，主要发生了热传导、熔化、蒸发和等离子体形成[对比图 2-3（a）][7]。根据所达到的温度，材料熔化、蒸发或转移到等离子态。烧蚀是由蒸发和熔体排出共同决定的。烧蚀机理主要取决于脉宽和脉冲能量。当入射激光的脉宽达到皮秒甚至飞秒量级时，传统的光与物质相互作用模型不再完全适用。由于超短脉冲激光的极端强度，非线性多光子吸收过程增加了能量吸收，在超快激光烧蚀过程中，靶材表面压力、密度和温度会剧烈变化，电离物质被加速至高速。由于激光与物质的相互作用时间极短，材料不能连续蒸发，而是转变为过热的液体状态。这合并成液滴和蒸气的高压混合物，迅速膨胀[对比图 2-3（b）]。这一机理被广泛称为相爆炸。

2.2.2 纳秒激光与金属相互作用

在激光辐照区域材料内部，金属表面吸收的激光能量通过电子-声子耦合被转移至晶格，由于纳秒脉冲持续时间远长于电子-晶格弛豫时间，这种情况导致在特征温度下加热和相变。

当输入的激光能量超过材料的熔化阈值时，金属就会发生熔化和再凝固的过程。在纳秒激光与金属相互作用的情况下，激光脉冲的持续时间远长于电子冷却速率（1 ps）[8, 9]。吸收的激光能量先将目标表面加热到金属熔点，然后加热到气化温度，这个过程可以去除金属材料，在金属表面烧蚀形成微坑。

纳秒激光的烧蚀过程主要是能量的线性吸收过程，该过程在很大程度上是由于其产生的热效应。一般，纳秒脉冲激光与金属作用过程中等离子体的形成可以分为两个阶段，即激光照射时等离子体的初始形成和随后在激光辐照下等离子体的膨胀过程。在电子-晶格能量传输机理下，纳秒激光与辐照区域金属相互作用，当目标区域温度超过金属的沸点时，在形成熔池的同时一部分金属气化[10]。然后，熔化的金属粒子在急剧膨胀的等离子体的作用下从金属靶材中喷出，对熔池产生反冲力。该力对熔池的流动产生影响，最终形成了具有重铸层结构的表面形貌。随着输入的激光能量增加，反冲力逐渐增大，并逐渐成为影响熔池流动的主导因素，熔化的材料以形成熔融液体的方式在反冲力作用下被喷射到边缘。由于熔融金属的重力作用，聚集在边缘的液体倾向于向熔池的中心移动，但由于熔融金属的冷却时间远小于脉冲作用时间，移动的液体在边缘凝固成突起结构，形成类似于火山口的形貌[10]，如图 2-4 所示。

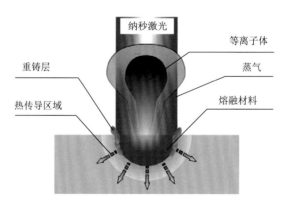

图 2-4　空气中纳秒激光与材料相互作用的示意图[10]

基于激光与金属相互作用时这种独特作用机理，近年来，一种利用脉宽为纳秒甚至皮秒量级的脉冲激光进行微烧蚀的方法，被用于包括钛在内的许多金属材料的表面制备周期性微纳结构，这类方法统称为激光表面织构技术[11-13]。该方法的优点是在激光照射下在沟槽边缘形成局部多尺度（从纳米到微米尺度）的粗糙结构，在金属表面纹理化、金属极端润湿性表面制备方面具有较大的应用潜力[14, 15]。

2.2.3 飞秒激光与金属相互作用

飞秒激光照射金属表面，光子与自由电子相互作用，能量通过逆轫致辐射传递到电子系统，电子之间的碰撞导致它们在大约 100 fs 的时间尺度上进行热传递。随后，电子系统将能量传输到晶格（离子）并激发离子系统的振动，导致金属温度升高。与低质量的电子不同，质量较重的金属离子不能直接吸收光子能量，因为它们不能跟随电磁场的快速振荡。所以在该过程中，大多数情况下能量是通过电子间的碰撞吸收。但最终晶格会通过与高能电子的碰撞而升温。由于离子质量远大于电子质量，每次电子与晶格碰撞只能交换很小一部分能量[16]。当电子-声子弛豫时间超过电子或离子的碰撞时间，电子系统和晶格之间的热力学平衡只能在多个电子-声子弛豫时间之后才达到。因此，在飞秒激光加工过程中，晶格温度保持较低，所以飞秒激光加工金属又称为冷加工。

由前面所述可知，区分超快和经典平衡加热的最重要的度量是电子-声子耦合时间，这是加热晶格的特征时间。电子-声子耦合时间可通过 $\tau = C_p / \gamma$，其中 C_p 为离子系统的热容，γ 为电子-声子耦合常数，这两个值都取决于材料本身的性能[9]。对于金属及其合金，电子-声子耦合时间在几百飞秒到一百皮秒之间。纯金的电子-声子耦合时间甚至在 115 ps 左右，如表 2-1 给出的示例值。对于合金，电子-声子耦合时间可能不同于形成合金的原始元素，例如，对于 AISI 304 不锈钢，电子-声子耦合时间为 0.5 ps，而纯铁的为 1.3 ps[17-22]。

表 2-1 室温下不同纯金属的电子-声子耦合时间[17-22]

材料	电子-声子耦合时间/ps	材料	电子-声子耦合时间/ps
银	84.3	铁	1.3
铝	4.5	铂	2.2
金	115.5	钛	1.9
铜	57.5	钨	12.1

2.2.4 飞秒激光与材料作用理论模型

飞秒激光与材料的相互作用是一个复杂的超快非线性过程，不同的理论模型在时间和空间尺度上都有其局限性。仅凭单一的理论模型很难完全解释整个过程。为了简化理论解释过程，将整个激光与材料相互作用系统分为电子系统、离子或分子系统、等离子体系统等几个子系统。研究者提出了多种数学模型，如双温模型（TTM）、分子动力学（MD）模型、流体动力学（HD）模型和混合数学模型来模拟激光-金属相互作用的过程。金属的最重要特征之一就是在导带中存在大量的自由电子。这些电子可以通过逆轫致辐射的方式吸收激光的能量从费米能级之下跃迁到费米能级之上。由于电子的比热容要远小于晶格的，在超快激光脉冲照射之后，电子的温度（T_e）迅速上升，而周围晶格的温度（T_i）要远低于电子的温度。于是 Chichkov 等[9]就提出了经典的双温模型来描述飞秒激光与物质相互过程和机理。

$$C_e \frac{\partial T_e}{\partial t} = -\gamma(T_e - T_i) - \nabla(k_e \nabla T_e) + S \tag{2-1}$$

$$C_i \frac{\partial T_i}{\partial t} = \gamma(T_e - T_i) \tag{2-2}$$

式中，∇ 为哈密顿算符梯度；S 为激光热源项；C_e 和 C_i 分别为电子和晶格的热容；T_e 和 T_i 分别为电子和晶格的温度；k_e 为电子热导率；γ 为电子-声子耦合因子。在约 1 ps 时间，电子通过与声子之间的相互作用将热量输出到晶格。当 $C_i T_i$ 大于 $\rho\Omega$ 时（ρ 为金属密度，Ω 为单位体积蒸发所需的能量）金属就会蒸发。

发生强烈蒸发的条件可用以下公式来表达[9]：

$$F \geqslant F_{th} e^{\alpha z} \tag{2-3}$$

$$F_{th} = \rho\Omega / \alpha \tag{2-4}$$

式中，F 为激光能量密度；α 为材料的吸收系数；z 为与靶材表面垂直的激光传播方向的深度；F_{th} 为激光诱导直接蒸发的通量阈值。由于热平衡时间和电子-声子相互作用的强度不一样，实际的作用过程与材料及激光参数有重要关系。Mueller 和 Rethfeld[23]考虑了玻尔兹曼碰撞积分，研究了飞秒激光与铝、金及镍三种金属相互的动力学过程，并发现电子态密度对激发和热平衡过程有很大影响。对于铝和金而言，电子温度的升高会导致更多的电子与声子发生耦合作用，也因此电子-声子耦合作用会随着激光强度和电子温度升高而增强。镍则相反，费米边缘的大量 d 电子导致电子-声子耦合作用随着电子温度升高而减弱。实际上，铝与金的情况也有所不同。当飞秒激光照射铝时，其电子的行为类似于自由电子气。而金的 d 能级电子被激发到高于其化学势，从而极大地改变了激发态电子的布局情况，并增强电子与声子之间的耦合作用[23]。另外，金的 d 能级在能量上要低于 s 能级，在一定的飞秒激光激发下，d 能级的电子可以被激发到位于费米能级之上的 s 能级，这个过程是不能用传统的 Drude 模型来描述的[24]。

分子动力学模型由 Alder 于 1959 年首次提出，被广泛应用于物理、化学和生物学研究[25]。在分子动力学仿真中，利用计算机计算运动轨迹对原子和分子系统进行了分析，可以模拟超快激光脉冲辐照引起的高度非平衡态和快速相变。该仿真方法的优点是只需要原子间相互作用的细节，并且不需要对所研究过程的特征做出假设。分子动力学模拟可以提供一个明确的材料结构变化的在原子层面的表示，如熔化、气化、散裂和膨胀等过程[26, 27]。

分子动力学模型可以对双温模型不能解释的微观机理进行分析。Nedialkov和 Atanasov[28]使用了经典的分子动力学模拟对超短激光与金属相互作用的过程进行仿真，获得了与实验结果吻合较好的关于辐照区域结构演变的仿真结果。Xiong 等[29]使用分子动力学模拟研究了单晶铜在飞秒激光诱导的冲击压缩下的瞬态相变过程。由于超快激光脉冲引起的压缩应力波的传播和衰减，单晶铜呈现出明显的结构相变过程，即首先是面心立方（fcc）→ 体心立方（bcc），其次是bcc → fcc，再次是 fcc →六方密排（hcp），最后是一些 hcp → fcc。

虽然双温模型和分子动力学模型在超短激光材料中得到了广泛的应用，但它们具有一定的内在局限性。经典的分子动力学模型仅能考虑到晶格间的相互作用，而忽略了电子系统能量传递的影响，仿真过程并不能反映出材料内部电子对激光能量的吸收和电子-声子的能量耦合过程[30]。如前所述，分子动力学模型适用于模拟快速非平衡过程，因此可以提供微观下激光与金属之间的相互作用的仿真。飞秒激光与金属之间的相互作用过程是复杂的，它涉及相交换、物质蒸发、物质喷射及等离子体的形成和膨胀等。所有这些特征都与动力学行为有关。在此讨论的基础上，一个旨在克服这些限制并结合了双温模型和分子动力学模拟过程优点的仿真模型被研究者开发，使用双温模型来描述辐照过程中电子系统吸收激光能量，电子-声子的耦合过程及能量在电子-电子和电子-晶格中的传导过程，然后通过分子动力学仿真晶格过热、熔化和烧蚀等非平衡过程，可用以下公式来表达[30]：

$$C_e(T_e)\frac{\partial T_e}{\partial t}=\frac{\partial}{\partial z}\left(k_e\frac{\partial}{\partial z}T_e\right)-g(T_e-T_1)+s(z,t) \tag{2-5}$$

$$F_i=m_i\frac{\mathrm{d}^2 r_i}{\mathrm{d}t^2}-\zeta m_i v_i^{\mathrm{T}} \tag{2-6}$$

$$\zeta=\frac{1}{n}\sum_{k=1}^{n}gV_n(T_e^k-T_1)/\sum_i m_i(v_i^{\mathrm{T}})^2 \tag{2-7}$$

式中，k_e 为电子热导率；g 为电子-声子耦合常数；T_1 为晶格温度；s 为单位时间的吸收激光能量密度；V_n 为单元体积；m_i、r_i 分别为原子 i 的质量和位置；F_i 为作用在原子 i 上的力；式（2-5）中的第二项表示电子对原子运动的贡献；ζ 为单位体积中每个单元的系数；v_i^{T} 为电子运动引起的原子热速度；T_e^k 为平均电子温度。

Sonntag 等[31]结合双温模型、分子动力学模型，模拟研究了飞秒激光烧蚀铝的过程，同时求解两个方程：一个用于电子系统，描述激光能量吸收和热传导，另一个用于发生烧蚀过程的晶格动力学。对于电子温度，通过应用有限差分方案求解广义热传导方程。对于晶格属性，如压力、密度或温度，使用分子动力学来仿真。通过引入电子-声子耦合项，允许子系统之间的能量转移，获得了原子尺度下烧蚀过程的模拟结果。类似地，Povarnitsyn 等[32]采用两种混合模拟的方法对飞秒激光烧蚀大块铝靶进行了模拟。第一种方法是双温度流模型加上流体力学，由双温度状态方程完成。第二种方法是结合分子动力学和自由电子经典热传导模型。模拟结果在 $0.1 \sim 20$ J/cm² 的能量密度范围内，与烧蚀坑深度的实验结果吻合较好。分子动力学模型精确地再现了非平衡相变。流体力学模型在相爆炸和散裂动力学方面与分子动力学方法具有良好的定性一致性。这两种方法均可以更好地理解超快激光烧蚀现象，未来可能将分子动力学和流体力学仿真结合使用。

此外，飞秒电子衍射法及泵浦探测光谱等表明，只要脉冲能量合适，飞秒激光（如重复频率 1 kHz，脉宽 40 fs，脉冲能量 0.5 mJ）与金属相互作用时也可以产生明显的固态到液态的相变过程。熔融与光致分裂、相爆炸等也可能同时发生[27, 33, 34]。因此，Tan 等[35]提出对超快激光-物质相互作用热效应进行控制，可以适应多种加工需要，不仅仅局限于传统上的冷加工思维。正因为超快激光与金属相互作用的复杂性，对其超快过程的理解仍然远远不够，还需要更多理论和实验研究来进一步全面揭示这一现象背后的机理。

2.3 与半导体材料的相互作用

飞秒激光加工非金属材料的过程主要分为两部分。第一个过程是电离，涉及光电离和碰撞电离机理。光电离包括多光子电离和隧道电离。对于半导体材料，其特征是在价带和导带之间存在一定的间隙，即半导体带。对于具有间接带隙的半导体，如硅，能量大于带隙的单光子吸收仍然会发生，但这个过程中声子的辅助是必要的。而如果半导体能带宽度对应的能量大于激光光子能量，需要多个光子才能将价带中的电子激发到导带中，即多光子电离过程，该过程的示意图如图 2-5（c）所示，如氧化锌（ZnO）[36]。隧道电离是由飞秒激光作用于非金属材料时产生超强电磁场的情况下导致原子库仑势垒降低，如图 2-5（b）所示，在库仑势垒降低后，价带电子发生隧穿效应而通过势垒，由束缚态进入连续态转移到导带变成自由电子。

碰撞电离不同于光电离，低能的自由电子吸收一个以上的光子并且在传导过程中转变为高能自由电子并与其他电子碰撞，在这种情况下，只要这些电子的能量足够高，不仅可以形成等离子体，还可以通过碰撞电离的方式进一步将更多的电子从价带激发到导带[37]，如图 2-5（d）所示。在这个过程中，处于导带高能级的自由电子通过逆韧致辐射的方式吸收高强度激光光子能量，从而被加速并获得

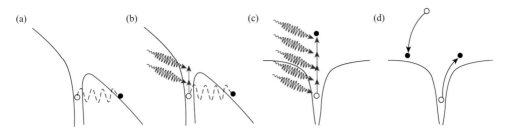

图 2-5　超快激光诱导的几种不同的电离过程

（a）隧道电离；（b）隧道&多光子电离；（c）多光子电离；（d）碰撞电离

动能。当其动能大到足以摆脱原子本身的束缚时，便可能与其他原子发生碰撞，将能量传给价带电子，并使其激发到导带，成为自由电子。当激光强度非常强时，这一过程可能重复发生引起连锁反应，非常类似于雪崩，导致自由电子在短时间内呈指数型增加，所以这种碰撞电离过程也称为雪崩电离。雪崩电离与种子自由电子的密度有重要关系，其概率随着种子自由电子密度增加而增加。Lenzner 等[38]提出种子自由电子是由多光子电离或隧道电离产生的，它们在激光辐照产生的电磁场被加速通过撞击产生雪崩电离。Leyder 等[39]使用脉宽为 130 fs、波长为 1.3 μm 的飞秒激光对掺杂浓度范围为 $10^{13} \sim 10^{18}$ cm^{-3} 的 n 型掺杂硅进行烧蚀的研究，发现材料的非线性吸收系数与掺杂浓度无关，结果表明对于高达 10^{18} cm^{-3} 的掺杂浓度，多光子电离可能是种子自由电子产生的主要途径。更多研究证明光电离过程提供用于碰撞电离的种子自由电子，早期的研究课题发现材料中的杂质或缺陷状态可以在加热条件下提供种子自由电子形成碰撞电离，但这个过程中产生的种子自由电子很少[40]。另一方面，种子自由电子也可来源于隧穿效应，如图 2-5（a）所示。当超快激光场强将库仑势垒降到足够低时，价带电子就可以通过隧道效应变成导带中的自由电子。

　　第二个过程是相变。在第一个过程电离之后，大量游离电子在材料内部积聚，因此，非金属材料表现出瞬态金属特性，如 Si 和 GaAs[23, 41]，然后自由电子与晶格的相互作用导致相变。当晶格温度升高时高于材料的熔点时，材料的主要相变机理为熔化[42, 43]。非热过程也可能产生相变，其变化基于等离子体膨胀，晶格受到挤压，材料内部发生结构转变，形成不定形态结构。

　　当半导体材料受到来自吸收带边内波长的激光辐照时，半导体材料的吸收系数会发生热提升效应。半导体材料的吸收系数与激光光子能量之间的能量依赖关系（光子能量小于带隙）可以用 Urbach 公式描述[44]：

$$\alpha(E) \approx \alpha_k \exp\left(-\frac{E_G - E}{W}\right) \tag{2-8}$$

式中，E 为光子能量；E_G 为半导体材料的带隙能；α_k 为当 $E = E_G$ 时材料的吸收系数；W 为乌尔巴赫能量。

室温条件下材料的带隙能为 E_{G0}，E_G 与升高的温度 ΔT 的函数关系如下[45]：

$$E_G \approx E_{G0} - \xi \Delta T \tag{2-9}$$

式中，ξ 为带隙的温度变化系数。

联立方程可知，吸收系数随着材料的温度升高呈现指数上升，当激光辐照半导体材料时，吸收迅速增加，从而进一步提高材料对激光能量的吸收。

2.4　与电介质材料的相互作用

2.4.1　基本原理

电介质材料的价带和导带之间的带隙能一般要远远大于超快激光光子的能量，所以多光子吸收是产生超快激光诱导绝缘体材料发生结构变化的重要机理。所需要的光子数（n）遵从 $nh\nu \geqslant E_G$，ν 为激光频率。多光子吸收产生的自由电子数与激光强度呈现非常强的非线性关系。另外，雪崩电离和隧穿效应等也可以带来自由电子的大量增加，从而增强超快激光与绝缘体之间的相互作用。要在宽禁带绝缘体中产生足够多的自由电子，单纯依赖于多光子激发的效率往往很低。所以通过掺杂的方式引入种子电子，让雪崩电离发生的概率增加。超快激光在照射绝缘体的时候本身也能引入一定的缺陷结构。超快激光辐照也能诱导高温热效应，从而通过热激发的方式产生自由电子[35]。另外，隧穿效应与多光子电离存在竞争关系，如图 2-5 所示。两者之间发生的概率与 Keldysh 参数 $r_k = \omega(2m \cdot E_G) / Ee$ 有关，其中 m 和 e 分别为电子的有效质量和电子能量[46]，E 为电场在频率 ω 下的振幅。当 $r_k \leqslant 1.5$ 时，隧道电离占主导地位；反之，多光子电离为主。一旦产生足够多的自由电子之后，电介质中电子和温度的演化过程就与前面的金属和半导体类似。

2.4.2　与透明玻璃材料相互作用

当电介质为透明的玻璃或者晶体时，超快激光就可以对其进行三维加工。超快激光在玻璃体内诱导折射率变化，操控掺杂离子价态，形成周期性自组装结构，析出晶体结构，产生色心、微孔洞与气泡等多种现象和结构[47-52]。因此，超快激光已被广泛用于在玻璃内部构建三维功能结构和器件，如光波导及光互连器件、光存储器件、光子晶体、非线性光学器件等[53, 54]。

近二十年来，飞秒激光与透明物质的相互作用得到了广泛的研究。当飞秒激光脉冲照射到透明材料中时，激光能量首先被透明材料价带电子吸收，然后这些电子在皮秒时间尺度内将它们的动能转移到晶格上[55]。在几纳秒时间尺度内，急剧膨胀的等离子体形成冲击波从焦点处向外扩散。在微秒量级上，能量以热能的形式向外扩散。当输入能量足够大时，材料会发生熔化等永久性的结构变化。

理解激光脉冲能量转换为结构变化所涉及的不同时间尺度，可以解释超快激光在透明介质中诱导的多样性结构[56, 57]，例如，脉宽为飞秒量级的激光造成的损伤与脉宽大于 1 ps 的激光造成的损伤有本质区别，通过调节激光参数（脉冲能量、脉宽、重复频率、波长、偏振等），可以使辐照区域产生截然不同的结构修饰。如图 2-6 所示，超快激光辐照在透明介质中产生不同类型的现象，如光致着色、折射率变化、微孔洞[58]。

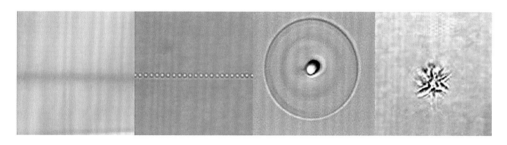

图 2-6　超快激光在透明介质中创建的不同类型的微结构[58]

从左到右依次为：光致着色、折射率变化、微孔洞、微裂纹

色心是一个点晶格缺陷，由一个空负离子位点和一个电子结合在该位点上，可以在室温下通过超快激光辐照在各种介质中产生。色心捕获的电子或者空穴可以发生跃迁从而吸收特定波长的光而具有颜色，使透明材料着色。Lonzaga 等[59]利用波长为 800 nm 的飞秒激光在钠钙玻璃内成功着色（变暗），并在此基础上通过波长为 633 nm 的超快激光时间分辨光谱对辐照过程实时监测，进一步提出了该玻璃色心形成机理，认为色心的形成是由于辐照区域在非线性吸收过程中产生带电载流子的移动，这些带电载流子相互作用形成了捕获的空穴中心（H^{3+}）。通过形成图案化色心，可以在钠钙玻璃中快速、容易地获得衍射光栅。Dickinson 等[60]研究了飞秒激光照射产生的钠钙玻璃和单晶氯化钠在从微秒到数百秒的不同时间尺度上的色心的演化过程。他们发现在激光辐照这两种材料的过程中色心缺陷的产生和湮灭是不断交替进行的，而在钠钙玻璃中缺陷的湮灭似乎受到这种材料不同寻常的玻璃网络结构的影响，停止激光辐照后约 30%的缺陷在长时间内仍然存在。

1996 年，H. Misawa[61]在用超快激光照射硅酸盐玻璃时，观察到由于折射率变化而形成一个亮点。在过去的二十几年中，利用近红外超快激光来修改透明材料中局域区域的折射率引起了许多关注，这主要是因为局域折射率的变化允许在玻璃介质中创建更复杂的三维光子器件，如耦合器、光栅、二进制存储元件和光子晶体等。利用该方法可以在高空间分辨率情况下在三维空间中精确调整折射率。目前，利用超快激光辐照的方法可以在透明玻璃介质中引起正的各向同性折射率或具有较低密度的孔洞状区域负折射率变化，以及具有负折射率变化的双折射自组织纳米层状结构[54, 62]。但截至目前，透明玻璃内部结构改变和伴随的折射率变化的内在机理仍然是一个悬而未决的问题，其主要的影响条件与辐照激光参数的能量密度、脉冲持续时间、波长、激光偏振态、聚焦条件和激光扫描速度均存在一定联系。综合相关的文献报道，几种机理被认为是折射率变化的原因：①热影响机理，当辐照区域的高温熔体快速淬火后可以产生高密度的局部结构[63, 64]；②非热影响机理，折射率变化来源于激光辐照区域色心的形成[65, 66]；③激光辐照产生的缺陷形成致密化区域[63, 67]；④压力波的传播，材料致密和稀疏区域的分布是由激光诱导产生压力波释放造成的[68]。

　　一方面，辐照激光的参数影响辐照区域玻璃介质折射率正或负的变化。Bhardwaj 等[69]对飞秒激光诱导折射率改变多种多组分玻璃（如硼硅酸盐、硅酸铝、重金属氧化物玻璃及硼酸镧和磷酸钠玻璃）进行了全面研究，发现单种多组分玻璃在不同的辐照条件下可以呈现负或正的折射率变化，且折射率变化剖面区域的形状随着参数的变化而变化。另一方面，他们证明了不同激光参数下多组分玻璃中的折射率变化可以是正的、负的或不均匀的。此外，折射率的变化和其变化的机理也依赖于玻璃组分成分。Bressel 等[64]报道飞秒激光辐照下 GeO_2 玻璃中形成的孔隙导致的致密化是折射率变化的原因，这与静压力下的变化非常相似。相比之下，SiO_2 玻璃的折射率变化归因于相变，即在高热淬灭速率下产生密度更大的相。Fernandez 等[70]通过飞秒激光分别在高、低两种不同 La_2O_3 含量的磷酸盐玻璃中写入结构。在富镧玻璃中，由于镧的进入迁移伴随着钾的向外扩散，观察到较大的折射率增加；而在无镧玻璃中，折射率的变化要小得多，这是由玻璃结构的重新排列引起的。这些结果证实了通过对玻璃成分的空间选择性修改可以用于实现玻璃局部区域高折射率变化的可能。虽然这一领域已经有大量的相关工作，但要进一步了解飞秒激光诱导的折射率变化还需要更多的研究。

　　在透明材料非线性吸收的作用下，微孔洞的形成在微加工和高密度光存储方面逐渐显现出了重要的应用前景，典型的孔洞结构是由密度较低的物质或孔洞组成的结构[71, 72]。超快激光在透明材料内部聚焦后，由于极高的峰值功率和较小的聚焦空间，在材料非线性吸收的作用下辐照区域形成高温高压的等离子体，急剧膨胀的等离子体被限制在焦点区域，这种强约束和极端条件可能导致微爆炸，最终在冷却后形成孔洞结构[73]。Juodkazis 等[74]利用飞秒激光辐照在蓝宝石晶体内获得了微孔洞结构，使用峰值功率密度达到 $10^{14}\,W/cm^2$ 飞秒激光辐照体积仅为

$0.2~\mu m^3$ 的区域，在几飞秒内该区域产生大量的高温等离子体，其压力和温度分别可高达 10 TPa（$1~TPa = 10^{12}~Pa$）和 $5 \times 10^5~K$，极高的压力可以产生强烈的冲击波并向外扩散，在快速冷却后导致在未受损区域内形成纳米孔洞。

一般情况下，玻璃是通过对过冷熔融液体进行淬火制备的，其内能介于熔融体和晶体之间，处于一种热力学亚稳态。当玻璃在外部能量的注入下被加热到玻璃化转变温度（T_g）以上时，玻璃将再次变为过冷熔体。过冷熔体的黏度随着温度的升高而降低，原子和结构单元产生移动或扩散，过冷熔体中就可能会出现热力学平衡态的结晶相[75-77]。传统的玻璃热处理析晶方法可用于制备大块均匀的微晶玻璃，理论上在化学组分和结构均匀的玻璃中，随着温度的升高，玻璃内部产生核坯，在达到临界尺寸时形成晶核，该过程称为均质形核过程。但在实际的析晶过程中，玻璃材料内部不可避免地存在一些气泡和密度不均匀等缺陷，这些缺陷的存在使得成核过程在异相界面上进行，异相界面降低了核坯形成的相变势垒，使得缺陷作为成核的优先位点形成晶核，该过程称为非均质形核，然后形成的晶核在温度场的作用下不断聚集周围的原子成长为纳米晶[75]。类似地，超快激光诱导玻璃内部析晶过程也是以非均质形核的方式进行，但与热处理方法不相同的是，其晶核形成的起始位点一部分可由激光在玻璃内部选择性形成缺陷提供，如激光辐照产生的如微裂纹和孔洞等[78-80]。另外，超快激光诱导的晶化不仅涉及温度效应，还涉及超高局域压强及电场，是一种多场耦合效应。此外，由于超快激光在玻璃内部可进行空间选择性加热的特性，其辐照的材料区域本身存在的缺陷也能在温度场作用下促进形核，最终可在辐照区域形成含纳米晶的图案化轨迹。

在超快激光与玻璃材料相互作用过程中，玻璃的原子基团间的化学键不断发生重组，最终在冷却后形成部分有序的晶体结构[81, 82]。激光诱导玻璃析晶过程中，辐照区域温度和压强同时对成核和析晶过程产生影响。在急剧膨胀的等离子体作用下，辐照区域的压强也产生了巨大的变化，研究表明，聚焦激光在玻璃内部可产生高达吉帕量级压强，甚至可达到太帕[83]，而压强的升高一般会促进晶核的形成。Buchner 等[84]的研究表明在高压强（2.5～7.7 GPa）下处理的玻璃样品产生微米尺寸的裂纹为晶核的形成提供了起始位点，导致裂纹区域的成核密度较高；另一方面，Ray 等[85]的研究表明在较高压强（1～6 GPa）条件下对玻璃样品进行热处理导致玻璃黏度的下降，提高了成核概率。目前，关于超快激光在玻璃内部产生的压强对析晶过程影响的报道较少，仍有待进一步深入研究。

在合适的温度区间内（形核和结晶速率最高对应的温度区间内），辐照区域在形核的同时晶粒长大[86, 87]。考虑到成核和晶体生长对温度的依赖性，调控超快激光聚焦于玻璃内部的温度场成为诱导玻璃析晶的关键因素。由超快激光辐照在玻璃内部形成的温度场主要是由多个脉冲辐照后形成的，当脉冲间隔小于吸收的能量在材料介质中扩散所需的时间，辐射区域内的温度分布就会受到多脉冲辐照所引起的热积累的影响[88,89]。通过调控超快激光辐照的参数，如辐照时间、脉宽和重复频率等，一方面可以在纳米晶前驱体玻璃中指定区域诱导微孔或裂纹结构，通过后续的热处理在类似结构区域形成晶核并使晶体生长；另一方面可以在玻璃内部指定空间形成稳定合适的温度场，在形核的同时使晶核进一步生长，获得由特定纳米晶构成的定制化图案。

2.4.3   与聚合物材料相互作用

近年来，聚合物材料科学迅速发展，产生了各种各样的材料，从具有简单重复单元的线形聚合物（如聚丙烯、聚碳酸酯、聚酰亚胺等）到具有支链的更复杂的聚合物[如天然聚合物（如纤维素）或三维树形结构大分子或树枝状聚合物]，再到复合材料（如交联聚合物或水凝胶和嵌段共聚物）[90-92]。与半导体材料类似，超快激光与聚合物材料相互作用的第一个过程为光电离。在光电离过程中，价电子从入射的激光光子中吸收足够的能量移动到导带变成自由电子。随着自由电子的动能增加，其后续碰撞通过逆韧致吸收导致二次电子的发射，从而导致自由电子数量的雪崩增长，最终通过熔化或气化聚合物材料的方式形成结构。

除对聚合物进行加工外，超快激光还能引起聚合物单体分子之间发生聚合反应形成大分子聚合物链或三维网络[93]。与单光子聚合的情况相比，超快激光诱导多光子聚合中的非线性效应可以超过衍射极限，从而获得亚衍射极限的空间分辨率[94]，详细的内容将在第5章说明。

2.5   总结

超快激光及其与物质相互作用包含许多理论和实验研究内容的课题，涉及物理学的许多重要分支，如激光物理、原子分子物理、非线性光学、等离子体物理、热力学等。因此，超快激光与物质相互作用的研究是物理、材料、化学等多个学科的热点领域之一。例如，超快激光光谱在低维材料分子、原子、电子、激子、声子、极化子等的动力学研究方面有着广泛的应用，为从原子、电子层面揭示材料的物理化学性质提供了强有力的技术手段，加深人类对微观世界的认识，并为操控微观粒子提供了有效的工具。超快激光也可以对材料局部结构进行高精密的改性和重构，从而赋予其新的性质和功能，精度、便捷性及可扩展性是传统技术所无法比拟的。例如，超快激光可以在透明材料内部构建多种三维微纳光学结构和器件，在光存储、光互连器件、传感器、光量子芯片等领域展现了广阔的应用前景。

参 考 文 献

[1]　von der Linde D，Sokolowski-Tinten K，Bialkowski J. Laser-solid interaction in the femtosecond time regime. Applied Surface Science，1997，109：1-10.

[2]　Lin Z Y，Hong M H. Femtosecond laser precision engineering：From micron，submicron，to nanoscale. Ultrafast Science，2021，2021：9783514.

[3]　Sima F，Sugioka K，Vázquez R M，et al. Three-dimensional femtosecond laser processing for lab-on-a-chip applications. Nanophotonics，2018，7（3）：613-634.

[4]　Hadden J P，Bharadwaj V，Sotillo B，et al. Integrated waveguides and deterministically positioned nitrogen vacancy centers in diamond created by femtosecond laser writing. Optics Letters，2018，43（15）：3586-3589.

[5]　Shimotsuma Y. Three-dimensional nanostructuring of transparent materials by the femtosecond laser irradiation. Journal of Laser Micro Nanoengineering，2006，1（3）：181-184.

[6]　Guo B S，Sun J Y，Lu Y F，et al. Ultrafast dynamics observation during femtosecond laser-material interaction. International Journal of Extreme Manufacturing，2019，1（3）：032004.

[7]　Kurita T，Mineyuki N，Shimotsuma Y，et al. Efficient generation of nitrogen-vacancy center inside diamond with shortening of laser pulse duration. Applied Physics Letters，2018，113（21）：211102.

[8]　Singh R，Narayan J. Pulsed-laser evaporation technique for deposition of thin films：Physics and theoretical model. Physical Review B，1990，41（13）：8843-8859.

[9]　Chichkov B N，Momma C，Nolte S，et al. Femtosecond，picosecond and nanosecond laser ablation of solids. Applied Physics A，1996，63（2）：109-115.

[10]　Ijaola A O，Bamidele E A，Akisin C J，et al. Wettability transition for laser textured surfaces：A comprehensive review. Surfaces and Interfaces，2020，21：100802.

[11]　Selimis A，Farsari M. Laser-based 3D printing and surface texturing. Comprehensive Materials Finishing，2017，3：111-136.

[12]　Sun K，Yang H，Xue W，et al. Tunable bubble assembling on a hybrid superhydrophobic-superhydrophilic surface fabricated by selective laser texturing. Langmuir，2018，34（44）：13203-13209.

[13]　Xu K C，Zhang C T，Zhou R，et al. Hybrid micro/nano-structure formation by angular laser texturing of Si surface for surface enhanced Raman scattering. Optics Express，2016，24（10）：10352-10358.

[14]　Yu C M，Zhang P P，Wang J M，et al. Superwettability of gas bubbles and its application：From bioinspiration to advanced materials. Advanced Materials，2017，29（45）：1703053.

[15]　Liu M J，Zheng Y M，Zhai J，et al. Bioinspired super-antiwetting interfaces with special liquid-solid adhesion. Accounts of Chemical Research，2010，43（3）：368-377.

[16]　Krüger J，Kautek W. Ultrashort pulse laser interaction with dielectrics and polymers. Polymers and Light，2004，168（3）：247-289.

[17]　Haynes W M，Lide D R，Bruno T J. CRC Handbook of Chemistry and Physics. Oxfordshire：CRC Press，2016.

[18]　Wright O B. Ultrafast nonequilibrium stress generation in gold and silver. Physical Review B，1994，49（14）：9985-9988.

[19]　Hüttner B，Rohr G. On the theory of ps and sub-ps laser pulse interaction with metals Ⅰ. Surface temperature. Applied Surface Science，1996，103（3）：269-274.

[20]　Nedialkov N N，Imamova S E，Atanasov P A. Ablation of metals by ultrashort laser pulses. Journal of Physics D：Applied Physics，2004，37（4）：638-643.

[21] Wellershoff S S，Hohlfeld J，Güdde J，et al. The role of electron-phonon coupling in femtosecond laser damage of metals. Applied Physics A：Materials Science and Processing，1999，69（7）：S99-S107.

[22] Lin Z B，Zhigilei L V，Celli V. Electron-phonon coupling and electron heat capacity of metals under conditions of strong electron-phonon nonequilibrium. Physical Review B，2008，77（7）：075133.

[23] Mueller B，Rethfeld B. Relaxation dynamics in laser-excited metals under nonequilibrium conditions. Physical Review B，2013，87（3）：035139.

[24] Rethfeld B，Ivanov D S，Garcia M E，et al. Modelling ultrafast laser ablation. Journal of Physics D：Applied Physics，2017，50（19）：193001.

[25] Battimelli G，Ciccotti G. Berni Alder and the pioneering times of molecular simulation. The European Physical Journal H，2018，43（3）：303-335.

[26] Meng B B，Yuan D D，Zheng J，et al. Molecular dynamics study on femtosecond laser aided machining of monocrystalline silicon carbide. Materials Science in Semiconductor Processing，2019，101：1-9.

[27] Zhang Z，Yang Z N，Wang C C，et al. Mechanisms of femtosecond laser ablation of Ni_3Al：Molecular dynamics study. Optics & Laser Technology，2021，133：106505.

[28] Nedialkov N，Atanasov P. Molecular dynamics simulation study of deep hole drilling in iron by ultrashort laser pulses. Applied Surface Science，2006，252（13）：4411-4415.

[29] Xiong Q L，Kitamura T，Li Z. Transient phase transitions in single-crystal coppers under ultrafast lasers induced shock compression：A molecular dynamics study. Journal of Applied Physics，2019，125（19）：194302.

[30] Li X X，Guan Y C. Theoretical fundamentals of short pulse laser-metal interaction：A review. Nanotechnology and Precision Engineering，2020，3（3）：105-125.

[31] Sonntag S，Roth J，Gaehler F，et al. Femtosecond laser ablation of aluminium. Applied Surface Science，2009，255（24）：9742-9744.

[32] Povarnitsyn M E，Fokin V B，Levashov P R. Microscopic and macroscopic modeling of femtosecond laser ablation of metals. Applied Surface Science，2015，357：1150-1156.

[33] Siwick B J，Dwyer J R，Jordan R E，et al. An atomic-level view of melting using femtosecond electron diffraction. Science，2003，302（5649）：1382-1385.

[34] Kandyla M，Shih T，Mazur E. Femtosecond dynamics of the laser-induced solid-to-liquid phase transition in aluminum. Physical Review B，2007，75（21）：214107.

[35] Tan D Z，Zhang B，Qiu J R. Ultrafast laser direct writing in glass：Thermal accumulation engineering and applications. Laser & Photonics Reviews，2021，15（9）：2000455.

[36] Chau J L H，Yang M C，Nakamura T，et al. Fabrication of ZnO thin films by femtosecond pulsed laser deposition. Optics & Laser Technology，2010，42（8）：1337-1339.

[37] Sundaram S，Mazur E. Inducing and probing non-thermal transitions in semiconductors using femtosecond laser pulses. Nature Materials，2002，1（4）：217-224.

[38] Lenzner M，Krüger J，Sartania S，et al. Femtosecond optical breakdown in dielectrics. Physical Review Letters，1998，80（18）：4076.

[39] Leyder S，Grojo D，Delaporte P，et al. Non-linear absorption of focused femtosecond laser pulses at 1.3 μm inside silicon：Independence on doping concentration. Applied Surface Science，2013，278：13-18.

[40] Eaton S M，Cerullo G，Osellame R. Fundamentals of femtosecond laser modification of bulk dielectrics. Femtosecond Laser Micromachining，2012，123：3-18.

[41] Lorazo P，Lewis L J，Meunier M. Short-pulse laser ablation of solids：From phase explosion to fragmentation.

Physical Review Letters，2003，91（22）：225502.

[42]　Ostendorf A，Kulik C，Bauer T，et al. Ablation of metals and semiconductors with ultrashort pulsed lasers：Improving surface qualities of microcuts and grooves. Commercial and Biomedical Applications of Ultrafast Lasers Ⅳ，SPIE，2004，5340：153-163.

[43]　Gamaly E G，Rode A V，Luther-Davies B，et al. Ablation of solids by femtosecond lasers：Ablation mechanism and ablation thresholds for metals and dielectrics. Physics of Plasmas，2002，9（3）：949-957.

[44]　Urbach F. The long-wavelength edge of photographic sensitivity and of the electronic absorption of solids. Physical Review，1953，92（5）：1324.

[45]　Grigorev A. Direct optical imaging of structural inhomogeneities in crystalline materials. Applied Optics，2016，55（14）：3866-3872.

[46]　Keldysh L V. Ionization in the field of a strong electromagnetic wave. Soviet Physics-JETP，1965，20：1307-1314.

[47]　Qiu J，Kojima K，Miura K，et al. Infrared femtosecond laser pulse-induced permanent reduction of Eu^{3+} to Eu^{2+} in a fluorozirconate glass. Optics Letters，1999，24（11）：786-788.

[48]　Peng M Y，Zhao Q Z，Qiu J R，et al. Generation of emission centers for broadband NIR luminescence in bismuthate glass by femtosecond laser irradiation. Journal of the American Ceramic Society，2010，92（2）：542-544.

[49]　Zhang B，Tan D Z，Liu X F，et al. Self-organized periodic crystallization in unconventional glass created by an ultrafast laser for optical attenuation in the broadband near-infrared region. Advanced Optical Materials，2019，7（20）：1900593.

[50]　Jiang X W，Qiu J R，Zhu C S，et al. Femtosecond laser induced color-center in phosphate glasses. Journal of Inorganic Materials，2003，18（1）：34-38.

[51]　Yao Y H，Xu C，Zheng Y，et al. Enhancing up-conversion luminescence of Er^{3+}/Yb^{3+}-codoped glass by two-color laser field excitation. RSC Advances，2016，6（5）：3440-3445.

[52]　Qiu J R，Zhu C S，Nakaya T，et al. Space-selective valence state manipulation of transition metal ions inside glasses by a femtosecond laser. Applied Physics Letters，2001，79（22）：3567-3569.

[53]　Tan D Z，Wang Z，Xu B B，et al. Photonic circuits written by femtosecond laser in glass：Improved fabrication and recent progress in photonic devices. Advanced Photonics，2021，3（2）：024002.

[54]　Tan D Z，Sun X Y，Qiu J R. Femtosecond laser writing low-loss waveguides in silica glass：Highly symmetrical mode field and mechanism of refractive index change. Optical Materials Express，2021，11（3）：848-857.

[55]　Schaffer C B，Nishimura N，Glezer E N，et al. Dynamics of femtosecond laser-induced breakdown in water from femtoseconds to microseconds. Optics Express，2002，10（3）：196-203.

[56]　Sakakura M，Terazima M. Initial temporal and spatial changes of the refractive index induced by focused femtosecond pulsed laser irradiation inside a glass. Physical Review B，2005，71（2）：024113.

[57]　Sakakura M，Terazima M，Shimotsuma Y，et al. Observation of pressure wave generated by focusing a femtosecond laser pulse inside a glass. Optics Express，2007，15（9）：5674-5686.

[58]　Qiu J R. Femtosecond laser-induced microstructures in glasses and applications in micro-optics. The Chemical Record，2004，4（1）：50-58.

[59]　Lonzaga J，Avanesyan S，Langford S，et al. Color center formation in soda-lime glass with femtosecond laser pulses. Journal of Applied Physics，2003，94（7）：4332-4340.

[60]　Dickinson J，Orlando S，Avanesyan S，et al. Color center formation in soda lime glass and NaCl single crystals with femtosecond laser pulses. Applied Physics A，2004，79（4）：859-864.

[61] Shimotsuma Y，Hirao K，Kazansky P G，et al. Three-dimensional micro- and nano-fabrication in transparent materials by femtosecond laser. Japanese Journal of Applied Physics，2005，44（7R）：4735.

[62] Zhang B，Liu X F，Qiu J R. Single femtosecond laser beam induced nanogratings in transparent media：Mechanisms and applications. Journal of Materiomics，2019，5（1）：1-14.

[63] Saliminia A，Nguyen N T，Chin S L，et al. Densification of silica glass induced by 0.8 and 1.5 μm intense femtosecond laser pulses. Journal of Applied Physics，2006，99（9）：093104.

[64] Bressel L，de Ligny D，Sonneville C，et al. Femtosecond laser induced density changes in GeO_2 and SiO_2 glasses：Fictive temperature effect. Optical Materials Express，2011，1（4）：605-613.

[65] Lin G，Luo F F，He F，et al. Different refractive index change behavior in borosilicate glasses induced by 1 kHz and 250 kHz femtosecond lasers. Optical Materials Express，2011，1（4）：724-731.

[66] Little D J，Ams M，Dekker P，et al. Mechanism of femtosecond-laser induced refractive index change in phosphate glass under a low repetition-rate regime. Journal of Applied Physics，2010，108（3）：033110.

[67] Ponader C W，Schroeder J F，Streltsov A M. Origin of the refractive-index increase in laser-written waveguides in glasses. Journal of Applied Physics，2008，103（6）：063516.

[68] Sakakura M，Terazima M. Oscillation of the refractive index at the focal region of a femtosecond laser pulse inside a glass. Optics Letters，2004，29（13）：1548-1550.

[69] Bhardwaj V R，Simova E，Corkum P，et al. Femtosecond laser-induced refractive index modification in multicomponent glasses. Journal of Applied Physics，2005，97（8）：083102.

[70] Fernandez T T，Haro-González P，Sotillo B，et al. Ion migration assisted inscription of high refractive index contrast waveguides by femtosecond laser pulses in phosphate glass. Optics Letters，2013，38（24）：5248-5251.

[71] Glezer E N，Milosavljevic M，Huang L，et al. Three-dimensional optical storage inside transparent materials. Optics Letters，1996，21（24）：2023-2025.

[72] Sun H B，Xu Y，Matsuo S，et al. Microfabrication and characteristics of two-dimensional photonic crystal structures in vitreous silica. Optical Review，1999，6（5）：396-398.

[73] Glezer E N，Mazur E. Ultrafast-laser driven micro-explosions in transparent materials. Applied Physics Letters，1997，71（7）：882-884.

[74] Juodkazis S，Misawa H，Hashimoto T，et al. Laser-induced microexplosion confined in a bulk of silica：Formation of nanovoids. Applied Physics Letters，2006，88（20）：201909.

[75] Liu X F，Zhou J J，Zhou S F，et al. Transparent glass-ceramics functionalized by dispersed crystals. Progress in Materials Science，2018，97：38-96.

[76] 林继栋，王志斌，张瑞丹，等. $CsPbX_3$（X = Cl, Br, I）钙钛矿量子点玻璃制备及其应用研究进展. 发光学报，2021，42（9）：14.

[77] 王连军，刘喆，耿镕镕，等. 新型钙钛矿纳米晶复合玻璃制备方法研究进展. 发光学报，2021，42（10）：16.

[78] Lu B，Yu B K，Chen B，et al. Study of crystal formation in titanate glass irradiated by 800 nm femtosecond laser pulse. Journal of Crystal Growth，2005，285（1-2）：76-80.

[79] Cao J，Mazerolles L，Lancry M，et al. Modifications in lithium niobium silicate glass by femtosecond laser direct writing：Morphology，crystallization，and nanostructure. Journal of the Optical Society of America B：Optical Physics，2017，34（1）：160-168.

[80] Zhang B，Wang Z，Tan D Z，et al. Ultrafast laser inducing continuous periodic crystallization in the glass activated via laser-prepared crystallite-seeds. Advanced Optical Materials，2021，9（8）：2001962.

[81] Ye D，Zhu B，Qiu J R，et al. Direct writing three-dimensional $Ba_2TiSi_2O_8$ crystalline pattern in glass with

ultrashort pulse laser. Applied Physics Letters，2007，90（18）：309.

[82]　Du X，Zhang H，Cheng C，et al. Space-selective precipitation of ZnO crystals in glass by using high repetition rate femtosecond laser irradiation. Optics Express，2014，22（15）：17908-17914.

[83]　Hu H F，Wang X L，Zhai H C. High-fluence femtosecond laser ablation of silica glass：Effects of laser-induced pressure. Journal of Physics D：Applied Physics，2011，44（13）：135202.

[84]　Buchner S，Soares P，Pereira A，et al. Effect of high pressure in the Li_2O-2SiO$_2$ crystallization. Journal of Non-Crystalline Solids，2010，356（52-54）：3004-3008.

[85]　Ray C，Kitamura N，Makihara M，et al. Pressure induced nucleation in a $Li_2O \cdot 2SiO_2$ glass. Journal of Non-Crystalline Solids，2003，318（1-2）：157-167.

[86]　Mcanany S D，Veenhuizen K，Nolan D A，et al. Challenges of laser-induced single-crystal growth in glass：Incongruent matrix composition and laser scanning rate. Crystal Growth and Design，2019，19（8）：4489-4497.

[87]　Dai Y，Zhu B，Qiu J R，et al. Space-selective precipitation of functional crystals in glass by using a high repetition rate femtosecond laser. Chemical Physics Letters，2007，443（4-6）：253-257.

[88]　Eaton S M，Zhang H，Herman P R，et al. Heat accumulation effects in femtosecond laser-written waveguides with variable repetition rate. Optics Express，2005，13（12）：4708-4716.

[89]　Eaton S M，Zhang H，Ng M L，et al. Transition from thermal diffusion to heat accumulation in high repetition rate femtosecond laser writing of buried optical waveguides. Optics Express，2008，16（13）：9443-9458.

[90]　Pereira R F，Bártolo P J. 3D bioprinting of photocrosslinkable hydrogel constructs. Journal of Applied Polymer Science，2015，132（48）：1-15.

[91]　Wang X，Jiang M，Zhou Z W，et al. 3D printing of polymer matrix composites：A review and prospective. Composites Part B：Engineering，2017，110：442-458.

[92]　Stansbury J W，Idacavage M J. 3D printing with polymers：Challenges among expanding options and opportunities. Dental Materials，2016，32（1）：54-64.

[93]　Manapat J Z，Chen Q，Ye P，et al. 3D printing of polymer nanocomposites via stereolithography. Macromolecular Materials and Engineering，2017，302（9）：1600553.

[94]　Chu W，Tan Y X，Wang P，et al. Centimeter-height 3D printing with femtosecond laser two-photon polymerization. Advanced Materials Technologies，2018，3（5）：1700396.

第3章

激光溅射沉积技术及应用

3.1 引言

　　自激光发明之初，科学家们就意识到其高能量密度可以给光与物质相互作用研究及应用带来全新的机遇。特别是当高能激光束轰击固体靶材物质时，会在局部区域产生极高的温度，使靶材物质发生熔化、气化直至等离子体化，并急剧向外膨胀，从而导致烧蚀现象。随着激光技术的进步，特别是高功率脉冲激光的发展以及激光与物质相互作用研究的不断深入，激光溅射沉积技术日渐成熟，已成为一种制备高质量薄膜的重要方法，在多铁电薄膜、光学光电薄膜、半导体金属超硬材料薄膜等多种功能薄膜的制备方面有着非常广泛的应用。通过控制实验条件，激光溅射沉积不仅可以制备各种薄膜，还可以制备低维功能纳米结构，如一维纳米线、二维纳米片等。早在 1965 年，Smith 等就报道了用红宝石激光器溅射沉积制备光学薄膜[1]。脉冲激光沉积技术制备薄膜的报道最早出现在 1987 年，美国贝尔实验室的科学家采用此技术首次成功地制备了 $YBa_2Cu_3O_7$ 超导薄膜[2]。特别是近年来，伴随着纳米材料与技术的蓬勃发展，激光溅射沉积技术在纳米材料生长方面也取得了出色的成绩，已被广泛用于如二维层状材料及其异质结构的生长[3, 4]。激光溅射沉积的典型装置如图 3-1 所示。经过多年的技术优化和设备改进，激光溅射沉积技术在薄膜等材料的制备方面具有诸多优点，主要总结如下：

　　（1）激光在腔体之外进行非接触式轰击和烧蚀，不引入额外的污染，简单易控。

　　（2）脉冲激光能量密度高，加热速率可达 $10^{12}\,K/s$，可直接将靶材完全气化或者等离子体化，从而可以很好地保持原材料的化学计量比。通过控制靶材的组分就可以获得具有设定化学计量比的薄膜材料。因此，激光溅射沉积技术非常适用于制备复杂化学组分和高熔点材料薄膜。

（3）通用性强，脉冲激光几乎可以对任何靶材进行烧蚀溅射，从而制备多种薄膜；通过灵活更换靶材，可以获得多层异质薄膜，特别是可以实现原子级超洁净界面异质薄膜。

（4）通过控制反应腔体内的气体组分和气压，可以进一步调控薄膜的组分，甚至可以获得梯度结构薄膜；通过控制参数，如沉积基板的温度，可以控制薄膜的结构为晶态或者非晶态，还可以制备一些其他技术所无法获得的亚稳态结构。

（5）工艺简单，沉积过程易控，可以对薄膜的厚度进行精确控制，从而赋予薄膜完全不同于块体靶材的性质。

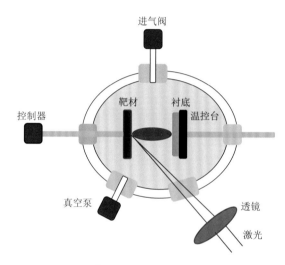

图 3-1　激光溅射沉积的典型实验装置

3.2　激光溅射沉积原理

激光溅射沉积大致可以分为三个过程[5]：①激光与靶材物质相互作用形成等离子体。②高温等离子体膨胀喷出过程。在这个过程中，靶材表面烧蚀产生的电子、离子、原子和原子团簇等在吸收激光能量后进一步发生电离和等温膨胀，在极短时间内发生高速膨胀，并在沿靶材法线方向向外的区域形成等离子体羽辉。在这个过程中，等离子体羽辉的形状符合 $\cos^n\theta$ 的规律，其中 θ 为羽辉边缘与靶材表面法线的夹角，n 的数值与靶材的种类有关，一般在 4～11 之间[6]。另外，如果反应腔体内有特定的气体分子，来自靶材的活性离子可能在这个过程中与这些分子发生化学反应，产生新的物质。③在激光停止作用之后，等离子体会进一步发生近似绝热膨胀，逐渐靠近衬底表面，直至沉积，并在衬底上成核生长，最终形成薄膜。通过适当控制实验参数，激光溅射沉积也可以形成不连续岛状或者片状结构，如二维片状二硫化钼[7]。激光溅射沉积过程与很多实验参数有关，如激光波长、脉宽、脉冲能量、腔体气氛和气压及靶材性质与温度等。

激光聚焦到靶材表面产生的极端局部环境和材料变化最终可能导致相爆炸、相分离、散裂、碎裂等情况的发生，使得在激光烧蚀产生的等离子体羽辉中存在一定量的原子和分子，乃至少量的团簇和微米或者纳米流体及固态颗粒物[6]。总之，高能激光与物质相互作用而产生烧蚀时，不仅会导致固液转变、固气转变，还可能导致固固转变。

激光溅射沉积不仅需要关注激光与固体材料之间的相互作用，还需要关注激光与烧蚀所产生的等离子体之间的相互作用。高能量的脉冲激光可以导致高温高密度等离子体的产生，其温度可达 10^4 K 以上，粒子密度可达 $10^{19} \sim 10^{21}$ cm^{-3}，这其中等离子体密度也与气化速率、离子化率及等离子体膨胀速度等有关[3]。靶材表面的高离子密度会对激光产生强烈的吸收，甚至吸收大部分能量，从而形成等离子体屏蔽效应，导致绝大部分激光能量无法到达靶材的表面[8]。基于等离子体的吸收和辐射，以及等离子体密度的变化等因素，Singh 和 Narayan 提出了自修正效应来解释等离子体在膨胀过程中保持温度近似恒定的现象[3]。

脉冲激光作用结束后，没有更多的粒子进入到等离子体中，等离子体进一步做绝热膨胀，从而使得等离子体温度快速下降[3]。热能迅速转变成动能，导致等离子体高速膨胀。等离子体中粒子的加速度取决于等离子体的温度、粒子的尺寸及质量。在这个绝热膨胀过程中，等离子体的形状逐渐发生变化。垂直于靶材表面方向的尺寸快速变大，并且其成长速度要远远大于平行于靶材表面方向的速度，最终等离子体羽辉的主轴由平行于靶材表面演变成垂直于靶材表面，呈现为一个拉长的椭球羽辉，如图 3-1 所示。在等离子体羽辉形成后，真空腔内羽辉形状呈现高斯分布，等离子体羽辉沉积到基片上后在表面形成薄膜。

薄膜沉积一般有三种模型[9]：①三维岛状生长模型，称为 Volmer-Weber 模型，当粒子与粒子之间的相互作用比粒子与基材表面的相互作用强得多时，必然会导致三维吸附原子簇的形成。沉积过程如图 3-2（a）所示，一个粒子与最近的粒子相遇形成一个"岛"晶核。在激光辐照下岛的数量快速增长，导致粒子撞到岛上的概率提高，使得岛的尺寸增大形成许多三维岛状晶核。当新岛的大小与成核点间距相当或大于成核点间距时，新岛就会在现有岛的顶部成核，进一步使得岛状晶核长大后未能相互连接而形成表面粗糙的薄膜。②二维层状生长模型：当被沉积物与基材表面之间浸润性很好时，如同质外延或者彼此晶格失配度较小的情况下，薄膜通常为二维层状生长，这种生长模式称为 Frank-van der Merwe 模型。这种模式下粒子易于被基材表面原子吸附并形成键合。此外，薄膜在衬底上有确定的取向关系，可在衬底上形成许多二维晶核，晶核长大后相互连接成相对均匀的薄层，在激光持续辐照下一层接一层生长，如图 3-2（b）所示。这种模式形成的薄膜表面光滑而致密且缺陷少。③混合生长模式：介于上述两种模型之间的一种典型的混合模型，即 Strarski-Krastanov 模型，如图 3-2（c）所示，粒子先进行二维层状生长后进行三维岛状生长。

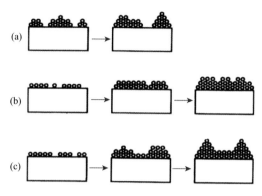

图 3-2　三种类型的成膜模式示意图[9]

（a）岛状生长模式；（b）层状生长模式；（c）混合生长模式

利用脉冲激光沉积技术制备功能性薄膜时，精确控制薄膜的厚度、组成、结晶度和质量是十分必要的。尤其是探索大面积脉冲激光沉积薄膜制备，即大于 10 mm×10 mm 的衬底时，这一点变得更加明显[8]。尽管该技术的制备过程简单，但其工艺参数控制非常复杂。影响成膜质量的参数大致可以包括：靶成分、激光波长、脉宽、光斑大小、能量密度、气体成分、压力、靶-基板距离和基板温度等。上述参数对于成膜的质量影响通常是部分重叠且相互关联的。另外，当反应腔体内存在具有一定气压的气体时，高能等离子体中的活性粒子可与气体分子发生复杂的相互作用，如碰撞、散射、激发及化学反应等，从而对等离子体的性质和羽辉的形状产生重要影响，改变其到达衬底时的化学性质、状态、数量和动能等。

通过调控气体压强和相关参数就可以控制沉积和生长在衬底上的材料的成分、结构和性质。这也是设计和制备新型薄膜材料、低维材料和复合材料的重要途径。关于等离子体的传输动力学和微观过程的相关研究已经有非常多，对设计新材料、调控产物的性能、提高产物的质量提供了非常好的指导，对扩展激光溅射沉积技术的应用范围也具有重要意义。

3.3　激光溅射沉积研究进展

在 1987 年以前，脉冲激光沉积还是一种比较冷门的物理气相沉积技术。在那一年，在 Bednorz 和 Müller 发现钙钛矿超导材料 LaBaCuO 之后，研究者们发现了所谓的高温超导体[10]。一般，这种复合氧化物材料是通过较为复杂的固相反应或化学途径合成的。但是，通过脉冲激光沉积可以便捷地制备出超导体，且使用脉冲激光沉积制备的超导体的超导临界温度高于液氮的沸点温度，这些优异的性质使得研究者们开始重新关注脉冲激光沉积技术。在这之后，Hammond和Bormann迅速发表了一项工作，其中给出了温度和氧气压力对获得正确的高温超导相的重要性，即只有在相对较高的氧气压力和温度下才可以制备具有复杂化学计量比的氧化物薄膜[11]。当这些研究成果发表之后，有许多研究小组陆续展示了改进的结果，脉冲激光沉积技术逐渐成为薄膜制备领域一种流行的技术。在此之后，许多研究者陆续将脉冲激光沉积法应用于制备各种不同的功能性薄膜，进一步将该技术扩展到半导体材料，高温超导材料，金刚石和类金刚石材料，铁电、压电和光电材料，金属材料等[8]。脉冲激光沉积技术的成功是因为它在概念上和操作上都是一种相对简单的技术。使用高能脉冲激光束聚焦在目标上，导致材料蒸发（烧蚀），材料的化学计量比与目标产物的化学计量比相同，高能材料（等离子体）沉积在衬底上，从而导致薄膜生长。

在理论研究方面，研究者们很早就开始研究激光与物质相互作用机理，并建立了简单的"热效应"模型。1990年，Singh和Narayan建立了气体动力学模型[3]，在这个模型中，激光产生的等离子体被视为高温高压的理想气体，初始状态时被限制在小尺寸空间内然后突然允许在真空中膨胀。等离子体的三维膨胀引起了激光沉积多组分系统薄膜的特征空间厚度和成分变化。该模型预测了激光溅射沉积薄膜的大部分物理现象和实验结论。这些结论包括脉冲能量的影响、多组分薄膜的空间组成变化与能量密度的函数关系、多组分薄膜中原子速度与原子质量的关系及靶材蒸发厚度和成分随基材-靶材距离的变化关系等。1999年，Amoruso对在真空中照射的铝靶的紫外激光烧蚀进行了实验和理论分析[12]，测量了激光照射高纯度的铝靶材时产生的等离子体在空间的飞行时间，并由此计算获得了离子动能分布和产量。

随着人工材料及原子尺度上薄膜技术的发展，在原子尺度上理解薄膜形成的基本过程显得至关重要，特别是脉冲激光沉积薄膜过程中等离子体与衬底表面之间的相互作用。脉冲激光沉积过程中形成的等离子体羽辉中包含大量的活性物质，其中包括电子、离子、中性原子和分子等，因此准确的理论模拟变得比较困难。实验上由于实验设备和仪器时间分辨率的限制，等离子体羽辉与表面相互作用的过程仍存在较多疑问。随着计算机仿真技术的发展，利用仿真方法结合相关实验结果来建立等离子体羽辉与表面相互作用的过程模型也成为一种重要的策略。1998年，Gamaly等提出了一种新型的利用超快脉冲激光的脉冲激光沉积技术，大大改善了传统脉冲激光沉积技术中形成的薄膜不均匀和大颗粒靶材沉积的问题[13]。该方法使用单脉冲能量低、脉宽为皮秒量级、重复频率为兆赫兹的激光对碳靶材进行辐照。通过较低的激光脉冲能量，保持蒸发粒子的大小相对均匀，从而防止了在薄膜上形成大颗粒。此外，由于高重复频率脉冲激光的使用，制膜的时间被缩短，制膜效率大大提高。类似地，刘晶儒等在 2002 年分别利用纳秒准分子激光器和脉宽为 500 fs 的飞秒激光器制备类金刚石薄膜，对比后发现飞秒脉冲激光更有利于在衬底表面形成均匀致密的类金刚石结构薄膜[14]。最近十年来，大面积脉冲激光沉积设备已经研发成功，该设备利用激光扫描技术可以实现在尺寸高达 12 in（1 in = 2.54 cm）的衬底上生长出均匀性优良的外延片[15]。

3.3.1　金属薄膜

目前，脉冲激光沉积技术已经成功制备出金、铜、铌、铝、锗、铁等金属薄膜。在 1969 年的首次演示之后，大量的研究都在探讨用该技术合成金属薄膜的问题[16]。以金属银为例，在 2006 年，Donnelly 等利用能量密度为 1 J/cm^2，脉宽为 26 ns 的 KrF 准分子激光在真空中制备了超薄（0.5～5 nm）银薄膜[17]。薄膜的吸收光谱显示出表面等离子体共振特征，且随着等效薄膜厚度的增加，其波长向更长的方向移动且强度增加。之后在 2007 年，Donnelly 等使用纳秒脉冲激光沉积在 Si 和蓝宝石衬底上生长金纳米颗粒薄膜[18]。利用原子力显微镜对薄膜进行了表征，在 0.5～5 nm 的等效厚度范围内，沉积的材料具有纳米结构，且随着等效厚度的增加，材料的表面覆盖面积增大。2009 年，Alonso 等利用波长为 355 nm 的纳秒 YAG∶Nd 激光器在真空中使用脉冲激光烧蚀沉积银纳米颗粒薄膜，并通过透射电子显微镜和原子力显微镜研究了薄膜的表面形貌和结构与烧蚀脉冲数的关系[19]。结果表明，如图 3-3 所示，在少量脉冲（500 个或更少）下沉积的银纳米膜不是连续的，而是由直径为 1～8 nm 的孤立的近球形银纳米颗粒组成。当脉冲数增加一个数量级到 5000 个时，球状纳米颗粒的平均直径和覆盖面积密度增加。进一步增加脉冲数到 10000 个时，可以形成更大的各向异性银纳米颗粒。当增加到 15000 个脉冲时，可以获得有纳米孔隙的银薄膜。2014 年，Mirza 等采用纳秒（ns）和飞秒（fs）脉冲激光沉积技术在真空环境下分别制备了纳米银薄膜，并比较了纳秒和飞秒激光的沉积效率[20]。薄膜等效厚度为 3 nm时，纳秒脉冲激光沉积产生的纳米银颗粒分离良好且大致呈圆形，但当厚度为3～7 nm 时，纳米颗粒开始合并。在整个厚度范围内，飞秒激光诱导的薄膜始终由分离良好的纳米颗粒组成，但平均纳米颗粒尺寸和表面覆盖率随着等效厚度的增加而增加。他们猜测这可能是纳秒激光诱导的等离子体羽辉完全被电离而飞秒激光是部分电离导致的。类似地，de Bonis 等采用波长为 527 nm 的飞秒和纳秒脉冲激光沉积技术在真空中分别制备了具有纳米结构的银薄膜[21]。这两种薄膜表面增强的拉曼散射结果非常相似，说明两种激光制备薄膜的有效表面积是接近的。为了解释这种相似性，他们利用发射光谱和快速成像技术研究了飞秒和纳秒脉冲激光诱导等离子体的动力学。实验结果显示不同脉宽下等离子体的组成、速度、激发温度和密度非常相似，进一步表明沉积薄膜的性能与等离子体特性密切相关。当沉积条件合适时，脉冲激光沉积法可成功制备单晶薄膜。2003 年，Irissou 等利用 KrF 准分子激光在不同的氩气压力[10^{-5}～4 Torr（1 Torr = 1.33322×10^2 Pa）]和靶材到衬底距离（1.0～11 cm）条件下烧蚀金靶，获得了脉冲激光沉积的金薄膜[22]。在合适的压力和沉积距离条件下，金粒子的典型沉积速率大于 2 km/s，可以获得高取向的金(111)薄膜，而当沉积速率小于0.8 km/s 时，只能获得多晶粉末。

这些研究表明，脉冲激光沉积在逐层生长和沉积含难熔金属和亚稳态合金的高质量薄膜方面具有优越性[24]。近年来，脉冲激光沉积法已成为一种制备具有特殊性质的难熔合金和稀土金属薄膜及纳米颗粒的有效方法。2006 年，Irissou 等采用交叉光束脉冲激光沉积在变压氦气气氛下分别制备了铂-钌和铂-金薄膜[23]，如图 3-3 所示。在气氛压力大于 1.6 Torr 条件下沉积的薄膜相当均匀，铂浓度在整个沉积区域的标准差小于 1 at%（原子分数，后同）。铂-钌薄膜的最佳沉积条件为 2 Torr，铂-金薄膜的最佳沉积条件为 4 Torr。此外，为了理解背景气体对沉积速率的影响，他们建立了一个简单的模型，成功预测了沉积速率与 He 压力曲线的最大值。脉冲激光沉积法在粒子沉积过程中赋予粒子较高的动能，使得在热力学非平衡条件下沉积正混合焓较大的合金薄膜成为可能，例如，铁-银在热力学平衡时溶解度为零。2001 年，Kahl 等采用交叉光束脉冲激光沉积法，将铁和银粒子沉积到温度为 150 K 的硅片(111)上形成 40 at%银的 bcc 排列的铁-银合金，这种非平衡相在 450 K 时是稳定的，在此温度以上发生相分离[25]。2010 年，Irissou 等利用交叉光束脉冲激光沉积技术，在氦气气氛下制备了具有独特 fcc 结构的亚稳态铂-金合金薄膜，该薄膜在室温下具有较好的稳定性[26]。2010 年，Imbeault 等采用交叉光束脉冲激光沉积技术在 0.1 Torr 氦气气氛条件下制备了铂-镍合金薄膜[27]。X 射线衍射（XRD）和 X 射线光电子能谱（XPS）测量结果表明，所有薄膜均为单面心立方相，其晶格参数和密度随铂的比例组成呈线性变化。除了二元合金薄膜外，脉冲激光沉积技术还能制备多元合金薄膜。2018 年，Cropper 采用脉冲激光沉积技术在超高真空条件下制备了厚度为 35 nm 的 AlCrFeCoNiCu 高熵合金薄膜[28]。XRD 和 XPS 测试结果表明，在室温下沉积的薄膜表现出 fcc 和 bcc 的混合反射。同时，这两种晶体结构的反射强度都随着沉积温度的升高而降低，这与 Al 和 Cu 含量的降低有关。

此外，由于脉冲激光沉积技术提供了在原子尺度上控制薄膜厚度和界面结构的特性，该技术还适合制备多层不同成分的金属薄膜。1998 年，Shen 等采用脉冲激光沉积技术逐层生长制备了各向同性的 fcc Fe/Cu(111)薄膜[29]。与类似的分子束

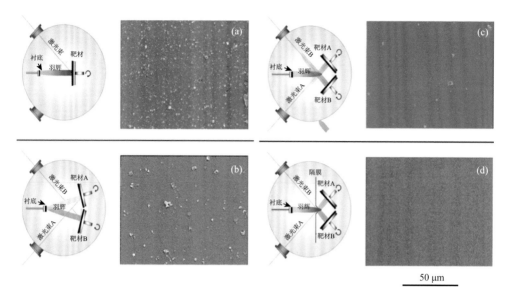

图 3-3　不同光束和设备设置的示意图及其沉积薄膜显微镜图[23]

（a）传统直接脉冲沉积 Au 膜；（b）双光束脉冲沉积 Pt-Au 膜；（c）交叉光束脉冲沉积 Pt-Au 膜；（d）交叉光束
带隔板的脉冲沉积 Pt-Au 膜

外延制备的结构相比，脉冲激光沉积生长的多层膜磁性得到明显改善。由于这些
优点，再加上它的简单性和多功能性，脉冲激光沉积技术有望在金属薄膜和多层
膜的生长中发挥重要作用。

3.3.2　碳化物薄膜

　　碳化物，如金刚石/类金刚石、石墨烯、碳化硅和金属碳化物，因优异的机械、
光学和电学性能而引起了广泛的关注。碳化物材料凭借这些优异的特性在诸如高
功率和高频电子器件、发光器件、硬涂层和传感器等技术应用中迅速占领一席之
地[30]。类金刚石是一个广义术语，指的是一种亚稳相的非晶碳[31]。金刚石和类金
刚石薄膜的生长已经通过化学气相沉积（CVD）法在氢气气氛下进行了广泛的研
究。在 CVD 生长过程中，通过热分解或者等离子碰撞产生的原子氢在金刚石成
核和生长中起着稳定金刚石骨架和刻蚀石墨相留下金刚石相的重要作用[32]。自
1970 年第一个金刚石薄膜被制造以来，它作为一种具有优越的物理和化学性质的
新型功能涂层在切割工具、微电子与光电子元件、传感器、生物医学和航天领域
受到越来越多的关注[32-34]。与 CVD 的发展并行，脉冲激光沉积也被用于从固体
靶如石墨中合成金刚石和/或类金刚石薄膜。脉冲激光沉积可以在惰性气体或活性
气体环境下制备纳米级和多元素薄膜[35]。最重要的是，根据金刚石薄膜的生长模

型，脉冲激光沉积技术可以为等离子体中的碳离子提供足够的能量（约 100 eV），从而促进 sp^2 杂化键（石墨相）向 sp^3 杂化键（金刚石相）的转变[36]。此外，脉冲激光沉积技术可以在无氢条件下诱导非氢化金刚石薄膜的形成。与传统的薄膜生长技术获得的氢化金刚石薄膜相比，非氢化的金刚石薄膜表现出更高的硬度[37]、较高的热稳定性[38]，以及较高的物理和化学惰性[39, 40]。在 20 世纪 80 年代，利用脉冲激光沉积法制备金刚石薄膜首次被报道。然而，脉冲激光沉积制备金刚石薄膜技术在接下来的十年内没有得到足够的重视，其中的一个原因是相比于其他方法，当时的脉冲激光沉积技术很难生长出均匀的金刚石薄膜。其后，研究者们证明这是激光诱导等离子体的方向性导致的，提出的一种解决方案是在沉积过程中施加衬底的旋转运动[41]。

脉冲激光沉积制备金刚石/类金刚石薄膜的一般过程为：聚焦的脉冲激光在真空中烧蚀碳靶（一般为石墨靶）。靶表面瞬间被高能激光加热，薄层中的碳原子能获得足够的动能逃离约束，在真空中产生碳等离子体。等离子体中的粒子，包括碳离子（C^+、C^{2+}、C^{3+}等）、原子（C、C_2）和原子团簇，在等离子体等温膨胀过程中继续吸收激光脉冲能量[40]。等离子体的膨胀方向始终垂直于目标表面。激光脉冲完成后，等离子体继续绝热膨胀，直至粒子飞到衬底表面。粒子冷却后在衬底上形成金刚石薄膜。在沉积过程中，衬底旋转轴到等离子轴的位移有助于衬底旋转时生长均匀的薄膜[42, 43]，如图 3-4（a）[44]所示。这种方法很容易实现，但难以应用于尺寸大于 30 mm 的大面积衬底上。利用激光扫描的方法可以实现大面积均匀的金刚石薄膜生长[45, 46]。激光扫描的路径可以通过移动或摆动激光来实现。通过羽流与衬底之间的相对运动，衬底上的所有区域均可沉积羽流中的粒子，如图 3-4（b）所示。此外，当激光沿圆柱形目标径向移动或摆动时，可以使得等离子体羽流不断地偏转到基板平面上，如图 3-4（c）所示，随着衬底的旋转或移动实现均匀的大面积薄膜生长[44]。

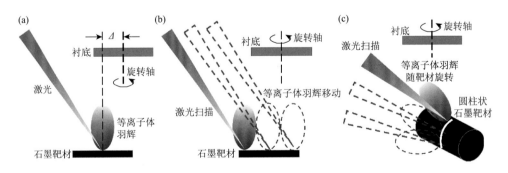

图 3-4　脉冲激光沉积法获得均匀的金刚石薄膜的三种方法[44]

（a）普通方法；（b）激光扫描方法；（c）等离子体羽辉的轴向运动方法

此外,环境气体也能在一定程度上改变激光诱导羽流的正向分布,从而改善脉冲激光沉积生长金刚石薄膜的均匀性。在脉冲激光沉积法诱导金刚石同质外延生长薄膜过程中对环境气体效应的研究表明,晶粒直径为 0.5~1 μm 的外延金刚石薄膜是在优化的氧气气氛中生长的,而氢气环境下生成无取向金刚石纳米晶体最大直径仅为 20 nm[47]。1999 年,Yoshimoto 等提出了一种利用脉冲激光沉积在氧气气氛下在蓝宝石衬底上合成外延金刚石薄膜的新技术。通过优化生长温度和氧气压力后,在沉积过程中可将石墨相选择性氧化刻蚀从而使得金刚石相优先生长[48]。同年,Qian 等利用脉宽为 100 fs 的钛蓝宝石激光在室温下制备了具有良好的耐划痕性、优异的化学惰性、可见光和近红外波段高光学透明度的无氢化金刚石薄膜,同时探究了激光脉冲强度与薄膜性能之间的关系[31]。

由于其独特的特性,如高载流子迁移率、室温量子霍尔效应、突出的导热性能和力学性能,石墨烯在光电探测器、储氢材料、场效应晶体管等器件和功能性复合材料等领域具有很大的发展潜力[49]。与传统的 CVD 技术通常涉及 1000℃左右的加工温度[50]相比,脉冲激光沉积生长石墨烯的温度相对较低。2010 年,Koh 等在相对较低的 750℃温度下,使用脉冲激光沉积在镍衬底上制备了少层石墨烯,并研究了冷却速率和激光能量对生产结晶石墨烯层性能的影响。他们分别使用 1℃/min 和 50℃/min 的冷却速率沉积石墨烯,发现在冷却速率较大时石墨烯的缺陷较少[51]。2013 年,Hemani 等使用脉冲激光沉积技术在二氧化硅衬底上直接获得了单层和双层石墨烯,利用拉曼光谱证实了高质量双层石墨烯的存在,其覆盖率超过 60%[52]。同年,Kumar 等报道了在氩气和氮气存在的情况下通过脉冲激光沉积法原位生长 p 型和 n 型石墨烯薄膜,使用这种石墨烯薄膜制备的 p-n 结二极管表现出类似二极管的整流行为,如图 3-5 所示[53]。

(a)

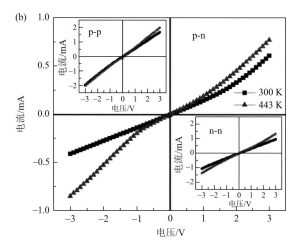

图 3-5 由 p 型/n 型掺杂石墨烯构建的二极管的示意图（a）和伏安特性曲线（b）[53]

近年来，碳化硅涂层在许多领域有了有趣的应用。碳化硅重要的物理和电学性质，如宽带隙、高热性和高击穿电场，也使其成为高温、大功率、高频电子器件的一种有前途的材料。碳化硅有多种不同的晶体结构（3C、6H、4H、15R），这些结构间晶体能量差异很小，因此在薄膜中很难控制形成单一相结构[54, 55]。使用化学气相沉积法可以在碳化硅衬底上外延生长碳化硅薄膜，用于制备碳化硅基器件。虽然这种技术大大减少了异质外延碳化硅薄膜中形成不同类型的碳化硅晶体结构，但其生长温度较高（1500℃），且不能完全杜绝薄膜中形成不同类型的碳化硅晶体结构。2004 年，Kusumori 等通过脉冲激光沉积法在 1100℃的蓝宝石衬底上实现了碳化硅薄膜的多晶型控制。当激光脉冲频率设置为 1 Hz、2 Hz 和 5 Hz 时，脉冲激光沉积生长的碳化硅薄膜晶体结构类型分别为 3C、2H 和 4H[56]。他们认为碳化硅薄膜晶体结构类型的变化是生长过程中脉冲激光频率的变化导致衬底表面温度的不同而引起的。2011 年，Monaco 等使用脉冲激光沉积技术在 650℃的硅衬底上实现了单一相立方碳化硅（3C-SiC）薄膜的生长[55]。

一般，过渡金属碳化物通常是高熔点和高硬度的材料。这些材料通常被用作摩擦学应用中的涂层。目前，脉冲激光沉积技术已被广泛用于制备这些化合物的薄膜。2005 年，Teghil 等采用波长为 527 nm，脉宽为 250 fs，重复频率为 10 Hz 的飞秒激光在真空中进行了烧蚀沉积实验。在硅(111)衬底上分别沉积获得了 TiC、ZrC 和 HfC 三种薄膜[57]。2007 年，他们进行了一项更完整的关于飞秒激光沉积制备 TiC 薄膜的研究。在真空条件下，硅衬底的温度变化范围从 25℃到 700℃。薄膜分析结果表明，在不同温度下制备的薄膜均为非晶态，具有近化学计量比 $Ti_{1.08}C$[58]。

3.3.3　氧化物薄膜

复合氧化物由于独特的物理性质和潜在的应用前景，在过去的几十年里引起了广泛的关注。晶格、电荷、轨道和自旋自由度之间的相互作用产生了极大的应用潜力，如高温超导性、光电效应、磁光效应、多铁性及巨磁阻效应等[59-65]。高温超导氧化物的发现，推动了高品质氧化物薄膜生长技术的发展。对于复杂的氧化物，采用外延生长或化学气相沉积技术很难在保持复杂材料的精确化学计量比的前提下生产高质量的复合氧化物薄膜。相比之下，由于在脉冲激光沉积技术中激光轰击产生的粒子速度很高，具有很大的动能，因此在低沉积温度下制备的薄膜更容易结晶，同时薄膜的化学组成精确可控，所以适合探索新型复杂氧化物功能薄膜[15]。与分子束外延生长不同的是，脉冲激光沉积法在薄膜生长过程中的氧气压力可以在很大程度上调节，但金属氧化物薄膜的特性会随着氧气压力和金属成分的变化而发生很大的变化，因此氧气压力的调节变得尤为重要。

1. 半导体氧化物薄膜

ZnO 是第一种使用脉冲激光沉积技术制备的金属氧化物，具有带隙宽、激子结合能大、原料价格低廉、无毒、热稳定性好和抗辐射性能高等优点，是一种重要的新型化合物宽带隙半导体材料，在紫外探测器件和发光器件等领域具有很广阔的应用前景[6, 66-69]。2000 年，Okoshi 等利用脉宽为 130 fs 的飞秒激光在硅片和石英衬底上沉积获得了 ZnO 薄膜[70]。衬底温度超过 150℃沉积时，薄膜在可见光区透光率高达 88%。室温至 270℃时薄膜的电阻率变化区间为 $10^{-3} \sim 10^{-1} \ \Omega \cdot cm$。同年，Millon 等采用脉宽为 90 fs（$\lambda = 620 \ nm$，$E = 1 \ mJ$）的激光器在 700℃的蓝宝石衬底上沉积获得了 ZnO 薄膜[71]。在该团队 2002 年发表的一项工作中[72]，对比了用飞秒和纳秒激光沉积的 ZnO 薄膜的性能，证明了这两种方法沉积的 ZnO 薄膜有很大的差异，其中飞秒激光生长的 ZnO 薄膜比纳秒激光烧蚀的 ZnO 薄膜具有更高的镶嵌度、更小的晶粒尺寸、更大的缺陷含量和更小的残余应力。这些差异可以根据激光烧蚀过程中沉积粒子的动能来解释，飞秒脉冲激光沉积过程中形成飞溅粒子的最大动能接近一千电子伏特，而在纳秒脉冲激光沉积情况下只有几百电子伏特。更大的动能导致 ZnO 薄膜在生长过程中容易产生较大的结构紊乱和应力集中区域。

除激光参数外，氧气压力和衬底温度对薄膜的性能也有着巨大的影响。2006 年，Park 等在优化了氧气压力和沉积温度等薄膜生长条件后，在氧气压力为 5 mTorr、衬底温度为 300℃条件下获得了性能较好的透明导电 ZnO 薄膜[73]。2013 年，Gupta 等探究了衬底温度和氧气压力等生长条件对沉积 ZnO 薄膜性能的影响机理，在不同氧气压力、激光能量、衬底温度和退火温度条件下采用脉冲激光沉积（PLD）技术制备了(50±10)nm 的 ZnO 薄膜[74]。室温下生长 ZnO 薄膜再经退火后，其(002)相的形成得到改善，载流子浓度为 $10^{17} \sim 10^{18} cm^{-3}$。在 250℃ 衬底上生长的 ZnO 薄膜，载流子浓度为 $5 \times 10^{14} cm^{-3}$，与室温退火生长相比，缺陷的数量减少了近 3 个数量级。此外，适当地掺杂与氧结合更强的元素（如 Hf、Zr、Mg 和 Ga 等），可以减小薄膜中出现缺陷的概率，因此通过掺杂来增强 ZnO 薄膜性能成为一种可行性较高的策略，引起了广泛关注。2013 年，Zou 等采用 PLD 技术分别在硅片和石英衬底上制备了 Ga 掺杂 ZnO（GZO）薄膜，并研究了 Ga 掺杂对 GZO 薄膜形貌、微观结构、光学和光致发光性能的影响，研究结果表明改变 Ga 掺杂的浓度可以改变 GZO 薄膜的微观结构和晶粒尺寸，Ga 的掺杂会导致薄膜的表面粗糙度和晶粒尺寸减小，可见光波长透过率增大，光学带隙增大[75]。

其他氧化物半导体，如 TiO_2 等及相应的掺杂薄膜也可以通过脉冲激光沉积技术制备。2009 年，Sanz 等利用波长可调的、脉宽为 80 fs 的飞秒激光分别在真空和氧气气氛下在硅片上沉积了 TiO_2 薄膜，衬底温度从室温到 700℃ 变化[76]。如图 3-6 所示，当使用的波长为 266 nm，衬底处于室温真空条件下时，沉积的薄膜质量最好，其沉积的纳米颗粒平均直径为 30 nm 且尺寸较为均匀。2010 年，Gamez 等使用脉宽为 60 fs 的脉冲激光在硅片上沉积了非晶态 TiO_2 薄膜[77]。直到 2013 年，有关脉冲激光沉积制备晶态的 TiO_2 薄膜的工作才被报道，Cavaliere 等利用飞秒脉冲激光沉积技术，在室温和一定压力条件下获得了晶体形态的分形

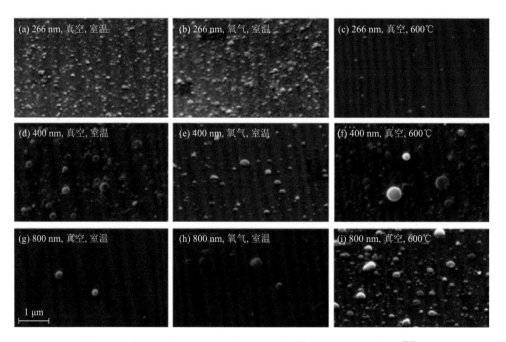

图 3-6　在指定沉积条件下生长的 TiO_2 薄膜表面的 ESEM 图像[76]

图中所有标尺均为 1 μm

TiO_2 纳米结构[78]。薄膜的结构表征表明，在室温下沉积在硅片上的枝晶是分形结构的，它们由平均直径在 20 nm 以下的纳米颗粒组成，并存在直径在 50 nm 以上的更大的纳米颗粒。拉曼光谱分析表明，分形结构和纳米颗粒由金红石相或锐钛矿相组成，且锐钛矿相占主导。

2007 年，Teghil 等首次采用脉冲激光沉积法制备了铟锡氧化物（ITO）薄膜[79]，并使用波长为 527 nm，脉宽为 250 fs，重复频率为 10 Hz 的飞秒激光在衬底温度范围从室温到 600℃进行了探究。结果表明，在 500℃沉积的薄膜具有最低的电阻率。2015 年，Eisa 等利用飞秒激光分别在真空和氧气气氛下沉积 ITO 薄膜[80]。该薄膜的结晶度随氧气气氛的压力和衬底温度的升高而增加。在 200～400℃的温度范围内，真空沉积的薄膜在可见光区表现出低吸收和近红外高反射率的特性，再次表明薄膜的质量随着衬底温度的升高而提高。随着衬底温度的升高，薄膜的片电阻值从室温的 127.85 Ω/cm^2 降至 400℃时的 6.34 Ω/cm^2，而在衬底温度为 400℃，氧气压力为 1 Torr 时，薄膜的电阻值进一步降低。

2. 超导氧化物薄膜

高温超导体薄膜已成为脉冲激光沉积应用最成功的领域之一。与传统的化学气相沉积或分子束外延生长不同，脉冲激光沉积技术生长的高温超导薄膜具有两个主要优势：能将靶材材料的化学计量比准确地转移到薄膜上；薄膜的生长参数，如衬底温度、氧气压力、激光能量和频率等高度可控，便于生产高质量的薄膜。

1989 年，Rogers 等利用脉冲激光沉积法生长了 $YBa_2Cu_3O_{7-x}$/$PrBa_2Cu_3O_{7-x}$/$YBa_2Cu_3O_{7-x}$Au 四层结构薄膜制备了 Josephson 结器件[81]。该器件表现出类似超导体的电流-电压特性，其中 I_cR_j 为 3.5 mV（I_c 与 R_j 分别为临界电流与电阻）。2013 年，Nane 等研究了脉冲激光在 MgO 衬底上沉积 $Bi_2Sr_2CalCu_2O_{8+\delta}$ 薄膜后退火温度的影响，在退火温度为 860℃时，薄膜的临界电流密度为 3×10^7 A/cm^2，显示出超导特性[82]。脉冲激光沉积法由于沉积速率高、薄膜化学计量接近靶材而被广泛应用于在各种衬底上生产高质量的 YBCO 薄膜[11, 83]。然而，较厚的 YBCO 薄膜很难保持足够的临界电流密度（J_c），这可能是源于 a 轴晶粒或孔隙的发展、非超导相的形成、氧空位和化学计量比的变化[83]。Jin 等研究发现沉积温度较低、薄膜过厚都将导致 a 轴晶粒的生长，薄膜表面质量随着厚度的增加而变差，随退火时间的增加，YBCO 薄膜的 c 轴晶格常数减小，最终得到高质量的 YBCO 涂层导体，在温度为 77 K 时临界电流密度达 1.3×10^6 A/cm^2[84]。类似地，Sawano 等[85]为了提高 $SmBa_2Cu_3O_y$ 薄膜在磁场作用下的超导性能，利用 248 nm 准分子激光交替烧蚀 $SmBa_2Cu_3O_y$ 和 $BaMO_3$（M = Hf、Zn、Sn）靶材的方法，在 IBAD-MgO 衬底上制备出 $BaMO_3$ 掺杂的 $SmBa_2Cu_3O_y$ 薄膜。在强磁场下，掺 $BaHfO_3$ 的 $SmBa_2Cu_3O_y$ 薄膜的临界电流密度超过了纯 $SmBa_2Cu_3O_y$ 薄膜的临界电流密度。当 $BaHfO_3$ 的含量从 0.95%增加到 1.91%时，$BaHfO_3$ 掺杂 $SmBa_2Cu_3O_y$ 薄膜的临界超导温度从 92 K 降低到 89 K，临界电流密度从 3.0 mA/cm² 降低到 1.2 mA/cm²。同年，Takahashi 等[86]研究了衬底温度变化对制备出的$(Sm_{0.33}Eu_{0.33}Gd_{0.33})Ba_2Cu_3O_y$超导性能的影响。他们利用 248 nm 准分子激光烧蚀 Sm、Eu、Gd 混合靶材（摩尔比例 1：1：1），在 $LaAlO_3$ 衬底上制备出纳米尺度的$(Sm_{0.33}Eu_{0.33}Gd_{0.33})Ba_2Cu_3O_y$薄膜。当衬底温度升高到 920℃时制备的薄膜超导性能最好，77 K 时临界电流密度达到 1.4×10^6 A/cm²、5 K 时临界电流密度达到 62.7×10^3 A/cm²。

3.3.4 氮化物薄膜

Ⅲ族氮化物，包括 AlN、GaN 和 InN，由于可调谐的直接带隙（范围为 0.7～6.0 eV）和高热导率，成为发光器件如激光二极管（LD）和 LED 及高功率电子器件常用的薄膜材料[87, 88]。1989 年，通过化学气相沉积法和低能电子辐照法首次成功制备了 p 型导电氮化镓薄膜，并制造了第一个氮化镓基蓝色发光二极管[89]。随后，随着化学气相沉积法制备Ⅲ族氮化物薄膜沉积技术的成熟，1993 年首次出现了高亮度 InGaN 双异质结构蓝色 LED 的器件[88]。蓝宝石与Ⅲ族氮化物之间存在较大的晶格失配，导致生长的薄膜中仍然存在高密度位错，这些位错可能作为非辐射复合中心，最终导致Ⅲ族氮化物薄膜器件发光性能降低[90, 91]。此外，蓝宝石衬底导热系数较低[25 W/(m·K)]，影响了整个器件的散热，阻碍了大功率Ⅲ族氮化物薄膜器件的开发。此外，蓝宝石的价格仍然相当昂贵，这提高了Ⅲ族氮化物器件商业化的成本。因此，研究人员在各种非常规的衬底上进行了薄膜生长的研究，希望能找到成本较低、热导率较高且能形成高质量Ⅲ族氮化物薄膜的衬底。这些衬底可分为：①与 GaN 晶格失配率低的非常规氧化物衬底，如 $LiGaO_2$、$MgAl_2O_4$；②热导率高的金属衬底，如 Cu、Al、W、Ni 等。然而，这些衬底的效果均不理想，甚至不如蓝宝石衬底。其主要原因在于如果在这些衬底上进行高温条件下的 GaN 薄膜外延生长存在许多缺陷[91-93]：一方面，衬底表面原子的大量蒸发会改变衬底表面的晶体结构，从而增加 GaN 薄膜与非常规衬底之间的晶格失配。另一方面，这些蒸发的表面原子容易与 Ga 原子或 N 等离子体等前驱体发生反应，形成大量的界面层，使后续的外延生长非常困难。同时，这些非常规衬底的热膨胀系数通常与 GaN 有很大的不同。因此，在这些衬底上高温生长薄膜会引入残余应变[93]。

自 20 世纪 90 年代初以来，脉冲激光沉积技术已被广泛应用于制造Ⅲ族氮化物薄膜，但在器件质量薄膜沉积方面的潜力尚未得到充分探索。为了使用脉冲激光沉积法在衬底上获得表面光滑的高质量薄膜，需要优化衬底状态和生长温度等生长条件。Sakurada 等采用脉冲激光沉积法在 $LiGaO_2$ 衬底上生长获得了 GaN 薄膜，并对衬底的状态与成膜性能之间的关系进行了探究[94]。研究发现，当衬底暴露的晶面为金属面时，衬底热稳定性高于氧面且成膜质量更好，这说明脉冲激光沉积技术可以有效地抑制界面反应和锂原子的扩散。此外，室温下沉积的 GaN 薄膜厚度为 5.0 nm，远小于 700℃生长下的 16.6 nm，且室温下沉积薄膜的致密度更高。这些结果表明，优化生长条件的 PLD 的使用有助于降低薄膜的厚度，抑制锂原子的扩散并改善表面形貌。控制 GaN 薄膜中 p 型和 n 型导电性对制备器件的质量至关重要。一般情况下，由于残留杂质浓度高，无掺杂的 GaN 薄膜表现出 n 型掺杂的导电性，电子浓度和迁移率分别为 $10^{19} cm^{-3}$ 和约 60 $cm^2/(V \cdot s)$。2002 年，Rupp 等研究发现优化 Ga 和 N 粒子沉积的比例和衬底温度可使 GaN 中电子浓度降至约 $10^{17} cm^{-3}$[95]。随后，他们使用 MgGa 作为靶材进行脉冲激光沉积实验，制备了 p 型掺杂的 GaN 薄膜。

Li 等证明采用脉冲激光沉积法可以在室温下在 $MgAl_2O_4$(111)衬底上生长高质量的 AlN 薄膜[96]。AlN 薄膜表面粗糙度低至 0.45 nm，表明薄膜表面光滑。通过 XRD 掠入射分析研究 $AlN/MgAl_2O_4$ 异质界面的结构特性，结果表明，室温下沉积在 $MgAl_2O_4$ 表面上的 AlN 没有界面层，而 700℃下沉积在 $MgAl_2O_4$ 表面上的 AlN 有约 15 nm 厚的界面层，这一显著差异表明室温下脉冲激光沉积法可以完全消除膜层与衬底间界面反应。同时，通过 XPS 测试发现在 AlN 膜层表面没有 Mg 原子，表明衬底中 Mg 原子的扩散得到了很好的抑制。进一步研究发现，在 800℃超高压室中热处理 1 h 后，AlN 薄膜与 $MgAl_2O_4$ 衬底之间的界面仍然保持不变。该异质界面的高稳定性对后续可能的高温生长具有重要意义。

ZnO 是另外一种很有前景的外延生长Ⅲ族氮化物的衬底材料，它具有与Ⅲ族氮化物相同的晶体结构和小的晶格失配（c 轴和 a 轴分别为 0.4%和 1.9%）。然而，ZnO 在高温（如 1000℃）下不稳定，使得利用传统化学气相沉积技术在 ZnO 上沉积高质量 GaN 具有挑战性。在这方面，由于脉冲激光沉积技术可在室温条件下生长Ⅲ族氮化物薄膜，因此该技术能实现 ZnO/Ⅲ族氮化物的杂化异质结生长。2007 年，Ueno 等采用脉冲激光沉积法对在 ZnO 衬底上沉积 AlN 薄膜进行了研究[97]。在衬底温度为 750℃时，AlN 和 ZnO 之间的界面反应显著，导致形成的 AlN 为多晶相。之后，他们改变策略，先在室温下利用脉冲激光沉积技术制备出致密的 GaN 薄膜作为缓冲层，然后在其上继续使用脉冲激光沉积技术在高温下制备 AlN 薄膜。结果表明，在室温下制备 GaN 缓冲层的方法在充分发挥 ZnO 衬底优势的同时可生长出高质量的Ⅲ族氮化物薄膜。进一步，Kobayashi 等[98]在此基础上进行了更详细的研究，反射高能电子衍射分析结果显示 GaN 缓冲层有清晰条纹状且强度分布具有均匀的周期[（图 3-7（a）和（b）]，表明在室温下生长的 GaN 具有较高的结晶质量和光滑的表面，这有利于后续 GaN 薄膜的高温生长。高分辨电子透射显微镜图[图 3-7（c）]表明，GaN 和 ZnO 之间的界面是突变的且无缺陷的。这些结果可以归因于 ZnO 与 GaN 平面晶格匹配度高，以及室温下生长的 GaN 缓冲层有效地抑制了薄膜和衬底之间的界面反应。这些研究为在 ZnO 衬底上生长高质量的非极性 GaN 薄膜提供了一种有效的方法，并为今后在 ZnO 衬底上制备高质量的非极性基Ⅲ族氮化物薄膜器件提供了可能。

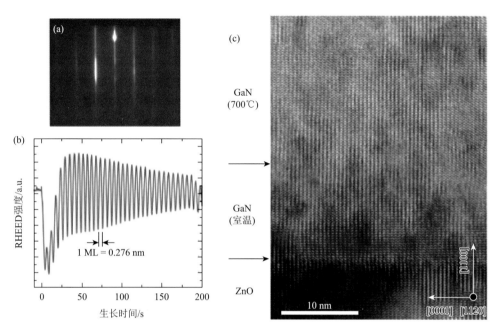

图 3-7　（a）室温下生长 GaN 薄膜的反射高能电子衍射图，清晰的条纹表明表面结晶度高；（b）室温下生长 GaN 薄膜反射高能电子衍射强度分布图；（c）室温下生长在 ZnO 衬底上 GaN 薄膜截面的透射电子显微镜图[98]

3.4　激光溅射沉积应用前沿

　　脉冲激光沉积实现了大面积、高质量的薄膜沉积，其特点如下：①沉积过程无前驱体、效率高、污染少。②聚焦的高能脉冲激光使产生的等离子体羽辉具有定向的活动空间。羽辉中的粒子可以在衬底上自由沉积，从而使衬底均匀度高，生长面积大。③脉冲激光沉积是一种多功能的沉积方法。高能激光可以分解几乎所有的凝聚态物质，这为包含多种薄膜材料构建复杂结构的制造提供了坚实的基础。④高能原子的轰击有利于降低生长温度。因此，在不耐高温的柔性衬底上直接沉积薄膜材料是可以实现的[3, 15]。此外，室温下脉冲激光沉积技术可以制备出致密的缓冲层，为后续的高温条件制备提供便利。目前，脉冲激光沉积技术涵盖了光电、传感、生物、超导、新能源、摩擦学、催化、电子封装等领域[15]。综上，脉冲激光沉积技术本身的技术优点，赋予了该技术在新功能型薄膜方面广阔的应用舞台，进一步通过调控实验工艺参数和先进的材料设计概念（如结构化工程、自组装、超晶格等）可以制备出大量独特的结构功能表面，在更多应用领域展示独特的功能应用。

3.4.1　光电探测领域

在过去的十年中，关于二维材料薄膜在电子和光电领域发表的研究数量迅速增加。一般，二维材料指的是超薄相，其特征是层内共价相互作用强，层间范德瓦耳斯相互作用弱。它们新颖的物理和化学特性为基础研究和工程应用领域提供了新的途径。石墨烯是最早被发现的二维材料，它由 sp^2 杂化碳原子单层组成，具有优异的力学、热学、电学性能和较高的化学稳定性[53]。在光电应用领域，石墨烯的主要缺点是缺乏固有能带隙，器件难以完全关闭。这个问题使得世界各地的许多研究人员寻找其他具有能带隙的半导体二维层状材料。到目前为止，多种二维材料包括过渡金属硫化物和六方氮化硼等都具有一定的带隙宽度，这些材料被归类为二维材料的原因是它们具有最薄的孤立晶体形式，没有表面悬浮键，并且在层内具有突出的传输特性。

目前，采用脉冲激光沉积法制备的 MoS_2 薄层材料具有尺寸大、连续性好、均匀性好、缺陷少等优点，这些特性使 MoS_2 薄膜应用于许多电子和光电子器件。2014 年，Late 等研究了脉冲激光沉积在各种衬底上生长的 MoS_2 薄膜的场发射和光响应性能，沉积材料包括钨针尖、硅晶片和柔性聚酰亚胺基片[7]。对 MoS_2/钨针尖进行场发射电流测量，在 3.8 kV 电压下，场发射电流密度可达 30 mA/cm^2。薄膜表面的强场发射电流可能是由针尖尖端的局域电场增强所致。此外，场发射电流在 1 μA 时的稳定性良好，经过很长时间的测量后没有下降。在硅衬底上沉积的 MoS_2 薄膜，在 2 V/μm 电场下的发射电流密度为 1 mA/cm^2，这优于使用化学合成方法获得的 MoS_2 薄片的性能[99]。这种低启动电压是 MoS_2 薄膜表面的纳米尺度颗粒与衬底之间良好的接触导致的。此外，他们还对脉冲激光诱导沉积生长的 MoS_2 薄膜在 n 和 p 掺杂 Si 衬底上的紫外光响应进行了研究，如图 3-8 所示。用 365 nm 紫外光照射样品时，由 MoS_2 与衬底界面的激子诱导产生大的光电流，在柔性聚酰亚胺基片上生长的 MoS_2 薄膜也观察到了类似的现象。

六方氮化硼（h-BN）作为典型的二维层状绝缘体材料，介电常数（$\varepsilon = 3\sim4$）和击穿电压（0.7 V/nm）均优于二氧化硅，说明 h-BN 可以作为介质层集成到电子器件中。Uddin 等[100]使用脉冲激光沉积技术在 SiO_2/Si 衬底上生长了 5 nm 厚的非晶态氮化硼（BN）薄膜，随后在 H_2/Ar 气氛中进行后退火处理获得 h-BN 薄膜。为了进一步研究 BN 薄膜的电输运特性，他们采用常规 CVD 技术制备了石墨烯并将其转移到退火后的 BN 薄膜上形成晶体管结构。在室温下，基于石墨烯/h-BN 的

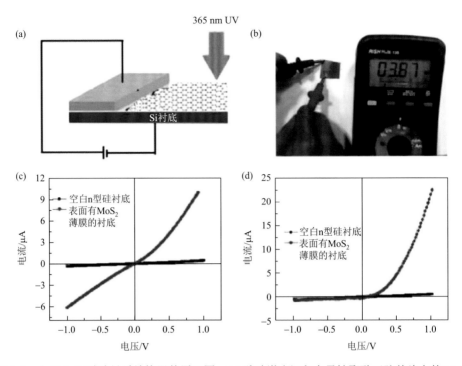

图 3-8 （a）MoS$_2$/硅片异质结构器件原理图；（b）脉冲激光沉积在柔性聚酰亚胺基片上的 MoS$_2$ 薄膜表现出的导电性；（c）波长为 365 nm、偏压为 + 1 V 时 n-Si/MoS$_2$ 异质结构（厚度为 30 nm）的伏安曲线；（d）波长为 365 nm、偏压为 + 1 V 时 p-Si/MoS$_2$ 异质结构（厚度为 30 nm）的伏安曲线[99]

晶体管的载流子迁移率比石墨烯/SiO$_2$/Si 晶体管高 3 倍。除了用作石墨烯基晶体管的栅绝缘体外，*h*-BN 由于大能带隙和良好的光学特性，是制作紫外探测器的理想材料之一。2015 年，Aldalbahi 和 Feng[101]开发并表征了基于脉冲激光沉积的二维 *h*-BN 纳米片的高性能紫外探测器。利用拉曼光谱、SEM 和 TEM 对 *h*-BN 纳米片的高结晶性和无缺陷层状结构进行了表征。时间分辨表征表明紫外光电探测器的响应时间短至 0.6 ms。由于热电流噪声的存在，环境温度对氢氮基光电探测器的性能影响很大。当温度在 200℃以上时，器件无法检测到强度小于 0.1 mW 的信号。2017 年，Yang 等[102]利用脉冲激光沉积精确控制化学计量生长获得了晶圆级层状 InSe 纳米薄片。所得的 InSe 层均匀性好，结晶度高。光学性能表征表明，在大尺寸二维薄膜晶体中，脉冲激光沉积生长的 InSe 纳米片具有较宽的可调谐带隙（1.26～2.20 eV）。由其制备的场效应晶体管的器件显示了高迁移率 10 cm^2/(V·s)。在光照下，如图 3-9 所示，光电晶体管能覆盖从紫外线到近红外的波长的光响应，最大光响应度达到 27 A/W，上升响应时间为 0.5 s，衰减响应时间为 1.7 s，显示出较强的光探测能力。

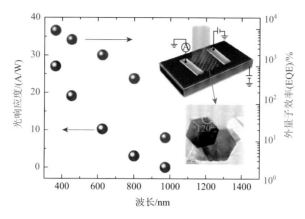

图 3-9　基于 InSe 薄膜的光电晶体管的光电流随激发波长函数图[102]

插入图为光电晶体管示意图及薄膜透射电子显微镜图

近年来，全无机钙钛矿铯铅卤化物（$CsPbX_3$，X = Cl，Br 或 I）由于特殊的光电特性和良好的稳定性，在光探测器等领域受到广泛关注。2019 年，Huang 等采用脉冲激光沉积技术在 Si(100)衬底上制备了全无机钙钛矿 $CsPbBr_3$ 薄膜[103]，从而制备了一种基于 $CsPbBr_3$/n-Si 异质结的光电探测器，如图 3-10 所示。该异质结光

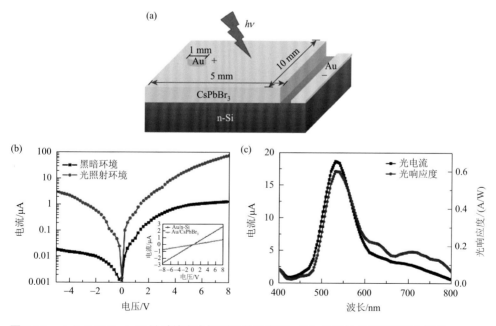

图 3-10　（a）$CsPbBr_3$/n-Si 异质结光电探测器的示意图；（b）异质结在黑暗环境和波长 520 nm 光照射下的伏安曲线，插图显示了 Au/n-Si 和 Au/$CsPbBr_3$ 的伏安特性；（c）$CsPbBr_3$/n-Si 光电探测器的光电流和光响应曲线[103]

电探测器表现出类似二极管的整流行为，异质结的光电流与暗电流比约为 168.5，峰值响应度约为 0.6 A/W（-5 V，520 nm）。

传统的光电探测只能检测入射光的强度，而入射光偏振检测在成像、遥感、通信和军事等各个领域都有重要的应用[104]。目前对偏振型光敏器件的研究远远少于对各向同性光敏器件的研究，这可能是缺乏有效的光敏材料造成的。2015 年，Yao 等基于脉冲激光沉积法制备了拓扑结构的 Bi_2Te_3 基偏振光电探测器[105]。其光电流在 180° 的周期内按照正弦规律演化，这是由于线偏振光优先激发与其极化方向平行的自旋电子导致了不对称的电子态分布，而不对称的非平衡态分布产生了偏振依赖性的光电流。更重要的是，晶体的各向异性光响应仅与外部电场方向有关，而目前成熟的平面微加工技术很容易控制这一方向。尽管有这些优势，但是实验偏振响应系数仅为理论值的一半。一般，拓扑结构探测器的光响应由表面态和体态两部分组成。前者是各向同性的，后者是各向异性的。因此，抑制体态响应是提高偏振响应系数的潜在途径。

3.4.2 新能源领域

清洁能源的生产问题是近年来最重要的研究领域之一。为了解决这个问题，最流行的策略之一是将太阳能或化学能直接转化为电能[106, 107]。固体燃料电池作为一种清洁的电化学能量转换器件，由于高效、低排放和良好的燃料灵活性，近年来受到越来越多的关注。一般情况下，用于高温条件下燃料电池的电解质和电极材料在较低的操作温度下分别存在离子导电性不足和电催化活性差的问题[106]。由于纳米材料薄膜具有更大的表面积、独特的表面和界面特性，因此在提高低温下燃料电池的性能方面具有巨大的潜力。在各种纳米技术中，脉冲激光沉积技术被广泛应用于燃料电池电极材料的制备中以增加电催化活性，进一步降低电池的工作温度。

利用脉冲激光沉积技术，通过调整沉积参数可以制备出具有高质量微纳结构的阴极薄膜。2012 年，Hwang 等[108]研究了 Sr^{2+} 掺杂浓度对脉冲激光沉积制备 $La_{1-x}Sr_xCoO_{3-\delta}$ 阴极薄膜氧还原反应活性的影响，发现掺杂之后 $La_{0.6}Sr_{0.4}CoO_{3-\delta}$ 的电催化活性远远高于未掺杂，这归因于钙钛矿氧化物固有的氧空位和 B 位金属价态。此外，掺杂和未掺杂薄膜阴极的微观结构没有明显差异，说明对于脉冲激光沉积技术制备的阴极薄膜，除了表面形貌和膜厚外，钙钛矿氧化物本身的成分和缺陷量对电催化性能也有明显的影响。

除阴极薄膜外，脉冲激光沉积技术还可以用于制备燃料电池中的电解质和阳极薄膜材料。2016 年，Kwak 等[109]采用脉冲激光沉积法制备了高定向钕（Nd^{3+}）掺杂氧化铈电解质薄膜，进一步研究了晶界和晶面取向对氧化铈电解质晶面内和晶界处的氧离子电导率的影响。结果发现,在 250℃下,高取向薄膜的跨表面和表面内氧离子电导率相当,低取向氧化铈薄膜的跨表面和表面内氧离子电导率变化约为一个数量级。典型的固体电解质存在许多晶界,当移动的氧离子从一个晶界迁移到另一个晶界时,晶界通常会阻挡它们的运动。此外,他们还研究了以 Sm^{3+} 和 Nd^{3+} 掺杂的脉冲激光沉积技术制备的单掺杂和双掺杂氧化铈电解质薄膜的电导率并测量了晶界活化能,与单掺杂氧化铈相比,双掺杂氧化铈的离子电导率并没有明显提高。掺杂 Sm^{3+}、掺杂 Nd^{3+} 和双掺杂的 CeO_2 的晶界活化能分别为 1.17 eV、1.23 eV 和 1.10 eV。

镍基金属陶瓷是燃料电池中应用最广泛的阳极材料,物理混合法制备的镍基金属陶瓷阳极在长期使用后,气孔率降低且镍(Ni)颗粒团聚严重。研究发现,一定温度的热处理可以抑制沉积 Ni 颗粒的团聚[110]。2010 年,Noh 等[110]研究了脉冲激光沉积制备的镍钇稳定氧化锆(Ni-YSZ)纳米复合薄膜在 300~800℃沉积温度范围内对 Ni 团聚的抑制作用。为了获得稳定的 Ni-YSZ 电极,在 700℃下沉积获得了微观结构稳定、均匀的纳米多孔 Ni-YSZ 薄膜,通过这种方法实现了多孔 YSZ 衬底上 1 μm 厚的薄膜电极的制备,应用于燃料电池阳极薄膜的开路电压高于 1 V。为了进一步提高镍基金属陶瓷薄膜阳极的电催化活性,2017 年,Thieu 等[111]采用多层薄膜沉积的方法将 Pd 引入到薄膜基固体电池的 Ni-YSZ 阳极。通过脉冲激光沉积法制备 NiO 和 Pd 的交替多层沉积,制备了 Pd-Ni-YSZ 合金电极。结果表明,在 600℃条件下,Pd 掺入提高了 Pd-Ni 合金对电化学性能和热化学反应的催化活性,这是由于形成纳米结构 Pd-Ni 合金,有助于提高电化学反应和热化学反应。与 Ni-YSZ 阳极电池相比,Pd-Ni-YSZ 复合电极电池的性能稳定性更好。

全球能源需求的稳步增长、化石燃料的消耗及其对环境的严重影响,以及全球变暖,推动了高效、环保、成本效益高的太阳能电池的设计。化石燃料资源是有限的,很可能在未来几代人的时间里就会耗尽。这种情况已经对这一代人开始能源消费和生产的转变构成了巨大的挑战。一些可再生能源设备如太阳能电池,正在开发中,甚至已经投入市场。第二代太阳能电池最常用的材料是碲化镉和硒化铜铟镓(CIGS),被证明可以实现 20%的太阳能转换效率[112, 113]。但是,镉是一种有毒元素,在近期 CIGS 太阳能电池的量产阶段,铟、镓等稀有元素的供应令人担忧。因为镉对环境的影响和铟等供应有限的担忧,研究者们开始开发新的替代材料。近年来,四元金属硫族因带隙能量低、吸收系数大、光稳定性高等优点,在薄膜太阳能电池中显示出巨大的潜力[114]。例如,四元黄铜矿半导体 Cu_2ZnSnS_4、$Cu_2(Zn_xMg_{1-x})SnS_4$ 和 Cu-ZnSnSe 等,其带隙能量为 1.5 eV,晶体结构与铜铟镓硫化物相似[115, 116]。2008 年,Moriya 等[115]采用脉冲激光沉积法制备了 Cu_2ZnSnS_4(CZTS)薄膜,同时控制能量密度以消除 Cu-Sn-S 化合物的晶粒。在 N_2 和 H_2S(5%)气氛中进行 500℃热处理后,抑制硫组分比的下降使薄膜接近化学计量，获得直接带隙约为 1.5 eV 的薄膜。该薄膜制备的太阳能电池有效面积为 0.12 cm^2，开路电压为 336 mV，短路电流密度为 6.53 mA/cm^2，填充系数为 0.46，转换效率为 0.64%。2012 年，Moholkar 等[117]采用脉冲激光沉积法制备了 CZTS 薄膜。退火后的 CZTS 薄膜为单一的方解石晶体结构，没有其他二次相。随着 Cu/(Zn + Sn)摩尔比例的增加，薄膜的直接带隙由 1.72eV 降低到 1.53eV。由该薄膜制备的太阳能电池在开路电压为 700 mV 的转换效率最高为 4.13%，填充因子为 0.66。2018 年，Agawane 等[118]采用脉冲激光沉积法制备并表征了用于太阳能电池的 Cu$_2$(Zn$_x$Mg$_{1-x}$)SnS$_4$（CZMTS）薄膜，研究了不同锌镁配比对 CZMTS 薄膜性能的影响。优化沉积参数后获得了致密、均匀和光滑的 CZMTS 薄膜。对 CZMTS 薄膜的霍尔测量研究证实了 p 型电导率行为。随着 Mg 浓度的增加，电导率从 2.31 S/cm 增加到 7.98 S/cm。

　　近年来，无机杂化卤化物钙钛矿材料由于优异的光电性能而受到极大的关注。2019 年，Wang 等[119]使用脉冲激光沉积技术制备了 CsPbBr$_3$ 薄膜，该薄膜在高湿环境中表现出良好的稳定性。他们首先采用溶液法制备了 CsPbBr$_3$ 单晶粉末，然后利用脉冲激光沉积技术将产生的 CsPbBr$_3$ 等离子体渗透到介孔 TiO$_2$ 层中并均匀分布，经过优化薄膜厚度的太阳能电池最高的功率转换效率可以达到 6.3%。

3.4.3　生物领域

　　蛋白质、核酸和代谢物等生物分子的变化可能显示疾病的存在[120-123]。因此，监测这些变化有助于进一步了解生命过程和疾病机理。为了全面了解其生物学过程，对复杂疾病进行早期诊断，寻求敏感、特异的生物医学分析方法。生物医学研究利用了多种技术，包括核磁共振、质谱、电化学、荧光显微镜和电子显微镜等[124-127]。这其中，表面增强拉曼散射（SERS）在生物医学应用方面具有优异的分子选择性、高灵敏度、强信号和高精确度，因而备受关注[128, 129]。目前已有大量关于多功能 SERS 技术相关的研究，已经实现了对组织、细胞（凋亡、分泌、细胞应激、细胞周期）和生物分子（蛋白质、酶、核酸）、肿瘤标志物和代谢产物的体外和体内检测，特别是对复杂生物成分问题的检测[130, 131]。SERS 技术的效率取决于 SERS 衬底的特性，因此选择合适的衬底制备方法是非常重要的。金属纳米颗粒（NPs）是 SERS 效应发现后研究最多的衬底[131]。一般而言，金属纳米颗粒的合成方法可分为化学方法和物理方法。在这些方法中，脉冲激光沉积技术是一种相对灵活和有效的制备尺寸可控的金属纳米材料的技术。在超高真空条件下产生的金属纳米颗粒不同于传统的沉积技术，脉冲激光沉积技术可以通过调节激光波长、脉冲持续时间或激光能量来改变金属纳米颗粒的形态。惰性气体环境也为系统地改变金属纳米颗粒的性质提供了额外的条件。2013 年，Smyth 等利用脉冲激光沉积技术在玻璃微载玻片上沉积了厚度为 7 nm 的银纳米颗粒薄膜[132]。他们研究了三种不同的 SERS 衬底的 SERS 灵敏度,包括脉冲激光沉积 Ag 纳米颗粒衬底、常规银胶体和商业银胶体的 SERS 衬底,脉冲激光沉积 Ag 纳米颗粒薄膜和常规银胶体的 SERS 信号均优于商业银胶体。此外,多次测量结果显示脉冲激光沉积 Ag 纳米颗粒薄膜具有比银胶体更好的重现性。2018 年,Agarwal 等[133]使用由可控脉冲激光沉积产生的 Au 纳米颗粒衬底获得的快速响应和低成本 SERS 器件,可以实现对蛋白质的无标记检测。一般,蛋白质与金属纳米颗粒之间的相互作用很容易无法控制,导致其分子结构敏感性差,重现性差。通过对 Au 纳米颗粒与特定氨基酸残基结合的演示,表明 SERS 可以实现对蛋白质的无标记检测。此外,这些检测的基材在保质期、包装和易于运输方面都具有优越性。

生物陶瓷涂层目前被用于多种生物医学应用,通过增加种植体表面粗糙度来修饰种植体表面,促进骨生长结合。商业上用于植入物的材料是金属,但金属和金属合金中的钒和铝等可能与各种神经系统疾病有关[134, 135]。这些问题通过在金属基体上涂敷生物陶瓷材料的方法得到了解决,常用的涂层材料是羟基磷灰石。等离子喷涂是目前唯一一种用于覆盖牙科和骨科种植体的磷酸钙材料表面涂层修饰技术[136]。尽管该技术具有广泛的商业应用价值,但仍有一些缺点[137-139],如:①合成的涂层通常由几个相组成;②合成温度高,导致涂层与基材 Ti 合金之间不匹配的热膨胀系数限制了涂层与衬底之间较好的结合;③沉积膜层较厚,与基体的黏附性很低;④表面形貌、相组成或结晶的均匀性难以控制。研究者们开始寻找各种替代涂层技术(射频磁控溅射、脉冲激光沉积、电化学沉积等)来改善这些缺陷。其中,相对于热等离子喷涂技术,脉冲激光沉积技术能有效地改善这些缺点。早在 1998 年,Dostálová 等[135]采用 KrF 准分子脉冲激光沉积技术在牙科种植体上制备了具有生物相容性的羟基磷灰石薄膜。在体内研究中植入物被放置于小型猪的下颌,16 周后,所有的种植体都牢固地固定在骨头里。进一步观察发现涂层植入物没有引起刺激和炎症,说明该涂层与骨结合过程是兼容的。在此基础上,2005 年,Kim 等[140]利用脉冲激光沉积技术分别制备了羟基磷灰石(HA)和羟基磷灰石/磷酸四钙双相薄膜涂层。在新西兰大白兔的胫骨近端和股骨远端进行了金属涂层植入的体内实验,对手术摘除后种植体样品的组织形态学研究表明,与纯羟基磷灰石涂层相比,双相涂层骨结合效果更好。2006 年,Peraire 等[141]对脉冲激光沉积(PLD)和等离子喷涂(PS)制备的 HA 涂层的生物稳定性和骨传导性进行了对比研究。术后 24 周,对 12 只成熟新西兰大白兔进行组织学和组织形态测定,并对样本进行评估。HA-PS 种植体在 24 周后表现出相当大的不稳定性,涂层厚度减少,脉冲激光沉积制备的 HA-PLD 组的骨贴合度显著高于其他两组,且涂层无降解或溶解迹象。值得注意的是,植入 6 个月后,脉冲激光沉积的 HA 涂层仍然可以通过电子显微镜观察到。之后,在 2008 年,Paz 等[142]利用脉冲激光沉积技术在钛种植体上沉积了两种不同的羟基磷灰石纳米膜（50 nm 和 100 nm 厚），以评估纳米磷酸钙涂层厚度对骨结合的影响。两种不同羟基磷灰石厚度的圆柱形种植体在绵羊胫骨植入实验中均取得了很好的骨结合结果。这一结果表明，50 nm 的涂层与 100 nm 的涂层一样有效，意味着这种刺激骨生长的生物薄膜的厚度极限可能会进一步降低。为了进一步增强生物相容性、成骨和骨结合，2018 年，Chen 等[143]利用脉冲激光沉积技术在钛种植体表面沉积了一层氟化羟基磷灰石（FHA）薄膜。对比研究发现，与传统种植体相比，FHA 涂层材料具有更好的骨诱导和骨整合活性。

3.5 总结

脉冲激光沉积技术已经得到了广泛的应用，制备的薄膜材料涵盖了金属薄膜、金属化合物薄膜、非金属化合物薄膜、合金薄膜、碳材料薄膜、复合薄膜等，将这些材料整合到固态器件中，在生物学、光电子学和纳米技术等领域有广泛的应用。在某种程度上，如果要列出一种用于各种材料的薄膜沉积的"理想"方法，脉冲激光沉积很可能会成为目前可用技术中的领先者之一。只要是激光可以烧蚀的材料，均可以使用该技术进行薄膜制备，所以可以说以这种技术生长的薄膜和多层结构的范围仅局限于其研究者的聪明才智和可以设想的应用场合。

尽管大面积脉冲激光沉积薄膜制备已经取得了巨大的进展，但要想在原子尺度上完美地控制材料的结构和组成，并在生产线上提供具有大面积高质量的大尺寸薄膜，提高薄膜的合成规模仍是一项挑战。这取决于许多不同领域的研究进展，其中包括新型高功率、高重复频率激光器，用于高速的目标烧蚀。此外，为了保持在原子水平上的薄膜精度，必须对激光诱导的等离子体羽流的原子或分子种类及其流动的瞬态动力学进行原位诊断。研究瞬态动力学可以将外部可控的缩放参数（如强度分布、脉冲持续时间、重复频率和沉积几何形状）与薄膜的生长物理联系起来，建立相关模型进一步优化制备参数。

参 考 文 献

[1] Smith H M，Turner A F. Vacuum deposited thin films using a ruby laser. Applied Optics，1965，4（1）：147-148.

[2] Dijkkamp D，Venkatesan T，Wu X D, et al. Preparation of Y-Ba-Cu oxide superconductor thin films using pulsed laser evaporation from high T_c bulk material. Applied Physics Letters，1987，51（8）：619-621.

[3] Singh R，Narayan J. Pulsed-laser evaporation technique for deposition of thin films：Physics and theoretical model. Physical Review B，1990，41（13）：8843-8859.

[4] Yao J D，Zheng Z Q，Yang G W. Production of large-area 2D materials for high-performance photodetectors by pulsed-laser deposition. Progress in Materials Science，2019，106：100573.

[5]　Lorazo P，Lewis L J，Meunier M. Thermodynamic pathways to melting，ablation，and solidification in absorbing solids under pulsed laser irradiation. Physical Review B，2006，73（13）：134108.

[6]　杨义发. 脉冲激光沉积 ZnO 薄膜及其性质研究. 武汉：华中科技大学，2008.

[7]　Late D J，Shaikh P A，Khare R，et al. Pulsed laser-deposited MoS_2 thin films on W and Si：Field emission and photoresponse studies. ACS Applied Materials & Interfaces，2014，6（18）：15881-15888.

[8]　Craciun F，Lippert T，Dinescu M. Pulsed laser deposition：Fundamentals，applications，and perspectives. Handbook of Laser Micro- and Nano-Engineering Cham：Springer International Publishing，2021：1291-1323.

[9]　Smith D L，Hoffman D W. Thin-film deposition：Principles and practice. Physics Today，1996，49（4）：60-62.

[10]　Bednorz J G，Müller K A. Possible high T_c superconductivity in the Ba-La-Cu-O system. Zeitschrift für Physik B. Condensed Matter，1993，64（2）：267-271.

[11]　Hammond R H，Bormann R. Correlation between the *in situ* growth conditions of YBCO thin films and the thermodynamic stability criteria. Physica C：Superconductivity，1989，162-164（1）：703-704.

[12]　Amoruso S. Modelling of laser produced plasma and time-of-flight experiments in UV laser ablation of aluminium targets. Applied Surface Science，1999，138：292-298.

[13]　Rode A V，Lutherdavies B，Gamaly E G. Ultrafast ablation with high-pulse-rate Nd：YAG lasers：Ⅱ. Experiments on deposition of diamondlike carbon films. Journal of Applied Physics，1998，3343（8）：4222-4230.

[14]　刘晶儒，白婷，姚东升，等. 脉冲准分子激光淀积薄膜的实验研究. 强激光与粒子束，2002，14（005）：646-650.

[15]　Blank D H，Dekkers M，Rijnders G. Pulsed laser deposition in Twente：From research tool towards industrial deposition. Journal of Physics D：Applied Physics，2013，47（3）：034006.

[16]　Schwarz H，Tourtellotte H. Vacuum deposition by high-energy laser with emphasis on barium titanate films. Journal of Vacuum Science and Technology，1969，6（3）：373-378.

[17]　Donnelly T，Doggett B，Lunney J G. Pulsed laser deposition of nanostructured Ag films. Applied Surface Science，2006，252（13）：4445-4448.

[18]　Donnelly T，Krishnamurthy S，Carney K，et al. Pulsed laser deposition of nanoparticle films of Au. Applied Surface Science，2007，254（4）：1303-1306.

[19]　Alonso J，Diamant R，Castillo P，et al. Thin films of silver nanoparticles deposited in vacuum by pulsed laser ablation using a YAG：Nd laser. Applied Surface Science，2009，255（9）：4933-4937.

[20]　Mirza I，O'Connell G，Wang J，et al. Comparison of nanosecond and femtosecond pulsed laser deposition of silver nanoparticle films. Nanotechnology，2014，25（26）：265301.

[21]　de Bonis A，Galasso A，Ibris N，et al. Ultra-short pulsed laser deposition of thin silver films for surface enhanced Raman scattering. Surface and Coatings Technology，2012，207：279-285.

[22]　Irissou E，le Drogoff B，Chaker M，et al. Influence of the expansion dynamics of laser-produced gold plasmas on thin film structure grown in various atmospheres. Journal of Applied Physics，2003，94（8）：4796-4802.

[23]　Irissou E，Vidal F，Johnston T，et al. Influence of an inert background gas on bimetallic cross-beam pulsed laser deposition. Journal of Applied Physics，2006，99（3）：034904.

[24]　Shen J，Gai Z，Kirschner J. Growth and magnetism of metallic thin films and multilayers by pulsed-laser deposition. Surface Science Reports，2004，52（5-6）：163-218.

[25]　Kahl S，Krebs H U. Supersaturation of single-phase crystalline Fe(Ag)alloys to 40 at.% Ag by pulsed laser deposition. Physical Review B，2001，63（17）：172103.

[26]　Irissou E，Laplante F，Garbarino S，et al. Structural and electrochemical characterization of metastable PtAu bulk and surface alloys prepared by crossed-beam pulsed laser deposition. The Journal of Physical Chemistry C，2010，

114（5）：2192-2199.

[27]   Imbeault R，Pereira A，Garbarino S，et al. Oxygen reduction kinetics on Pt_xNi_{100-x} thin films prepared by pulsed laser deposition. Journal of the Electrochemical Society，2010，157（7）：B1051.

[28]   Cropper M. Thin films of AlCrFeCoNiCu high-entropy alloy by pulsed laser deposition. Applied Surface Science，2018，455：153-159.

[29]   Shen J，Ohresser P，Mohan C V，et al. Magnetic moment of fcc Fe(111)ultrathin films by ultrafast deposition on Cu(111). Physical Review Letters，1998，80（9）：1980.

[30]   Ryaguzov A P，Nemkayeva R R，Yukhnovets O I，et al. The effect of nonequilibrium synthesis conditions on the structure and optical properties of amorphous carbon films. Optics and Spectroscopy，2019，127（2）：251-259.

[31]   Qian F，Craciun V，Singh R，et al. High intensity femtosecond laser deposition of diamond-like carbon thin films. Journal of Applied Physics，1999，86（4）：2281-2290.

[32]   Jurewicz A J G，Rieck K D，Hervig R，et al. Magnesium isotopes of the bulk solar wind from Genesis diamond-like carbon films. Meteoritics & Planetary Science，2020，55（2）：352-375.

[33]   Yang N J，Yu S Y，Macpherson，et al. Conductive diamond：Synthesis，properties，and electrochemical applications. Chemical Society Reviews，2019，48（1）：157-204.

[34]   Stock F，Antoni F，Aubel D，et al. Pure carbon conductive transparent electrodes synthetized by a full laser deposition and annealing process. Applied Surface Science，2020，505：144505.

[35]   Greer J A. History and current status of commercial pulsed laser deposition equipment. Journal of Physics D：Applied Physics，2013，47（3）：034005.

[36]   Oskomov K V，Vizir A V. Investigation of plasma ion composition generated by high-power impulse magnetron sputtering（HiPIMS）of graphite. Journal of Physics：Conference Series，2019，1393（1）：012018.

[37]   Yasumaru N，Miyazaki K，Kiuchi J. Control of tribological properties of diamond-like carbon films with femtosecond-laser-induced nanostructuring. Applied Surface Science，2008，254（8）：2364-2368.

[38]   Bewilogua K，Hofmann D. History of diamond-like carbon films-from first experiments to worldwide applications. Surface and Coatings Technology，2014，242：214-225.

[39]   Gupta S，Sachan R，Narayan J. Scale-up of Q-carbon and nanodiamonds by pulsed laser annealing. Diamond and Related Materials，2019，99：107531.

[40]   Voevodin A A，Donley M S. Preparation of amorphous diamond-like carbon by pulsed laser deposition：A critical review. Surface and Coatings Technology，1996，82（3）：199-213.

[41]   Basso L，Gorrini F，Bazzanella N，et al. The modeling and synthesis of nanodiamonds by laser ablation of graphite and diamond-like carbon in liquid-confined ambient. Applied Physics A，2018，124（1）：72.

[42]   Lu Y M，Cheng Y，Huang G J，et al. Effects of external magnetic field on the micro-structure of diamond-like carbon film prepared by pulsed laser deposition. Materials Research Express，2019，6（11）：116433.

[43]   Plotnikov V A，Dem'yanov B F，Yeliseeyev A P，et al. Structural state of diamond-like amorphous carbon films，obtained by laser evaporation of carbon target. Diamond and Related Materials，2019，91：225-229.

[44]   Menzel M，Weissbach D，Gawlitza P，et al. Deposition of high-resolution carbon/carbon multilayers on large areas for X-ray optical applications. Applied Physics A，2004，79（4）：1039-1042.

[45]   Lu Y M，Huang G J，Cheng Y，et al. Optical and micro-structural properties of the uniform large-area carbon-based films prepared by pulsed laser deposition. Infrared Physics & Technology，2020，104：103113.

[46]   Wang S，Ye J F，Liu J R，et al. Optimal simulation for the thickness uniformity of the film deposited by pulse laser sputtering. Acta Photonica Sinica，2010，39（8）：1543-1546.

[47] Hara T，Yoshitake T，Fukugawa T，et al. Consideration of diamond film growth on various orientation substrates of diamond in oxygen and hydrogen atmospheres by reactive pulsed laser deposition. Diamond and Related Materials，2004，13（4-8）：622-626.

[48] Yoshimoto M，Yoshida K，Maruta H，et al. Epitaxial diamond growth on sapphire in an oxidizing environment. Nature，1999，399（6734）：340-342.

[49] Ke K C，Cheng C，Lin L J，et al. A novel flexible heating element using graphene polymeric composite ink on polyimide film. Microsystem Technologies，2018，24（8）：3283-3289.

[50] Scilletta C，Servidori M，Orlando S，et al. Influence of substrate temperature and atmosphere on nano-graphene formation and texturing of pulsed Nd ：YAG laser-deposited carbon films. Applied Surface Science，2006，252（13）：4877-4881.

[51] Koh A，Foong Y，Chua D H. Cooling rate and energy dependence of pulsed laser fabricated graphene on nickel at reduced temperature. Applied Physics Letters，2010，97（11）：114102.

[52] Hemani G K，Vandenberghe W G，Brennan B，et al. Interfacial graphene growth in the Ni/SiO$_2$ system using pulsed laser deposition. Applied Physics Letters，2013，103（13）：134102.

[53] Kumar S，Nayak P K，Hedhili M N，et al. *In situ* growth of p and n-type graphene thin films and diodes by pulsed laser deposition. Applied Physics Letters，2013，103（19）：192109.

[54] Tang Y H，Sham T K，Yang D，et al. Preparation and characterization of pulsed laser deposition（PLD）SiC films. Applied Surface Science，2006，252（10）：3386-3389.

[55] Monaco G，Garoli D，Natali M，et al. Synthesis of heteroepytaxial 3C-SiC by means of PLD. Applied Physics A，2011，105（1）：225-231.

[56] Kusumori T，Muto H，Brito M E. Control of polytype formation in silicon carbide heteroepitaxial films by pulsed-laser deposition. Applied Physics Letters，2004，84（8）：1272-1274.

[57] Teghil R，D'Alessio L，de Bonis A，et al. Femtosecond pulsed laser ablation of group 4 carbides. Applied Surface Science，2005，247（1-4）：51-56.

[58] Teghil R，de Bonis A，Galasso A，et al. Femtosecond pulsed laser ablation deposition of tantalum carbide. Applied Surface Science，2007，254（4）：1220-1223.

[59] Yang Z B，Bai S，Yue H W，et al. Germanium anode with lithiated-copper-oxide nanorods as an electronic-conductor for high-performance lithium-ion batteries. Materials Letters，2014，136：107-110.

[60] He J，Towers A，Wang Y N，et al. *In situ* synthesis and macroscale alignment of CsPbBr$_3$ perovskite nanorods in a polymer matrix. Nanoscale，2018，10（33）：15436-15441.

[61] Das R，Khan G G，Mandal K. Pr and Cr co-doped BiFeO$_3$ nanotubes：An advance multiferroic oxide material. EPJ Web of Conferences，EDP Sciences，2013，40：15015.

[62] Yin Y，Burton J，Kim Y M，et al. Enhanced tunnelling electroresistance effect due to a ferroelectrically induced phase transition at a magnetic complex oxide interface. Nature Materials，2013，12（5）：397-402.

[63] Walton A，Górzny M，Bramble J，et al. Photoelectric properties of electrodeposited copper(Ⅰ)oxide nanowires. Journal of the Electrochemical Society，2009，156（11）：K191.

[64] Morales J，Amos N，Khizroev S，et al. Magneto-optical Faraday effect in nanocrystalline oxides. Journal of Applied Physics，2011，109（9）：093110.

[65] Thekkayil R，John H，Gopinath P. Grafting of self assembled polyaniline nanorods on reduced graphene oxide for nonlinear optical application. Synthetic Metals，2013，185：38-44.

[66] Fan H J，Lee W，Hauschild R，et al. Template-assisted large-scale ordered arrays of ZnO pillars for optical and

piezoelectric applications. Small，2006，2（4）：561-568.

[67]　Kobayashi A，Kawano S，Kawaguchi Y，et al. Room temperature epitaxial growth of m-plane GaN on lattice-matched ZnO substrates. Applied Physics Letters，2007，90（4）：041908.

[68]　Kim H W，Kim K S，Lee C. Low temperature growth of ZnO thin film on Si(100)substrates by metal organic chemical vapor deposition. Journal of Materials Science Letters，2003，22（15）：1117-1118.

[69]　Donovan E P，Horwitz J S，Carosella C A，et al. Pulsed laser deposition of ZnO thin films for piezoelectric applications. MRS Online Proceedings Library（OPL），1994，360：395-400.

[70]　Okoshi M，Higashikawa K，Hanabusa M. Pulsed laser deposition of ZnO thin films using a femtosecond laser. Applied Surface Science，2000，154：424-427.

[71]　Millon E，Albert O，Loulergue J，et al. Growth of heteroepitaxial ZnO thin films by femtosecond pulsed-laser deposition. Journal of Applied Physics，2000，88（11）：6937-6939.

[72]　Perriere J，Millon E，Seiler W，et al. Comparison between ZnO films grown by femtosecond and nanosecond laser ablation. Journal of Applied Physics，2002，91（2）：690-696.

[73]　Park S M，Ikegami T，Ebihara K，et al. Structure and properties of transparent conductive doped ZnO films by pulsed laser deposition. Applied Surface Science，2006，253（3）：1522-1527.

[74]　Gupta M，Chowdhury F R，Barlage D，et al. Optimization of pulsed laser deposited ZnO thin-film growth parameters for thin-film transistors（TFT）application. Applied Physics A，2013，110（4）：793-798.

[75]　Zou Y S，Yang H，Wang H P，et al. Microstructure，optical and photoluminescence properties of Ga-doped ZnO films prepared by pulsed laser deposition. Physica B：Condensed Matter，2013，414：7-11.

[76]　Sanz M，Walczak M，de Nalda R，et al. Femtosecond pulsed laser deposition of nanostructured TiO_2 films. Applied Surface Science，2009，255（10）：5206-5210.

[77]　Gamez F，Plaza-Reyes A，Hurtado P，et al. Nanoparticle TiO_2 films prepared by pulsed laser deposition：Laser desorption and cationization of model adsorbates. The Journal of Physical Chemistry C，2010，114（41）：17409-17415.

[78]　Cavaliere E，Ferrini G，Pingue P，et al. Fractal TiO_2 nanostructures by nonthermal laser ablation at ambient pressure. The Journal of Physical Chemistry C，2013，117（44）：23305-23312.

[79]　Teghil R，Ferro D，Galasso A，et al. Femtosecond pulsed laser deposition of nanostructured ITO thin films. Materials Science and Engineering C，2007，27（5-8）：1034-1037.

[80]　Eisa W H，Khafagi M，Shabaka A，et al. Femtosecond pulsed laser induced growth of highly transparent indium-tin-oxide thin films：Effect of deposition temperature and oxygen partial pressure. Optik，2015，126（23）：3789-3794.

[81]　Rogers C T，Inam A，Hegde M，et al. Fabrication of heteroepitaxial $YBa_2Cu_3O_{7-x}$-$PrBa_2Cu_3O_{7-x}$-$YBa_2Cu_3O_{7-x}$ Josephson devices grown by laser deposition. Applied Physics Letters，1989，55（19）：2032-2034.

[82]　Nane O，Özçelik B，Abukay D. The effects of the post-annealing temperature on the growth mechanism of $Bi_2Sr_2Ca_1Cu_2O_{8+\partial}$ thin films produced on MgO(100)single crystal substrates by pulsed laser deposition（PLD）. Journal of Alloys and Compounds，2013，566：175-179.

[83]　Katase T，Hiramatsu H，Kamiya T，et al. Thin film growth by pulsed laser deposition and properties of 122-type iron-based superconductor $AE(Fe_{1-x}Co_x)_2As_2$（AE = alkaline earth）. Superconductor Science and Technology，2012，25（8）：084015.

[84]　Jin Z，Fukumura T，Kawasaki M，et al. High throughput fabrication of transition-metal-doped epitaxial ZnO thin films：A series of oxide-diluted magnetic semiconductors and their properties. Applied Physics Letters，2001，

78（24）：3824-3826.

[85] Sawano Y，Yoshida Y，Tsuruta A，et al. Superconducting property of BaHfO$_3$ doped SmBa$_2$Cu$_3$O$_y$ films prepared by alternating-targets technique on IBAD-MgO. Physics Procedia，2013，45：149-152.

[86] Takahashi Y，Tsuruta A，Ichino Y，et al. High critical current density and its magnetic fields dependence in (Sm, Eu, Gd)Ba$_2$Cu$_3$O$_y$ films by using multiple targets. Physica C：Superconductivity，2013，484：130-133.

[87] Yang H，Wang W，Liu Z，et al. Homogeneous epitaxial growth of AlN single-crystalline films on 2 inch-diameter Si(111) substrates by pulsed laser deposition. CrystEngComm，2013，15（36）：7171-7176.

[88] Doolittle W，Brown A，Kang S，et al. Recent advances in Ⅲ-nitride devices grown on lithium gallate. Physica Status Solidi A，2001，188（2）：491-495.

[89] Rawn C，Chaudhuri J. High temperature X-ray diffraction study of LiGaO$_2$. Journal of Crystal Growth，2001，225（2-4）：214-220.

[90] Wang W L，Yang W J，Wang H Y，et al. Epitaxial growth of GaN films on unconventional oxide substrates. Journal of Materials Chemistry C，2014，2（44）：9342-9358.

[91] Li G Q，Li W L，Yang W J，et al. Epitaxial growth of group Ⅲ-nitride films by pulsed laser deposition and their use in the development of LED devices. Surface Science Reports，2015，70（3）：380-423.

[92] Yamada K，Asahi H，Tampo H，et al. Strong photoluminescence emission from polycrystalline GaN layers grown on W，Mo，Ta，and Nb metal substrates. Applied Physics Letters，2001，78（19）：2849-2851.

[93] Wang W L，Liu Z L，Yang W J，et al. Nitridation effect of the α-Al$_2$O$_3$ substrates on the quality of the GaN films grown by pulsed laser deposition. RSC Advances，2014，4（75）：39651-39656.

[94] Sakurada K，Kobayashi A，Kawaguchi Y，et al. Low temperature epitaxial growth of GaN films on LiGaO$_2$ substrates. Applied Physics Letters，2007，90（21）：211913.

[95] Rupp T，Henn G，Schröder H. Laser-induced reactive epitaxy of binary and ternary group Ⅲ nitride heterostructures. Applied Surface Science，2002，186（1-4）：429-434.

[96] Li G Q，Ohta J，Kobayashi A，et al. Room-temperature epitaxial growth of AlN on atomically flat MgAl$_2$O$_4$ substrates. Applied Physics Letters，2006，89（18）：182104.

[97] Ueno K，Kobayashi A，Ohta J，et al. Epitaxial growth of nonpolar AlN films on ZnO substrates using room temperature grown GaN buffer layers. Applied Physics Letters，2007，91（8）：081915.

[98] Kobayashi A，Ueno K，Ohta J，et al. Atomic scattering spectroscopy for determination of the polarity of semipolar AlN grown on ZnO. Applied Physics Letters，2013，103（19）：192111.

[99] Kashid R V，Late D J，Chou S S，et al. Enhanced field-emission behavior of layered MoS$_2$ sheets. Small，2013，9（16）：2730-2734.

[100] Uddin M A，Glavin N，Singh A，et al. Mobility enhancement in graphene transistors on low temperature pulsed laser deposited boron nitride. Applied Physics Letters，2015，107（20）：203110.

[101] Aldalbahi A，Feng P. Development of 2-D boron nitride nanosheets UV photoconductive detectors. IEEE Transactions on Electron Devices，2015，62（6）：1885-1890.

[102] Yang Z B，Jie W J，Mak C H，et al. Wafer-scale synthesis of high-quality semiconducting two-dimensional layered InSe with broadband photoresponse. ACS Nano，2017，11（4）：4225-4236.

[103] Huang Y，Zhang L C，Wang J B，et al. Growth and optoelectronic application of CsPbBr$_3$ thin films deposited by pulsed-laser deposition. Optics Letters，2019，44（8）：1908-1911.

[104] Tyo J S，Goldstein D L，Chenault D B，et al. Review of passive imaging polarimetry for remote sensing applications. Applied Optics，2006，45（22）：5453-5469.

[105] Yao J D, Shao J M, Li S W, et al. Polarization dependent photocurrent in the Bi_2Te_3 topological insulator film for multifunctional photodetection. Scientific Reports, 2015, 5 (1): 1-8.

[106] Kirubakaran A, Jain S, Nema R. A review on fuel cell technologies and power electronic interface. Renewable and Sustainable Energy Reviews, 2009, 13 (9): 2430-2440.

[107] Zhou F G, Li Z Z, Chen H Y, et al. Application of perovskite nanocrystals (NCs) /quantum dots (QDs) in solar cells. Nano Energy, 2020, 73: 104757.

[108] Hwang J, Lee H, Yoon K J, et al. Study on the electrode reaction mechanism of pulsed-laser deposited thin-film $La_{1-x}Sr_xCoO_{3-\delta}$ ($x = 0.2, 0.4$) cathodes. Journal of the Electrochemical Society, 2012, 159 (10): F639.

[109] Kwak N W, Jung W. Analysis of the grain boundary conductivity of singly and doubly doped CeO_2 thin films at elevated temperature. Acta Materialia, 2016, 108: 271-278.

[110] Noh H S, Park J S, Son J W, et al. Physical and microstructural properties of NiO- and Ni-YSZ composite thin films fabricated by pulsed-laser deposition at $T \leqslant 700°C$. Journal of the American Ceramic Society, 2009, 92 (12): 3059-3064.

[111] Thieu C A, Hong J, Kim H, et al. Incorporation of a Pd catalyst at the fuel electrode of a thin-film-based solid oxide cell by multi-layer deposition and its impact on low-temperature co-electrolysis. Journal of Materials Chemistry A, 2017, 5 (16): 7433-7444.

[112] Liu W, Mitzi D B, Yuan M, et al. 12% efficiency $CuIn(Se, S)_2$ photovoltaic device prepared using a hydrazine solution process. Chemistry of Materials, 2010, 22 (3): 1010-1014.

[113] Kosyachenko L, Toyama T. Current-voltage characteristics and quantum efficiency spectra of efficient thin-film CdS/CdTe solar cells. Solar Energy Materials and Solar Cells, 2014, 120: 512-520.

[114] Zhuk S, Kushwaha A, Wong T K, et al. Critical review on sputter-deposited Cu_2ZnSnS_4 (CZTS) based thin film photovoltaic technology focusing on device architecture and absorber quality on the solar cells performance. Solar Energy Materials and Solar Cells, 2017, 171: 239-252.

[115] Moriya K, Tanaka K, Uchiki H. Cu_2ZnSnS_4 thin films annealed in H_2S atmosphere for solar cell absorber prepared by pulsed laser deposition. Japanese Journal of Applied Physics, 2008, 47 (1S): 602.

[116] Khalate S, Kate R, Deokate R. A review on energy economics and the recent research and development in energy and the Cu_2ZnSnS_4 (CZTS) solar cells: A focus towards efficiency. Solar Energy, 2018, 169: 616-633.

[117] Moholkar A, Shinde S, Agawane G L, et al. Studies of compositional dependent CZTS thin film solar cells by pulsed laser deposition technique: An attempt to improve the efficiency. Journal of Alloys and Compounds, 2012, 544: 145-151.

[118] Agawane G, Vanalakar S, Kamble A, et al. Fabrication of $Cu_2(Zn_xMg_{1-x})SnS_4$ thin films by pulsed laser deposition technique for solar cell applications. Materials Science in Semiconductor Processing, 2018, 76: 50-54.

[119] Wang H, Wu Y, Ma M Y, et al. Pulsed laser deposition of $CsPbBr_3$ films for application in perovskite solar cells. ACS Applied Energy Materials, 2019, 2 (3): 2305-2312.

[120] Shaikh Y I, Shaikh V S, Ahmed K, et al. The revelation of various compounds found in *Nigella sativa* L. (Black Cumin) and their possibility to inhibit COVID-19 infection based on the molecular docking and physical properties. Engineered Science, 2020, 11 (2): 31-35.

[121] Zhou P, Wang J P, Du X H, et al. Nanoparticles in biomedicine-focus on imaging applications. Engineered Science, 2018, 5 (2): 1-20.

[122] Qian Y, Zhao S, Shen H F, et al. Nanotechnology advances in medicine: Focus on cancer. Engineered Science, 2019, 7: 1-9.

[123] Jia W，Qi Y，Hu Z，et al. Facile fabrication of monodisperse $CoFe_2O_4$ nanocrystals@dopamine@DOX hybrids for magnetic-responsive on-demand cancer theranostic applications. Advanced Composites and Hybrid Materials，2021，4：989-1001.

[124] Shaikh V S，Nazeruddin G M，Bloukh Y I S S H，et al. A recapitulation of virology，modes of dissemination，diagnosis，treatment，and preventive measures of COVID-19：A review. Engineered Science，2020，10（3）：11-23.

[125] Prasad R D，Charmode N，Shrivastav O P，et al. A review on concept of nanotechnology in veterinary medicine. ES Food & Agroforestry，2021，4：28-60.

[126] Ahmed A A Q，Zheng R，Abdalla A M E，et al. Heterogeneous populations of outer membrane vesicles released from Helicobacter pylori SS1 with distinct biological properties. Engineered Science，2021，15：148-165.

[127] Fu X N，Su J L，Li H，et al. Physicochemical and thermal characteristics of *Moringa oleifera* seed oil. Advanced Composites and Hybrid Materials，2021，4（3）：685-695.

[128] Ghosh S，Ghosh S，Pramanik N. Bio-evaluation of doxorubicin（DOX）-incorporated hydroxyapatite（HAp）-chitosan（CS）nanocomposite triggered on osteosarcoma cells. Advanced Composites and Hybrid Materials，2020，3（3）：303-314.

[129] Huang Y K，Luo Y，Liu H M，et al. A subcutaneously injected SERS nanosensor enabled long-term *in vivo* glucose tracking. Engineered Science，2020，14（5）：59-68.

[130] Vo-Dinh T，Liu Y，Fales A M，et al. SERS nanosensors and nanoreporters：Golden opportunities in biomedical applications. Wiley Interdisciplinary Reviews：Nanomedicine and Nanobiotechnology，2015，7（1）：17-33.

[131] Picciolini S，Castagnetti N，Vanna R，et al. Branched gold nanoparticles on ZnO 3D architecture as biomedical SERS sensors. RSC Advances，2015，5（113）：93644-93651.

[132] Smyth C A，Mirza I，Lunney J G，et al. Surface-enhanced Raman spectroscopy（SERS）using Ag nanoparticle films produced by pulsed laser deposition. Applied Surface Science，2013，264：31-35.

[133] Agarwal N R，Tommasini M，Ciusani E，et al. Protein-metal interactions probed by SERS：Lysozyme on nanostructured gold surface. Plasmonics，2018，13（6）：2117-2124.

[134] Šupová M. Substituted hydroxyapatites for biomedical applications：A review. Ceramics International，2015，41（8）：9203-9231.

[135] Dostálová T，Jelínek M，Himmlová L，et al. Laser-deposited hydroxyapatite films on dental implants-biological evaluation *in vivo*. Laser Physics，1998，8（1）：182-186.

[136] Surmenev R A，Surmeneva M A. A critical review of decades of research on calcium phosphate-based coatings：How far are we from their widespread clinical application？Current Opinion in Biomedical Engineering，2019，10：35-44.

[137] Surmenev R A，Surmeneva M A，Ivanova A A. Significance of calcium phosphate coatings for the enhancement of new bone osteogenesis：A review. Acta Biomaterialia，2014，10（2）：557-579.

[138] Eliaz N，Metoki N. Calcium phosphate bioceramics：A review of their history，structure，properties，coating technologies and biomedical applications. Materials，2017，10（4）：334.

[139] Tite T，Popa A C，Balescu L M，et al. Cationic substitutions in hydroxyapatite：Current status of the derived biofunctional effects and their *in vitro* interrogation methods. Materials，2018，11（11）：2081.

[140] Kim H B，Vohra Y K，Louis P J，et al. Biphasic and preferentially oriented microcrystalline calcium phosphate coatings：*In vitro* and *in vivo* studies. Key Engineering Materials，2005，284：207-210.

[141] Peraire C，Arias J L，Bernal D，et al. Biological stability and osteoconductivity in rabbit tibia of pulsed laser

先进材料激光制造原理与技术

76

deposited hydroxylapatite coatings. Journal of Biomedical Materials Research Part A: An Official Journal of the Society for Biomaterials, the Japanese Society for Biomaterials, and the Australian Society for Biomaterials and the Korean Society for Biomaterials, 2006, 77 (2): 370-379.

[142] Paz M D, Chiussi S, González P, et al. Osseointegration of calcium phosphate nanofilms on titanium alloy implants. Key Engineering Materials, 2008, 361: 645-648.

[143] Chen L Y, Komasa S, Hashimoto Y, et al. *In vitro* and *in vivo* osteogenic activity of titanium implants coated by pulsed laser deposition with a thin film of fluoridated hydroxyapatite. International Journal of Molecular Sciences, 2018, 19 (4): 1127.

第4章

激光退火技术及应用

4.1 引言

退火，在冶金或材料科学中是一种改变材料微结构并进而改变如硬度和强度等机械性能的热处理过程。退火的目的是使原子在固体材料的晶格中迁移扩散，从而使材料向平衡状态发展。原子的运动能够使得金属和（在较小程度上）陶瓷材料中的位错重新分布和消失，导致内应力消除、均质化及晶粒结构转变为更稳定的状态。传统的退火过程涉及将材料加热至再结晶温度以上，并在适当的温度下保持一定的时间，然后冷却。热量通过提供破坏键所需的能量来增加原子的扩散速率，与此同时，内应力消除是一个热力学自发过程，在室温下该过程非常缓慢，热量也能加速材料内应力的释放。

激光退火，最初是由俄罗斯科学家在 20 世纪 70 年代提出，是一种应用于替代传统热退火离子注入法制备半导体的新方法[1]。早期的实验研究是使用脉冲 Q 开关红宝石激光器，对硅的离子注入层进行退火，能够使非晶硅层发生再结晶并活化掺杂剂。早期的研究表明，熔融模型能够较为准确地描述激光退火的现象：激光光场能够向材料的电子系统提供能量，这些能量在不到 1 ps 的时间内迅速转移到声子，从而导致近表面区域的熔融。激光退火工艺相比传统的热退火工艺，有着诸多优势，如激光辐照能实现仅加热样品表面，而不会加热样品衬底；由于激光脉冲仅持续几纳秒甚至更短的时间，因此能实现材料的"冷加工"；控制激光的加工路径能实现材料的定点定域加工等。随着近现代技术的发展进步，激光退火的理论得到进一步研究，对应的退火模型也得到进一步发展，与此同时，激光退火技术也被应用于更广泛的领域。

激光退火原理

激光退火的原理，应当从材料对激光的响应去理解。激光能量耦合到材料中的前提条件是存在能量吸收。激光是一种电磁波，能够产生波长从紫外到红外的电磁辐射，材料内部原子中的原子核和电子携带着电荷，因此激光可以通过电磁作用力使粒子获得动能。然而由于原子核太重，无法对高频（＞10^{13} Hz）电磁场做出显著的响应，与此同时光子能量往往不足以影响核心电子，因此在激光能量耦合到材料的过程，很大程度上取决于其价电子（束缚或自由）的能态。

4.2.1 激光与物质相互作用

激光与物质相互作用可以理解成电子、声子、极化子等的激发，其中主要的电子激发包括如带间和带内跃迁、激子、等离子体等。高功率密度的激光光束能产生密度超过 10^{22} cm^{-3} 的电子激发。多种激发之间的耦合及强激光辐射的耦合会产生许多新现象，例如，金属和半导体中正反馈导致温度呈指数增加（热失控）、透明介质中的热自聚焦、半导体和绝缘体中由带间激发或碰撞电离产生高密度的自由载流子。随着更高的激光功率密度，会出现诸多如自聚焦、多光子过程等非线性光学现象，进一步增加功率密度则可以观察到等离子体、冲击波、爆炸波等的形成[2]。

1. 电磁辐射的吸收

对于不同的物质，能带结构不同，从而导致对激光能量的响应特性不同，因此可利用带隙区分不同材料特性。材料的带隙宽度决定了材料的电学和光学性质。当电子处在价带时被原子束缚，而当受到激发后克服带隙的限制，将跃迁至导带变为自由电子，自由电子的增多可以增加材料的光学吸收率，提高激光能量耦合到材料内部的效率。激光能量被材料吸收一般需要满足激光的单光子能量 E_p 大于材料带隙宽度 E_g。激光的单光子能量为

$$E_p = h \cdot \nu \tag{4-1}$$

式中，h 为普朗克常数；ν 为激光频率。由于与原子距离相比，光波长 λ 很大，因此可以根据平均宏观量来描述均质材料的响应，例如，复折射率 $\hat{n} = n + ik$，其中实部 n 为在真空环境和材料中相速度的比值，i 为虚数单位，而虚部 k 为光波的阻尼。两个参数 n 和 k（均为波长的函数）完全描述了材料对光波的响应。使用反射率 R 和吸收系数 α 或其倒数，即吸收长度 d，可以反映能量沉积情况。这些变量通过如下公式与 n 和 k 联系在一起（对于正常发生率）：

$$R = \left[(n-1)^2 + k^2 \right] / \left[(n+1)^2 + k^2 \right] \tag{4-2}$$

和

$$\alpha = 1/d = 4\pi k / \lambda \tag{4-3}$$

对于金属材料，其价带和导带相互重叠，费米能级位于导带内，因此主要发生带内跃迁，如图 4-1 所示。金属导带电子连续两次碰撞的时间间隔为 $10^{-14} \sim 10^{-12}\,\text{s}$，而由于电子和离子质量之间差异巨大，电子和声子之间的相互作用通常需要超过 $10^{-12} \sim 10^{-10}\,\text{s}$。除了声子，激发电子与晶格没有其他相互作用，光几乎被厚度约为 10 nm 的导带电子吸收，因此，金属对激光的吸收主要是一种表面现象，当金属表面特性发生变化时，其光学特性会发生巨大的变化，与块状材料不同。这种情况在非常薄的金属薄膜或金属纳米颗粒薄膜中尤为明显[3]。

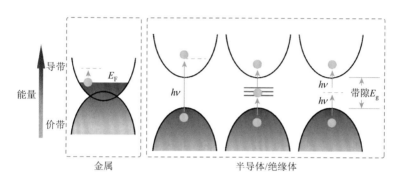

图 4-1　固体中不同类型能带结构和电子激发的示意图

对于半导体而言，带隙激发位于近红外和可见光区域，当光子能量接近带隙时，发生带间跃迁，价带的电子可以较容易地被激发转变为自由电子，材料对光的吸收因为带间跃迁而增加。值得注意的是，缺陷、杂质和表面状态通常允许光子能量小于带隙的子带隙激发，如图 4-1 所示。半导体按照带隙可以分为直接带隙（如 GaAs）和间接带隙（如 Ge 和 Si）两种类型材料。为了在间接带隙材料中吸收具有 $h\nu \approx E_\text{g}$ 的光子，需要同时吸收或发射声子以提供额外的晶体动量。由图 4-2 可以看出，如果光子能量足够，间接带隙材料中的直接跃迁也是可能的。这两种带间跃迁导致带隙区域内吸收系数对光子能量的不同依赖性。直接跃迁的吸收系数可以表示为

$$\alpha_\text{d} = A(h\nu - E_\text{g})^{1/2} \quad h\nu \geqslant E_\text{g} \tag{4-4}$$

间接跃迁的吸收系数为

$$\alpha_\text{i} = B \frac{(h\nu - E_\text{g} + E_\text{P})^2}{\exp(E_\text{P}/kT) - 1} \quad E_\text{g} - E_\text{P} < h\nu < E_\text{g} + E_\text{P} \tag{4-5}$$

或

$$\alpha_{\mathrm{i}} = B\left[\frac{(h\nu - E_{\mathrm{g}} + E_{\mathrm{P}})^2}{\exp(E_{\mathrm{P}}/kT) - 1} + \frac{(h\nu - E_{\mathrm{g}} - E_{\mathrm{P}})^2}{1 - \exp(-E_{\mathrm{P}}/kT)}\right] \quad h\nu > E_{\mathrm{g}} + E_{\mathrm{P}} \qquad (4\text{-}6)$$

式中，A 和 B 为常数；E_{P} 为声子能量。在式（4-6）的第一个表达式中，只能描述声子吸收过程。式（4-5）和式（4-6）只允许单声子过程，而忽略了能带边缘状态密度的详细结构。

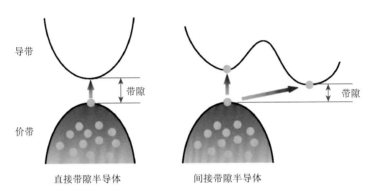

图 4-2   直接带隙半导体和间接带隙半导体的单光子激发

当材料具有较宽的带隙时，一般的单光子能量小于带隙宽度，在入射激光能量密度较低的情况下，束缚在共价带的电子很难被激发成为自由电子，光束将直接穿过介质而不被吸收，故而材料在该波段表现为透明特性。当处于高强度的激光场下，价带电子有可能吸收多个光子的能量，从而越过带隙，脱离势垒的束缚并变成自由电子，该过程为多光子电离，如图 4-3（a）所示。同时，激光还可通过隧穿电离[图 4-3（b）]产生自由电子：在强激光电场下，库仑势阱被压缩，从而降低了价带和导带之间的势垒，此时电子在价带到导带间通过隧穿效应穿过势垒，使价带电子克服势垒的束缚成为自由电子。可通过 Keldysh 参数判别多光子电离和隧穿电离效应的主导程度：

$$\delta_{\mathrm{ke}} = \frac{\omega}{e}\sqrt{\frac{m_{\mathrm{e}} c n \varepsilon_0 E_{\mathrm{g}}}{I}} \qquad (4\text{-}7)$$

式中，ω 为激光频率；e 为需要的电荷数；m_{e} 为有效电子质量；c 为光速；n 为材料在激光辐照下的折射率；ε_0 为自由空间介电常数；E_{g} 为带隙宽度；I 为激光强度。当激光强度较高、频率较低，对应的 $\delta_{\mathrm{ke}} < 1.5$ 时，隧穿电离为主导电离机理；当激光强度较低但是频率较高，对应的 $\delta_{\mathrm{ke}} > 1.5$ 时，则是多光子电离为主导电离机理；当 $\delta_{\mathrm{ke}} = 1.5$ 时，由两者共同作用产生自由电子等离子体[4]。

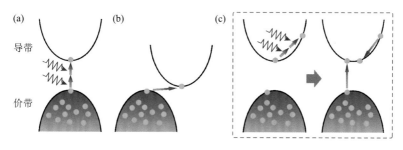

图 4-3　载流子电离（激发）过程示意图

（a）多光子电离；（b）隧穿电离；（c）雪崩电离

通过多光子电离和隧穿电离，从价带跃迁到导带的电子可以继续线性吸收几个光子能量，被激发到更高能级（种子电子）。当种子电子吸收的能量超过晶体材料的带隙能时，会碰撞另一个已经跃迁到价带顶的电子使其电离，随之种子电子会释放能量回到导带底部，因此在导带的低能级上就会同时存在两个受激电子，它们会重复自由载流子吸收过程及碰撞电离，造成雪崩电离[图 4-3（c）]。只要强辐照场存在，这个过程就会一直发生。当飞秒激光辐照材料时，由于电子吸收光子的时间远远短于将能量传递给材料晶格的时间，因此会存在由受热激发杂质、缺陷或者多光子电离和隧穿电离产生的种子电子，使得通过雪崩电离致使的电子数量急剧增加，当等离子体的频率和入射激光频率相同时，通过等离子体将激光能量强烈吸收，一旦激光辐照停止，电子就会快速将能量转移给晶格，导致材料局域永久性结构的变化。诺亚克等对多光子电离、隧穿电离和雪崩电离产生的自由电子密度进行了演化推论得出：

$$\frac{\partial \rho(t)}{\mathrm{d}t} = \eta_{\mathrm{mul}}(I,t) + \eta_{\mathrm{ava}}(I,t)\rho(t) - \left[g\rho(t) + \eta_{\mathrm{rec}}\rho^2(t) \right] \quad (4\text{-}8)$$

式中，η_{mul} 为发生多光子电离速率；η_{ava} 为对应雪崩电离速率；g 为电子扩散速率，整体一项表示电子在焦点体积外的扩散；η_{rec} 为电子复合速率，整体一项表示电子的复合损失。对于长脉冲激光，通过多光子电离来产生种子电子，接着诱发雪崩电离，自由电子数目急剧增加。而对于短脉冲激光，因足够大的峰值强度，诱发多光子电离的速率远大于发生雪崩电离的速率。因此长脉冲激光中，雪崩电离占优势，但是在超短脉冲激光中，多光子电离占主导地位[5]。

2. 载流子弛豫

载流子弛豫主要包括载流子热化和载流子去除，它们在时间尺度上存在重叠，形成跨越飞秒到微秒范围的连续过程，如图 4-4 所示。

载流子激发后，电子和空穴通过载流子-载流子散射和载流子-声子散射在导带和价带中重新分布（热化）。载流子-载流子散射是两个载流子之间的静电相互作用过程，不会改变受激载流子系统中的总能量或载流子的数量。载流子-载流子散射

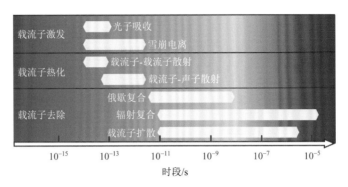

图 4-4 激光激发固体中各种电子和晶格过程的时间尺度[6]

可以在不到 10 fs 的时间内引起移相，但载流子分布需要数百飞秒才能接近费米-狄拉克分布。在载流子-声子散射过程中，自由载流子通过声子的发射或吸收而失去或获得能量和动量。载流子保持在相同的导带或价带谷（谷内散射）或转移到不同的谷（谷间散射）。虽然载流子-声子散射不会改变载流子的数量，但由于自发的声子发射将能量转移到晶格，它们的能量会降低。在金属和半导体中，在激发后的最初几百飞秒内，载流子-载流子和载流子-声子散射同时发生。由于发射的声子携带的能量很小，因此在载流子和晶格到达热平衡之前需要许多散射过程（几皮秒）。

　　一旦载流子和晶格处于平衡状态，材料就会处于明确的温度。只有少数载流子在热平衡中起作用，其余自由载流子以电子和空穴的复合或扩散的形式被去除。辐射复合与光激发过程相反，多余的载流子能量以光子的形式释放（发光）。非辐射复合包括俄歇复合、缺陷和表面复合。在俄歇复合过程中，电子和空穴复合，多余的能量激发导带中更高能级的电子。在缺陷和表面复合过程中，多余的能量被赋予缺陷或者表面状态。

4.2.2　激光辐照的热效应

　　尽管材料对激光能量的吸收及载流子弛豫过程相当复杂，但是激光辐照的主要影响可以从热效应角度去分析。首先波前强度 I 的径向分布遵循以下高斯分布：

$$I(r) = I_0 \exp\left(-\frac{r^2}{w^2}\right) \tag{4-9}$$

式中，I_0 为 $r = 0$ 时的辐照强度；w 为束腰半径。激光入射的总功率 P 则为

$$P = 2\pi \int_0^\infty r I(r) \mathrm{d}r = \pi w^2 I_0 \tag{4-10}$$

对于均匀材料，可以将衰减函数 $f(z)$ 定义为

$$f(z) = \alpha\big(T(z)\big)\left[1 - \exp\left(-\int_0^z \alpha(z')\mathrm{d}z'\right)\right] \tag{4-11}$$

式中，$\alpha(T(z))$ 为材料当前温度和深度的吸收系数；指数中的积分称为材料的光学厚度。在吸收系数不依赖于温度的情况下，衰减函数可以简化为

$$f(z) = \alpha \exp(-\alpha z) \tag{4-12}$$

对于脉冲时间在纳秒范围内的激光，并且对激光的吸收主要集中在表面的材料（如金属），衰减可以退化为简单函数：

$$f(z) = \delta(z) \tag{4-13}$$

这意味着激光辐照的影响主要是表面效应。式（4-13）适用于强绝热和表面受限的深紫外激光（如准分子激光）半导体加热的情况，但不适用于深红外（如 CO_2 或类似的激光），因为其热扩散长度非常长，吸收系数随温度和材料深度变化很大，式（4-11）适用于这种情况。如果材料的反射率为 R，最终获得的功率密度 J 的表达式为

$$J(z) = I(1-R)f(z) \tag{4-14}$$

最后，另一个重要的参数为热流 ϕ。一旦能量被吸收，热量则会剧烈的局部化并趋于扩散。在这种情况下，材料在 z_0 处的热流将是

$$\phi(z_0) = -K(T)\frac{\mathrm{d}T}{\mathrm{d}z}\bigg|_{z=z_0} \tag{4-15}$$

式中，$K(T)$ 为材料的热导率。假设加热密度为 ρ 和比热容为 c_p 的均匀薄板，从深度 z 延伸到 $z + \Delta z$，则这块平板上的能量平衡可以表示为

$$\Delta t \left[\phi(z) - \phi(z + \Delta z) \right] = \Delta T \rho c_p \Delta z \tag{4-16}$$

式中，ΔT 为温差变化，是由平板边界处的流动热引起的。对于 $\Delta z \to 0$，能够得到

$$\Delta t \frac{\partial \phi}{\partial z} \Delta z = \Delta T \rho c_p \Delta z \tag{4-17}$$

通过式（4-15）可以推导出：

$$\frac{\partial}{\partial z}\left(K \frac{\partial T}{\partial z} \right) = \rho c_p \frac{\partial T}{\partial t} \tag{4-18}$$

它本质上是热导率为 K、比热容为 c_p 和密度为 ρ 的材料的一维热扩散方程。这三个参数决定了材料的热行为，如果它是均匀的，它们在给定的温度下是稳定的。这三个参数通过以下热扩散率相互关联：

$$D(T) = \frac{K(T)}{\rho c_p(T)} \tag{4-19}$$

基于以上内容，可以将热扩散方程写成其熟悉的一维形式：

$$\frac{\partial T}{\partial t} = D(T)\frac{\partial^2 T}{\partial z^2} \tag{4-20}$$

式（4-19）假设不产生热量，即系统弛豫至平衡。如果假设由于吸收外部辐射而

产生热量 I_0，则需要加入一个热源项 $Q(z,t)$：

$$Q(z,t)=(1-R)I_0(z,t)f(z)q(t) \qquad (4\text{-}21)$$

式中，$q(t)$ 为表示光束时间调制的函数；R 为材料的反射率。因此，可以将式（4-20）来匹配附加项式（4-21）：

$$\rho c_p(T)\frac{\partial T(z,t)}{\partial t}-K(T)\frac{\partial^2 T(z,t)}{\partial z^2}=(1-R)I_0(z,t)f(z)q(t) \qquad (4\text{-}22)$$

在所有参数都依赖于温度的情况下，式（4-22）只能以数字方式执行。对于与温度无关的参数，可以使用格林函数的方法找到半无限固体情况的解，其中厚度 L 远小于其他两个维度。对于半高宽等于 w 的高斯形状光束的情况，在距材料表面的深度 z 处和距高斯光束中心的距离 r 处，温度场由式（4-23）给出：

$$T(r,z,t)=\frac{P_a}{2K\pi^{3/2}}\int_0^\delta \exp\left(-\frac{r^2}{\beta^2+\omega^2}\right)Y_1\frac{\mathrm{d}\beta}{\beta^2+\omega^2} \qquad (4\text{-}23)$$

其中：

$$P_a(t)=(1-R)\iint I(x',y',t)\mathrm{d}x'\mathrm{d}y'$$

$$\beta=2\sqrt{D|t-t'|}$$

$$Y_1=2\sum_{n=-\infty}^{\infty}\exp\left(\frac{2nL-z}{\beta}\right)^2$$

如果光束相对于深度在空间上是可扩展的，这意味着热扩散长度 $\delta=\sqrt{D\tau_1}$（τ_1 为辐照时间）与平板的厚度相当，那么温度场由式（4-24）[7]给出：

$$T(r,z,t)=\frac{\alpha P_a}{4\pi K}\int_0^\delta \exp\left(-\frac{r^2}{\beta^2+\omega^2}+\frac{\alpha^2\beta^2}{4}\right)Y_2\frac{\beta\mathrm{d}\beta}{\beta^2+\omega^2} \qquad (4\text{-}24)$$

其中：

$$Y_2=\sum_{n=-\infty}^{\infty}\exp\left[\alpha(2nL-z)\right]\times\left\{\mathrm{erfc}\left[\frac{(2n+1)L-z}{\beta}+\frac{\alpha\beta}{2}\right]-\mathrm{erfc}\left(\frac{2nL-z}{\beta}\right)+\frac{\alpha\beta}{2}\right\}$$

4.2.3　激光退火模型

激光退火处理具有空间和时间相关（纳秒级）热场的局部辐照导致远离平衡条件的特点，实验分析只能揭示材料辐照后的特征。为了了解激光辐照系统如何演变并达到其最终状态，需要基于全过程模拟的理论工作。原子模拟方法可以研究电子和原子水平的相互作用，包括激光加工中存在的不平衡情况。然而，对传统退火有效的原子模拟方法的扩展并不简单适用于激光加工。一方面，到晶格的能量转移来自电子系统的激发，必须仔细建模（特别是在飞秒激光退火中），而在传统的加工模拟中完全忽略了它。另一方面，激光引起的热分布特性对数值模拟的要求非常高，因为它们随时间变化非常迅速。此外，由于熵效应可能产生影响，必须修改已在常规退火条件下校准的原子参数（扩散率、键能、预因子等），以便应用于激光退火模拟。目前模拟激光退火的模型主要包括从头计算模型（ab initio）、紧束缚模型（tight binding，TB）、经典分子动力学模型（classical molecular dynamics，CMD）和动力学蒙特卡罗模型（kinetic Monte Carlo，KMC），如图 4-5 所示[8]。

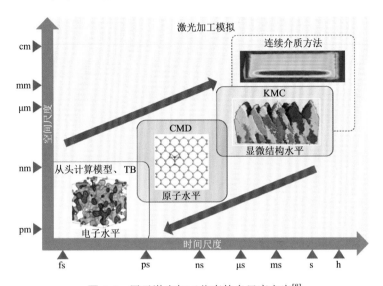

图 4-5　用于激光加工仿真的多尺度方案[8]

1. 从头计算模型

从头计算模型方法允许根据量子力学定律确定材料的基本特性。基本核心是多体薛定谔方程的分辨率，适用于包含数千到数万个原子及其相应电子的系统。从头计算模型可以被认为是更基本的原子技术，因为它可以很好地模拟没有自由参数的系统的基本物理特性。然而，从头计算模型的高计算成本限制了可访问的系统大小和模拟时间。大多数从头计算模型研究使用 200～300 个原子的模拟单元。由于计算开销，通常不考虑较大的模拟单元。从头计算分子动力学可访问的时间尺度通常是几皮秒的数量级。

2. 紧束缚模型

与从头计算模型一样，TB 的起点是描述所研究系统的薛定谔方程。在应用玻恩-奥本海默近似之后，多粒子问题被简化为由于其他电子和离子的作用，只有一个粒子（电子）在有效场中移动的问题。TB 的较低计算成本允许模拟更长的时间尺度和更大的系统（相较于从头算模型）。典型的模型网格包含大约数千个原子，并且可以在数百皮秒的时间内模拟它们的动力学。

3. 经典分子动力学模型

CMD 模拟技术基于系统中所有粒子的牛顿运动方程的分辨率。在 CMD 技术中，不考虑电子系统，原子动力学由经验原子间势能建模。因此，CMD 模拟的准确性依赖于正确描述材料和研究过程的势能的准确性。CMD 能够计算可以直接与实验结果进行比较的宏观性质。由于模拟了粒子的轨迹，可以获得结构和动力学等参数，这是 CMD 相对于其他分子模拟技术和更基本的方法的主要优势之一。CMD 是一种适用于分析过程背后的物理机理的技术，即使在非平衡情况下也是如此，因为它可以在不使用额外输入参数或预定义方程的情况下模拟系统的动力学。此外，过去几十年计算能力的指数级增长扩大了 CMD 的应用范围，扩大了其时间和长度尺度。通过使用大型超级计算机或分布式计算方案，CMD 技术已经能够模拟微米大小的样本，并达到数百微秒的模拟时间。

CMD 中运用较为广泛的为双温模型（two-temperature model，TTM）。超快（皮秒和飞秒）激光脉冲的持续时间比电子到声子的弛豫时间短或相当。这使材料进入非平衡状态，其中高度激发的电子子系统在激光照射的第一阶段处于比原子核高得多的温度。TTM 通过描述电子和晶格温度的时间和空间演化来模拟电子和晶格之间的热传递。该模型假设电子迅速达到热化（在飞秒时间尺度内）并且电子温度定义为 T_e。通过电子-声子耦合，电子的初始加热将导致在皮秒时间尺度上向晶格传递热量。当电子和原子收敛到相同的温度时，这个过程就会结束。TTM 是一个连续模型，使用两个耦合的热扩散方程来描述电子和晶格温度的演变：

$$\begin{cases} C_e \dfrac{\partial T_e}{\partial t} = \nabla\left(k_e \nabla T_e\right) - \gamma_{ei}(T_e - T_i) + I\alpha_{abs} \\ \rho C_i \dfrac{\partial T_i}{\partial t} = \nabla\left(k_i \nabla T_i\right) + \gamma_{ei}(T_e - T_i) \end{cases} \tag{4-25}$$

式中，T_e 为电子温度；T_i 为晶格温度；C_e 为电子比热容；k_e 为电子热导率；γ_{ei} 为电子-晶格耦合系数；α_{abs} 为吸收系数；ρ 为密度；C_i 为晶格比热容；k_i 为晶格热导率。$I\alpha_{abs}$ 表示由于激光辐射吸收而在电子子系统中释放的能量。该模型由俄罗斯卡加诺夫等开发，并由阿尼西莫夫等首次应用于激光加工。这是一种分析超快激光辐照实验的广泛方法，主要用于金属靶材。对于半导体中激光辐照的建模，必须修改 TTM 以考虑自由载流子的密度 n（导带和空穴中的激发电子）在空间上不是恒定的。

4. 动力学蒙特卡罗模型

系统的动力学也可以通过使用 KMC 技术从原子的角度进行模拟。KMC 通过考虑系统的长期动态过程通常由一系列事件组成来克服 CMD 的局限性。这些事件由几个参数（捕获量、激活、迁移、结合能等）决定，这些参数的值必须事先指定。用 KMC 研究的一些现象可以利用额外的简化。例如，在研究掺杂剂和缺陷的扩散时，放置在晶格位置的原子对整个过程没有贡献。因此，这些晶体原子可以从模拟方案中去除，只考虑那些积极参与的原子。KMC 方法已被广泛用于半导体技术中的工艺模拟。

4.3　激光退火应用前沿

激光退火作为一种新的退火方式已经被工业界和科研界广泛关注，激光作用于薄膜不仅能通过瞬间高能辐射薄膜产生热效应，类似的效应还能通过薄膜晶格和缺陷对光子能量的吸收产生。激光退火还有处理速度快、热积累少和散热快等优势，这有效缩短了退火过程中的热驱动时间，从而减少了杂质从衬底到薄膜的扩散；同时激光退火可以是自上而下进行，在薄膜中形成温度梯度，造成薄膜表面温度高和衬底温度低的差异，从而有效减少退火过程对衬底的损伤。另外，激光退火还有退火区域可选择的优势，从而减少退火对非退火区的影响。

4.3.1　单质的激光退火

缺陷演变、掺杂剂激活与离子注入同退火的使用密切相关，离子注入和退火传统上用于在器件制造过程中掺杂半导体。飞秒激光退火（femtosecond laser thermal annealing，FLTA）是实现突变和高掺杂结的最有前途的解决方案之一。Cristiano 等[9]报道了针对注入/退火引起的缺陷及其对掺杂剂激活影响的研究。在激光退火硅的情况下，该研究表明激光退火有利于形成"非常规"(001)环，在非熔融退火之后，该环充当载流子散射中心，导致载流子迁移率下降。相比之下，在熔融退火情况下，熔融区域本身具有优良的结晶质量、无缺陷且具有非常高的活化率。至于激光退火 Ge，详细研究了非晶态到晶态 Ge 相变随 FLTA 能量密度增加的函数，发现使用 FLTA，在 As 掺杂区域获得了非常高的载流子浓度（高于 $10^{20}\,\mathrm{cm}^{-3}$），这是传统快速热退火工艺无法实现的。

同时，原位掺杂磷的硅（in situ phosphorus-doped silicon，ISPD）已作为源极和漏极材料引起了人们的极大关注并且得到了积极研究。因为通过使用毫秒激光退火提高活性载流子浓度，可以在这类膜上实现低的比接触电阻率。但是，使用毫秒级激光退火可以达到的活性磷浓度远低于掺入浓度。为了提高激活效率，科研人员研究了停留时间比毫秒激光退火短约 10^4 倍的纳秒激光退火，并研究了单脉冲和多脉冲纳秒激光退火样品的扩散、应变、微观结构和电学性质，模拟熔化深度，对能量密度区域进行分类，并解释了纳秒激光退火中的有限扩散[10]。在多脉冲纳秒激光退火之后，与毫秒激光退火相比，更多的磷被激活而不扩散。此外，几乎所有结合的磷原子都被纳秒激光激活，该激光能原位熔化掺磷的外延硅膜，而不会产生重大的应变损失。活性载流子浓度的增加为实现低接触电阻率特性提供了机会。然而，在 3D 结构中 ISPD 层的外延生长期间的缺陷形成使器件性能恶化。科研人员还研究了使用纳秒激光退火（nanosecond laser annealing，NLA）消除 ISPD 层中的固有缺陷。ISPD 层中的高密度双断层和堆叠断层缺陷会导致应变松弛和掺杂物失活。NLA 工艺可以大大减少或消除缺陷，从而产生应变并电激活掺入的磷。ISPD 外延生长和后续的 NLA 工艺将成为制造高级 3D 器件的可靠方法[11]。

尽管熔化激光退火可以通过化学气相沉积激活绝缘体上硅上重磷掺杂的外延锗，但即使使用 SiO_2 封盖，在 550℃ 下快速热处理 3min 后，掺杂剂偏析也会发生。然而，由于液态锗中磷的溶解度高于固态锗，因此在第二次激光退火以再次熔化锗后，活性掺杂浓度可以恢复[8]。外延锗的温度分布和熔化深度主要由激光能量密度决定。选择性激光退火用于同时在沟道区达到低掺杂浓度以获得良好的栅极可控性，并在源极和漏极区达到高浓度，使得晶体管具有低寄生电阻。与没有第二次选择性激光退火和 Ni-Ge 接触的器件相比，Ge + Si nFET 的电流增加了 21%，并且在第二次选择性激光退火后具有类似的亚阈值斜率。Ge 通道下方的 S 通道也贡献了大约 38% 的总电流。同时，Li 等研究了准分子激光退火对超高真空化学气相沉积系统中低温和高温两步法生长的 Si 衬底上 Ge 外延层结晶度的影响[12]。样品在不同的激光功率密度下进行准分子激光退火（excimer laser annealing，ELA）处理，温度高于 Ge 熔点，低于 Si 熔点，有效减少了表面光滑的 Ge 层中的点缺陷和位错。低温 Ge 外延层的 X 射线衍射图的半峰全宽（FWHM）随着激光功率密度的增加而减小，表明在 ELA 过程中 Ge-Si 混合的晶体得到改善并且它的影响可忽略不计。短激光脉冲时间和大冷却速率导致非热平衡过程中 Si 上 Ge 外延层的快速熔化和再结晶，使得 Ge 外延层中的拉伸应变可以通过 Si 和 Ge 之间的热失配进行定量计算。通过 ELA 和常规炉热退火组合处理后，两步生长样品的 X 射线衍射图案的 FWHM 显著降低，表明通过准分子激光预退火能够更有效地改善 Ge 外延层的结晶。原子力显微镜（AFM）分析了 ELA 处理后样品表面形态的演变。他们发现经过 ELA 处理后 Ge 外延层表面变得更加光滑。原始样品具有针孔状粗糙形态[均方根（root mean square，RMS）2.2 nm]，但在经过 400 mJ/cm^2 ELA 处理之后，Ge 外延层的表面变得更加光滑（RMS 0.98 nm）。尽管随着激光能量密度的增加，样品的 RMS 趋于增加，但即使当激光功率密度高达 600 mJ/cm^2 时，表面粗糙度仍小于 2 nm。

而氢化非晶硅（α-Si：H）的结晶对于提高太阳能电池效率至关重要。在这项研究中，Chowdhury 等分析了 ELA 对 α-Si：H 结晶的影响，并将此过程与传统的热退火进行了比较[13]。ELA 可以在保持熔点温度的同时防止对衬底的热损伤。在这里，研究人员分别使用了波长为 308 nm、248 nm 和 266 nm 的氯化氙

（XeCl）、氟化氪（KrF）和深紫外激光器。对于厚度在 20 nm 到 80 nm 之间的 α-Si：H 薄膜，在 ELA 中，激光能量密度和辐照次数会有所不同。对所有样品进行形成气氛退火以消除膜中的悬空键。将 ELA 样品与在 850～950℃ 下对 α-Si 进行热退火的样品进行了比较。通过深紫外激光退火获得的结晶度类似于使用常规热退火获得的结晶度。当使用 XeCl 准分子激光器以 430 mJ/cm^2 的能量密度结晶 20 nm 厚的 α-Si：H 层时，可以获得最佳的钝化性能。因此，与常规的热退火相比，深紫外激光退火显示出用于 TOPCon 电池制造的 α-Si：H 膜结晶的潜力。同时 Zhan 等研究了飞秒激光退火对掺杂非晶硅薄膜结晶的热效应[14]，表征了飞秒激光处理前后掺磷非晶硅薄膜的结构、光学和电子特性。如图 4-6 所示，随着温度逐渐从室温升高到 150℃，薄膜上的晶粒尺寸和晶体硅的数量逐渐增加，这可以通过比较表面形貌和分析拉曼光谱得到证实。结果表明，加热衬底可以促进非晶硅的相变和磷掺杂剂的活化，从而显著提高激光退火薄膜的光捕获能力和载流子电导率。通过使用所提出的热辅助飞秒激光退火技术，生产出具有高吸收性和导电性的多晶掺磷非晶硅薄膜，可进一步应用于光伏和微电子器件。

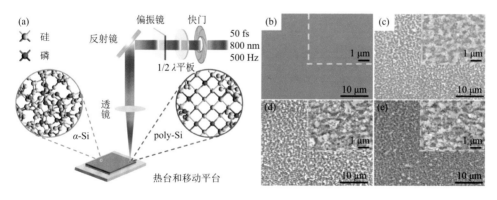

图 4-6 （a）激光加工示意图；（b）未处理的原始 α-Si 薄膜的 SEM 图；不同温度下，激光热处理之后的薄膜的 SEM 图：（c）50℃、（d）100℃、（e）150℃

如图 4-6（b）所示，SEM 图显示了未处理的原始 α-Si 薄膜，其中光滑平坦的表面表明沉积的薄膜较为均匀。在热辅助飞秒激光处理后，枝晶和针状微观结构的随机分布如图 4-6（c）～（e）所示。从更高分辨率的 SEM 图可以得知，随着温度从室温（约 25℃）增加到 150℃，形成的微结构尺寸逐渐增加到亚微米级。然而，所产生的微观结构的平均尺寸没有显示出显著增强，这表明结晶过程以激光处理为主，并且在各种温度下加热衬底只能在有限程度上促进结晶过程。

科研人员也报道了通过使用非晶硅（α-Si）的连续波蓝色激光退火（BLA）

在玻璃上实现单取向的低温多晶硅（LTPS）薄膜的工作[15]。如图 4-7 所示，BLA 分多次照射，随着照射次数的增加，晶粒尺寸增加，所有晶粒都遵循单一方向。由于蓝色激光（BL）在 poly-Si 中的吸收系数小于 α-Si，底部未熔化的 Si 随着照射次数的增加逐渐减少，导致几乎完全熔化整个 Si 层。在这项研究中，对 150 nm 厚的 α-Si 膜进行 200 BL（445 nm）照射，获得了平均晶粒尺寸约为 4 μm 且在(100)方向上单取向的多晶硅薄膜。

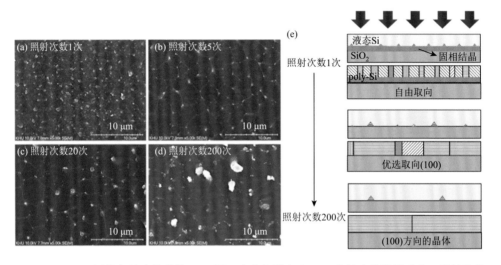

图 4-7　150 nm 厚的多晶硅薄膜的 SEM 图，由蓝色激光在 α-Si 上的多次照射形成，照射次数为 1（a）、5（b）、20（c）和 200（d）；（e）随着照射次数的增加，用蓝色激光退火辐照的 Si 薄膜中的优先晶粒取向示意图

另外，Young 等通过高功率调 Q 红宝石激光辐射退火的硼注入硅的性能与传统热退火获得的结果进行了比较[16]。与热退火注入硅相比，注入层的激光退火导致电活性显著增加，这与透射电子显微镜和离子通道测量密切相关。这些测量表明激光退火可显著消除位移损伤。在激光退火之后，注入的硼浓度分布发生了显著的重新分布。

4.3.2　化合物的激光退火

1. 无机物的激光退火

Peng 等采用 1064 nm 准连续波激光器对 ITO 薄膜进行退火，从而显著提高近红外区域的透明度，而电阻率变化不大[17]。这里由激光退火引起的载流子密度的降低有助于提高透明度。有趣的是，深度分辨 X 射线光电子能谱区分了两种不同的机理来定制自由载流子的特性。在大约超过 80 nm 深度处的 ITO 膜的缺氧区中的氧化锡还原比在顶部 80 nm 薄层内的富氧区中的氧化锡还原更显著。此外，由于氧化锡还原过程中提供了氧气，因此与缺氧环境相比，在富氧环境中消除氧空位并没有表现出明显的优势，如图 4-8 所示。这些结果提供了一种替代的激光退火技术，用于定制自由载流子的特性并阐明退火过程中富氧和缺氧环境中的基本机理。

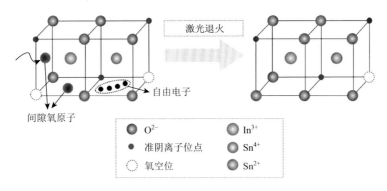

图 4-8　准连续波激光器对 ITO 薄膜进行退火的原理示意图

钙钛矿太阳能电池（perovskite solar cell，PSC）的固溶处理 TiO$_2$ 和其他金属氧化物电子传输层（electron-transport layer，ETL）通常需要高温退火（＞450℃），这会导致下面的 ITO 降解并抑制其在柔性衬底上的使用，如聚萘二甲酸乙二醇酯。由于激光的浅吸收深度和短脉冲持续时间，Wilkes 等可以独立控制 ETL 的退火而不会影响下面的 ITO 或衬底，并且证实激光退火的 TiO$_2$ 薄膜是保持化学计量的并且比热退火的对照样品致密[18]。激光加工设备的效率超过了通过热板制造的效率，同时具有高通量、低温和对衬底友好的工艺附加优势。

PSC 的光吸收层有机无机杂化钙钛矿薄膜通常采用溶液方法在低温（＜150℃）下制备，既可构筑刚性太阳能电池，又具有发展柔性太阳能电池的天然优势。但溶液方法制备的钙钛矿薄膜表面会存在大量的缺陷，造成光生载流子的复合，阻碍电池性能的进一步提高。为了在温度敏感的衬底上实现 PSC 的制造，需要对器件中所有组件进行低温处理，但是，大多数高性能 PSC 都依赖于在高温下处理的 ETL。Fang 等结合准分子激光光子能量高、单脉冲能量大、脉冲时间短、光斑面积大且能量分布均匀和热效应小等特点，将 ELA 技术引入 PSC 研究中，应用 ELA 在室温下处理 ETL[Ga 掺杂的 ZnO（GZO）]，通过准分子激光辐照有效降低了钙钛矿薄膜的表面缺陷浓度，实现了 ETL 的低温准分子激光退火，如图 4-9 所示[19]。改性后的瞬态荧光寿命测试表明，光照下薄膜中光生载流子的非辐射复合得到了有效抑制，电池的光电转换效率也得到了明显提升。经 ELA 处理后，光学透明性和导电性得到协同改善，进而改善了光吸收，增强了电子注入并抑制了电荷复合。使用 ELA 处理的 GZO ETL 制造的设备的功率转换效率（PCE）为 13.68%，高于采用传统高温退火的 GZO 的 PSC 的（12.96%）。因此，ELA 是在室温下对 ETL 进行退火以在刚性和柔性衬底上生产有效 PSC 的一种有前途的技术。

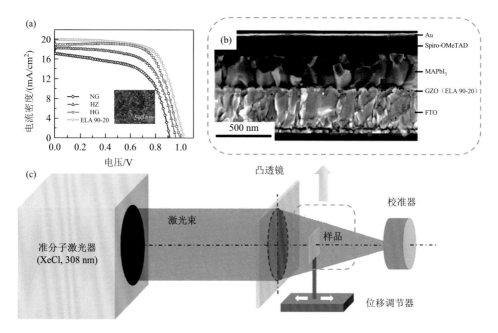

图 4-9　（a）不同处理条件下电池的 *J-V* 曲线；（b）使用 ELA 的电池的横截面 SEM 图；
（c）应用于 GZO 薄膜的 ELA 系统的示意图

  Al-Asedy 等通过溶胶-凝胶联合旋涂工艺沉积硅衬底上的一些高质量的多晶 ZnO 纳米薄膜（ZNF）[20]。此类沉积 ZNF 的特性通过 Nd：YAG 脉冲激光退火在不同波长下进行了修饰。他们发现 355 nm 的激光退火所产生的 ZNF 与在 1064 nm 基本波长下进行退火的 ZNF 相比，具有更高的多晶性和更强的晶格取向。此外，532 nm 的激光退火可以产生具有明显取向的典型 ZnO 晶体。观察到的膜结构和形态的改变归因于激光处理介导的热效应。薄膜的场发射扫描电子显微镜（FESEM）分析表明，不同波长处理可以形成不同的纳米结构。ZNF 的光致发光（PL）发射光谱显示出与缺陷有关的宽 UV 激子能带和窄可见光带。观察到激光辐照引起的氧空位的产生降低了膜的电阻率并改变了光学带隙能量。在 355 nm 退火的样品显示的最低电阻率为 23.532×10^{-3} $\Omega \cdot cm$。ZNF 的拉曼光谱证实了六角形 ZnO 纤锌矿结构的存在。进一步退火，拉曼声子模的变窄表明膜的结晶性得到改善，并且与氧空位（V_O^{+2}）有关的局部原子缺陷减少。XPS 分析显示短波长激光在空气环境中处理样品可以提升结晶度并改善薄膜晶界处的氧吸附性能。简而言之，与传统的退火程序相比，ZNF 的脉冲激光退火被认为是将 Zn 氧化为 ZnO 更为有效的方法。

众所周知，理解过渡金属二硫化物（TMD）中的光-物质相互作用对于光电器件应用至关重要。多项研究表明，高强度光照射可以调节原始 TMD 的光学和物理特性。光电性能的增强归因于所谓的激光退火效应，可以改善硫族元素的空位。然而，激光退火是否能改善功能性质，如光催化活性，尚不得而知。Schmid 等研究发现，高强度超能带隙照明提高了 MoSe$_2$ 纳米片对铟掺杂氧化锡/MoSe$_2$/I$^-$, I$_3^-$/Pt 液结太阳能电池中的碘化物氧化的光电化学活性[21]。光电化学测量结果表明，平均而言，以 1 W/cm^2 532 nm 激光照射 MoSe$_2$ 薄膜使光电化学电流增加 142%，并将光电流响应转变为更有利的（负）电势。显微镜测试表明激光诱导的增强效应与 MoSe$_2$ 的厚度有重要关系。扫描光电化学显微测试如图 4-10 所示，原始双层（2L）-MoSe$_2$、三层（3L）-MoSe$_2$ 和多层厚的纳米片最初对碘化物的氧化没有活性。光照处理激活了 2L-MoSe$_2$ 和 3L-MoSe$_2$ 材料，并且激活过程从边缘位置开始。2L-MoSe$_2$ 的光电流增强更为显著，比 1L-MoSe$_2$ 高。即使在激光处理之后，多层厚的 MoSe$_2$ 仍然对碘化物氧化没有活性。X 射线光电子能谱测试还表明，激光处理氧化了最初与硒空位有关的 Mo(IV)成分。周围的氧气填充了硒的空位，并去除了捕获态，从而提高了整体光生载流子收集效率。这项工作表明简单快速的激光退火处理是一种非常有效的调控基于 TMD 材料的光电化学电池性能的策略，可用于电力及化学燃料的生产。

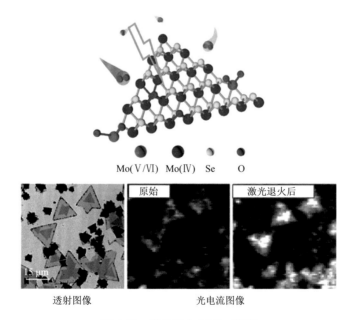

Mo(V /VI) Mo(IV) Se O

透射图像   光电流图像

原始   激光退火后

15 μm

图 4-10 激光退火 MoSe$_2$ 薄膜

2. 有机物的激光退火

嵌段共聚（block copolymerization）又称"镶嵌共聚"，是一种生成镶嵌共聚物的共聚反应，可以看成是接枝共聚的特例，其接枝点位于聚合物主链的两端。嵌段共聚物（BCP）指的是聚合物主链上至少具有两种以上单体聚合而成的以末端相连的长序列（链段）组合成的共聚物。

激光退火是 BCP 薄膜常规烘箱退火有力技术替代路线，可实现快速加速和自组装过程的精确空间控制。利用陡峭的温度梯度，通过移动激光束进行局部加热（区域退火），可以额外产生对齐的形貌。在它最初的实现中，仅限于专门的锗涂层玻璃基板，其吸收可见光并表现出足够低的导热性，以促进在相对较低的辐照功率密度下加热。科研人员展示了激光区域退火的最新进展，该技术利用强大的光纤耦合近红外激光源，可以在常规硅晶片的大面积上进行快速 BCP 退火，如图 4-11 所示[22]。退火加上光热剪切产生宏观对准的 BCP 薄膜，该薄膜用作图案化金属纳米线的模板。另外，还报道了一种将激光退火 BCP 薄膜转移到任意表面上的简便方法。转移过程允许对具有高度波纹状表面的基材进行构图，并可以一步一步快速制造具有复杂形貌的多层纳米材料。

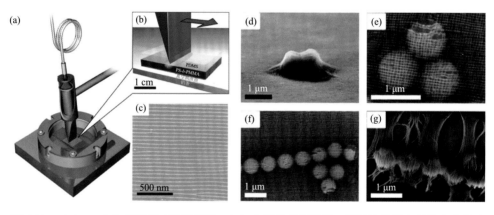

图 4-11　（a）～（c）激光退火装置概述：（a）光学头的剖视图，通过连接的光纤将光束塑造成一条窄线，光束被投射到安装在线性平移台上的薄型真空室内的样品上；（b）硅衬底上的嵌段共聚物薄膜样品，覆盖一层透明的聚二甲基硅氧烷（PDMS），以软剪切模式（SS-LZA）进行激光退火，线形光束在样品上连续光栅化，PDMS 帽充当剪切感应元件；（c）在 0.32 mm/s 和 24 W 光束功率下进行 8 次光热退火后，通过模板合成在对齐的圆柱形 PS-*b*-P2VP 二嵌段共聚物薄膜中获得硅上的金属铂纳米线；（d）～（g）使用由两层嵌段共聚物制成的纳米网对高曲率 3D 物体进行图案化；覆盖有铂纳米网的 800 nm 二氧化硅球体的侧视图（d）和自上而下的 SEM 图[（e）和（f）]

图案尺寸小于 100 nm 的表面和薄膜的纳米图案对激光加工具有挑战性，特别是在大面积、低成本制造的情况下。自组装工艺提供了一种在此尺寸范围内生成图案的机理，从而提供了一种替代制造方法。目前的工作重点是对熔融石英样品上的 PS-*b*-PMMA BCP[聚（苯乙烯-嵌段-甲基丙烯酸甲酯）嵌段共聚物]薄膜进行高温、短时激光退火以实现自组装成周期约为 50 nm 的垂直薄片。用聚焦的 CO_2 激光束照射 BCP 样品，以研究激光功率和扫描速度对 BCP 薄膜中薄片形成的影响。在足够的激光照射下（激光功率：2~15 W，扫描速度：1~250 mm/s），在激光轨迹的中心观察到薄片的形成。随着激光照射的增加，薄片的质量首先提高到一定程度，但随后 BCP 的部分降解和 BCP 薄膜的去湿发生。有序 BCP 的 PMMA 微相的部分降解导致局部自我发展过程，减少了纳米图案形成的加工步骤。

图 4-12（a）下方的 AFM 图证实，在激光退火时已经形成了具有垂直薄片的表面形貌，并且约 48 nm 的薄片周期对应于所用 BCP 的特征长度 d_0。激光退火后未显影的层状形貌只能通过假设微相分离后已部分去除相来解释。由于 PS 和 PMMA 的降解特征与所需温度和活化能有关，因此可以预期 PMMA 微相的优先降解。一般，因为 PMMA 降解的活化能较低，必须考虑到 PMMA 的热诱导分解比 PS 快得多。激光功率对薄片外观的影响比较如图 4-12（b）所示。随着激光功率的增加，保持其他参数不变，纳米图案的组织得到改善，特别是薄片的长度和面积比例形成的薄片增加。

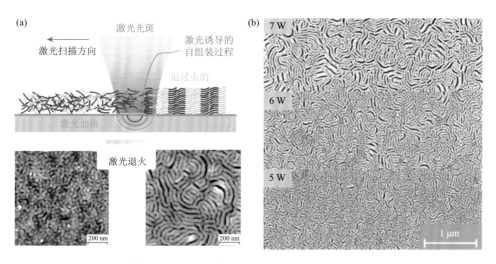

图 4-12　（a）BCP 薄膜激光退火实验流程示意图；（b）用 7 W、6 W 和 5 W 以及 1 mm/s 写入的激光退火 BCP 薄膜的表面形态的 SEM 图，随着激光功率的提高，薄片的面积和长度增加

Zimmer 等通过飞秒激光退火在废碳粉上实现结构特征的石墨化和导电性的提高。碳粉退火前后的拉曼光谱显示从非晶态碳向石墨状碳的转变，这可以通过

三阶段模型来解释[23]。样品的电学 *I-V* 探测显示电导率增加高达 90%。另外发现入射激光功率的增加与电导率的增加相关。平均入射激光功率为 0.104 W 或更小，其电特性几乎没有变化，而大于 1.626 W 的平均入射激光功率对碳粉有破坏性影响，这通过粉末的减少显示出来。

众所周知，大多数煤制产品路线需要复杂的热处理来碳化原材料。然而，由于缺乏对不同种类煤制成的产品的统一比较，因此低估了初始煤化学在高温反应中的作用。Zang 等使用 CO_2 激光来研究芳烃含量和煤化程度在退火过程中煤的结构演变和掺杂中所起的作用，如图 4-13 所示[24]。结果表明，激光退火后的样品的芳烃含量和煤化程度介于较高等级的无烟煤（DECS 21）和较低等级的低煤化程度的褐煤（DECS 25）之间，可以从拉曼光谱上最高的 2D 峰和激光后电导率（薄层电阻约 30 Ω/sq）观察到更多的石墨状结构。当通过激光烧蚀将氮掺杂剂与饱和尿素掺杂剂结合到煤中时，氮优先结合在石墨晶粒的边缘位置。可以利用激光退火实现对掺入石墨主链的氧化物纳米颗粒的灵活的电学和磁学改性。

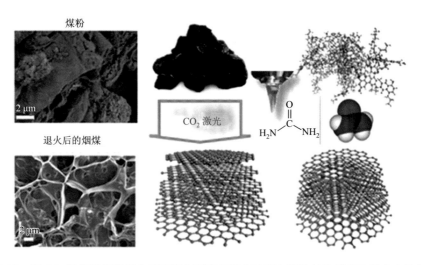

图 4-13　用 CO_2 激光研究芳烃含量和煤化程度在退火过程中煤的结构演变和掺杂中的作用

4.3.3　杂化材料的激光退火

杂化材料（hybrid material）是包含两种在纳米或分子水平成分的复合材料。一般，这种复合物包含两种成分：一种是无机物；另一种是自然界中有机物。它和传统复合物不同；后者成分的尺寸在微米至毫米范围。杂化材料在微观尺度混合，内部较均匀，使它显示的不是介于二相间的特性，而显示出新特性。

有机无机杂化钙钛矿太阳能电池（PSC）因高功率转换效率（PCE）和低制造成本而备受关注。独特的光吸收系数、高载流子移动率、小激子结合能和长载流子扩散长度等特性也是 PSC 具有高光伏性能的原因。自 2009 年首次报告 PSC 的 PCE 为 3.8%以来，认证效率在过去十年迅速提高至 25%以上。现有研究表明，钙钛矿薄膜的结晶度是影响器件性能的关键因素。晶粒较大的钙钛矿薄膜通常陷阱态密度较低，载流子移动能力较高，这也是降低 PSC 的载流子复合，提升光伏性能的重要手段。然而，现今常用的钙钛矿薄膜退火工艺（热退火）难以做到精确控制钙钛矿薄膜的结晶。

钙钛矿薄膜通常通过长时间（约 1 h）的热退火制备，这既耗时又耗能，并且与某些设备（如塑料基板上的柔性太阳能电池）所需的低温制造不兼容。Yan 等报道了一种通过扫描薄膜表面上的激光点在低基板温度下对钙钛矿薄膜进行激光退火的新方法，可以在高强度和快速扫描速度的激光下实现几秒内的超快结晶过程，如图 4-14 所示[25]。激光光斑在钙钛矿表面的快速扫描会在钙钛矿薄膜中产生较高的温度梯度，可以在短时间内（仅几秒）加速钙钛矿晶粒的生长，同时将基板温度保持在室温。由于结晶钙钛矿相比非晶相具有更强的光吸收，快速激光退火可以在前者中引起更高的温度并导致大钙钛矿晶粒的选择性生长。在最佳条件下，成功制备出具有高结晶度的 MAPbI$_3$ 钙钛矿薄膜，从而获得具有高功率转换效率和良好稳定性的钙钛矿太阳能电池。此外，通过使用线性激光束实现了钙钛矿薄膜的快速激光退火过程，这有望成为大规模生产钙钛矿太阳能电池的革命性技术。

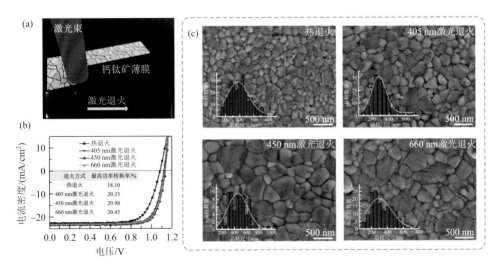

图 4-14　（a）钙钛矿薄膜激光退火实验流程示意图；（b）不同处理方式得到的钙钛矿太阳能电池的性能图；（c）经过不同处理方式后的钙钛矿薄膜的 SEM 图

研究发现，激光退火钙钛矿薄膜的平均晶粒尺寸远大于热退火薄膜的平均晶粒尺寸。钙钛矿薄膜的横截面 SEM 图也表明大部分钙钛矿晶粒穿透了钙钛矿覆盖层，并且大部分晶界垂直于基板，有益于从钙钛矿到电荷收集层的电荷传输。此外，这种微结构可能会导致晶界表面积减小和钙钛矿薄膜中的缺陷浓度较低。因此，可以减轻钙钛矿薄膜中的非辐射电荷载流子复合，从而提高 PSC 的光伏性能。总而言之，激光退火相比热退火具有：结晶控制、低温处理、大面积制造和非接触的优点。更重要的是利用激光束快速扫描表面，可以在大面积样品上实现超快退火，这是其他加热方式难以实现的。

两步顺序沉积由于更好的再现性一直是合成大面积和高质量钙钛矿薄膜的可靠方法。但是，薄膜长期的性能和稳定性受到 PbI_2 向钙钛矿缓慢和不完全转变的不利影响。Cheng 等提出了一种通过改变激光扫描速度（LS）的纳秒激光冲击退火工艺[如图 4-15（a）所示]来诱导超快有机盐扩散到 PbI_2 层的技术，图 4-15 展示该技术在卤化物 $FA_{0.95}MA_{0.05}PbI_3$ 钙钛矿薄膜中调节晶体结构、残余拉伸应变和电子传输动力学的效果。研究人员发现，脉冲激光诱导的超快扩散减少了两步法制备的钙钛矿薄膜底部残留 PbI_2 层的厚度，从而使残余拉伸应变降低约 12.5%以上。纳秒激光可以瞬间促进有机盐向 PbI_2 层的扩散。相对于传统的热退火（TA），超快激光冲击退火增强了分子间的相互作用，这会显著影响轨道重叠，导致能带结构发生变化。激光冲击退火钙钛矿中能带结构的诱导调制导致其载流子的寿命显著改善。此外，在各种恶劣的热和湿热条件下的稳定性测试表明激光冲击退火提高了钙钛矿薄膜的稳定性，因为它减少了 PbI_2 层和残余拉伸应变。所提出的利用激光冲击退火技术调节 PbI_2 层中的超快扩散为未来改进杂化有机-无机卤化物钙钛矿的器件性能和稳定性提供了指导。Trinh 等同样使用激光诱导热处理制造了 PSC[27]。他们使用两步溶液沉积方法在基板上制备钙钛矿薄膜。随后，采用脉冲激光源照射钙钛矿薄膜以刺激钙钛矿晶体的生长，从而提高了 PSC 的 PCE。另外研究了激光加工参数，如散焦距离和扫描速度，以控制钙钛矿的晶粒尺寸。

钙钛矿微丝比钙钛矿膜具有更大的表面体积比和更好的光电转换效率，然而结晶度会显著影响钙钛矿微丝的光电性能。激光退火被认为是结晶的工具。高光吸收可引起快速加热过程。将位于典型钙钛矿薄膜吸收峰附近的 405 nm 紫激光用作退火激光。在原位实验设计中，Chen 等将退火激光束组合到微型拉曼测量系统中，可提供退火和结晶的实时信息[28]。他们通过这种方法完成了许多出色的工作，但这通常需要离线光电测量。毫瓦级连续激光辐照可为钙钛矿微丝中的晶体提供足够的动能。极化的拉曼信号可以提供钙钛矿微丝结晶的证据。这项工作为钙钛矿微丝的现场实时激光诱导热退火设计提供了新颖的方法，同样可用于其他重要过程，他们在后期进行详细分析时发现了底物效应。该提议的方案为基于钙钛矿的设备的集成提供了新颖、可扩展且高效的设计。

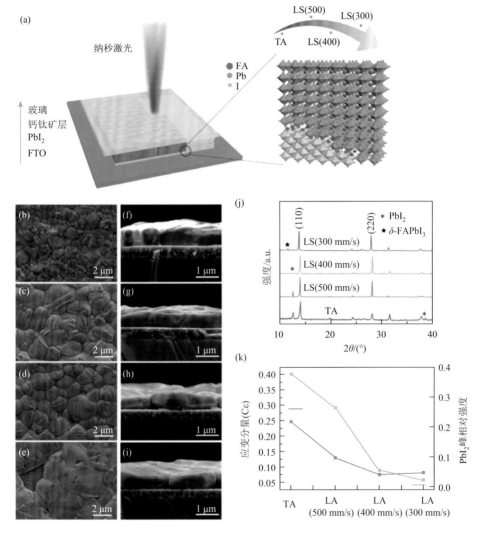

图 4-15 （a）钙钛矿薄膜纳秒激光退火实验流程示意图，TA 表示热退火；不同处理方式
[（b 和 f）TA、（c 和 g）LS（500 mm/s）、（d 和 h）LS（400 mm/s）、（g 和 i）LS（300 mm/s）]
后的钙钛矿薄膜的 SEM 图和截面图；（j）不同扫描速度下钙钛矿薄膜的 XRD 图；（k）应变
分量和相对 PbI_2 峰值强度的变化，LA 表示激光退火

4.4 ▶ 总结

  在被首次应用至今的近五十年来，激光退火技术正逐步取代传统的热退火技术，成为在硅太阳能电池、显示面板、集成电路等领域新一代主流的退火技术。激光能量密度、激光光场、波长、偏振的灵活可调，使得激光退火技术逐渐被研

究者应用于更多材料领域。激光退火淬火速率高，可达 10^{10} K/s，同时热影响区域小，因此能有效减小退火过程中对衬底的损伤，符合当今社会对柔性器件制备日益增长的需求。与此同时，随着计算机水平的快速发展，激光退火的建模和仿真的研究也得到了长足的发展，正逐渐成为减少开发时间和成本的基础。相信随着激光退火理论、仿真的深入及激光器的发展，激光退火技术必将获得更成熟、广泛的应用。

参 考 文 献

[1] Kachurin G A，Pridachin N B，Smirnov L S. Annealing of radiation-induced defects by pulsed laser radiation. Fizikai Tekhnika Poluprovodnikov，1975，9（7）：1428-1429.

[2] Bäuerle D. Laser Processing and Chemistry：Thermal，Photophysical，and Photochemical Processes. 4 th ed. Berlin，Heidelberg：Springer，2011.

[3] Stathopoulos S，Tsoukalas D. Laser Annealing Processes in Semiconductor Technology：Laser-Matter Interactions. Sawston，Cambridge：Woodhead Publishing，2021.

[4] Schaffer C B，Brodeur A，Mazur E. Laser-induced breakdown and damage in bulk transparent materials induced by tightly focused femtosecond laser pulses. Measurement Science and Technology，2001，12（11）：1784-1794.

[5] Noack J，Vogel A. Laser-induced plasma formation in water at nanosecond to femtosecond time scales：Calculation of thresholds，absorption coefficients，and energy density. IEEE Journal of Quantum Electronics，1999，35（8）：1156-1167.

[6] Sundaram S K，Mazur E. Inducing and probing non-thermal transitions in semiconductors using femtosecond laser pulses. Nature Materials，2002，1（4）：217-224.

[7] Lax M. Temperature rise induced by a laser beam Ⅱ. The nonlinear case. Applied Physics Letters，1978，33（8）：786-788.

[8] Marqués L A，Aboy M，López P，et al. Laser Annealing Processes in Semiconductor Technology：Atomistic Modeling of Laser-Related Phenomena. Sawston，Cambridge：Woodhead Publishing，2021.

[9] Cristiano F，Shayesteh M，Duffy R，et al. Defect evolution and dopant activation in laser annealed Si and Ge. Materials Science in Semiconductor Processing，2016，42（3）：188-195.

[10] Shin H，Lee M，Ko E，et al. Dopant activation of *in situ* phosphorus-doped silicon using multi-pulse nanosecond laser annealing. Physica Status Solidi，2020，27（12）：1900988.

[11] Shin H，Lee J，Ko E，et al. Defect reduction and dopant activation of *in situ* phosphorus-doped silicon on a(111) silicon substrate using nanosecond laser annealing. Applied Physics Express，2021，14（2）：021001.

[12] Huang Z W，Yi X H，Lin G Y，et al. Impacts of excimer laser annealing on Ge epilayer on Si. Applied Physics A，2017，123（2）：148.

[13] Chowdhury S，Park J，Kim J，et al. Crystallization of amorphous silicon via excimer laser annealing and evaluation of its passivation properties. Energies，2020，13（13）：3335.

[14] Zhan X P，Su Y，Fu Y，et al. Phosphorous-doped α-Si film crystallization using heat-assisted femtosecond laser annealing. IEEE Transactions on Semiconductor Manufacturing，2020，33（1）：116-120.

[15] Jin S，Hong S，Mativenga M，et al. Low temperature polycrystalline silicon with single orientation on glass by blue laser annealing. Thin Solid Films，2016，616（1）：838-841.

[16]　Young R T，White C W，Clark G J，et al. Laser annealing of boron-implanted silicon. Applied Physics Letters，1978，32（3）：139-141.

[17]　Peng L P，Zhao Y A，Liu X F，et al. Tailoring the free carrier and optoelectric properties of indium tin oxide film via quasi-continuous-wave laser annealing. Applied Surface Science，2020，538（1）：148104.

[18]　Wilkes G C，Deng X，Choi J J，et al. Laser annealing of TiO_2 electron transporting layer in perovskite solar cells. ACS Applied Materials & Interfaces，2018，10（48）：41312-41317.

[19]　Xia R，Yin G Y，Wang S M，et al. Precision excimer laser annealed Ga-doped ZnO electron transport layers for perovskite solar cells. RSC Advances，2018，8（32）：17694-17701.

[20]　Al-Asedy H J，Al-Khafaji S A，Ghoshal S K. Optical and electrical correlation effects in ZnO nanostructures：Role of pulsed laser annealing. Optical Materials，2021，115（5）：111028.

[21]　Wang L，Schmid M，Nilsson Z N，et al. Laser annealing improves the photoelectrochemical activity of ultrathin $MoSe_2$ photoelectrodes. ACS Applied Materials & Interfaces，2019，11（21）：19207-19217.

[22]　Leniart A A，Pula P，Sitkiewicz A，et al. Macroscopic alignment of block copolymers on silicon substrates by laser annealing. ACS Nano，2020，14（4）：4805-4815.

[23]　Zimmer K，Zajadacz J，Frost F，et al. Towards fast nanopattern fabrication by local laser annealing of block copolymer（BCP）films. Applied Surface Science，2019，470（15）：639-644.

[24]　Zang X N，Ferralis N，Grossman J C，et al. Electronic，structural，and magnetic upgrading of coal-based products through laser annealing. ACS Nano，2022，16（2）：2101-2109.

[25]　You P，Li G J，Tang G Q，et al. Ultrafast laser-annealing of perovskite films for efficient perovskite solar cells. Energy & Environmental Science，2019，13（4）：1187-1196.

[26]　Yang H R，Song C P，Xia T C，et al. Ultrafast transformation of PbI_2 in two-step fabrication of halide perovskite films for long-term performance and stability via nanosecond laser shock annealing. Journal of Materials Chemistry C，2021，9（37）：12819-12827.

[27]　Trinh X L，Tran N H，Seo H，et al. Enhanced performance of perovskite solar cells via laser-induced heat treatment on perovskite film. Solar Energy，2020，206（1）：301-307.

[28]　Chen X M，Wang Z X，Wu R J，et al. Laser-induced thermal annealing of $CH_3NH_3PbI_3$ perovskite microwires. Photonics，2021，8（2）：30.

第5章

激光三维微纳打印光制造技术

引言

近年来,在电子、医疗、汽车、生物技术、能源、通信和光学等多个领域,紧凑型、多功能、集成化的微型产品的需求不断增长,如微执行器、微机械设备、传感器和探头、微流控组件、医用植入物、微开关、微光学器件、存储芯片、微电机、微燃料电池等[1-5]。在这种微型化发展趋势下,相关的产品和器件正变得越来越小,甚至达到微纳米尺度,这对微纳制造技术提出了更高的挑战和要求。自20世纪80年代开始,研究者将基于逐层构造的增材制造[也称为三维(3D)打印]引入微纳元器件的制造,为解决上述挑战和要求提供了新的可能性。微纳光刻技术(基于紫外光固化、电子束和X射线的技术等)和微电子机械系统等已经达到成熟的水平,成为摩尔定律扩大和革新计算能力的关键技术[6]。然而,该类技术受限于硅基材料,其产品的机械性能(强度和耐用性)方面存在一些内在限制,本质上还是一个二维(2D)制造过程,开发和优化加工具有微尺度特征的3D结构的新技术和工艺,成为实现3D微纳制造亟须解决的技术问题。

近二十年来,3D微纳加工技术逐步扩展到利用金属和陶瓷来生产具有预期强度、更好的耐久性、更复杂的几何形状及较高表面精度和低成本的3D微纳零件,并且在不同的金属、陶瓷、聚合物及复合基元件的微纳制造方面也取得了显著进展。常规的3D打印技术,如光固化成型、材料挤压成型、粉末区域熔融等,在打印过程中能量被有效转移到指定位置的材料上进行熔化、软化或固化。然后,材料重复地进行逐层成型。在这个过程中,能量的沉积直接影响打印的精度和质量。其中,最常用的能量来源是激光,其照射到成型材料上的高强度激光束无须任何转移介质就能被有效吸收,进一步导致光化学反应,即材料光固化或光热反应,可进行热烧结或熔化材料成型。基于激光的微纳3D打印技术是一个内容丰富且仍在扩大的研究领域，可根据设计要求在特定的坐标位置去除、修改或添加材料[7]。通过调整各种激光参数，如脉冲持续时间、波长和能量，可以实现固定体积材料的加工，加工范围从材料烧蚀到材料塑形。这种加工过程中的变化是依赖于材料的，但是一旦确定了特定材料的加工参数，这个过程就具有了高度的可重复性。

3D 打印是自 1980 年以来制造领域的新兴技术之一，通过计算机辅助设计（CAD）、计算机辅助制造（CAM）、计算机数控（CNC）、激光技术和计算机断层扫描（CT）的综合应用，将数字信号转化为实物。结合这些技术，医学数字成像和通信（DICOM），如磁共振成像（MRI）和 CT，可以转换成 3D 打印机识别的文件类型进行打印[8, 9]。与 2D 打印中的打印图像元素类似，3D 打印的结构是通过打印 3D 图形的体积元素实现的。3D 打印流程从零件的 3D 建模开始，将其切片成不同的 2D 层，然后逐层沉积原材料，最后通过能量源选择性地沉积在每一层，并根据切片的 2D 图案将原材料固化或熔化成型。该技术于 1986 年由 Charles Hull 首次使用，目前已扩展到包括不同类型的 3D 打印技术，大致可以分为七类：①材料挤压，如熔融沉积；②材料喷射，如喷墨印刷；③黏合剂喷射，粉末黏结打印；④层压，如分层实体制造；⑤光聚合，如双光子聚合和光固化；⑥粉末床熔化，如选择性激光烧结；⑦直接能量沉积，如激光直写成型[10-14]。同时，材料科学领域正在探索 3D 打印技术新的应用，如结构材料、刺激响应材料和活体生物组织打印[15]。3D 打印制造技术的快速扩展表明了它的优点，包括高精度、灵活性和广泛的可打印材料，如金属、陶瓷、聚合物、水凝胶和复合材料[16]。与传统的成型和减法制造相比，3D 打印具有独特的优点：①可实现高重现性和自动化程度的定制 3D 精准生产，并可利用多种材料，创建具有预定义属性和功能的 3D 零件；②具有更大的灵活性，可以减少材料浪费、提高加工效率，因此，在时间和金钱方面成本更低；③通过更有效地建立打印模型，可以在产品开发的初始验证阶段确定和纠正设计错误，并进一步根据打印成品优化加工参数。

5.2　三维打印技术进展

3D 打印提供了一个强大的工具，是制造三维零件方面革命性的突破，可以形成其他现有方法和技术无法得到的复杂结构。目前，3D 打印技术已经进入了商业化阶段，在各种材料的复杂结构零件制造方面显示出高度的适应性，适用于各种规模甚至是单件的生产，具有很大的商业潜力。3D 打印允许使用各种各样的材料。之前的研究已经证明了 3D 打印在光子学（光子晶体等）、微光元器件（光纤端面耦合衍射和聚焦光学元件）、电子学（传感器等）等领域中具有较广阔的应用前景[5, 7]。近年来，基于新的物理现象和效应，如双光子吸收、电致变色和光致变色效应、相变和全息现象等新概念技术在 3D 打印领域的研究和发展正在迅速扩大[2]。

立体平版光刻技术是最早和最流行的 3D 制造方法之一，Charles Hull 于 1986 年申请了专利，该技术是通过光辐照液体光固化材料逐层形成三维物体[17]。立体平版光刻聚合可以是自由基聚合或阳离子聚合。在自由基聚合中，光引发剂吸收入射光子并产生自由基，从而启动聚合反应。因此，为了提高效率，激光源的中心波长通常在紫外波段，与能被光引发剂充分吸收的波长范围相匹配。在立体平版光刻早期，商业化的树脂主要是丙烯酸树脂，但今天使用的新树脂大多数是环氧树脂，因为环氧树脂的机械性能更好且收缩更小[18]。扫描立体光刻技术和投影立体光刻技术是根据曝光条件来区分的[19]。在扫描立体光刻过程中，使用紫外光在一层光敏树脂或单体溶液上引发连锁反应，主要是丙烯酸或环氧基在紫外光照射下活化后转化为聚合物链（自由基化），聚合后，树脂层内的图案被固化[19]。未反应的树脂在完成印刷后可通过后处理去除。图 5-1（a）显示了一个扫描立体光刻系统，在该系统中，形成物体的平台被放置在与液体聚合物相同深度的单层厚度的浴槽中。当第一层形成时，平台被进一步淹没到与下一层厚度相等的深度，以此类推。激光束在光敏树脂表面的位置是通过使用镜面扫描激光束和精密的平台水平移动来保持的，如图 5-1（a）所示。扫描立体光刻的路径扫描速度明显地限制了它的效率。而投影立体光刻技术中，每层成型的图案直接由反射镜投射出来，每个固化层都在同一时间内完全暴露在紫外光下。投影立体光刻仪的工作原理如图 5-1（b）所示，数字微镜装置将三维计算机模型的二维切片图像投影到光聚合物表面，数字镜像装置允许同时固化整个层[20, 21]。一个数字微镜装置芯片可能包含几百万个 10 μm×10 μm 的镜子，每个镜子在图像上形成一个像素，镜子可以将紫外光投射到聚合物上，也可以使其偏转不投射。由于投影立体光刻技术使用了数字光投影仪，每层都是像素化的，因此其打印精度在很大程度上取决于投影仪的分辨率[22]。

双光子聚合被认为是一种独特的光聚合过程，与传统的（单光子）立体光刻不同，它通过聚焦飞秒激光脉冲到一个非常狭窄的点，在这个点上树脂通过同时吸收两个光子聚合。因此，双光子聚合在制备分辨率低于 100 nm 的微/纳米结构方面具有优势[23]。该技术在 1997 年由 Maruo 首次提出，基于双光子聚合的 3D 打印精度几乎是光聚合所用波长的 1/100[24]。通常，使用波长为近红外的飞秒激光器的光束来产生具有高峰值功率的脉冲，光敏树脂只有在高度聚焦的激光中心部位，才会有足够高的辐照度来确保有两个光子同时被吸收[23]。与扫描立体光刻技术类似，双光子聚合打印技术通过将激光聚焦在光敏树脂内，计算机控制移动

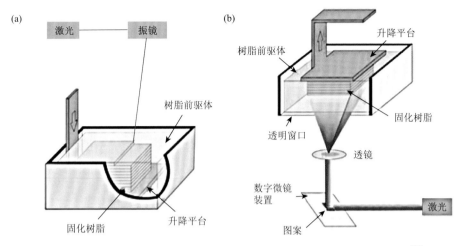

图 5-1　（a）扫描立体光刻技术示意图；（b）投影立体光刻技术示意图[20]

纳米级精密移动台，焦点扫描经过的位置光敏树脂会固化，从而可以打印精度达到纳米级的任意形状三维物体[12]。由于立体平版光刻技术的通用性较强，可以用来生产各种高度复杂的三维结构，具有相对较高的精度和可接受的成本，越来越多的材料已被开发用于广泛的应用，如软机器人驱动器、传感器、医疗植入物、微流控设备和储能组件等[12, 25-27]。

　　熔融沉积打印技术通过热喷嘴熔化热塑性聚合物的长丝，达到半液态，然后挤压到平台上或之前打印的层的顶部自然冷却或凝固后来构建结构[28]。聚合物长丝的热塑性是这种方法的一个基本特性，它允许长丝在印刷过程中融合在一起，然后在室温下固化成型。熔融沉积打印的主要优点是成本低、速度快、工艺简单。但目前这种方法仍存在几个缺点：本身使用材料的限制，热塑性塑料和热塑性复合材料的使用限制了机械和化学性能[10]；打印分辨率取决于喷嘴的大小以及长丝的黏度和流动特性，逐层打印的外观和表面质量差[29]。虽然可通过嵌入陶瓷粉末或金属颗粒来获得复合长丝增强 3D 打印零件的力学性能，但层厚、长丝的宽度和取向及同一层内的层间的气隙仍是影响零件力学性能的主要问题[30]。

　　喷墨打印技术类似于熔融沉积打印技术，使用黏弹性流体（墨水）在外部压力源下流过喷嘴，在重力作用下，油墨通过在表面进行选择性地沉积，然后固化成型。喷墨 3D 打印可以利用多种材料形成三维结构。所用的油墨材料包括：纳米颗粒、聚合物、金属、复合材料、玻璃和生物组织的胶体溶液。广泛的材料光谱及从一种材料到另一种材料的连续过渡的可能性，为产生具有不同功能（光学、电学和生物）特性的多层异质结构提供了基础[31]。通常，油墨的固化方式有以下几种：相变、溶剂蒸发及聚合反应其中的一种或者几种复合[32]。喷墨 3D

打印依赖于机械机构的路径规划，通过设计的路径选择性地将打印材料沉积在基板上，这个过程按预先设定的方式一层一层的重复，直到生成模型结构。理论上，研究人员已经将喷墨打印水凝胶用于软体机器人、药物封装和触摸传感器及人体支架等[32-34]。

粉末床熔合指利用聚焦于特定区域的热源或黏合剂将粉末颗粒选择性固结成三维物体。粉末床熔合大致可以分为 4 类；选择性激光烧结、选择性激光熔化、电子束熔化和喷射黏合粉末成型[35, 36]。这些技术的不同在于它们所使用的材料类型，以及用于向粉末床传输能量的载体或熔合方法。在前三种技术中，物体粉末是通过能量沉积导致材料温度升高产生的热能逐层建造的。由于所有的材料都使用粉末作为原料，该技术的优势在于可以在不需要二次支撑机构的条件下制造悬垂和复杂悬空结构，这是因为床内松散的粉末颗粒起到支撑作用，在打印过程中能保持零件完整性。

粉末的粒度分布和种类是决定熔合零件密度最关键的因素。选择性激光烧结可以用于多种聚合物、金属和合金粉末，而选择性激光熔化和电子束熔化只能用于某些金属粉末。选择性激光烧结过程属于半固态液相烧结机理，激光扫描使得粉末处于部分熔化状态，其成型件中仍包含未熔化粉末颗粒，这在一定程度上导致了该技术生产出的零件存在孔隙率高、表面较为粗糙等缺陷。选择性激光熔化和电子束熔化技术都是通过粉末表面吸收能量，导致局部温度升高使得粉末在分子水平上发生熔化后相互黏结成型。与选择性激光烧结技术相比，选择性激光熔化和电子束熔化技术制造的零件尺寸精度高、表面粗糙度较好；由于金属粉末完全熔化，零件具有冶金结合组织且致密度较高，力学性能好的优点[11]。

此外，研究者还可以通过喷出黏合剂黏合粉末成型的方法进行黏合剂喷射黏合粉末成型，在印刷过程中，黏合剂选择性地挤出将粉末床上粉末进行黏合形成所需的结构。该打印技术几乎可以使用任何粉末材料，如生物聚合物、陶瓷或金属粉末等。与激光烧结或熔融相比，通过黏合剂沉积打印出来的零件孔隙率普遍较高，一般用于快速成型精度较低的各类零件。

分层实体制造（layered solid manufacturing，LSM）是一种快速成型技术，可以从数字模型打印三维实体。层压物件制造（laminated object manufacturing，LOM）是最早实现商业化的增材制造方法之一，它是基于对板材或卷材的逐层切割和层压最后黏接在一起或先黏接后切割。其一般过程如下：首先通过传送带将涂胶板材送到平台上堆叠，然后通过加热板或热辊压在指定尺寸范围内加热和加压对不同薄层进行黏接，最后二氧化碳激光切割每一层多余材料的一部分。每次切割完成后，平台向下移动一个单位层厚度，下一层堆叠在顶部。按照上述步骤，热辊压或对加热板施加压力以黏接新层。这个过程重复进行，直到所需的部分完成。这种先成型后结合的方法对陶瓷和金属材料的热键合十分合适，也有助于在结合前去除多余的材料直接构建内部特征。切割后多余的材料可在加工完成后清除并回收[14]。LOM 可用于各种材料，如聚合物复合材料、陶瓷、纸张和金属填充胶带。根据材料的类型和需要的性能，可能需要后处理，如高温处理。超声 3D 打印是将超声波金属缝焊和数控铣削技术结合在一起的一种新型 LOM 制造技术[37]。LOM 可以降低加工成本和制造时间，是大型结构的最佳 3D 制造方法之一。然而，LOM 的表面质量较差（没有后处理），尺寸精度比粉末床熔合方法低。与粉末床熔合方法相比，去除在物体形成后层压板的多余部分是耗时的，因此其不适用于复杂形状[38]。

定向能量沉积工艺是一种普遍的 3D 打印制造工艺，在该工艺中，聚焦的热能源激光或电子束等，在基片和送入的粉末或线材特定区域形成熔池，在逐层沉积过程中熔化金属粉末或线材修复或重建零件。定向能量沉积和选择性激光熔化方法的区别在于，定向能量沉积不使用粉末床，原料以金属线材或者粉末的方式以特定路径沉积然后通过能量源逐层按设计路径熔化，且用于熔化金属的能量极高，这种技术通常用于钛、因科镍铁合金、不锈钢、铝和航空航天应用的相关合金[39]。此外，该工艺也非常适合于制作功能性的梯度材料，可进行多层多种不同材料的沉积，即激光熔覆。一般，定向能量沉积的优点在于可以在减少制造时间和成本的同时提供优良的力学性能、可控制的组织和精确的成分控制。

目前，将各种 3D 打印制造技术与传统制造技术的优势相结合，实现协同效应，是 3D 打印进一步发展面临的主要任务之一。新的混合 3D 打印技术旨在进行材料和梯度分辨率复合，通过不同材料之间的复合和多尺度分辨率的 3D 打印技术的协同使用，设计具有新功能特性的器件。例如，设计和制造具有多种长度尺度几何形状的生物医学微器件，有助于促进与环境和周围生物系统的特殊相互作用。这些相互作用旨在通过仿生方法提高器件的生物相容性和整体性能。2014 年，Hengsbach 等提出了一种多尺度生物医学微系统的设计和制造方法，该方法是基于两种 3D 打印制造工艺的结合：一种是传统的立体平版光刻技术来制造器件的整体结构，另一种是基于双光子聚合的激光 3D 打印技术来生产小的结构部件[40]。通过立体平版光刻单光子激光聚合技术，在硅衬底上沉积的 SU-8 光聚合物层中形成了微米级沟槽结构，然后使用双光子聚合技术在沟槽底部形成纳米结构。他们使用该微纳器件作为一个生物医学微系统来分析微纹理表面对细胞运动的影响：具有新功能的材料对于各种技术应用是非常重要的。在许多情况下，传统的无机和有机材料，如金属、半导体、陶瓷和聚合物，并不具有特定功能所需的特性。但这一挑战可以通过创造混合材料来克服，这种混合材料由无机和有机化合物组成，与它们各自的单独成分相比，具有更好的性能。使用混合材料制造各种 3D 设备和物体，能够将复杂的结构与材料的特殊属性相结合，如导电性、磁性、形状记忆、高灵活性、光学透明度等，这种能力为 3D 打印进一步扩大了应用领域。

5.3.1 激光烧结

激光烧结/熔化属于粉末床熔合制造技术的范畴，使用激光束作为能量源来烧结或熔化扩散层粉末。激光束在平台上通过切片过程扫描 3D 模型生成的层，选择性地烧结或熔化粉末颗粒，扫描完该层后，将建筑平台降低一层厚度，并将新的粉末层铺在顶部，重复这一过程直到零件完成，如图 5-2 所示。选择性激光烧结与选择性激光熔化具有本质上相同的工艺原理，均属于粉末床熔化。但值得注意的是这两种技术之间的区别，激光烧结属于部分熔化，激光熔化是将粉末完全熔化。

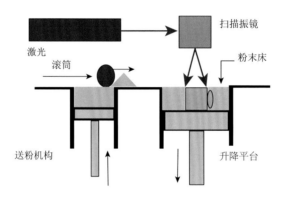

图 5-2 激光烧结设备示意图[41]

激光烧结技术可以大致分为两类：固相烧结、液相辅助烧结。固相烧结属于将基材粉末半熔化的热过程，粉末材料的结合温度在其熔化温度以下。液相辅助烧结，通常用于较难烧结的材料。液相辅助烧结是在材料粉末中加入低温熔化的添加剂粉末，使其在基材粉末之前熔化的过程。这种方法被广泛应用于三维零件的制造，在金属或陶瓷粉末中掺入少量的聚合物，聚合物会在后续脱脂和热处理过程中逐渐分解并完全消失。

在激光烧结过程中，激光束与粉末粒子的相互作用时间取决于激光束的大小和扫描速度。从之前的研究中发现，其交互作用时间一般在 0.5～25 ms 之间[42]，在这种极短的热循环下，粉末的快速固相烧结是很难实现的。因此，基于液相辅助烧结机理的激光烧结工艺是烧结粉末固结的唯一合适方法。在激光烧结过程中，材料性能和工艺因素如激光能量密度、零件床层温度、层厚等都会影响加工零件的结构和力学性能[43, 44]。在使用液相辅助烧结法时，其理想的激光能量密度可以通过调节激光功率和扫描速度来设定[45]。通过降低激光扫描速度，可以得到较致密的零件。这是由于粉末与激光束的相互作用时间变长，提高了能量传递到粉末床的速率[46]。较高的激光扫描速度导致传递到材料的能量更少，粉末被烧结得更少进而产生更多的孔隙[47]。值得注意的是，这种情况特别容易发生在添加低熔点粉末时。一方面，增加输送到粉末床的激光能量可以促进粉末更好的熔化，使更多低熔点粉末熔化形成液相流动并渗透到颗粒之间的空隙中，形成更致密的结构。另一方面，足够高的能量密度会导致低熔点粉末完全熔化，渗透率更高，减少了材料的分层，增加了加工零件的密度，但过高的能量密度有时会导致打印零件的尺寸不准确[48]。激光烧结技术在烧结粉末时还存在一些局限性，如致密化程度不高、结构和质量不理想等。因此，需要对低熔点材料进行炉后烧结、热等静压或二次浸渗等后处理，以获得理想的力学性能[49]。

与激光烧结技术相比，激光熔化是一种更为优秀的 3D 打印工艺。激光烧结通过固相烧结或熔化黏合剂来结合粉末材料，导致零件具有高孔隙率和低强度，且需要通过后处理（如热处理等）去除黏合剂[41]。在激光熔化技术中，粉末完全熔化是通过使用高强度激光实现的，不需要黏合剂材料。打印过程首先是在基板上铺一层薄薄的金属粉末，粉末铺好后，用高能量密度激光根据切片的数据对选定区域进行熔化和熔合。当前层激光扫描完成后，平台下降后在顶部沉积下一层粉末并铺平，激光扫描新的一层，重复以上过程直到设计的 3D 零件打印完毕。在激光熔化过程中，工作腔体通常充满氮气或氩气等惰性气体，以保护加热的金属部件防止氧化。

激光熔化 3D 打印的工作原理是加热和熔化金属材料，所使用的激光器从最开始的波长为 10.6 μm 的 CO_2 激光器发展到波长为 1.06 μm 的 Nd：YAG 激光器，再到 Yb：YAG 光纤激光器。使用红外区域的激光的原因在于金属粉末在红外区域有较高的吸收率。激光技术的进步将继续为激光熔化过程带来更高的能量输入[50]。在激光熔化 3D 打印过程中，激光功率、光斑大小、扫描速度和扫描路径等工艺参数对 3D 打印件的质量有重要影响。这些参数与粉末对激光的吸收率一起影响用于加热和熔化粉末的体积能量密度。体积能量密度不足，通常是粉末粒径和层厚不匹配、低激光功率、高扫描速度等其中的一种或几种条件导致的。为了在实现较好的打印分辨率和粉末流动性之间取得平衡，选用的粉末层厚越小，层间结合越强，工件孔隙率越低，但可有效使用的最小层厚是由粉末的最大粒径决定的[51]。粒径较大的粉末分辨率和孔隙率较高，而粒径较小的粉末由于范德瓦耳斯力容易聚集在一起，导致粉末流动性差，从而导致粉末熔融沉积性差。铺粉的层厚一般在 20～100 μm 之间，如果选择的层厚过小，打印效率必然降低，而当粉末层厚过大时，选择低激光功率、高扫描速度组合，熔池与前一层没有接触往往导致粉末熔化成球[52]。而当使用较低的扫描速度与较高的激光功率组合时，可能导致材料的蒸发或在冷却之后形成气孔缺陷。优化和调整这些工艺参数是实现零件所需致密化、组织和力学性能的有效方法。

此外，激光束在移动过程中在粉末床中温度分布变化迅速，局部区域的高能量输入会造成较大的温度梯度，从而导致最终零件的高残余应力和不均匀变形。设计合理的激光束扫描路径对温度梯度具有很大影响，最终直接关系到零件质量。

例如，激光扫描的线间距，当线间距减小至小于激光光斑直径时，扫描激光区域彼此靠近，激光光斑的很大一部分可能会扫过之前的辐照区域，从而增加了熔融液体在相邻扫描线之间的流动和扩散，增强了扫描区域间的材料熔合，降低了孔隙率[53]。而当激光扫描的线间距大于光斑直径时，扫描线间没有出现重叠现象，使得扫描区域与之前的熔合区域连接较差，导致表面孔隙率较高[54]。

5.3.2 激光熔覆

激光熔覆技术是将激光技术、计算机辅助制造（CAM）和控制系统相结合的一种表面增强技术，由于可熔覆涂层的形状和厚度可控，也可以归类到激光 3D 打印技术。激光熔覆在各种工业应用中有着极其重要的意义。该技术可使用不同形状的喷嘴输送粉末或线材，在激光束作用下使不同的粉末混合物熔化形成熔池，然后在基材表面产生一层结合较好的涂层，也被称为激光堆焊。与传统的熔覆工艺相比，激光熔覆有许多优点，例如：熔覆材料冷却速率高、对基材的热效应小、与基材更好的冶金结合、熔覆形状高度可控、熔覆涂层缺陷少，使用的灵活性，以及生产具有非平衡微观结构和更好的表面性能（如腐蚀、氧化和耐磨性）的涂层的可能性[55]。在激光熔覆材料的过程中，高能量的激光输入使得熔覆材料熔化后快速淬火可形成硬质相和超细组织，且在熔覆过程中可提供氩气等惰性气体作为保护气体以防止熔覆材料中的氧化、夹杂和其他缺陷。激光直接熔覆（LDC）和选择熔覆（SLC）原理相同，其中含有细金属粉末的气体射流经过同轴喷嘴通过激光束的路径，激光束聚焦在工件上方，然后粉末被加热，形成熔融液滴，在激光束继续移动后，熔融液滴在工件表面形成一个小的熔池，熔液在冷却后在基板表面形成薄层。熔覆层可以相互叠加，可在相对短的时间内形成复杂的 3D 零件。

为激光熔覆提供材料有多种方法，按送粉方式可分为四种：同轴送粉系统[56]、预埋送粉系统[57]、离轴送粉系统[58]和送丝系统[59]。最常用的激光熔覆方法有同轴送粉系统和预埋送粉系统。当气流从送粉喷嘴喷射出粉末时，激光束照射基材形成熔池。粉末与激光相互作用后，随着送粉喷嘴与激光束同步移动，粉末进入熔池并形成熔覆层。与同轴送粉系统不同的是，预埋送粉系统是将包层材料预先放置在基材上。然后，用激光束扫描熔化预先放置的粉末，熔池迅速冷却，形成熔覆层。一般情况下，预埋送粉系统操作简单，熔覆质量较好，但渗透深度不易控制，稀释度大。同轴送粉系统激光利用率高，但对送粉设备的要求高。激光熔覆有几个关键的工艺参数，主要有：激光能量、激光束光斑直径、激光扫描速度或相对工件运动速度、预粉层厚度、送粉速度、喷嘴角度等[60]。为了得到良好的熔覆质量，相关工艺参数的控制必不可少。

在熔覆过程中，粉末与激光、基板和喷嘴的相互作用直接影响粉末的分布，进一步影响熔覆层的质量。研究发现，粉末颗粒与喷嘴壁面的碰撞对其密度分布和几何分布有重要影响[61]。粉末在喷嘴内的非弹性碰撞有助于粉末收缩聚焦在激光光斑上，在提高粉末利用率同时其吸收的激光能量更多。在粉体与激光的相互作用中，激光的能量被粉体吸收、反射、散射，粉末的温度分布与激光功率和喷嘴到激光焦点的距离有很大关系[62]。激光功率和喷嘴与激光焦点的距离应合理选择，直到粉末分布的能量全部包含在激光辐射区域内，得到均匀的温度分布[63]。在形成熔池过程中，熔池内熔融材料的流动对后续熔覆层的质量影响巨大。在熔池中，熔池表面张力系数随温度梯度而变化。随着温度的升高，表面张力降低，表面张力梯度或化学浓度梯度通过毛细力驱动流体流动，毛细力一般从熔体中心向边缘作用，产生 Marangoni 流[64]。熔融物质在由固体变为液体的过程中，由于物质的热膨胀，也会受到外力的作用。Marangoni 流导致材料的混合，随着顶部表面的波纹和熔池的扩大，有时会造成基体材料与熔覆材料的不均匀混合。因此，减少和消除 Marangoni 流可能会减少这些问题。当激光束向前移动时对熔池产生一个力，这个力很大程度上作用在与激光运动相反的熔池上，可以在很大程度上减少 Marangoni 流，但也可能产生粗糙表面。在熔覆过程中由熔覆层快速凝固引起的热应力导致的裂纹和剥落是激光熔覆的主要问题[65]。残余应力本质上可以是拉应力和压应力。拉伸残余应力通常是有害的，并可能引起裂纹，而熔覆层中平行于表面的裂纹可能导致涂层剥落。通过适当减小激光能量，可以降低内部拉伸残余应力，进而控制裂纹[66]。此外，对熔覆基板进行预热和选择适当的粉末冶金组成可以减少甚至消除裂纹[67]。

5.3.3　激光聚合

光聚合是立体光刻及其相关工艺的总称。立体光刻特指光聚合过程，在此过程中，光聚合树脂暴露在激光下，经过化学反应而变成固体。在聚合过程中需要一个光引发剂或具有较高吸收系数的光引发剂系统来进行单体树脂催化交联。光引发剂在特定波长（通常是 365 nm）的光照射下分解为自由基或离子，自由基作为链式反应的载体与游离单体结合，引发附近单体的链式反应，将链长较短的单体/低聚体连接生成链长较长的大分子，多条大分子链之间产生交联，形成高度交联的三维网络结构。这个过程中的聚合物分子之间必须充分交联，以使聚合的分子不会再溶解到液体单体中。光聚合技术具有如可控的快速固化能力、室温下的反应能力、加工效率高、成本低、使用无溶剂配方等优势[68]。由于这些优点，光聚合工艺在涂料工业[69]、光电子、黏合剂[70]、油漆和油墨工业[71]、复合材料[72]或食品工业[73]等领域得到了广泛的应用。

自由基光聚合被认为是应用最广泛的光聚合原理。在不同类型中，由激光引发的光聚合被广泛应用于 3D 打印材料的开发，这种方法是一种自由基聚合方法，克服了产生的自由基的高反应活性，在产业化方面已研究应用多年。在光聚合材料方面，（甲基）丙烯酸酯材料是自由基聚合方法应用最广泛的一个代表。用于 3D 打印的丙烯酸树脂通常由三种组分组成：光引发剂、功能化低聚物或预聚体和丙烯酸单体[74]。光引发剂可分为两种不同类型：单分子或双分子引发剂。引发过程是基于该分子的键断裂，生成两个自由基或长寿命的激发态，能够与加入单体体系的共引发分子进行链式反应。在光致聚合体系中，单体的选择通常决定了固化速度和最终黏度[75]。常用的双官能团单体有丙烯酸正丁酯（BA）[76]、二乙基乙二醇二丙烯酸酯[77]或二乙基己基丙烯酸酯（EHA）[78]。在光聚合树脂中，丙烯酸酯低聚体是最常用的，因为它们的挥发性低、反应活性高、耐环境降解性好。除自由基光聚合外，离子光聚合虽然迄今研究较少，但在光聚合中仍具有很大的优势。离子光聚合技术对氧不敏感，能在最大程度上降低对水的敏感性。除了在自由基聚合中使用的常见单体，用于阳离子反应单体主要是环氧化合物，其具有的高机械性能，相对较低的收缩率、化学和热电阻是自由基聚合单体所不具备的[79]。

正如前面已经介绍过的，根据固化方法的不同，光聚合工艺可进一步分为：立体光刻技术、投影立体光刻技术、双光子聚合[71]。立体光刻的设备一般由 5 个核心部件组成：浆料缸、刮刀、固化平台、光学系统和控制系统。在光刻过程中，起始材料光聚合树脂以液体浆料的形式存放在浆料缸内。由于用于光聚合的树脂黏度是可选择的，因此，树脂不能仅仅由于重力而变平，在黏度较高时需要控制刮刀运动均匀分配树脂和平整表面。固化平台可由控制系统控制 z 轴步进距离。光学系统包括一个激光源，一个声光调制器来快速开关激光束，一个聚焦场镜来保持激光在树脂表面聚焦，以及两个 x-y 振镜来控制激光扫描路径。在基于投影立体光刻技术的打印过程中，控制各种材料的聚合过程是确保高分辨率和适当形状保真度的必要条件。因为结构的 x 和 y 方向分辨率是由投影光路决定的，同时，z 方向的分辨率依赖于添加剂提供光抑制或光衰减特性，以消除失焦光引起的不必要区域材料发生的光聚合。

　　调节打印参数，如激光功率、激光扫描速度、层厚、扫描间距等对光聚合制造零件的几何精度有很大影响。而树脂的固有特性，光敏参数如穿透深度和临界能量剂量等则直接决定树脂的打印分辨率和打印速度[80]。传统的光固化树脂被认为是一种相对透明的介质，允许紫外光通过。激光聚合中使用的激光束是高斯光束，这表明它的强度从光束中心开始按高斯定律递减。高斯光束沿 z 轴以恒定速度扫描树脂表面，在 z 方向上固化形成一个圆柱体，圆柱体固化剖面反映了入射光束的强度分布。相对于每种树脂打印的圆柱体都有特定的深度和宽度，分别称为固化深度 C_d 和固化宽度 C_w[81]。这两个参数对垂直分辨率和横向分辨率有显著影响[82]。在光聚合过程中，光聚合树脂遵循 Beer-Lambert 指数吸收定律，根据这一规律，激光在树脂表面有最大能量值 E_{max}，随着激光穿透树脂介质，激光能量呈指数衰减。由于树脂的分散和吸收，紫外光穿透树脂的能力受到限制。光聚合的程度随着紫外光照射量的增加而增加，直到树脂达到凝胶点，此时树脂由液体状态转变为固体状态。固化深度 C_d 被定义为激光能量足以使树脂达到凝胶点的深度[82]。在这个固化深度能进行光聚合的最小能量称为光聚合的临界能量 E_c。

　　虽然紫外激光聚合技术已经成为一种商业化程度极高的 3D 打印技术，但其仍存在一些缺点：①紫外光在光聚合树脂内的穿透深度低，打印层厚度通常很低，在打印大型部件时速度缓慢；②在 3D 生物打印领域，使用紫外光存在细胞损伤的风险，导致细胞中的染色体和遗传不稳定；③在打印过程中长时间暴露在高能紫外光下可能导致反应物和产物降解的副反应[83]。因此，开发可在较长辐照波长下发生光聚合的 3D 打印光聚合技术是必要的，长波长光聚合 3D 打印旨在获得温和的操作环境，达到更高的穿透深度、提高光聚合速率，以及为 3D 生物打印应用提供有利于活细胞生存的打印系统。双光子聚合是利用近红外飞秒脉冲激光束对光聚合材料进行辐照，在纳米尺度下进行光聚合的 3D 打印技术。它是基于光引发剂同时吸收两个光子，释放出自由基后引发与自由基光聚合相同的链式化学反应[84]。一般，只要一个光子的能量等于所激发的状态和基态之间的能量差，一个分子就可以通过吸收一个光子被激发到它的最低激发态（单光子聚合过程）。同时，这种分子状态转变可以通过吸收两个相同的光子来实现，每个光子的能量都是单光子聚合所需的一半。用于 3D 打印的双光子聚合表现出高分辨率的能力，这是因为聚焦的激光束强度近似地随离焦点距离的平方而减小，使得聚合过程可以被限制在焦点的体积内，如图 5-3（b）所示[85]。与单光子聚合相比，双光子聚合能够在更大的深度激发分子，因为光子能量远低于介质通常通过单光子聚合吸收的能量。由于这两个特点，双光子聚合使得许多复杂的三维结构得以实现。此外，通过对光聚合过程中树脂光敏参数的设计，可直接利用近红外激光直接诱导光聚合。其中的一种方法是使用镧掺杂上转换纳米颗粒分散在浆料中依次吸收两个或多个低能量近红外光子[86]。与双光子过程相反，上转换纳米颗粒可以用相对中等强度的连续波激光器进行光聚合过程。

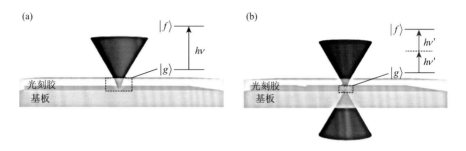

图 5-3　传统紫外光聚合（a）和双光子聚合（b）的工作原理[85]

虚线矩形为聚合区域

5.4　激光三维打印技术发展

5.4.1　金属材料三维打印

3D 打印金属的最终目标是直接从金属粉末通过 CAD 模型构建 3D 复杂零件。金属原料可以通过不同的 3D 打印工艺进行加工，如分层制造、直接能量沉积和黏合剂喷射。其中最流行的金属 3D 打印方法是激光粉末床熔化和激光粉末沉积，使用这两种技术生产的金属零件具有更好的表面质量和更高的尺寸精度。在激光粉末床熔化中，能量源可以熔化或烧结用于黏结的原材料。烧结不同于熔化，烧结过程中粉末并不完全熔化，只是提供足够的热量使金属粉末颗粒融合在一起。激光烧结由于零件密度相对较低及后处理的必要性，没有广泛的工业应用。激光熔化 3D 打印技术节省了传统加工方法所需的模具、夹具等多道工序，大大缩短了加工周期，并且材料的损耗显著降低。合金材料的激光烧结是金属材料 3D 打印技术的重要研究方向之一，激光熔化粉末床技术和激光粉末沉积技术因粉末熔化沉积的技术特点已逐渐成为金属合金材料研究热点，多种材料包括钛合金、钢、镍基高温合金和铝合金等正在快速研究发展中。

铝合金是继钢铁之后应用最广泛的金属结构材料，因密度低、比强度高、易加工等优点，且具有良好的耐腐蚀性能及优异的导电性和导热性，在航空、航天、汽车、海军、武器、电力电子等领域具有应用和发展潜力。近年来关于铝合金激光 3D 打印的报道主要集中在 AlSi10Mg 和 AlSi12 合金，一方面是因为这两类合金具有良好的机械性能，优良的焊接性和耐腐蚀性；另一方面是因为其他铝合金由于粉末流动性差、激光反射率高而难以制备，且有部分铝合金在打印过程中产生大的柱状晶粒。所以对于研究人员，铝合金的激光 3D 打印工艺具有挑战性。由于合金没有固定的熔点，在打印过程中，激光烧结/熔化的现象取决于所用激光的能量密度。2013 年，Olakanmi 分别利用激光烧结和激光熔化技术对单层和多层 Al、Al-Mg 和 Al-Si 粉末的激光参数进行了探究，能量密度在 12～16 J/mm^2 范围内时粉末被烧结，高于该阈值区间时粉末被熔化[43]。对于 AlSi10Mg 合金，采用规定的热处理，可以使 AlSi10Mg 通过 Mg$_2$Si 相的析出而硬化，能在不影响其他性能的情况下显著提高合金的延展性和强度。2012 年，Li 等通过激光熔化技术制备了 AlSi10Mg 合金，通过适当的热处理后获得了具有超细共晶组织，且拉伸性能和维氏显微硬度显著提高的合金样品[87]。Qiu 等阐述了工艺条件对激光熔化制备的胞状晶格结构的支撑结构和压缩性能的影响，用屈服应力表示的比屈服强度（铝的屈服应力×相对密度）并不独立于激光加工条件，这表明通过工艺优化可以进一步改善合金性能[88]。2020 年，Parnian 等通过大量的实验最终获得了力学性能高于铸造技术的 AlSi10Mg 合金样品[89]。他们系统性地研究了激光功率和扫描速度对 AlSi10Mg 合金组织的影响，采用 3 种不同的扫描速度（4.2 mm/s、10.5 mm/s、16.9 mm/s）和 6 种不同的激光功率（400～900 W）。在使用高激光功率（900 W）时，打印获得的薄壁样品出现了不均匀的晶胞结构。在较低的激光功率（600 W）下，采用最佳的薄壁工艺条件沉积试样获得了均匀的组织形貌，其力学性能优于通过铸造技术获得的样品。

激光熔化技术具有复杂形状的净成型能力、高材料利用率和最少的加工量等优点，成为生产钛部件尤其是复杂形状的钛部件的一个有吸引力的方案[65]。研究者对基于钛金属和钛合金的激光熔化技术进行了广泛的研究，包括致密化、组织和力学性能等[90]。商用纯钛是生物植入体应用中最常用的钛材料之一。一般，激光熔化制备的试样的显微组织和力学性能与其工艺参数密切相关，尤其是扫描速度和激光功率对打印样品的相对密度有显著影响。而纯钛样品的相对密度的大小直接与其组织、力学性能和磨损性能相关。根据 Gu 等在 2012 年的研究，随着扫描速度的增加，激光熔化加工的纯钛零件的相组成和微观结构特征发生了连续的变化，从相对粗化的条状 α 相到细化的针状 α′马氏体，最后是进一步细化的锯齿状 α′马氏体，这是由于扫描速度增加导致熔池过冷增加及伴随的凝固速率升高[91]。摩擦磨损实验表明，制备的最致密的纯钛零件的硬度为 3.89 GPa，摩擦因数为 0.98，磨损率为 8.43×10^{-4} mm^3/Nm。

由于激光熔化技术带来的较高过冷度，根据目前的标准激光熔化技术制备的 Ti-6Al-4V 合金产生的组织通常是针状 α′马氏体。2013 年，Sallica-Leva 等采用选择性激光熔化法，获得了三种孔隙率的 Ti-6Al-4V 合金多孔零件，在较高激光能量下获得了细针状的 α′马氏体结构[92]。一般，针状的结构会导致显著的各向异性力学行为，使得沿不同方向加载时的力学性能存在较大差异，进一步将针状 α' 马氏体转变为平衡的层状($\alpha + \beta$)相组织有利于提高合金致密化程度，增强其力学性能。2015 年，Xu 等采用选择性激光熔化法制备 Ti-6Al-4V 合金，通过促进 α' 马氏体组织的原位分解，获得了由超细（$200\sim300$ nm）α 相和保留 β 相组成的超细层状($\alpha + \beta$)相组织[50]。结果表明，Ti-6Al-4V 合金的总抗拉延伸率达到 11.4%，且屈服强度保持在 1100 MPa 以上，优于传统激光熔化法制备的非平衡针状 α' 马氏体 Ti-6Al-4V 合金和常规铣削退火 Ti-6Al-4V 合金。通过专门设计的单道沉积、多层沉积和激光熔化 3D 打印后样品热处理实验条件，在设定的薄膜厚度、焦偏移距离和能量密度等条件下，每一层都形成 α' 马氏体组织然后原位转变为超细层状($\alpha + \beta$)相组织。

高熵合金是由五种或五种以上元素组成的合金，其浓度在 5 at%$\sim$35 at%之间。高熵合金由 Yeh 在 21 世纪初提出，最初被定义为一种由五种或五种以上的多主元素组成，具有等原子或接近等原子百分比的合金[93]。最近，研究人员扩展了高熵合金的概念，包括三种到四种主元素并具有单晶结构的合金也称为高熵合金[94, 95]。高熵合金具有优异的性能，如高屈服强度和延展性、良好的显微组织稳定性、强耐磨性、抗疲劳性、耐腐蚀性、耐氧化性及在高温下仍能保持一定的机械强度[96]。由于高熵合金出色的机械性能，利用高熵合金加工复杂零件的困难度直线上升，这在一定程度上限制了高熵合金的应用。最近的研究表明，激光金属粉末沉积技术可以对高熵合金粉末进行逐层成型和固结，从而生产出具有超细结构和高度复杂几何形状的三维产品。2017 年，Li 等利用激光金属粉末沉积制备了 FeCoCrAlCu 高熵合金，该高熵合金具有良好的微观结构，没有微裂纹[97]。2018 年，Piglione 等提出了利用激光粉末床熔合法制备单层和多层 CoCrFeMnNi 高熵合金[98]。该合金的大部分成分分布均匀，为单一 fcc 晶体结构，固结程度高且没有明显的元素偏析现象。

5.4.2　陶瓷材料三维打印

陶瓷由于具有各种优异的性能，包括高机械强度和硬度、低热导率、高耐磨性和耐腐蚀性等被广泛应用于航空航天、国防、电子、汽车和化学行业。此外，一些陶瓷表现出良好的生物相容性，在生物医学领域中被广泛应用[99]。陶瓷部件通常是由含有或不含黏合剂和其他添加剂的粉末混合，然后采用传统技术包括注射成型、压铸、胶带铸造、凝胶铸造等形成所需的形状后，再经过后续加工和烧结步骤来实现高密度和功能化。这些传统的陶瓷成型技术存在一定的局限性，当生产高度复杂的几何形状时，需要使用模具成型，会导致加工成本高和时间长[100]。将 3D 打印技术引入陶瓷元件制造，为解决上述问题和挑战提供了全新的可能性。

陶瓷的 3D 打印技术最早由 Marcus 和 Sachs 在 20 世纪 90 年代报道。基于浆料的陶瓷 3D 打印技术通常涉及以精细陶瓷颗粒作为原料分散的液体或半液体系统，浆料还可以通过光聚合、喷墨打印或挤压进行 3D 打印[100]。材料科学的进步也使得通过热处理将陶瓷前聚合物光聚合成聚合物衍生陶瓷组件成为可能。基于激光聚合技术发展的立体光刻和双光子聚合的 3D 陶瓷打印技术，因在设备设置和材料要求方面高度通用性和能够生产具有最高分辨率陶瓷零件的能力被认为是陶瓷制造中最有前途的 3D 打印技术之一。到目前为止，用于光聚合 3D 打印形成陶瓷的种类有氧化铝（Al_2O_3）、氧化锆（ZrO_2）、二氧化硅（SiO_2）、羟基磷灰石（HA）、氧化锆钛酸盐（PZT）、碳化硅（SiC）和氮化硅（Si_3N_4）[101]。通常在陶瓷聚合物浆料基体中加入 40 vol%（体积分数，后同）～50 vol%的粉末陶瓷，以保持适当的黏度，并避免在最终的陶瓷结构中出现过大的收缩。由于陶瓷本身是高度脆性和非光敏性质的，因此单体/低聚物光引发剂-粉末陶瓷的组合和关联对于形成高效的、可光固化的陶瓷前驱体具有重要意义。在浆料配制成功后，陶瓷的成型质量直接与打印参数和后处理方法相关联。2012 年，Chen 等使用立体光刻法制备了陶瓷零件，并研究激光扫描速度、切片层厚度、激光光斑补偿等，以及烧结温度、升温速率、保温时间等烧结方案对陶瓷坯体及成品性能的影响[102]。在扫描填充间距为 0.15 mm，激光扫描速度为 1400 mm/s，切片层厚度为 0.15 mm，激光光斑补偿为 0.35 mm 时获得硅基陶瓷的性能最好。接下来在 1000～1400℃范围内研究了烧结温度的影响，确定了最佳烧结方案：升温速率 150℃/h，烧结温度 1200℃，保温时间 2 h。该陶瓷的抗弯强度至少达到 10 MPa，孔隙率达到 35%，足以生产精密铸造模具。

双光子聚合技术主要用于聚合物材料的打印和制造，随着纳米技术领域对纳米结构陶瓷的需求，双光子聚合技术已经扩展到陶瓷制造领域。2018 年，Brigo 等使用双光子聚合技术研究打印工艺和前驱体配方对 SiOC 纳米结构的影响[103]。在该研究中，将丙烯酸酯硅氧烷和双（二甲氨基）二苯甲酮（BDEBP）混合，用作打印二氧化硅的陶瓷前驱体。打印浆料的聚合方式采用自由基光聚合方法，使用波长为 365 nm 左右的单光子自由基聚合引发剂，打印激光波长为 780 nm。这种方法允许制造任何 3D 特定几何形状的组件，其精细细节可达 450 nm，快速打印高达 100 μm 的结构，如图 5-4 所示。陶瓷预聚体经过烧结之后可以转换成具有亚微米特征的陶瓷零件，在不同的应用领域都有着前所未有的应用前景。

选择性激光烧结和选择性激光熔化在直接形成复杂形状烧结件方面显示出了巨大的优势，因此也被大量用于陶瓷材料的 3D 打印。作为耐火材料，陶瓷一般具有很高的熔点，尽管使用激光作为热源可以产生足够高的温度来触发致密化过程，但这是一个固态扩散主导的过程，而且也需要足够的曝光时间来达到熔化所需的能量密度，陶瓷粉体的局部致密化仍然是非常困难和不切实际的。因此，

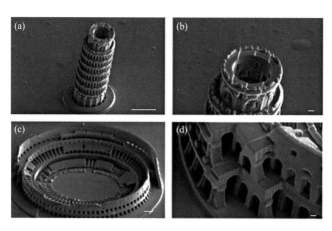

图 5-4　使用陶瓷浆料双光子聚合打印复杂结构（未烧结）[103]

（a）、（b）比萨斜塔；（c）、（d）圆形竞技场，比例尺：（a）、（c）20 μm；（b）、（d）2 μm

陶瓷的选择性激光烧结是具有挑战性的，应采取措施降低目标温度用于结合粉末，从而促进致密化。1990 年，得克萨斯大学奥斯汀分校的 Lakshminarayan 等首次报道了使用基于氧化铝的混合粉末系统采用选择性激光烧结技术制造复杂 3D 陶瓷部件的可行性[104]。由于氧化铝的熔点高达 2045℃，因此需要在粉末床中引入熔点较低的磷酸铵和硼氧化物作为低温黏合剂。通过打印参数的优化，他们成功制作了齿轮、铸造模具等具有合理尺寸精度的 3D 陶瓷零件。但基于选择性激光烧结技术制备的陶瓷仍存在孔隙率太高的缺陷，为了进一步改善这些缺陷，研究者针对粉末组分和后处理方法进行了探究。2012 年，Deckers 等利用选择性激光烧结及热等静压的后处理方法获得了 94.1% 的烧结密度的氧化铝陶瓷[105]。在 0.2 J/mm^3 以上的激光能量密度下，烧结获得零件的密度很低，但随激光能量密度的增加而略有增加。在 200 MPa 冷等静压条件下，可使零件的密度提高近一倍，脱脂烧结后最终零件的密度为 85%～92%。直接使用热等静压是个更好的选择，当压力为 20 MPa，经过 15min 在 165℃热等静压下最终获得了 94.1% 的烧结密度。

选择性激光熔化技术几乎以与激光烧结完全相同的方式进行，但其使用的激光源具有更高的能量密度，并且在不需要二次低熔点黏合剂粉末前提下，可直接打印获得高致密度的复杂陶瓷零件。近年来，通过激光完全熔化的陶瓷粉末打印陶瓷零件引起了研究者的兴趣。最近的研究已经证明了利用激光熔化 3D 打印生产高密度、高强度、形状复杂的陶瓷零件的可能性。2013 年，Wilkes 等提出了一种基于 Al_2O_3-ZrO_2 陶瓷粉末的选择性激光熔化陶瓷 3D 打印制造技术[106]。他们在不需要任何烧结过程或后处理过程的情况下，直接激光熔化凝固后制备出了具有细晶纳米组织和弯曲强度在 500 MPa 以上的陶瓷样品，且其致密度几乎达到了

100%。与激光烧结技术或其他依赖固相烧结工艺的制造技术相比，这种基于高性能陶瓷材料熔融固化的制造新技术具有显著的优势。在大多数选择性激光熔化陶瓷粉末的实验中，波长为 10.6 μm 的 CO_2 激光由于陶瓷材料的高吸收率被广泛使用，而在近红外波长为 1.06 μm 的 Nd∶YAG 或 Yb∶YAG 激光器具有更高的峰值功率和加工精度。2014 年，Juste 等在氧化铝陶瓷粉末中添加近红外吸收率较高的石墨烯分散体来使用波长为 1064 nm 的近红外激光进行陶瓷 3D 打印，在不需要玻璃相或低熔点相作为陶瓷颗粒黏合剂的情况下，获得了相对密度超过 90%的氧化铝陶瓷零件[107]。由于陶瓷粉末的高熔点及激光熔化的快速加热和冷却特性，陶瓷构件在成型过程中容易产生裂纹，裂纹严重影响激光熔化 3D 打印技术制备陶瓷零件的成型质量[108, 109]。2010 年，Yves-Christian 等采用 Al_2O_3-ZrO_2 材料在 1600℃下进行激光熔化 3D 打印，成功减少了热应力的产生，获得了具有较高力学性能的细晶组织，实现了 3 mm 以下无裂纹陶瓷试样制备[110]。2016 年，Khmyrov 等使用选择性激光熔化打印获得了低热膨胀 SiO_2 材料，进一步探究 3D 打印参数发现，减小粉末粒径和成型层厚度可以获得无裂纹的样品[109]。根据固结动力学的理论分析表明，采用粒径较小的粉末和较小的层厚能使激光对层加热更均匀，获得的固结层质量更好。

5.4.3 塑料材料三维打印

塑料（高分子聚合物）3D 打印近年来发展迅速，由于其独特的特点，如易于加工、质量轻、成本低、寿命较长和具有延展性等，一直受到制造商的关注，在许多领域的研究现已转化为工程产品。由于高分子聚合物材料特性和加工方法的多样性，3D 打印是一种非常理想的制造方法，因为它能够构建具有复杂几何结构的能力，这是传统制造工艺无法实现的。3D 打印技术可加工如丙烯腈丁二烯苯乙烯（ABS）、聚碳酸酯（PC）等热塑性聚合物材料和环氧树脂等热固性聚合物材料[111-113]。相对于高分子聚合物 3D 打印技术，基于光聚合过程的技术，包括立体光刻和投影立体光刻等都是依靠与打印材料不接触的激光源提供能量进行打印工作，因此这些技术都不受原材料污染和材料输送系统堵塞的影响，对打印材料的类型几乎不存在限制。基于材料的多种选择，光聚合 3D 打印技术已经在各个领域展现了其应用潜力，如在航空航天工业中创建复杂的轻量级结构；建筑工业中的结构模型；艺术领域中工艺品打印；医学领域用于打印组织和器官支架等[12, 86, 114]。光聚合，包括立体光刻、投影立体光刻和数字光合成，通过选择性暴露在来自激光或投影仪的紫外光光源下使液体树脂聚合固化。另一种基于液体树脂的技术，即材料喷射打印，通过多个喷嘴在基板上选择性沉积光敏聚合物材料液滴，然后逐层使用紫外光固化。粉末床沉积技术以高分子聚合物粉末形式进行 3D 打印，通常是在选择性激光烧结中使用低中功率激光，粉末原料通过热固化反应进行零件成型。

选择性激光烧结是 1986 年正式提出的，通过将粉末材料的连续分层熔合在一起，可以构建复杂的 3D 部件。激光烧结可以加工多种材料，包括金属、蜡、陶瓷和聚合物，以及多种材料的组合。在聚合物方面，半结晶热塑性塑料占主要份额，聚酰胺占大部分。其他可加工的热塑性塑料包括聚乙烯（PE）、聚丙烯（PP）、聚己内酯（PCL）、弹性体：如热塑性聚氨酯（TPU）、高性能聚合物[如聚醚酮（PEK）和聚醚醚酮（PEEK）]及聚合物共混物[115]。非晶态聚合物也可以采用选择性激光烧结加工，包括聚碳酸酯（PC）、聚甲基丙烯酸甲酯（PMMA）和聚苯乙烯（PS）[116]。虽然可使用烧结的高分子材料的范围在不断扩大，但相对于传统制造而言仍然是有限的，这主要是因为对原料、工艺改造和最终性能之间的关系认识不足。对于 3D 打印激光烧结制备的高分子聚合物零件，其加工条件对零件质量的影响已经成为研究者广泛关注的研究对象。

与金属和陶瓷相比，聚合物的模量和强度要小得多，但其打印速度快和成本低的优点同样不可忽视，如何在兼顾强度的同时发挥高分子聚合物易于 3D 打印的优点变得尤为重要。为此，研究人员开发了一种新的方法，在高分子聚合物的 3D 打印过程中添加纤维、玻璃、陶瓷的片或粉末，从而得到聚合物基体复合材料。通过结合基体和增强材料，得到了一个更具功能性的结构体系，获得任何单一成分的高分子聚合物都无法单独实现的高机械性能打印零件[29]。2015 年，Negi 等研究了工艺参数（粉末床温度、激光功率、扫描速度和扫描间距）对激光烧结玻璃粉聚酰胺复合材料试样弯曲强度的影响[117]。当激光功率从 28 W 增加到 36 W 时，弯曲强度增大；当扫描速度从 2500 mm/s 增加到 4500 mm/s 时，弯曲强度减小。弯曲强度随扫描间距从 0.25 mm 增加到 0.35 mm 先减小，当扫描间距从 0.35 mm 增加到 0.45 mm 时弯曲强度增大。在粉末床温度为 178℃、激光功率为 36 W、扫描速度为 2500 mm/s、扫描间距为 0.25 mm 的优化烧结条件下，获得的最大弯曲强度为 48.33 N/mm^2。随后他们根据激光参数与零件强度之间的关系建立了响应模型，该模型可用于在所研究参数范围内预测聚酰胺复合材料零件的弯曲强度。

此外，由于 3D 打印分层性质，各向异性也是影响零件强度的一个关键因素，这是由非均匀烧结引起，在上一次扫描中被激光扫描过的聚合物粉末总体上显示出比相邻扫描中的粉末更强的黏合力，因此零件的力学性能受到构造取向的影响。2020 年，Marsavina 等研究了激光扫描方向（打印方向）对激光烧结 3D 打印聚酰胺材料弯曲强度的影响[118]。激光扫描方向与 x 轴平行时，最大弯曲强度为 59.23 MPa；与 x 轴成 45°时，最大弯曲强度为 46.25 MPa；与 x 轴垂直时，最大弯曲强度为 19.89 MPa。

光聚合 3D 打印技术能在高分子聚合物 3D 打印领域内提供最高的分辨率。对于大多数商用 3D 打印机，最小的打印分辨率在 50～200 μm 范围内，而基于立体光刻光聚合技术的 3D 打印机可以轻松达到 20 μm 甚至更低的分辨率[119]。光聚合 3D 打印的高分辨率一方面是由于使用激光精确空间和时间控制；另一方面则来自打印聚合物树脂的性能，如黏度和复合树脂的均匀度等。达到均匀的混合与可接受的黏度的打印树脂，是获得高质量打印产品的前提。通常，均匀性可以通过机械混合、剪切混合、超声等方法的组合来实现[114]。对于黏度较低的混合物或固体含量相对较低的混合物，超声处理即可实现材料的均匀混合。树脂的黏度一定不能太高以至于流动变得困难。当第一层打印后重新涂上新的一层树脂时，在高黏度树脂中由于重力不再能够产生一个平坦的表面进行打印，其打印的质量受到很大影响。除打印树脂本身的性能外，打印过程中工艺参数的选择和固化后处理是至关重要的，并最终影响打印零件质量。2018 年，Naik 等使用立体光刻技术研究了层厚、应变速率和尺寸效应对还原光聚合复合零件杨氏模量、极限拉伸强度和断裂应变的影响[120]。层厚的增加和应变速率的降低导致强度增加，厚度从 25 μm 增加到 100 μm，准静态应变速率从 0.0131 s^{-1} 增加到 0.0033 s^{-1}，杨氏模量和抗拉强度分别提高了 30.15%和 21.22%。2020 年，Kim 等使用投影光刻 3D 打印技术研究了以聚氨酯丙烯酸酯光聚合物为打印材料，丙烯酸酯低聚物浓度及打印参数对打印零件强度的影响[121]。当低聚物浓度从 10%增加到 40%时，其打印零件强度不断降低。在三个方向（x、y、z）打印的试样的力学性能，y 方向打印试样的弹性模量最高，为 0.96 MPa，而 x 和 z 方向打印试样的弹性模量分别为 0.78 MPa 和 0.87 MPa。z 轴延伸率最大，y 轴延伸率次之，分别为 34.67%、52.20%和 66.37%。

5.4.4　智能材料四维打印

智能材料的 3D 打印零件可以对热、pH、磁场/电场等外部刺激做出响应[122, 123]。实际上，四维（4D）打印就是智能材料的 3D 打印。4D 打印结构可以改变其物理/化学性质，如刚度、密度等，并表现出形状记忆效应和变形等各种现象[16]。形状记忆效应是指一个系统/结构能够记住某一特定形状，并能在外界刺激下以可控的方式从一种形状切换到另一种形状（原始形状或程序形状）的现象。当外部刺激触发时，一个系统/结构可以改变其形状。2017 年，Choong 等[25]利用立体光刻打印技术制造了具有良好形状记忆性能的 4D 打印零件，该光聚合物使用基于双组分相位切换机理的丙烯酸叔丁酯和二丙烯酸酯网络来构建复杂几何形状并表现出形状记忆行为。当使用的二丙烯酸酯浓度分别为 10 wt%、20 wt%和 30 wt%时，打印的零件形状恢复性分别为 84.9%、95.2%和 93.9%，表明聚合物网络的柔韧性越大，形状记忆效果越好。在初始 14 次热机械循环中，10 wt%二丙烯酸酯交联剂和 2 wt%光引发剂表现出最佳的形状记忆性能，完全恢复率和形状记忆性能的稳定性均达到 100%。同年，Andani 等[123]采用选择性激光熔化打印技术制备了形状记忆的镍钛合金零件，并对其进行了热力学性能和形状记忆性能测试。结果表明，多孔结构镍钛合金样品表现出良好的形状记忆效果和功能稳定性，其非弹性应变小于 0.5%，而致密的镍钛合金零件几乎完全恢复。2020 年，Wu 等[124]通过选择性激光烧结磁响应材料 4D 打印制作了抓取器，并在外部磁场中远程控制进行了变形测试。他们选用磁性 $Nd_2Fe_{14}B$ 粉末和热塑性聚氨酯粉末组成的复合材料作为激光烧结的粉末材料。通过调节磁粉含量和与外部磁铁的距离，可以调节抓取器的变形，在研究变形机理基础上对磁力驱动力和相应的水平位移进行了计算，使得抓取器具有较高的精度。

近二十年来，微驱动器在生物/化学传感、货物运输、精准医疗和仿生微机器人等领域具有广阔的应用前景，引起了人们的广泛关注。作为智能材料的一个重要应用，微驱动器可以通过各种外部刺激，如磁场、光、湿度、pH、化学物质、热、电场以及两种或多种刺激的组合，来完成一系列的动作[125-130]。2012 年，Zhang 等[125]使用双光子聚合 3D 打印技术和物理气相沉积法设计并制作了磁性螺旋形游泳器。磁性螺旋器件表现出不同的磁性各向异性，但总是随着磁场的旋转产生螺旋运动。该螺旋形游泳器可以在低强度旋转磁场（＜10 mT）中以可控的方式进行三维导航，如图 5-5 所示，精度达到微米级，可用作体外和体内靶向药物输送工具。

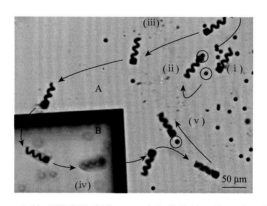

图 5-5　螺旋形游泳器拾放 6 μm 直径微粒的显微延时图像[125]

（ⅰ）～（ⅴ）表示游泳器转运的四个阶段：（ⅰ）接近，（ⅱ）装载，（ⅲ）～（ⅳ）二维和三维运输，（ⅴ）释放；A 表示表面，B 为更低的表面，表示三维运输

除磁场响应驱动外，光响应驱动也常用于微驱动器。但直接由光驱动的微驱动器效率低，因为光的力太小，不足以驱动几十微米的结构，而将光能转换为机械能则可以大幅提高转换效率。2012 年，Lin 等[130]利用双光子聚合 3D 打印方

法制备了类似涡轮的微型转子，转子被设计为螺旋相位板，当平面波通过螺旋相位板时，光能被转换成带有轨道角动量的螺旋波，给了转子一个反角动量，施加的扭矩可以驱动转子的旋转。通过优化形状设计，这个转子的旋转速度超过 500 r/min，实验测定其转换效率高达 34.55 h/photon。

5.5 激光三维微纳打印技术应用前沿

5.5.1 生物医疗

生物医学设备集成的 3D 打印传感元件可以测量不同种类的生理参数，包括血压、心率、身体运动、呼吸速率、大脑活动和皮肤温度[133]。一般情况下，3D 打印传感器是通过将传感器集成到打印平台或直接打印传感组件来制造的[134]。Tang 等采用立体光刻技术开发了一种快速、灵敏的用于癌症生物标志物蛋白检测的塑料微流控装置[134]。该透明塑料微流控装置具有三个试剂库、一个用于被动混合的三维网络和一个透明检测室，该检测室装有捕获抗体，用于用 CCD 摄像机测量化学发光输出，如图 5-6（a）所示。该装置可用于前列腺癌生物标志物蛋白、前列腺特异性抗原（PSA）和血小板因子 4（PF-4）的多重检测。这些蛋白质在稀释血清中的检测极限为 0.5 pg/mL，总检测时间约为 30 min。Chan 等[135]制造了一种高效的 3D 打印微流体元件，如图 5-6（b）所示，包括扭矩驱动的泵和阀、旋转阀和推阀，这些组件可以在不使用注射器泵和气体压力源等非芯片大型设备的情况下手动操作。通过集成这些组件，可以进行一般尿液蛋白的比色分析。除微流控芯片外，研究者还利用 3D 打印技术将微电子系统集成用于生物传感。

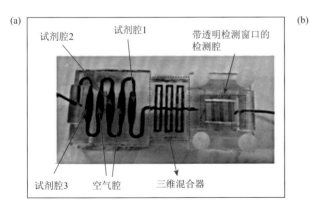

图 5-6 3D 打印微流控检测芯片[135]

（a）多重检测微流控装置照片；（b）尿液蛋白检测微流体装置照片

Salvo 等[136]设计并制造了一种干电极的心电传感器，使用绝缘丙烯酸基光聚合物制成，通过立体光刻 3D 打印技术在底座上制备了 180 个距离为 250 μm 的锥形针，然后在表面沉积金属导电薄膜。其优点是不需要任何皮下植入，容易清洗，可重复使用，并且在将干电极应用于皮肤之前，不需要皮肤准备和电解凝胶。使用 3D 打印可以快速、低成本地制造所需的电极几何形状，可用于大规模生产。

心血管疾病是一种影响心肌、心脏瓣膜或血管的疾病，其发病率和死亡率逐渐上升。在世界各地，心血管疾病每年导致大量的人死亡，它被称为健康的头号杀手。治疗心血管疾病已成为相关学者研究的重点。血管支架手术作为一种微创手术，疼痛少、手术时间短、创伤小、术后恢复快。目前，血管支架介入治疗已成为治疗心血管疾病的主要方法。Flege 等利用选择性激光熔化 3D 打印技术制备了可降解的血管支架，然后通过浸渍涂层和喷涂处理使支架表面光滑。实验结果表明，该方法和材料制备的生物可吸收支架具有良好的生物相容性[137]。此外，使用光刻 3D 打印技术还能将药物包裹在聚合物支架植入体内，对病灶产生更多治疗效果。

在生物学领域，利用光刻技术制备的类似细胞培养支架是细胞存活、增殖和分化的关键调节因素。聚乙二醇基树脂已广泛用于立体光刻制备水凝胶结构[138]。这些水凝胶结构显示出良好的生物相容性，甚至可以在制造过程中封装活细胞[139]。Lee 等[140]使用双光子聚合光刻技术在水凝胶中制备微细胞黏附配体图案，以引导细胞沿着预定义的三维路径迁移。当敏感细胞在水凝胶中培养时，细胞迁移仅进入水凝胶中图案化的含细胞黏附配体区域。这些结果表明，通过在水凝胶中以高清晰度将细胞黏附配体图案化，可以在微尺度上引导细胞黏附生长进行组织再生。

5.5.2 能源行业

在自然界中，热能、电能、核能、机械能和化学能之间发生无数的能量转换。随着社会生产技术的进步，人类对高效率能量转换过程的追求从未停止。与能量转换相关的化学、电学、光学、机械和热性能在很大程度上取决于活性材料的设计和能量系统中多尺度的几何结构形貌控制。利用激光 3D 打印技术可以很容易地制造出具有微米级特征和整体宏观尺寸的结构，这些结构的几何形状、通道直径和孔隙率被精确控制，可用于包括化学反应器、燃料电池、电解电池和太阳能电池等能量转换设备制造。2020 年，José 等[141]采用选择性激光熔化 3D 制造技术，如图 5-7 所示，构建了由多个微反应器与多个微换热器整体集成的金属器件。该装置可用于生物柴油生产，同时使用来自外部源的废热来提高反应温度，从而提高其产量。他们演示了使用该器件以大豆油、乙醇和氢氧化钠为催化剂制备生物柴油的过程，考察了反应温度和停留时间对生物柴油生产的影响，发现生物柴油的产量随反应温度的升高而升高，在反应时间小于 35 s 的条件下生物柴油的转化率可达 99.6%。

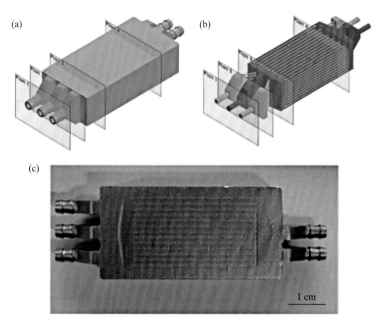

图 5-7　激光 3D 打印微整体式反应器和热交换器集成器件[141]

（a）和（b）CAD 设计细节图；（c）打印实物照片

　　燃料电池能将生物或化学燃料转化为低压直流电，可分为微生物燃料电池（MFC）、质子交换膜燃料电池（PEMFC）和固体氧化物燃料电池（SOFC）。近年来，由于其接近商业化、可持续、清洁、环保的特点，引起人们的极大关注。燃料电池技术的发展对材料的宏观结构（扁平/管状结构）和微观结构（孔隙率的分布、图案化、层厚度等）同时提出了较高的加工要求，在这方面，激光 3D 打印技术提供了一种可行的解决方案。2014 年，Hernández-Rodríguez 等[142]利用基于立体光刻的方法制造固体氧化物燃料电池，开发了一种可紫外固化的复合材料。通过将氧化钇稳定的氧化锆（YSZ）粉末分散到感光聚合物溶液中，在几分钟内可制备一系列复杂的 3D 微结构。在这项工作中，所生产的微结构陶瓷部件在 1400℃下 4 h 烧结后表现稳定。阻抗测试表明，利用该方法 3D 打印的薄型 YSZ 组件显示出与典型 YSZ 薄膜相似的导电性，组件最薄厚度为 20 μm。

　　微生物燃料电池是一种生物电化学装置，其基本原理是利用微生物氧化有机物转化为电能。在电池阳极，有机物在微生物分解作用下分解成质子和电子，电子通过外部负载传递到阴极形成电流。2018 年，Bian 等[143]采用紫外投影立体光刻技术制备了 3D 多孔材料，经过化学电镀后获得 3D 多孔铜电极。将制备的电极用于微生物燃料电池，与普通的铜网电极相比，使用 3D 多孔铜电极的微生物燃料电池的功率密度是铜网电极的 12.3 倍，电压是铜网电极的 8.3 倍，达到 (62.9±2.5)mV。

5.5.3 光学领域

光学材料是指在外界物理场（光、电场、磁场、声音、温度、压力等）的影响下，通过折射、反射、透射等方式改变光的方向和相位，使光按照预定的要求传播从而改变光的强度和光谱，达到探测、调制与能量转换等目的[145, 146]。光学材料包括聚合物、金属、陶瓷和纳米复合材料等。光制造 3D 打印技术是定制复杂光学元件的理想选择，如光子晶体光纤和波导、光栅和透镜等[147-150]。此外，光制造 3D 打印技术对于制造传统方法难以实现的先进光学元件具有特殊的优势。由于自由曲面光学器件往往需要复杂的几何形状，是传统制造方法无法实现的，因此自由曲面集成光学元件的 3D 打印在各种光学领域越来越受到关注。而利用 3D 打印技术可以将几个光学元件集成在一起且不需要额外的组装过程，可以实现多种自由曲面光学元件的制造[151-153]。

近年来，3D 打印技术的发展为飞秒激光双光子直写的多尺度透镜物镜开辟了新途径，通过利用高透明的光刻胶直接在光纤等衬底上 3D 打印获得器件，可以应用于成像和光信号捕捉等方面，用于集成微型光学和纳米光学系统。2016 年，Gissibl 等[154]利用飞秒激光双光子打印技术制备了表面粗糙度小于 15 nm，由 5 个折射界面组成，可纠正像差的直径为 100 μm 多透镜物镜。该 3D 打印的多透镜物镜可直接嵌于光纤末端，如图 5-8 所示，分辨率测试表明该多透镜物镜可将分辨率提高至 500 lp/mm，可用于微米尺度的高质量成像，在如内窥镜、细胞生物学的光纤成像系统、新的照明系统、微型光纤陷阱、集成量子发射器和探测器、微型无人机和机器人的视觉等方面具有较大的应用潜力。除双光子打印技术外，近年来，通过数字光投影技术、喷墨打印等方法可以利用高透明度的树脂材料打印包括衍射光学元件和偏振滤光片等光学元器件，可集成在单模光纤上，具有亚微米精度。例如，2016 年 Gissibl 等[155]通过数字光投影技术在单模光纤上打印获得了光束准直透镜、用于光束整形的马鞍形菲涅耳透镜和多透镜物镜。Cox 等利用喷墨打印技术在单模纤维面上制造直径 100 μm 的球形微透镜，用于临床诊断和环境监测的生化传感器[156]。3D 打印光制造技术可在微米到纳米尺度上制备具有高分辨能力的光学元件，为显微成像、传感器和显微物镜的应用开辟了新的途径。

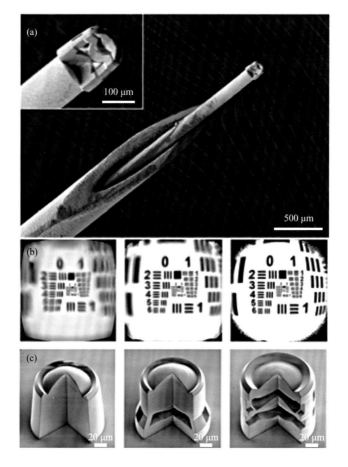

图 5-8　（a）通过 3D 飞秒激光双光子直写在光纤（红色）上制造复合物镜（蓝色）；（b）不同透镜层数的物镜的成像效果照片；（c）不同透镜层数的物镜的电子显微镜图，复合物镜的总高度约为 115μm[154]

　　3D 打印技术在光子学制造领域也有广泛的应用。自然界中许多生物具有离散的微米或纳米结构，这些结构是无色或透明的，但由于其独特的结构特征而显示出颜色或操纵光子的独特光学性质等，通过 3D 打印技术可以人为地设计制造这些具有微纳结构的光子晶体[157]。以结构色为例，几种不同的 3D 打印方法已经被用于通过模仿自然结构和材料系统来实现结构色。2017 年，Abid 等[158]采用双光束干涉光刻技术进行多角度复用曝光和扫描，成功地打印出具有分级（纳米-亚微米-微米）分辨率和三维表面结构轮廓的大面积复杂微纳结构。通过精确控制曝光剂量，如图 5-9 所示，他们创建了不同的 3D 纹理表面，其结构长径比可调节，结构的周期从 300 nm 到 4 μm，高度从 40 nm 到 0.9 μm，获得了多达 3 个尺度层次的仿生分级结构。该打印的结构表面表现出超疏水性、彩虹结构色等自然仿生现象。

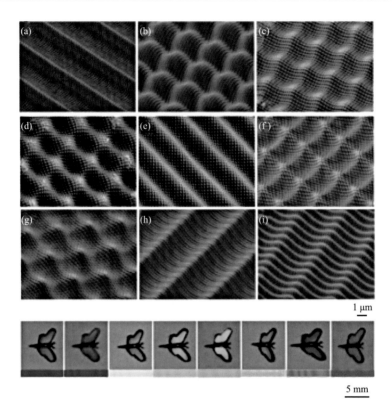

图 5-9　通过角度变化的多次曝光制造表面的扫描电子显微镜图及表面显示的彩虹结构色[158]

5.6 ▶ 总结

　　3D 打印正在改变制造业，随着各种 3D 打印工艺的发展，该技术被广泛应用于许多不同的领域，包括但不限于机械工程、土木工程、航空航天、电子和生物医学等领域。在众多可用于 3D 打印的技术中，激光 3D 打印技术是最适合 3D 微纳结构微制造的技术之一。该技术允许产生传统工艺无法实现的图案、结构和形貌。此外，由于能量来源与要加工的材料是分离的，与其他非光刻直接写入工艺相比，激光 3D 打印技术不会受到污染或喷嘴堵塞问题的影响。正如本章所显示的，基于激光 3D 打印技术可以进行任意组合形成新的混合工艺。这种多功能性是基于激光的微制造的一大优势，也是这些技术在 3D 微制造应用中如此广泛的原因。事实上，目前为止，没有其他 3D 打印技术像激光 3D 打印技术那样实现加工灵活性和材料的全覆盖性，并在此基础上实现 3D 零件的精确成型。考虑到激光 3D 打印技术的广泛种类，以及可实现的材料加工规模和范围，很容易看到为什么激光 3D 打印技术将在未来 3D 微制造中扮演非常重要的角色。激光技术为

3D 微制造中的应用提供了许多机会。为了充分发挥基于激光的 3D 打印技术优势，必须首先解决许多挑战。这些挑战大多数与激光 3D 打印技术面临效率和精度取舍的两难境地有关，即要求更高的打印速度的同时兼顾较高的分辨率。再加上有时需要同时处理尽可能大的区域或构建较大尺寸零件，显然，要同时满足所有这些需求比较困难。其他挑战包括材料问题，如原材料的成本和质量控制，以及加工零件的表面光洁度等。

参 考 文 献

[1] Zhang D，Liu X F，Qiu J R. 3D printing of glass by additive manufacturing techniques: A review. Frontiers of Optoelectronics，2021，14（3）：263-277.

[2] Ambrosi A，Pumera M. 3D-printing technologies for electrochemical applications. Chemical Society Reviews，2016，45（10）：2740-2755.

[3] Wang J P，Qi Y K，Gui Y H，et al. Ultrastretchable E-Skin based on conductive hydrogel microfibers for wearable sensors. Small，2023：2305951.

[4] Huang P H，Laakso M，Edinger P，et al. Three-dimensional printing of silica glass with sub-micrometer resolution. Nature Communications，2023，14（1）：3305.

[5] Zou M，Conrad J，Sheridan B，et al. 3D printing enabled highly scalable tubular protonic ceramic fuel cells. ACS Energy Letters，2023，8（8）：3545-3551.

[6] Wang H，Zhang W，Ladika D，et al. Two-Photon polymerization lithography for optics and photonics. Advanced Functional Materials，2023：202214211.

[7] Liu K L，Ding H B，Li S，et al. 3D printing colloidal crystal microstructures via sacrificial-scaffold-mediated two-photon lithography. Nature Communications，2022，13（1）：4563.

[8] Murphy S V，Atala A. 3D bioprinting of tissues and organs. Nature Biotechnology，2014，32（8）：773-785.

[9] Yang Z P，Yang X Y，Yang T T，et al. 3D printing of carbon tile-modulated well-interconnected hierarchically porous pseudocapacitive electrode. Energy Storage Materials，2022，54：51-59.

[10] Lu J F，Tian J，Poumellec B，et al. Tailoring chiral optical properties by femtosecond laser direct writing in silica. Light：Science and Applications，2022，12（1）：46.

[11] Kim H J，Shim D. Characterization of the deposit-foaming of pure aluminum and Al-Mg-0.7Si alloys using directed energy deposition based on their metallurgical characteristics and compressive behaviors. Additive Manufacturing，2022，59：103119.

[12] Han C J，Fang Q H，Shi Y S，et al. Recent Advances on High-Entropy Alloys for 3D Printing. Advanced Materials，2020，32（26）：1903855.

[13] Gibson I，Rosen D，Stucker B. Directed energy deposition processes. Additive Manufacturing Technologies，2019，2（1）：245-268.

[14] Wei H L，Liu F Q，Wei L，et al. Multiscale and multiphysics explorations of the transient deposition processes and additive characteristics during laser 3D printing. Journal of Materials Science and Technology，2021，77：196-208.

[15] Khoo Z X，Teoh J E M，Liu Y，et al. 3D printing of smart materials：A review on recent progresses in 4D printing. Virtual and Physical Prototyping，2015，10（3）：103-122.

[16] Tibbits S. 4D printing：Multi-material shape change. Architectural Design，2014，84（1）：116-121.

[17] Hull C W. Apparatus for production of three-dimensional objects by stereolithography：US 4575330. 1986-03-11.

[18] Melchels F P W，Feijen J，Grijpma D W. A review on stereolithography and its applications in biomedical engineering. Biomaterials，2010，31（24）：6121-6130.

[19] Wei Y H，Zhao D Y，Cao Q L，et al. Stereolithography-based additive manufacturing of high-performance osteoinductive calcium phosphate ceramics by a digital light-processing system. ACS Biomaterials Science and Engineering，2020，6（3）：1787-1797.

[20] Gross B C，Erkal J L，Lockwood S Y，et al. Evaluation of 3D printing and its potential impact on biotechnology and the chemical sciences. Analytical Chemistry，2014，86（7）：3240-3253.

[21] Krkobabić M，Medarević D，Pešić N，et al. Digital light processing（DLP）3D printing of atomoxetine hydrochloride tablets using photoreactive suspensions. Pharmaceutics，2020，12（9）：1-17.

[22] Aznarte E，Ayranci C，Qureshi A J. Digital light processing（DLP）：Anisotropic tensile considerations. 2017 International Solid Freeform Fabrication Symposium，University of Texas at Austin，2017.

[23] Kim H，Saha S K. Defect control during femtosecond projection two-photon lithography. Procedia Manufacturing，2020，48：650-655.

[24] Maruo S. Cover story：Highlight reviews：Nonlinear nano-stereolithography. Kobunshi，2014，63（8）：518-520.

[25] Choong Y Y C，Maleksaeedi S，Eng H，et al. 4D printing of high performance shape memory polymer using stereolithography. Materials & Design，2017，126：219-225.

[26] Xu X Y，Goyanes A，Trenfield S J，et al. Stereolithography（SLA）3D printing of a bladder device for intravesical drug delivery. Materials Science and Engineering：C，2021，120：111773.

[27] Yang Y，Chen Z Y，Song X，et al. Three dimensional printing of high dielectric capacitor using projection based stereolithography method. Nano Energy，2016，22：414-421.

[28] Sood A K，Ohdar R K，Mahapatra S S. Parametric appraisal of mechanical property of fused deposition modelling processed parts. Materials & Design，2010，31（1）：287-295.

[29] Wang X，Jiang M，Zhou Z W，et al. 3D printing of polymer matrix composites：A review and prospective. Composites Part B：Engineering，2017，110：442-458.

[30] Parandoush P，Lin D. A review on additive manufacturing of polymer-fiber composites. Composite Structures，2017，182：36-53.

[31] Rau D A，Williams C B，Bortner M J. Rheology and printability：A survey of critical relationships for direct ink write materials design. Progress in Materials Science，2023，140：101188.

[32] Deckers J，Vleugels J，Kruth J P. Additive manufacturing of ceramics：A review. Journal of Ceramic Science and Technology，2014，5（4）：245-260.

[33] Fritzler K B，Prinz V Y. 3D printing methods for micro- and nanostructures. Physics-Uspekhi，2019，62（1）：54-69.

[34] Hu Y L，Rao S L，Wu S Z，et al. All-glass 3D optofluidic microchip with built-in tunable microlens fabricated by femtosecond laser-assisted etching. Advanced Optical Materials，2018，6（9）：1701299.

[35] Tokel O，Turnall A，Makey G，et al. In-chip microstructures and photonic devices fabricated by nonlinear laser lithography deep inside silicon. Nature Photonics，2017，11（10）：639-645.

[36] Gross S，Withford M J. Ultrafast-laser-inscribed 3D integrated photonics：Challenges and emerging applications. Nanophotonics，2015，4（1）：332-352.

[37] Murphy S V，Atala A. 3D bioprinting of tissues and organs. Nature Biotechnology，2014，32（8）：773-785.

[38] Lee J M，Sing S L，Tan E Y S，et al. Bioprinting in cardiovascular tissue engineering：A review. International Journal of Bioprinting，2016，2（2）：27-36.

[39] Mohamed O A，Masood S H，Bhowmik J L. Optimization of fused deposition modeling process parameters：A review of current research and future prospects. Advances in Manufacturing，2015，3（1）：42-53.

[40] Yap C Y，Chua C K，Dong Z L，et al. Review of selective laser melting：Materials and applications. Applied Physics Reviews，2015，2（4）：041101.

[41] Manapat J Z，Chen Q，Ye P，et al. 3D printing of polymer nanocomposites via stereolithography. Macromolecular Materials and Engineering，2017，302（9）：1600553.

[42] Gibson I，Rosen D，Stucker B. Directed energy deposition processes//Gibson I，Rosen D，Stucker B. Additive Manufacturing Technologies Rapid Prototyping. New York：Springer，2015：245-268.

[43] Gibson I，Rosen D，Stucker B. Additive Manufacturing Technologies 3D Printing，Rapid Prototyping，and Direct Digital Manufacturing. 2nd ed. New York：Springer，2015.

[44] Ko S H，Pan H，Grigoropoulos C P，et al. Air stable high resolution organic transistors by selective laser sintering of ink-jet printed metal nanoparticles. Applied Physics Letters，2007，90（14）：141103.

[45] Savalani M M，Hao L，Dickens P M，et al. The effects and interactions of fabrication parameters on the properties of selective laser sintered hydroxyapatite polyamide composite biomaterials. Rapid Prototyping Journal，2012，18（1）：16-27.

[46] Amorim F L，Lohrengel A，Neubert V，et al. Selective laser sintering of Mo-CuNi composite to be used as EDM electrode. Rapid Prototyping Journal，2014，20（1）：59-68.

[47] Gu D D，Shen Y F. Influence of Cu-liquid content on densification and microstructure of direct laser sintered submicron W-Cu/micron Cu powder mixture. Materials Science and Engineering：A，2008，489（1-2）：169-177.

[48] Goodridge R，Tuck C，Hague R. Laser sintering of polyamides and other polymers. Progress in Materials Science，2012，57（2）：229-267.

[49] Sachdeva A，Singh S，Sharma V S. Investigating surface roughness of parts produced by SLS process. The International Journal of Advanced Manufacturing Technology，2013，64（9-12）：1505-1516.

[50] Xu W，Brandt M，Sun S J，et al. Additive manufacturing of strong and ductile Ti-6Al-4V by selective laser melting via *in situ* martensite decomposition. Acta Materialia，2015，85：74-84.

[51] Li W，Li S，Liu J，et al. Effect of heat treatment on AlSi10Mg alloy fabricated by selective laser melting：Microstructure evolution，mechanical properties and fracture mechanism. Materials Science and Engineering：A，2016，663：116-125.

[52] Gieseke M，Noelke C，Kaierle S，et al. Selective laser melting of magnesium and magnesium alloys//Hort N，Mathaudhu S N，Neelameggham N R，et al. Magnesium Technology，Switzerland：Springer Cham，2013：65-68.

[53] Kruth J P，Mercelis P，van Vaerenbergh J，et al. Binding mechanisms in selective laser sintering and selective laser melting. Rapid Prototyping Journal，2005，11（1）：26-36.

[54] Thijs L，Verhaeghe F，Craeghs T，et al. A study of the microstructural evolution during selective laser melting of Ti-6Al-4V. Acta Materialia，2010，58（9）：3303-3312.

[55] Bartkowski D，Młynarczak A，Piasecki A，et al. Microstructure，microhardness and corrosion resistance of Stellite-6 coatings reinforced with WC particles using laser cladding. Optics & Laser Technology，2015，68：191-201.

[56] Liu J L，Yu H J，Chen C Z，et al. Research and development status of laser cladding on magnesium alloys：A review. Optics and Lasers in Engineering，2017，93：195-210.

[57] Farnia A，Ghaini F M，Sabbaghzadeh J. Effects of pulse duration and overlapping factor on melting ratio in preplaced pulsed Nd：YAG laser cladding. Optics and Lasers in Engineering，2013，51（1）：69-76.

[58] Hofman J，de Lange D，Pathiraj B，et al. FEM modeling and experimental verification for dilution control in laser cladding. Journal of Materials Processing Technology，2011，211（2）：187-196.

[59] Hung C F，Lin J. Solidification model of laser cladding with wire feeding technique. Journal of Laser Applications，2004，16（3）：140-146.

[60] Mackwood A，Crafer R. Thermal modelling of laser welding and related processes：A literature review. Optics & Laser Technology，2005，37（2）：99-115.

[61] Kovaleva I，Kovalev O，Zaitsev A，et al. Numerical simulation and comparison of powder jet profiles for different types of coaxial nozzles in direct material deposition. Physics Procedia，2013，41：870-872.

[62] Smurov I，Doubenskaia M，Zaitsev A. Comprehensive analysis of laser cladding by means of optical diagnostics and numerical simulation. Surface and Coatings Technology，2013，220：112-121.

[63] Ouyang J，Nowotny S，Richter A，et al. Laser cladding of yttria partially stabilized ZrO_2（YPSZ）ceramic coatings on aluminum alloys. Ceramics International，2001，27（1）：15-24.

[64] Pawlowski L. Thick laser coatings：A review. Journal of Thermal Spray Technology，1999，8（2）：279-295.

[65] Tian Y S，Chen C Z，Li S T，et al. Research progress on laser surface modification of titanium alloys. Applied Surface Science，2005，242（1-2）：177-184.

[66] Majumdar J D. Laser gas alloying of Ti-6Al-4V. Physics Procedia，2011，12：472-477.

[67] Farahmand P，Liu S，Zhang Z，et al. Laser cladding assisted by induction heating of Ni-WC composite enhanced by nano-WC and La_2O_3. Ceramics International，2014，40（10）：15421-15438.

[68] Lü L，Fuh J，Wong Y. Fundamentals of laser-lithography processes. Laser-Induced Materials and Processes for Rapid Prototyping，Berlin Germany：Springer，2001：9-38.

[69] Hsieh F Y，Lin H H，Hsu S H. 3D bioprinting of neural stem cell-laden thermoresponsive biodegradable polyurethane hydrogel and potential in central nervous system repair. Biomaterials，2015，71：48-57.

[70] Hornbeck L J. The DMDTM projection display chip：A MEMS-based technology. MRS Bulletin，2001，26（4）：325-327.

[71] Zhang A P，Qu X，Soman P，et al. Rapid fabrication of complex 3D extracellular microenvironments by dynamic optical projection stereolithography. Advanced Materials，2012，24（31）：4266-4270.

[72] Ma X Y，Qu X，Zhu W，et al. Deterministically patterned biomimetic human iPSC-derived hepatic model via rapid 3D bioprinting. Proceedings of the National Academy of Sciences of the United States of America，2016，113（8）：2206-2211.

[73] Bernal P N，Delrot P，Loterie D，et al. Volumetric bioprinting of complex living-tissue constructs within seconds. Advanced Materials，2019，31（42）：1904209.

[74] Zhang Y S，Arneri A，Bersini S，et al. Bioprinting 3D microfibrous scaffolds for engineering endothelialized myocardium and heart-on-a-chip. Biomaterials，2016，110：45-59.

[75] Cowie J M G，Arrighi V. Polymers：Chemistry and Physics of Modern materials. London：CRC Press，2007.

[76] Odian G. Principles of Polymerization. 3rd ed. New York：John Wiley & Sons，1991.

[77] Ma X Y，Dewan S，Liu J，et al. 3D printed micro-scale force gauge arrays to improve human cardiac tissue maturation and enable high throughput drug testing. Acta Biomaterialia，2019，95：319-327.

[78]　Choi J R，Yong K W，Choi J Y，et al. Recent advances in photo-crosslinkable hydrogels for biomedical applications. Biotechniques，2019，66（1）：40-53.

[79]　Mandrycky C，Wang Z，Kim K，et al. 3D bioprinting for engineering complex tissues. Biotechnology Advances，2016，34（4）：422-434.

[80]　Peltola S M，Melchels F P，Grijpma D W，et al. A review of rapid prototyping techniques for tissue engineering purposes. Annals of Medicine，2008，40（4）：268-280.

[81]　Fouassier J P，Lalevée J. Photoinitiators for Polymer Synthesis：Scope，Reactivity，and Efficiency. Oxfordshire：John Wiley & Sons，2012.

[82]　Abbadessa A，Blokzijl M M，Mouser V H M，et al. A thermo-responsive and photo-polymerizable chondroitin sulfate-based hydrogel for 3D printing applications. Carbohydrate Polymers，2016，149：163-174.

[83]　Felipe-Mendes C，Ruiz-Rubio L，Vilas-Vilela J L. Biomaterials obtained by photopolymerization：From UV to two photon. Emergent Materials，2020，3（4）：453-468.

[84]　Aduba D C，Margaretta E D，Marnot A E C，et al. Vat photopolymerization 3D printing of acid-cleavable PEG-methacrylate networks for biomaterial applications. Materials Today Communications，2019，19：204-211.

[85]　He Z，Tan G，Chanda D，et al. Novel liquid crystal photonic devices enabled by two-photon polymerization. Optics Express，2019，27（8）：11472-11491.

[86]　Zhu J Z，Zhang Q，Yang T Q，et al. 3D printing of multi-scalable structures via high penetration near-infrared photopolymerization. Nature Communications，2020，11（1）：1-7.

[87]　Brandl E，Heckenberger U，Holzinger V，et al. Additive manufactured AlSi10Mg samples using selective laser melting（SLM）：Microstructure，high cycle fatigue，and fracture behavior. Materials & Design，2012，34：159-169.

[88]　Qiu C L，Yue S，Adkins N J，et al. Influence of processing conditions on strut structure and compressive properties of cellular lattice structures fabricated by selective laser melting. Materials Science and Engineering：A，2015，628：188-197.

[89]　Kiani P，Dupuy A D，Ma K，et al. Directed energy deposition of AlSi10Mg：Single track nonscalability and bulk properties. Materials & Design，2020，194：108847.

[90]　Attar H，Calin M，Zhang L C，et al. Manufacture by selective laser melting and mechanical behavior of commercially pure titanium. Materials Science and Engineering A，2014，593：170-177.

[91]　Gu D D，Hagedorn Y C，Meiners W，et al. Densification behavior，microstructure evolution，and wear performance of selective laser melting processed commercially pure titanium. Acta Materialia，2012，60（9）：3849-3860.

[92]　Sallica-Leva E，Jardini A，Fogagnolo J. Microstructure and mechanical behavior of porous Ti-6Al-4V parts obtained by selective laser melting. Journal of the Mechanical Behavior of Biomedical Materials，2013，26：98-108.

[93]　Yeh J W，Chen Y L，Lin S J，et al. High-entropy alloys：A new era of exploitation. Materials Science Forum，2007：1-9.

[94]　Tsai M H，Yeh J W. High-entropy alloys：A critical review. Materials Research Letters，2014，2（3）：107-123.

[95]　Cropper M. Thin films of AlCrFeCoNiCu high-entropy alloy by pulsed laser deposition. Applied Surface Science，2018，455：153-159.

[96]　Gorsse S，Hutchinson C，Gouné M，et al. Additive manufacturing of metals：A brief review of the characteristic microstructures and properties of steels，Ti-6Al-4V and high-entropy alloys. Science and Technology of Advanced

Materials，2017，18（1）：584-610.

[97] Li J N，Craeghs W，Jing C N，et al. Microstructure and physical performance of laser-induction nanocrystals modified high-entropy alloy composites on titanium alloy. Materials & Design，2017，117：363-370.

[98] Piglione A，Dovgyy B，Liu C，et al. Printability and microstructure of the CoCrFeMnNi high-entropy alloy fabricated by laser powder bed fusion. Materials Letters，2018，224：22-25.

[99] Travitzky N，Bonet A，Dermeik B，et al. Additive manufacturing of ceramic-based materials. Advanced Engineering Materials，2014，16（6）：729-754.

[100] Zocca A，Colombo P，Gomes C M，et al. Additive manufacturing of ceramics：Issues，potentialities，and opportunities. Journal of the American Ceramic Society，2015，98（7）：1983-2001.

[101] Lin K，Sheikh R，Romanazzo S，et al. 3D printing of bioceramic scaffolds-barriers to the clinical translation：From promise to reality，and future perspectives. Materials，2019，12（7）：2660.

[102] Chen Z W，Li D C，Zhou W Z. Process parameters appraisal of fabricating ceramic parts based on stereolithography using the Taguchi method. Proceedings of the Institution of Mechanical Engineers，Part B：Journal of Engineering Manufacture，2012，226（7）：1249-1258.

[103] Brigo L，Schmidt J E M，Gandin A，et al. 3D nanofabrication of SiOC ceramic structures. Advanced Science，2018，5（12）：1800937.

[104] Lin J S，Miyamoto Y. Internal stress and fracture behaviour of symmetric Al_2O_3/TiC/Ni FGMs. Materials Science Forum，1999，308：855-860.

[105] Deckers J，Kruth J P，Shahzad K，et al. Density improvement of alumina parts produced through selective laser sintering of alumina-polyamide composite powder. CIRP Annals，2012，61（1）：211-214.

[106] Wilkes J，Hagedorn Y C，Meiners W，et al. Additive manufacturing of ZrO_2-Al_2O_3 ceramic components by selective laser melting. Rapid Prototyping Journal，2013，19（1）：51-57.

[107] Vitek D N，Block E，Bellouard Y，et al. Spatio-temporally focused femtosecond laser pulses for nonreciprocal writing in optically transparent materials. Optics Express，2010，18（24）：24673-24678.

[108] Wang X C，Laoui T，Bonse J，et al. Direct selective laser sintering of hard metal powders：Experimental study and simulation. The International Journal of Advanced Manufacturing Technology，2002，19（5）：351-357.

[109] Khmyrov R，Protasov C，Grigoriev S，et al. Crack-free selective laser melting of silica glass：Single beads and monolayers on the substrate of the same material. The International Journal of Advanced Manufacturing Technology，2016，85（5）：1461-1469.

[110] Yves-Christian H，Jan W，Wilhelm M，et al. Net shaped high performance oxide ceramic parts by selective laser melting. Physics Procedia，2010，5：587-594.

[111] Scott P J，Meenakshisundaram V，Hegde M，et al. 3D printing latex：A route to complex geometries of high molecular weight polymers. ACS Applied Materials & Interfaces，2020，12（9）：10918-10928.

[112] Zhang J，Xiao P. 3D printing of photopolymers. Polymer Chemistry，2018，9（13）：1530-1540.

[113] Stansbury J W，Idacavage M J. 3D printing with polymers：Challenges among expanding options and opportunities. Dental Materials，2016，32（1）：54-64.

[114] Fantino E，Roppolo I，Zhang D，et al. 3D printing/interfacial polymerization coupling for the fabrication of conductive hydrogel. Macromolecular Materials and Engineering，2018，303（4）：1700356.

[115] Kim K，Zhu W，Qu X，et al. 3D optical printing of piezoelectric nanoparticle-polymer composite materials. ACS Nano，2014，8（10）：9799-9806.

[116] Jordan R S，Wang Y. 3D printing of conjugated polymers. Journal of Polymer Science，Part B：Polymer Physics，

2019，57（23）：1592-1605.

[117] Negi S，Sharma R K，Dhiman S. Experimental investigation of SLS process for flexural strength improvement of PA-3200GF parts. Materials and Manufacturing Processes，2015，30（5）：644-653.

[118] Marsavina L，Stoia D I. Flexural properties of selectively sintered polyamide and Alumide. Material Design & Processing Communications，2020，2（1）：e112.

[119] Gao Y，Xu L，Zhao Y，et al. 3D printing preview for stereo-lithography based on photopolymerization kinetic models. Bioactive Materials，2020，5（4）：798-807.

[120] Naik D L，Kiran R. On anisotropy，strain rate and size effects in vat photopolymerization based specimens. Additive Manufacturing，2018，23：181-196.

[121] Kim S G，Song J E，Kim H R. Development of fabrics by digital light processing three-dimensional printing technology and using a polyurethane acrylate photopolymer. Textile Research Journal，2020，90（7-8）：847-856.

[122] Javaid M，Haleem A. 4D printing applications in medical field：A brief review. Clinical Epidemiology and Global Health，2019，7（3）：317-321.

[123] Andani M T，Saedi S，Turabi A S，et al. Mechanical and shape memory properties of porous $Ni_{50.1}Ti_{49.9}$ alloys manufactured by selective laser melting. Journal of the Mechanical Behavior of Biomedical Materials，2017，68：224-231.

[124] Wu H，Wang O Y X，Tian Y J，et al. Selective laser sintering-based 4D printing of magnetism-responsive grippers. ACS Applied Materials & Interfaces，2020，13（11）：12679-12688.

[125] Tottori S，Zhang L，Qiu F，et al. Magnetic helical micromachines：Fabrication，controlled swimming，and cargo transport. Advanced Materials，2012，24（6）：811-816.

[126] Magdanz V，Medina-Sánchez M，Schwarz L，et al. Spermatozoa as functional components of robotic microswimmers. Advanced Materials，2017，29（24）：1606301.

[127] Yasa O，Erkoc P，Alapan Y，et al. Microalga-powered microswimmers toward active cargo delivery. Advanced Materials，2018，30（45）：1804130.

[128] Sharma A，Bandari V，Ito K，et al. A new process for design and manufacture of tailor-made functionally graded composites through friction stir additive manufacturing. Journal of Manufacturing Processes，2017，26：122-130.

[129] Miskin M Z，Cortese A J，Dorsey K，et al. Electronically integrated，mass-manufactured，microscopic robots. Nature，2020，584（7822）：557-561.

[130] Lin X F，Hu G Q，Chen Q D，et al. A light-driven turbine-like micro-rotor and study on its light-to-mechanical power conversion efficiency. Applied Physics Letters，2012，101（11）：113901.

[131] Simmchen J，Katuri J，Uspal W E，et al. Topographical pathways guide chemical microswimmers. Nature Communications，2016，7（1）：1-9.

[132] Ko J，Lu C，Srivastava M B，et al. Wireless sensor networks for healthcare. Proceedings of the IEEE，2010，98（11）：1947-1960.

[133] Patel S，Park H，Bonato P，et al. A review of wearable sensors and systems with application in rehabilitation. Journal of Neuroengineering and Rehabilitation，2012，9（1）：1-17.

[134] Tang C K，Vaze A，Rusling J F. Automated 3D-printed unibody immunoarray for chemiluminescence detection of cancer biomarker proteins. Lab on a Chip，2017，17（3）：484-489.

[135] Chan H N，Shu Y W，Xiong B，et al. Simple，cost-effective 3D printed microfluidic components for disposable，

point-of-care colorimetric analysis. ACS Sensors，2016，1（3）：227-234.

[136] Salvo P，Raedt R，Carrette E，et al. A 3D printed dry electrode for ECG/EEG recording. Sensors and Actuators A：Physical，2012，174：96-102.

[137] Flege C，Vogt F，Höges S，et al. Development and characterization of a coronary polylactic acid stent prototype generated by selective laser melting. Journal of Materials Science：Materials in Medicine，2013，24（1）：241-255.

[138] Arcaute K，Mann B，Wicker R. Stereolithography of spatially controlled multi-material bioactive poly(ethylene glycol) scaffolds. Acta Biomaterialia，2010，6（3）：1047-1054.

[139] Ovsianikov A，Gruene M，Pflaum M，et al. Laser printing of cells into 3D scaffolds. Biofabrication，2010，2（1）：014104.

[140] Lee S H，Moon J J，West J L. Three-dimensional micropatterning of bioactive hydrogels via two-photon laser scanning photolithography for guided 3D cell migration. Biomaterials，2008，29（20）：2962-2968.

[141] Costa Junior J M，Naveira-Cotta C P，de Moraes D B，et al. Innovative metallic microfluidic device for intensified biodiesel production. Industrial & Engineering Chemistry Research，2020，59（1）：389-398.

[142] Hernández-Rodríguez E，Acosta-Mora P，Méndez-Ramos J，et al. Prospective use of the 3D printing technology for the microstructural engineering of solid oxide fuel cell components. Boletin de la Sociedad Espanola de Ceramicay Vidrio，2014，53（5）：213-216.

[143] Bian B，Wang C G，Hu M J，et al. Application of 3D printed porous copper anode in microbial fuel cells. Frontiers in Energy Research，2018，6（7）：112.

[144] Annamdas K K K，Annamdas V G M. Review on developments in fiber optical sensors and applications. Proceedings of SPIE：The International Society for Optical Engineering，F，2010.

[145] Jeong H Y，Lee E，An S C，et al. 3D and 4D printing for optics and metaphotonics. Nanophotonics，2020，9（5）：1139-1160.

[146] Sohn I B，Choi H K，Noh Y C，et al. Laser assisted fabrication of micro-lens array and characterization of their beam shaping property. Applied Surface Science，2019，479：375-385.

[147] Schäffner D，Preuschoff T，Ristok S，et al. Arrays of individually controllable optical tweezers based on 3D-printed microlens arrays. Optics Express，2020，28（6）：8640-8645.

[148] Zhou X T，Peng Y Y，Peng R，et al. Fabrication of large-scale microlens arrays based on screen printing for integral imaging 3D display. ACS Applied Materials & Interfaces，2016，8（36）：24248-24255.

[149] Luo N N，Zhang Z M. Fabrication of a curved microlens array using double gray-scale digital maskless lithography. Journal of Micromechanics and Microengineering，2017，27（3）：035015.

[150] Sanli U T，Ceylan H，Bykova I，et al. 3D nanoprinted plastic kinoform X-ray optics. Advanced Materials，2018，30（36）：1802503.

[151] Wu D，Wang J N，Niu L G，et al. Bioinspired fabrication of high-quality 3D artificial compound eyes by voxel-modulation femtosecond laser writing for distortion-free wide-field-of-view imaging. Advanced Optical Materials，2014，2（8）：751-758.

[152] Yuan C，Kowsari K，Panjwani S，et al. Ultrafast three-dimensional printing of optically smooth microlens arrays by oscillation-assisted digital light processing. ACS Applied Materials & Interfaces，2019，11（43）：40662-40668.

[153] Zhou P L，Yu H B，Zou W H，et al. Cross-scale additive direct-writing fabrication of micro/nano lens arrays by electrohydrodynamic jet printing. Optics Express，2020，28（5）：6336-6349.

[154] Gissibl T，Thiele S，Herkommer A，et al. Two-photon direct laser writing of ultracompact multi-lens objectives.

Nature Photonics，2016，10（8）：554-560.

[155]　Gissibl T，Thiele S，Herkommer A，et al. Sub-micrometre accurate free-form optics by three-dimensional printing on single-mode fibres. Nature Communications，2016，7：11763.

[156]　Cox W R，Guan C，Hayes D J. Microjet printing of micro-optical interconnects and sensors. Proceedings of SPIE：The International Society for Optical Engineering，F，2000.

[157]　Abid M I，Wang L，Chen Q D，et al. Angle-multiplexed optical printing of biomimetic hierarchical 3D textures. Laser & Photonics Reviews，2017，11（2）：1600187.

[158]　Bharadwaj V，Jedrkiewicz O，Hadden J P，et al. Femtosecond laser written photonic and microfluidic circuits in diamond. Journal of Physics：Photonics，2019，1（2）：022001.

第6章

飞秒激光非线性光刻技术及应用

6.1 ▶ 引言

现代科学最核心的技术之一就是在各个空间尺度下能够准确控制结构和物质的产生，而增材制造技术的不断发展使得对具有复杂形貌结构的自由制造成为可能[1]。几十年来，为了能够在自由度更高的情况下实现更精确、可控度更高的结构制造，各种 3D 打印技术不断涌现，如喷墨打印、选择性激光烧结、选择性激光熔融等[2]。但是，这些技术往往都局限于二维平面的表面，并且，正如阿贝公式所述，具有与所使用的辐射波长成正比的理论最小分辨率[3]。传统的 3D 结构打印技术通常以牺牲层和逐层沉积来实现，因此难以制造更复杂更微小的几何结构[4]。经过数十年的发展，以飞秒激光非线性光刻为代表的双光子光刻（two-photon lithography，TPL）技术实现了突破衍射极限的加工分辨率，完成了将加工尺度提升到纳米级的目标，这预示着微米、纳米技术的革命已经到来。

TPL 是一种基于飞秒激光直写（femtosecond laser direct writing，fs-DLW）的微观增材制造技术。在制造过程中，飞秒脉冲激光束聚焦在光敏树脂（光刻胶）中，这种树脂在高能辐射下能够产生交联（负性光刻胶）或者分解（正性光刻胶），但是在激光波长处是完全透明的，当激光辐射足够强，焦点区域的树脂就可以进行两个（或多个）光子的吸收进而引发聚合，这种现象是非线性的。基于此，激光束能够在不被吸收的情况下进入到光刻胶，并仅在聚焦的小区域内诱发光化学反应，这一小的反应体积就是制造结构中的最小单元——体素。由于光子以非线性的形式被吸收，因而体素外的光子吸收概率很小，这抑制了反应的传播，进而能够保证超高的制造分辨率。

从 TPL 技术的提出到现在已经过了 20 多年，研究人员在丰富光刻胶种类与特性、提高光刻精度和效率，以及这一精细控制技术潜在的应用领域等方面取得了丰硕的成果。因此，本章将对这一技术做一个系统而全面的介绍：首先，从机理出发，介绍了在 TPL 中光子与能量的转移过程，自由基的能量传递与聚合物长链分子的形成过程。其次，针对光刻胶材料的类型与性能做了系统的划分，并分析了其存在的应用价值。再次，介绍了各种用于提高制造精度及分辨率的方法，体现了 TPL 技术的超高分辨率及超快制造的可行性。最后，展示了 TPL 技术在力学、生物学、光学等多学科多领域的交叉应用，突出了其在多领域内制造微纳功能器件的潜力。

6.2　非线性光刻机理

在非线性光刻技术中，双光子光刻（TPL）作为代表技术应用于三维微结构的制造及表面处理。它是一种先进的高精度制造技术，包括非线性光学、快速制造及超快激光泵浦。因此，对材料非线性光学理论的深入理解是在这一研究领域实现制造更快、更精确结构的先决条件。本节将着重对光子与材料的相互作用进行介绍，以加深对这一技术内在原理的认识。

6.2.1　多光子吸收过程

多光子吸收过程是非线性光学中光与物质作用的第一步，这里基于双光子光刻技术中的双光子吸收（TPA）来着重讲解这一过程，这可以很容易地推广到多光子体系。"双光子吸收"这一概念诞生于 1931 年，是一种二阶非线性光学吸收现象，最早由 Maria Göppert-Mayer 提出，并被定义为"一种由两个引起的吸收过程，所有光子必须同时作用以提供足够的能量驱动跃迁过程"[5]。可惜的是，由于当时设备和技术的限制，这一理论直到 30 多年后才被证实[6]。然而，该理论的发展又进一步因为缺乏大的双光子吸收截面材料（$<10^{-48} cm^4 \cdot s/photon$）而没有深入研究。直到 20 世纪 90 年代，随着具有大的双光子吸收截面的光刻胶出现，与双光子吸收相关的技术才进入了飞速发展的时期[7]。

对于单光子吸收，分子通过线性吸收一个波长较短光子的能量 $h\nu$ 从基态 S_0 跃迁至激发态 S_1，如紫外光刻和立体光刻技术。顾名思义，双光子吸收意味着分子需要在短时间内吸收两个光子，才能获得足够的能量完成跃迁[8]。双光子吸收过程可以分为两种类型：连续吸收和同时吸收，如图 6-1 所示。在连续吸收中，分子通过吸收一个光子被激发到一个真正的中间态，然后第二个光子被吸收，进入激发态[9]。中间态的存在意味着材料在这个特定的波长吸收光子，它是一个表面效应，遵循比尔-朗伯定律。而在同时吸收中，分子吸收第一个光子后进入一个虚拟的中间态，只有第二个光子在极短的时间内被吸收，分子才能到达激发态。

这里的中间态并不是真正意义上的中间态，而是一个虚拟的能级，材料在这个波长下是完全透过的。在这种情况下，分子可以从基态 S_0 通过虚拟态被激发到 S_1、S_2 或 S_n 态，然后通过非辐射态返回到 S_1 态[10]。要实现这一点，需要高强度的激光，而高强度的激光只能通过聚焦紧密的激光束来提供。

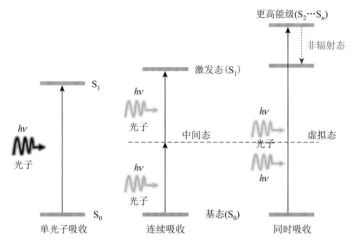

图 6-1　带有能量跃迁的光子吸收过程示意图

如果两个光子具有相同的能量，TPA 过程的跃迁概率与激光束强度的平方有关。相反，如果它们具有不同的能量，则跃迁概率与两束激光强度的乘积有关。这表明 TPA 过程只发生在激光焦点附近。

6.2.2　双光子聚合过程

双光子聚合（TPP）是光引发剂被 TPA 激发后，在单体间发生聚合的一种特殊现象。光引发剂（也称光敏剂）本身不能产生自由基，但当吸收光子后会产生自由基并将能量传递给单体引发聚合反应[11]。TPP 过程主要分为 3 步，如图 6-2 所示[12, 13]。

首先，一束紧密聚焦的光束照射到光刻胶材料内部，使得焦点处的光子密度非常高。当光子密度超过一定阈值后，双光子聚合就会在聚焦体积内发生，引发聚合反应。处于激发态的光引发剂在介质之间发生能量交换和电子转移，产生活性自由基。之后，自由基与聚合物材料中的不饱和基团结合生成单体自由基，同时与新的单体结合，导致分子链迅速生长。最后，单体自由基在链式反应中膨胀，直到两个自由基相遇。当两个自由基相遇并结合时，就形成了固体聚合物，反应终止。光聚合的最终结果是自由基或其他组分的耗尽。此外，自由基聚合过程中还经常发生链转移、链抑制等反应，使自由基聚合原理复杂化[14]。

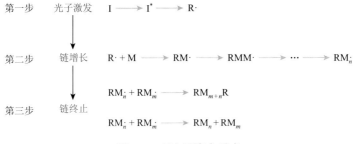

图 6-2　双光子聚合反应

I、I*、R·分别为光引发剂、光引发剂吸收光子后的中间态、自由基；M 是单体或低聚物单元；M_n、M_m 和 M_{m+n} 代表不同的聚合度

因此，TPP 过程的发生需要具备外部和内部两个条件。在外部，需要有足够强度的光束来诱导 TPA 和 TPP 过程。飞秒激光可以在极低的平均功率下获得吉瓦级的瞬间峰值功率，并且具有良好的空间选择性，被认为是进行 TPP 制造的关键设备。对于内部条件，材料需要具有 TPA 特性。通过对无机双光子材料、有机双光子材料和有机-无机杂化材料的广泛研究发现，含有大双光子吸收截面引发剂的有机高分子材料是常用的双光子聚合物光刻胶（如 SU-8、SZ-2080）[15]。

6.3　光刻胶种类与性能

在增材制造领域，飞秒激光直写技术[fs-DLW，也称双光子光刻技术（TPL）]多使用负性光刻胶，以实现在特定区域制造精确可控的结构。一般而言，光刻胶材料有两个基本的组成部分：①聚合单体或者单体与低聚物的混合物，它们是聚合反应最基本的要素；②光引发剂，它能吸收激光并提供引发聚合反应的活性物质。光刻胶材料主要包括：丙烯酸酯类有机材料、环氧基光刻胶 SU-8、有机-无机杂化材料、水凝胶、天然聚合物和蛋白质。对这些材料的研究与发展在一定程度上促进了飞秒激光非线性光刻技术的发展及应用领域的提升。作为理想的光刻胶材料，应该具备以下五个特性[16]：①光引发剂分子在双光子激发波长附近应具有足够的双光子吸收能力，以产生足够多的活性自由基触发聚合反应；②光刻胶应在激光焦点内快速固化，避免过热引起的结构变形和溶剂挥发；③光刻胶在入射辐射相同的光谱窗口内应是光学透明的，以抑制线性吸收、辐射衰减和产生多余热量；④光刻胶应具有最佳的黏性，避免制造过程中产生结构变形；⑤光刻胶应具有一定的机械性能以保障在显影和洗涤过程中不发生变形。下面将着重讨论不同类型的光刻胶材料与性能。

6.3.1 有机光刻胶

经过一个世纪的发展，有机聚合物的应用范围从尖端设备扩大到了生活必需品。在外部刺激作用下，单体单元被诱导形成大的聚合物网络。当吸收光子后，光刻胶中的单体表现为分子链生长及聚合物的生成。有机光刻胶是最早被用作双光子光刻技术的材料，主要成分为丙烯酸酯类聚合物单体。它在可见光和近红外波段是透明的，因此可以适用于多种波长的飞秒激光器。在保证机械和化学稳定性的同时，又具有聚合速率快、收缩率低等特性。同时因为其单一的成分和简单的制造流程，是被广泛使用的商用光刻胶。

1997 年，Shoji Maruo 等首次将光引发剂与聚氨酯丙烯酸酯（一种光敏树脂）单体/低聚物混合制备了光刻胶 SCR500，并制造了一种螺旋状的微结构。这是首次将丙烯酸酯类光刻胶用于 DLW 制造[14]。基于该材料成本低、成型性好等优点，在光聚合增材制造中得到了广泛的应用。2008 年，Prakriti Tayalia 等以 48∶49∶3 的比例混合 SCR368 和 SR400 光刻胶及光引发剂制备了双单体复合树脂，用于制造微型桁架结构，并用于研究细胞黏附和迁移[17]。在随后的研究中，Thomas Weiss 等发现将三种类型的丙烯酸甲酯光聚合树脂混合，能够进一步提升 fs-DLW 的制造效率，加工精度更加精细化的结构，用于控制细胞的生物学行为[18]。随着技术的不断成熟，越来越复杂且精细的结构被制造出来并应用于更多的领域。

对于最早出现的光刻胶，研究人员已经进行了很深入的探索，目前实现了部分的产业化，如 Irgacure 369、Lucirin TPO-L 及 WLPI 等已被用于 TPP 过程。虽然相较于红外吸收材料（$10^3 \sim 10^5$ GM），TPO-L 在红外的双光子吸收系数较小（约 1 GM），但是它在双光子诱导聚合方面具有独特的优点，不仅溶解性好（可以与大多数树脂混溶）而且自由基量子产率高达 0.99，可以在相对较低的激光功率下制备出具有良好完整性和清晰度的结构。2017 年，Govind Ummethala 等就利用 Lucirin TPO-L 实现亚波长体积内的局域聚合，加工分辨率远低于衍射极限。如图 6-3（a）所示，制备出来的 logo 的分辨率可以达到 200 nm，经过进一步的实验验证发现，含 10 wt%的 TPO-L 的丙烯酸基光刻胶能够表现出最佳的亚波长结构[19]。

除了在丙烯酸基光刻胶中优化光引发剂等成分外，还可以选用特殊的含双键的可聚合主体有机物。例如，Matthias S. Ober 等选用了一类新型的不稳定聚芳基缩醛聚合物，制备出的结构分辨率可以达到 22 nm[图 6-3（b）][20]。IP-L 和 IP-DiP 是目前比较常用的商用光刻胶，具有良好的生物相容性，因此对其进行表面功能化处理后，常被用作细胞支架[图 6-3（c）][21]。除此之外，Yulia E. Begantsova 等设计了一种基于含邻菲罗啉咪唑和三乙醇胺的光刻胶[图 6-3（d）插图]，该光刻

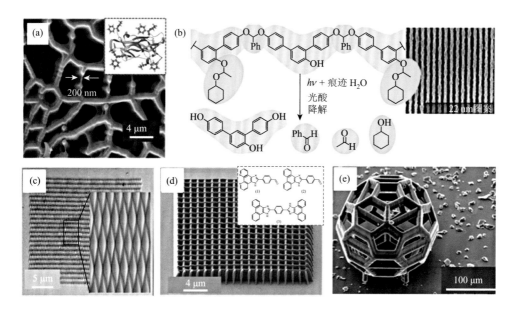

图 6-3　有机光刻胶及其 SEM 形貌图

（a）使用丙烯酸酯与光引发剂 TPO-L 制备的特征尺寸小于 200 nm 的微结构；（b）使用主链可剪切的有机光刻胶制备的特征尺寸为 22 nm 的空间线条；（c）使用 IP-DiP 光刻胶制备的细胞支架结构；（d）使用 IP-L 光刻胶制备的单元状支架结构及 IP-L 光刻胶结构；（e）使用 UPCL-6 光刻胶制备的巴克球微结构

胶具有较宽的制备窗口、最高的转化率，以及比常用的商业 IP-L 光刻胶（8 mW）低两倍的双光子聚合阈值（3.5 mW）[22]。传统的光刻胶由于高度交联的结构，难以实现可降解和柔性特征，很难在生物领域得到广泛应用。因此，基于有机分子的多官能团功能光刻胶也逐渐进入人们的视野。Aysu Arslan 等合成了分别含有 2 个丙烯酸酯基聚氨酯基团和 6 个聚氨酯基团的 UPCL-2 和 UPCL-6 光刻胶，并制作了独立的球状结构[图 6-3（e）][23]。新开发的聚氨酯基 PCL 实现了很好的生物降解及细胞相容性。同时，聚氨酯基 PCL 的分子结构使硬聚丙烯酸酯和软聚合物段分离，实现了韧性和刚度的同时增强，这也是之前的工作所没有的。

6.3.2　有机–无机杂化光刻胶

随着 TPL 技术的飞速发展，结构的高分辨率与精度也不再能够满足研究需要，三维结构的功能性逐渐成为研究热点。然而，在微/纳米尺度上选择合适的增材制造材料并且进行改性是十分有限的，这种限制在光学、磁性及压电性能上尤为明显。因此，有机-无机杂化的复合材料引起了研究人员的广泛关注。目前比较商业化的杂化光刻胶有 ORMOCER，它是一种硅基光刻胶，因为硅成分的存在，具有可观的硬度、化学稳定性及热稳定性，是目前研究最广泛的材料之一。高度交联的有机网络及无机硅组分，使其可以应用于光学器件，性能也远超单纯的无机或高分子材料[24]。

　　有机-无机光刻胶的出现极大地促进了 TPL 增材技术在功能化器件中的应用，这得益于光刻胶易于改性的特点。理论上，可以在光刻胶中添加任意的功能化无机分子，直接修饰有机分子链，在光聚合过程中与有机基团一起形成交联网络，也可以不直接参与材料的改性，作为游离的基团，在光聚合后由于有机交联网络的形成而被包裹在制造的材料结构中，使其获得特殊功能。例如，武汉理工大学王学文教授在 2020 年的一篇报道中设计的氧化锡类无机光刻胶[图 6-4（a）]，就是直接将 $SnCl_4$ 分子添加到光刻胶中，最后获得了复杂结构的 SnO_2 陶瓷[25]。以这篇报道为例，可以直观地看到有机-无机光刻胶在功能化陶瓷中的应用价值。图 6-4（b）展示了获得复杂陶瓷微结构的过程：①结构成型，利用 TPL 技术将含锡的光刻胶在硅基或者石英基板上制备成所需的复杂结构；②高温烧结，在这一过程中，有机组分被去除并被排出，无机组分被氧化形成致密的 SnO_2 陶瓷，同时伴随着结构的缩小。图 6-4（c）则为烧结后的埃菲尔铁塔结构，经 TEM 测试后发现其表现为 SnO_2 陶瓷的晶向。除此之外，可以通过控制有机、无机组分比例及激光功率等参数来调控所制得的结构尺寸[图 6-4（d）和（e）]，与理论曲线的一致性证明了这种制造过程中存在的光子非线性吸收效应，更重要的是，可以通过参数的控制实现结构尺寸的精确制造。

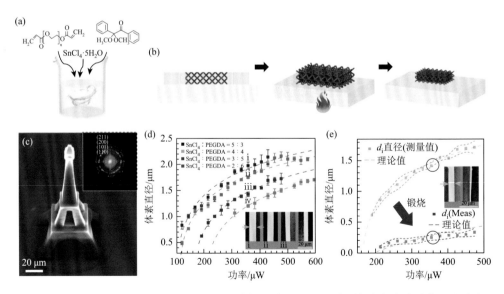

图 6-4　（a）含锡光刻胶的制备工艺；（b）有机-无机杂化光刻胶制备复杂陶瓷结构工艺流程；（c）制造的铁塔结构的 SEM 图，以及通过烧结后展现的 TEM 衍射环；（d）、（e）分别为不同扫描速度和有效强度下所制备结构的尺寸，插图为制造的纳米棒的结构

有机-无机光刻胶作为一种媒介，将飞秒激光非线性光刻技术与退火工艺相结合，制备了一系列功能化结构材料，真正地将这种超快速超精细的 3D 成型技术引入到了全新的领域。2020 年，Greer Julia 等将钛乙醇盐与丙烯酸混合制备了含 Ti 的有机-无机光刻胶，利用飞秒激光 3D 成型及热解工艺制造了超精细的光子晶体结构[图 6-5（a）][26]。相似地，Darius Gailevičius 等使用 SZ2080（含 Si、O、Zr）光刻胶制备了骑士模样的微晶玻璃[图 6-5（b）][27]。这种与煅烧热解结合的工艺为自由形态微纳米物体的连续尺寸控制和新材料的形成提供了一条途径。除了制备功能化陶瓷及微晶玻璃，无机组分的掺杂还能提供更多的功能。例如，在光刻胶中添加了铂盐 $PtCl_4$，通过热脱脂和还原能够得到具有复杂结构的高纯铂。铂具有高弹性、优异的催化活性及高导电导热性，具有极高的应用价值，但是制备具有复杂微结构的铂是十分困难的[28]。如图 6-5（c）所示，利用 3D 光刻技术制备的高纯铂的微型电极在通电过程中可以改变与溶液的接触角。除此之外，对已制成的含硅的杂化光刻胶 Ormocomp 微型结构进行精准的表面制造改性[图 6-5(d)]，在生物细胞培养上具有重要意义[29]。

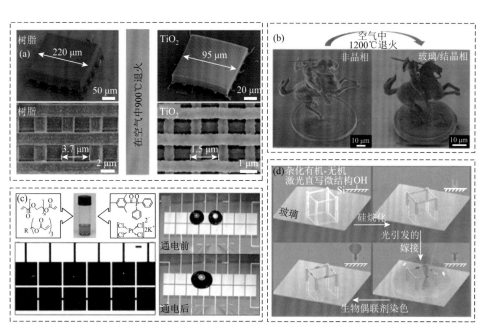

图 6-5　（a）使用含钛的光刻胶制备的木桩桁架 SEM 微结构并经过退火得到了 TiO_2 陶瓷相复杂结构；（b）使用 SZ2080 光刻胶制造的微观骑士模型在退火前后的 SEM 图；（c）含铂光刻胶制造的电极结构图，经过通电后蓝色和黄色液滴会混合产生绿色液滴；（d）Ormocomp 光刻胶对面结构修饰的流程示意图

6.3.3 水凝胶

水凝胶是一类具有三维交联网络结构的材料，具有极强的亲水性，能在水中迅速膨胀的同时在结构中保持大量水分而不溶解[4]。交联度决定了水凝胶的吸水量，交联度越高，吸水量越低。水凝胶通常被认为是一种具有与软组织含水量相似的可聚合材料，在组织工程和药物传递等生物医学领域具有广泛的应用[30]。非线性光刻技术能够达到其他 3D 技术难以企及的分辨率及精度，基于此技术对水凝胶材料进行 3D 成型能够进一步扩大其在生物医药领域的应用价值。

由于—NH_2、—COOH、—OH、—$CONH_2$、—CONH 和—SO_3H 等亲水基团的存在，水凝胶材料具有足够的水溶性及生物相容性，因此从生物学角度看，它类似于细胞外基质。目前，大多数水凝胶可以分为三类：①天然聚合物和蛋白质；②合成水凝胶；③改性水凝胶。在过去的很长一段时间里，天然高分子和合成高分子都被用作水凝胶的原料，之后才渐渐衍生出了改性水凝胶。不可否认，天然水凝胶在生物相容性、低毒性和易降解性等方面具有绝对的优势，在模拟天然细胞外基质方面占据了决定性的地位[31]。目前聚乙二醇二丙烯酸酯（PEGDA）是比较流行的用作水凝胶原料的有机聚合物，还有 GELMA、MMP2 等同样可以应用于水凝胶材料中。通过调整原料中的成分比例，可以实现制造结构的机械性能的微调整。而改性水凝胶的出现，与有机-无机光刻胶类似，是研究人员为了改善或者获得特定性能，而对原料聚合物进行改性以修饰水凝胶的特定基团[32]。

一般情况下，基于飞秒激光非线性光刻技术的增材制造被认为是一种永久且不可逆的过程，因为主要作用方式是交联不可逆的负性光刻胶，但是利用水凝胶的水溶性则有望改变这一现状。2020 年，Eva Blasco 等设计了一种基于 PEG 基的改性水凝胶。利用光诱导反应，1, 2, 4-三唑啉-3, 5-二酮（TAD）可以直接被用来修饰 PEG[33]。如图 6-6（a）所示，利用激光直写可以加工出精细的结构，通过调控激光功率可以控制 PEG 的交联度，当在水中浸泡 24h 后可以明显观察到四周结构的消融，但是由于中间柱状区域功率高、交联度高，因此致密度高，所以水扩散慢，仍然能够保持一定的结构。同时，由于 TAD 的存在，这种交联的结构可以稳定地保存在有机溶液中。TAD-PEG 改性光刻胶实现了按需调节化学过程，在可编程和智能响应材料中具有重要意义，有望实现材料的愈合、再处理、回收和降解的适应性行为。早在之前的工作中，就已经有研究人员利用 PEG 的水溶性来进行智能响应型材料结构的设计。2018 年，孙洪波教授等就利用 PEGDA 制造了一种可以进行湿度响应的智能微结构[34]。如图 6-6（b）所示，将飞秒激光非线性光刻技术与 PEGDA 的湿度响应性结合，制造了精细的花朵状微结构，又得益于交联的 PEGDA 可以保持水分子的特性，能够在潮湿的环境下发生膨胀，而干燥时又能还原至原状。这为水凝胶结构在传感器、驱动器的应用带来了巨大的前景，这也会在后续的章节中详细介绍。随后，多肽交联的聚乙烯醇（PVA）极光敏细胞响应水凝胶的出现，将应用扩大到了细胞培养领域[35]。如图 6-6（c）所示，首先使用紫外光对基质进行预处理，之后利用双光子光刻技术制造了可供细胞定向移动的微型通道，可以实现微米空间尺度上对细胞的精准引导。

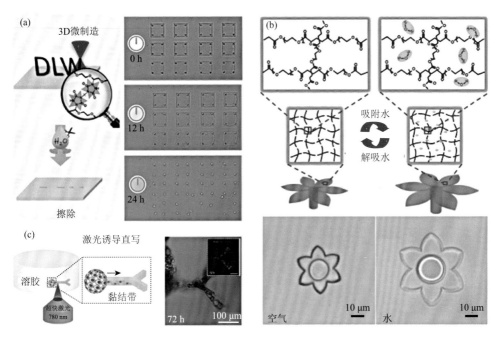

图 6-6　（a）新型 PEG 可擦写水凝胶的应用原理及在水冲 0～24h 展现出的擦写形貌 SEM 图；（b）PEGDA 水凝胶微结构在空气和水中的膨胀及恢复特性；（c）多肽交联聚乙烯醇水凝胶制备的具有细胞入侵功能的微结构

6.3.4　新型光刻胶

新型光刻胶是最近几年才兴起的一种光刻胶，目的是赋予光刻胶更多的特性，来进一步扩大应用范围。例如，在光刻胶中掺杂磁性粒子，达到定向移动及检验磁场等目的，抑或是添加多种光引发剂来对结构进行打印及擦除，提供更多的自由度。大多数新型光刻胶的应用机理与有机-无机杂化光刻胶类似，通过有机组分聚合形成交联网络，通过交联网络固定所需的粒子或者直接通过化学修饰将具有特殊性质的基团接枝在可聚合的分子链上直接参与光聚合，以此完成光刻胶的改性。

在上一节提到，双光子光刻所涉及的聚合物交联聚合过程一般是不可逆的，但是通过将可逆的聚合分子链掺杂进交联网络中可以改变这一现状。例如，Martin Wegener 等将可裂解的苯基硫化物光刻胶与商业光刻胶丙烯酸酯基光刻胶（IP-L 780）交替使用，实现了特定结构的可逆性制造[36]。如图 6-7（a）所示，经过波长为 700 nm 的飞秒激光照射，苯基硫化物光刻胶中新出现的硫醛能与硫醇反应，形成二硫醚交联网络，完成结构定向制造。然而，添加的二硫苏糖醇（DTT）又可以诱导二硫键发生裂解，完成结构的消融。除了可裂解光刻胶，磁性光刻胶同样颇具新颖性。例如，首先利用油酸对磁性粒子 Fe_2O_3 粉体进行改性，然后溶解在光刻胶中，最后制造的微管能够对外部磁场做出快速的响应[图 6-7（b）][37]。最近，一种基于 Vero Clear 的新型形状记忆（SMP）光刻胶的出现，将其应用扩展到了纳米光子晶体领域，打印尺度也提升到了四维空间[38]。这种光刻胶由 2-羟基-3-苯氧丙基丙烯酸酯（HPPA）、双酚 A 乙氧基二甲基丙烯酸酯（BPA）及二苯基（2,4,6-三甲基苯甲酰）氧化膦（TPO）组成。制造的结构如图 6-7（c）所示，可以通过调整激光功率改变光栅结构进而改变颜色，同时受到压力时栅格结构收缩颜色消失，当压力消除时又能完全恢复。

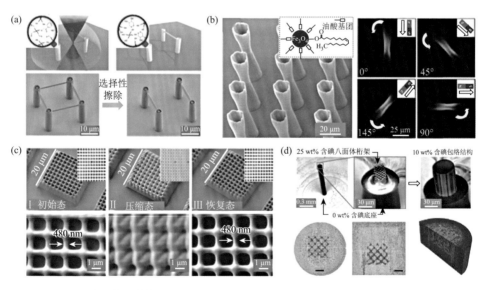

图 6-7　（a）具有可擦写性能的光刻胶；（b）掺杂磁性粒子的光刻胶制备的微结构的 SEM 图及其对磁场的响应；（c）复合组分的可应用于光栅结构的光刻胶，随着压力的改变从而改变结构特性展现出光栅颜色的调控；（d）含碘元素的抗辐射不透明光刻胶

传统的光刻胶在加工后一般呈现出透明状，这主要是由于聚合单体为无色透

明，同时材料的透光性使得在加工过程中激光在经过光刻胶时不会因为材料的吸光而产生能量的大幅度衰减。为了改变这一特性，Sourabh K. Saha 等合成了碘化丙烯酸酯单体，这种抗辐射不透明的光致聚合物光刻胶可以在保证 150 nm 的分辨率情况下，实现 10 倍以上的 X 射线辐射衰减[39]。如图 6-7（d）所示，使用不同质量分数的碘掺杂的光刻胶制造的结构的 SEM 图，通过使用 CT 探测成像可以看到富碘区具有明显的结构，并表现出对 X 射线的抗透过性。这种类型的光刻胶有望将增材制造带入到 CT 设备中的精细加工。

6.4　超分辨光刻技术

TPL 技术最主要的优点就是制造的几何形状具有极高的自由度，同时可以将特征尺寸减小到亚微米甚至纳米量级。因此，研究人员尝试通过各种方法来改进 TPL 技术，进一步提高体系的灵活性和复杂性，将特征尺寸提高至更高的水平。加工结构的特征尺寸或是分辨率都与 TPP 的体素和线宽有关，分辨率对应于加工过程中的两种扫描方式，一种是定位扫描（即点扫），一种则是连续扫描（即线扫）。由于脉冲激光束强度近似于高斯分布，因此体素的形状多为椭球型，特征尺寸则包括横向（d）与轴向（l）的大小，它们的比例 $AR = \alpha = l/d$，也经常被用来定义加工结构的还原度[40, 41]。

6.4.1　加工工艺改进

通过建立飞秒激光中各个参数与加工结构分辨率关系，有助于我们能够及时调整参数来获得需要的制造精度。TPL 的特征尺寸能够精确调整的特性与 TPP 过程中的阈值行为有关，这使得可以通过控制激光脉冲能量和施加脉冲的数量来实现超越衍射极限的分辨率。在 TPP 过程中，当辐照剂量达到聚合阈值时，就会在辐照区域发生聚合反应，聚合单体的双键断裂并交联形成交联网络。因此，明晰制造过程中各参数对特征尺寸控制的影响具有指导意义。激光束的电场强度分布可以用高斯分布来表示[42]：

$$E(r,z) = E_0 \frac{\omega_0}{\omega_{(z)}} \exp\left(-\frac{r^2}{\omega_{(z)}^2}\right) \tag{6-1}$$

式中，E_0 为聚焦光斑的电场强度；ω_0 为焦点（$z = 0$）光斑半径；ω_0 和 $\omega_{(z)}$ 分别为光束在束腰（$r = 0, z = 0$）和距束腰截面为 z 的尺寸；r 和 z 分别为沿焦点横截面的横向距离和沿焦点平面的轴向距离。

在光场中，光子通量强度 I 与电场强度及其共轭有关，简而言之，$I \propto E^2$。因此，TPL 中高斯光束的空间强度 $I(r, z)$ 可以表示为[43]

$$I(r,z) = I_0 \left(\frac{\omega_0}{\omega_{(z)}} \right)^2 \exp\left(-\frac{2r^2}{\omega_{(z)}^2} \right) \tag{6-2}$$

式中，I_0 为在光束中心（$r=0$，$z=0$）的光子通量强度。

在 TPL 系统中，物镜在激光聚焦中起着关键作用，它的参数决定了光斑半径 ω_0 的大小：

$$\omega_0 = \frac{\lambda}{\pi \times \mathrm{NA}} \tag{6-3}$$

式中，NA 为物镜的数值孔径大小；λ 为入射激光的波长。然而，对于具有高 NA（$\mathrm{NA} \geqslant 1$）的物镜并不太准确，因为它们在加工过程中需要浸入油中。更准确的表述应该为

$$\omega_0 = \frac{\lambda}{\pi \times \mathrm{NA}} \sqrt{n_{\mathrm{oil}}^2 - \mathrm{NA}^2} \tag{6-4}$$

式中，n_{oil} 为浸入的油的折射率。根据式（6-1），ω_0 决定了距束腰截面为 z 的尺寸 $\omega_{(z)}$，表示为

$$\omega_{(z)} = \omega_0 \sqrt{1 + \left(\frac{\lambda z}{\pi n_{\mathrm{f}} \omega_0^2} \right)^2} \equiv \sqrt{\frac{\lambda}{n_{\mathrm{f}} \pi} \left(z_{\mathrm{R}} + \frac{z^2}{z_{\mathrm{R}}^2} \right)^2} \tag{6-5}$$

式中，n_{f} 为焦点处的折射率；z_{R} 为瑞利距离，即

$$z_{\mathrm{R}} = \frac{\pi \omega_0^2}{\lambda} \tag{6-6}$$

在瑞利距离处的截面半径为腰部半径的 $\sqrt{2}$ 倍。

当 I 达到可以引发聚合的阈值强度 I_{th} 时，即 $I(r,z) = I_{\mathrm{th}}$，体素的直径 D 和长度 L 可以分别表示为

$$D = \omega_0 \sqrt{2\ln\left(\frac{I_0}{I_{\mathrm{th}}} \right)} \tag{6-7}$$

$$L = 2z_{\mathrm{R}} \sqrt{\sqrt{\frac{I_0}{I_{\mathrm{th}}}} - 1} \tag{6-8}$$

实际上，上述公式只显示了制造的特征尺寸与光强的关系，并没有与各参数建立精确的关系，忽略了激光脉冲间自由基的损失，因此可以更精确地表示为

$$D = \omega_0 \left[\ln\left(\frac{\sigma_2 N_0^2 n \tau_{\mathrm{L}}}{C} \right) \right]^{\frac{1}{2}} \tag{6-9}$$

$$L = 2z_{\mathrm{R}} \left[\left(\frac{\sigma_2 N_0^2 n \tau_{\mathrm{L}}}{C} \right)^{\frac{1}{2}} - 1 \right]^{\frac{1}{2}} \tag{6-10}$$

式中，$n = vt = 2\omega_0 v/v$，为脉冲数，其中 v 为激光的脉冲重复频率，t 为整个制造-辐射过程的时间，v 为激光扫描的速度；τ_L 为激光脉冲持续时间；σ_2 为有效双光子吸收截面；C 为与光引发剂浓度有关的积分常数：

$$C = \ln\left(\frac{\rho_0}{\rho_0 - \rho_{th}}\right) \tag{6-11}$$

式中，ρ_0 和 ρ_{th} 分别为光引发剂分子浓度和可以引发聚合的光引发剂分子的阈值浓度。N_0 被认为是恒定的激光脉冲光子通量强度：

$$N_0 = \frac{2}{\pi\omega_0\tau_L} \times \frac{PY}{v\hbar\omega_L} \tag{6-12}$$

式中，P 为平均激光功率；Y 为物镜的通光比例；$\hbar$ 为普朗克常数；$\omega_L = 2\pi c/\lambda_L$（$c$ 为光速；λ_L 为入射激光的波长）。

与单光子聚合时的线性吸收相比，TPL 需要吸收两个光子来引发聚合，这导致在制备过程中光子的吸收与光强的平方成正比，形成较小的聚合区域，如图 6-8 所示。紫色曲线表示的是单光子吸收，多由紫外光诱导光聚合反应的发生。根据式（6-2），蓝色部分的三条曲线表示在光强变化的情况下产生的双光子吸收曲线。红色虚线代表的是在光强变化的情况下曲线的半高宽，是一个定值。灰色部分所代表的阈值强度与曲线的相交部分代表了体素的直径，阈值强度主要由光刻胶中光引发剂的浓度及灵敏度所决定。激光参数及光刻胶成分的属性共同决定了制造结构的特征尺寸，而对这些决定因素的精确调控是实现 TPL 技术可控制造的关键。

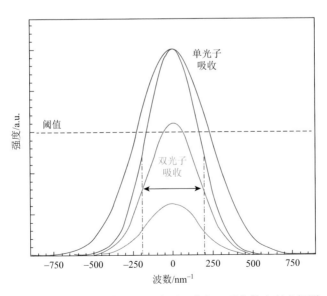

图 6-8　单光子（紫色）和双光子（蓝色）吸收的光斑半径图

在许多研究中，建立特征尺寸与加工参数之间的关系是很重要的。一方面，它可以解释如何控制特征大小来适应结构。另一方面，由于不可避免的系统误差，得到的特征尺寸会偏离理论曲线。因此，这种偏差的大小可以反映出精确控制指定尺寸的实际能力。

基于这些建立的关系，通过调控参数可以进一步提升制造结构的分辨率。其中，最主要的工艺参数就是加工功率、曝光时间及物镜的 NA。在飞秒激光刚盛行的几年里，加工工艺和参数的优化成为提升加工精度最有效和最直接的方法。早在 2001 年，Satoshi Kawata 等利用 TPL 技术制造了特征尺寸接近衍射极限的纳米牛[图 6-9（a）]，建立了体素尺寸与曝光时间的关系，表明了非线性效应有望超越衍射极限的超精细加工能力，引领了 TPL 技术在这后续 20 年里的发展[44]。

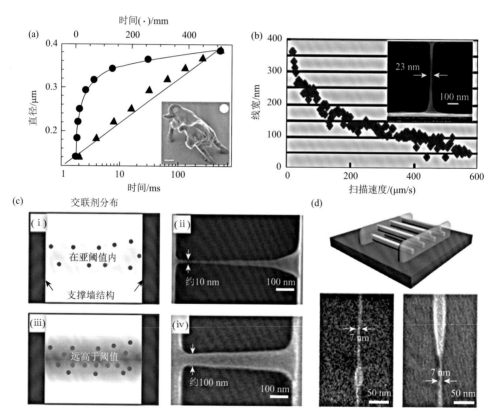

图 6-9　（a）TPL 制造中横向空间分辨率与曝光时间的非线性（对数）依赖关系及其制造的纳米牛结构；（b）悬浮光纤的线宽与扫描速度之间的关系；（c）不同交联工艺的原理图和制备结果：（ⅰ）和（ⅱ）激光能量处于亚阈值聚合内制造的线宽，（ⅲ）和（ⅳ）常规方法下，激光能量远高于聚合阈值制造的线宽；（d）最窄的悬浮网格结构及线宽特征尺寸

前面提到，在制造过程中分为点扫和线扫两种模式，它们分别通过切换快门开关及改变扫描速度来控制曝光时间。实际上，由于快门的机械响应较低，点扫会延长曝光时间，往往分辨率较低，而线扫则由于仅需改变扫描速度更容易获得更高的分辨率。暨南大学段宣明教授等探究了激光扫描速度与加工结构线宽的作用关系[图 6-9（b）]，并在 20 mW 激光功率和 700 μm/s 扫描速度下制作了特征尺寸小于 25 nm 的光纤[45]。通过图 6-8 可以看到，聚合阈值的强度也会影响体素的特征尺寸，因此调控阈值强度同样是一种有效的办法。Joel K. W. Yang 等设计了一种亚阈值的聚合方法，首先在结构中制造壁垒，使得交联剂能够均匀分布[图 6-9（c）]，之后用亚阈值强度的激光制造纳米线，可以有效地将纳米线精度控制在 10 nm 以内，甚至达到 7 nm[图 6-9（d）][46]。

6.4.2　光刻胶化学组分调制

上一节详细介绍了影响体素特征尺寸的关键因素，以及通过调制激光参数来提升分辨率的方法。在这一节中，将介绍通过调控组分来制造更精细的结构。根据光聚合机理，自由基为光聚合反应提供了能量，在式（6-9）和式（6-10）中也体现了自由基密度的影响。因此，可以考虑添加自由基猝灭剂来减少自由基浓度，进一步提升聚合的精细度。在 TPA 过程中，光引发剂（PI）中的发色团通过吸收光子跃迁到激发态（PI*），同时分解生成活性自由基（R·）。而自由基猝灭剂（Q）则能在此时取代单体（M）与自由基结合，产生猝灭自由基。最后，RQ· 可以通过热释放或者辐射失活，因此在一定程度上能抑制单体聚合，提高光固化产物的分辨率。相关过程如下[47]：

$$PI \longrightarrow PI^* \longrightarrow R\cdot + R\cdot \qquad (6\text{-}13)$$

$$R\cdot + Q \longrightarrow RQ\cdot \qquad (6\text{-}14)$$

$$RQ\cdot \longrightarrow RQ + 热或 hv \qquad (6\text{-}15)$$

图 6-10 显示了自由基猝灭剂的影响过程，自由基均匀地分散在光刻胶内部。如前所述，激光束的强度近似为高斯分布，它决定了在同一截面上不同位置的自由基的密度。在中心区域，激光强度很高造成了更多的自由基从而减少或避免了猝灭效应，但是随着距中心的距离增大，自由基密度开始减小，猝灭提前终止光聚合和链增长反应。2006 年，Dong-Yol Yang 等提出在光刻胶中加入 2,6-二叔丁基-4-甲基苯酚（DBMP）作为自由基猝灭剂，将分辨率提高到了 100 nm，并探究了猝灭效果与自由基猝灭剂含量的关系[47]。同时，还指出自由基猝灭剂的存在会导致聚合物链长变短，进而降低聚合结构的机械强度。

除了添加自由基猝灭剂，还可以通过添加高性能的光引发剂来改变聚合阈值。1999 年，Seth Marder 提出了选择光引发剂的准则[8]：①具有大的双光子吸

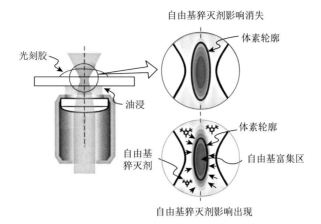

图 6-10　自由基猝灭机理示意图

收截面（δ_{TPA}，指入射光子被物质捕获的概率）的发色团，如 D-π-D 结构。当激光束通过非线性介质时，光刻胶会吸收光子来激活系统，从而导致激光束衰减。②高激发效率。高效的光引发剂能够在较短的时间内聚合单体，从而获得更高的分辨率。③具有可以通过发色团激活化学功能的机理，如电荷转移。总之，高灵敏度、高激发效率的光引发剂可以降低阈值，有效提高分辨率。

Kawata Satoshi 等在光刻胶中添加 9，10-双戊氧基-双[2-(4-二甲氧基-苯基)-乙烯基]（一种高灵敏度且高效率的光引发剂）和二季戊四醇六丙烯酸酯（一种含大量双键的交联剂）[图 6-11（a）][48]，在 0.8 mW 的激光功率和 50 μm/s 的扫描速度下将分辨率提高到了 80 nm[图 6-11（b）]。除了光引发剂，研究人员发现在光刻胶中添加量子点（QDs）同样能够提高分辨率。Safi Jrad 等指出，量子点可以在直写过程中吸收光子，导致光引发剂吸收的光子较少，从而提高了分辨率，可以制得宽度为 75 nm 的纳米线[图 6-11（c）][49]。除了量子点，Riedinger Andreas 等还发现金属纳米颗粒（NPs）能够表现出倾向于自由基猝灭的作用，通过添加 AgNPs 有效地将体素的特征尺寸缩小到 56 nm[图 6-11（d）][50]。

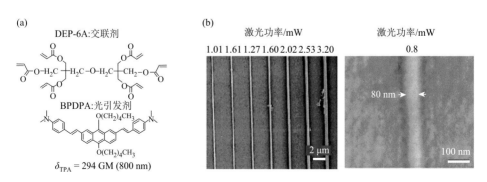

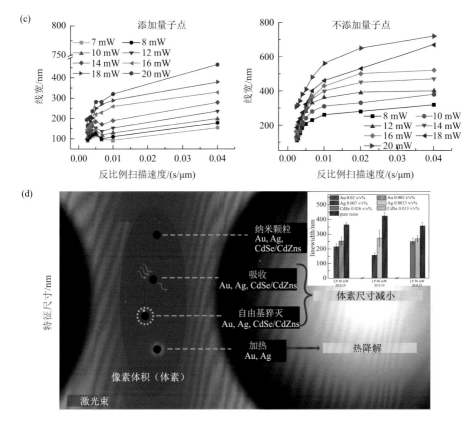

图 6-11　（a）高效光引发剂和交联剂单体的分子结构；（b）特征尺寸为 80 nm 的光聚合线的 SEM 图；（c）量子点影响下的加工线宽与激光扫描速度之间的关系；（d）纳米颗粒在光刻过程中的影响作用机理

6.4.3　双光束猝灭技术

1. STED 的技术原理

受激发射损耗（STED）显微镜由 Stefan W. Hell 在 1994 年提出，经过近年来的不断发展，STED 荧光显微镜在实验上实现了阿贝分辨率，已被应用于材料及生物医学领域进行微观结构的观察和分析[51]。20 多年前，Stefan W. Hell 就指出，如果能够足够快地关闭激发光束衍射外边缘（PSF）的荧光，使荧光团无法发射光子，那么荧光显微镜的分辨率就不会与衍射绑定，实现激发后但发射前的荧光损耗。这是因为荧光的平均寿命在 1 ns 范围内，分子有足够的时间从激发态降低到基态。受此启发，研究人员开始尝试将 STED 应用于 TPL 技术，利用 STED 荧光团的激发态来打破衍射极限，极大地提高了制备结构的分辨率。

目前，利用光子诱导机理来阻止单体的交联是一种可行的方法。根据损耗机理，图 6-12 列举了与 STED 相关的光刻类型及机理[52, 53]：①STED 光刻：在 TPA 过程中光引发剂（PI）分子被激发达到激发态（S_1），然后在 STED 光刻中通过受激发射（SE）返回到基态（S_0）。与此同时，部分 PI 分子通过体系间交叉（ISC）向三重态（T_1）过渡，生成活性自由基（R·）交联聚合物[图 6-12（a）]。②光诱导失活分辨率提高（RAPID）：在此过程中，TPA 后会出现中间态，但在光激发下，中间态失去活性而不能交联聚合物，因此产生的 R·减少，导致聚合物交联减少，分辨率提高[图 6-12（b）]。③双色团光激活/抑制（2PII）：PI 分子被其中一个光子激发，通过单光子吸收（OPA）生成 R·引发聚合。而另一个光子则扮演相反的角色，产生非起始自由基（Q·），限制聚合物交联程度[图 6-12（c）]。④在激发态吸收中，激发后损耗光可被几个中间态吸收。从这样的高激发态开始，聚合反应发生在非辐射衰变到基态之后[图 6-12（d）]。⑤在抗蚀剂加热过程中，可以从激发态和非辐射衰减重复吸收到相同状态而加热。随着温度的升高，几种抗蚀剂的性能会发生变化，抑制激发、引发或聚合过程[图 6-12（e）]。图 6-12（f）是一套典型的 STED 光刻设备，激光器能够发出波长为 780 nm 的飞秒激光进行直写，以及波长为 352 nm 的 STED 光。经过比较发现，在保证其他参数一致的情况下，使用 STED 光能够将线宽从 800 nm 缩小至 80 nm。

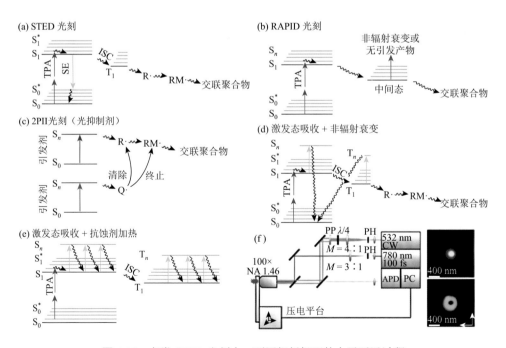

图 6-12　在类 STED 光刻中，不同损耗机理的电子跃迁过程

（a）STED 光刻；（b）RAPID 光刻；（c）2PII 光刻；（d）激发态吸收和非辐射衰减；（e）激发态吸收和抗蚀剂加热；（f）用于 STED 光刻的典型设备图及对应的两束激光光斑

2. 基于 STED 的光刻技术的应用

在光刻技术中，分辨率是由两个相邻但分离的结构的最小间距定义的，在可见光领域，分辨率一般在 200 nm 左右。近年来，出现了几种基于 STED 的无限衍射 TPL 技术，使用一束脉冲激光激活光引发剂诱导自由基聚合，另一束 STED 激光抑制处于 PSF 区域边缘的聚合反应，使得聚合仅限于内部的 PSF，有助于生成特征尺寸小于双光子聚合极限的结构。早在 2014 年，Kreutzer 等就通过实验实现了 STED 显微技术向 STED 光刻技术的转变[54]。如图 6-13（a）所示，框架结构由波长为 780 nm，脉宽为 110 fs 的飞秒激光直写制造，而中间的阶梯则施加功率递减的 STED 激光，可以看到随着功率的增大，所得阶梯结构的直径不断减小，最终轴向尺寸可以减小到 53 nm。随后，与 Kreutzer 同组的 Bianca Buchegger 等又利用该技术，在框架结构上加工了直径为 65 nm 的纳米锚点，由于使用了生物性材料作为聚合单体，这种纳米锚点可供血友病因子的吸附，促进了其在细胞操作领域的适用性[图 6-13（b）][55]。相似地，他们在 2017 年利用 STED 技术得到的类似于甜甜圈光圈的激光束进行制造，将特征尺寸减小到了 $\lambda/11$（72 nm），并制备了表面活性纳米结构[图 6-13（c）][56]。

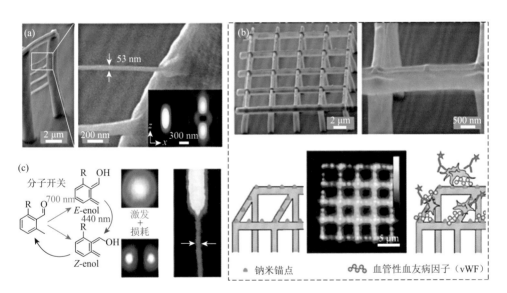

图 6-13　（a）两个由 TPL 技术制造的垂直杆及不同 STED 激光功率制造的横梁的 SEM 图，并用 4.24 mW 激发和 6.27 mW STED 功率书写的厚度为 53 nm 的横梁，以及 TPL 和 STED 激光光斑图像；（b）用于血小板活化研究的细胞组织框架；（c）由 700 nm 波长激发产生双光子吸收形成的中间态 α-甲基苯甲醛光烯醇异构体，该异构体在 440 nm 和 700 nm 波长的光同时照射下可逆地形成-消耗

6.5 高效三维纳米光刻技术

基于超快激光的 TPL 是制备三维微纳结构的强大技术，然而制造效率一直是制约着其用于工业化生产的关键问题。为解决这一难题，许多学者探索了众多可以有效提高效率的方法及设备，如多平台联动、多光束干涉、多焦点并行处理和时空聚焦等技术。

6.5.1 单光束直写加工

焦点与样品之间的相对速度直接影响打印效率。为了实现三维尺度下的微纳制造，样品台通常在平面轴（x-y）上移动，物镜在轴（z）上移动，以完成焦点在任意方向的移动。此外，还可以通过旋转振镜来倾斜激光束，从而使得焦点能够精确移动（图 6-14）[57]。值得注意的是，像差和渐晕很容易导致焦强度分布扭曲从而产生位移和畸变。这些畸变在空间上依赖于物镜视野内的位置。然而，已有研究结果表明，振镜扫描系统可以在不影响结构质量的情况下快速构造三维结构。当然，有效的最大写入速度还取决于可用的激光功率和光刻胶的光敏性，以及要写入的结构（选择的轨迹、结构细节等）。

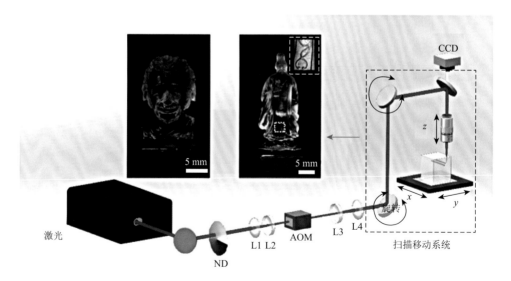

图 6-14　单光束快速制造的实验示意图，以及在熔融二氧化硅中印刷爱因斯坦头部和孔子雕像的 SEM 图

振镜、物镜和载物台的多平台联动，能够将 2D 制造转化为 3D 空间的高效制造。例如，在 2019 年，程亚教授等利用这种高效的多平台联动技术，实现了 0.16 mm^3/s（8300 voxel/s）的制造效率[57]。该运动系统可以使焦点精确移动到任意位置，完成 3D 增材制造。这种设计将使得高印刷速度和大印刷面积成为可能。

6.5.2　多光束干涉加工

基于光的相干性，激光干涉光刻是基于两个及以上的相干光源建立起来的干涉图案并作用于光刻胶，这也是经典的无掩模制造方法之一。利用干涉光刻与多光束的结合，不仅可以实现三维周期性结构的制作，还能满足高通量、高速度的制造要求。

1. 干涉光刻机理

干涉光刻（laser interference lithography，LIL）通常用于光刻胶材料的曝光，在加工过程中，激光束会被分散为两束相干光束，并以不同的角度组合图案用于样品的曝光。其中，最著名的设计之一就是单光束劳埃德反射镜干涉仪。激光束被聚焦在针孔或者狭缝上，过滤掉复杂的空间频率。然后，激光束进行远距离传播，在有限的相干区域内可以视为平面波。由于劳氏的镜面设计，样品和镜面之间的角度是 90°。若激光束入射到样品的角度为 θ，则入射到镜面的角度为 90°$-\theta$，此时反射镜则以 90°$-\theta$ 的角度照射样品。因此光束的强度可以表示为[58]

$$I(x) = 2A\left\{\cos\left[\frac{4\pi x}{\lambda}\sin(\theta)\right] + 1\right\}$$

式中，A 为每个激光束的强度；x 为入射平面上沿样品 x 轴的位移距离的坐标；λ 为激光波长。LIL 并不仅限于两束干涉。多光束可以被干涉来制造更复杂的结构。下式则为多光束干涉的强度分布：

$$I(r) \propto \sum_{l=1}^{n}\sum_{m=1}^{m} e_l e_m^* \exp\left[i(k_l - k_m)\cdot r\right] \propto \sum_{l=1}^{n}\sum_{m=1}^{m} a_{lm}\exp[iG_{lm}\cdot r]$$

式中，i 为虚数单位；r 为位置向量；$a_{lm} = e_l e_m^*$，$G_{lm} = k_l - k_m$；k_m 和 e_m 分别为 m 次光束的波矢和偏振矢量；G_{lm} 为两束激光的波矢差。由于位置向量 r 是在三维空间中，而 G_{lm} 是一个空间向量，因此 LIL 的制造周期可以从二维扩展到三维。这也可以称为"全息光刻"。

LIL 是一种无掩模的光刻技术，多用于对感光材料（光刻胶）的图案化制造。将图案从感光层转移到目标表面需要后期处理，如反应离子刻蚀和剥离过程。因此，制备的结构可以被定义为三个阶段：曝光前、曝光中、曝光后。在曝光前，可在光刻胶下调节防反射涂层（ARC），来修改图案横截面的形状。它会通过直接影响入射波和反射波之间的干涉，从而产生一个垂直的驻波来改变图案形状。对于只使用光刻胶的样品，柱的宽度在靠近基板表面的位置不断减小。通过在光刻胶底部添加 ARC，大大提高了图案的均匀性和稳定性，同时又减少了图案不规则造成结构坍塌的可能性。在曝光过程中，可以通过曝光剂量来改变 2D 点阵。随着激光技术的发展，高脉冲能量激光正在走向商业化。因此，LIL 也不再局限于光敏材料。

2. 从 2D 到 3D 的干涉光刻

目前，有两种方法可以实现 3D 结构：一种是利用后处理将 2D 图案扩展为 3D 图案，如湿法刻蚀；另一种则是直接曝光成 3D 图案，如多光束干涉光刻。在湿法刻蚀中主要是通过镀膜来保护结构层，之后利用溶液去除掉多余的部分，进而形成可控的理想 3D 结构。这种方法虽然可以与多种技术相结合，具有较大的应用价值，但是本身步骤烦琐且复杂，不作为本节讨论的重点。

多光束干涉光刻的主要机理是利用来自不同角度的光同时照射样品，达到多维度并行制造的目的，如图 6-15（a）所示，是来自不同方向的四个干涉光同时照射样品实现 3D 制造[59]。以面心立方干涉结构为例，四束干涉光的波矢量可以表示为 $k_1 = \pi/d[201]$，$k_2 = \pi/d[\overline{2}01]$，$k_1 = \pi/d[02\overline{1}]$，$k_2 = \pi/d[0\overline{2}\overline{1}]$。为了实现增加光束达到并行化制造的目的，研究人员发现可以使用液晶空间光调制器（SLM）代替分束器。在聚焦透镜前的傅里叶变换平面上可以得到相位分布。光束的入射方向对应于经过 SLM 修正的空间频率分布。因此，光束的数量几乎是无限的。

由于飞秒激光与物质相互作用的特殊性质，并行化 TPL 同时保持打印任意复杂 3D 结构的能力是具有挑战性的。除此之外，在光聚合物中可感知的双光子吸收要求光强在 1 TW/cm^2 的量级，因此飞秒脉冲激光器是不可或缺的关键设备[60]。由于 SLM 的不完全衍射效率，在全息飞秒激光加工过程中，有一部分光束被称为零级光束，始终没有衍射。这种零级斑点会在加工过程中损坏材料衬底。如图 6-15（b）所示，有两种方法来避免这种情况：①在傅里叶平面上使用物理阻挡的方法来避免聚焦的零级光束。该方法是利用普通傅里叶变换产生衍射多光束时，消除零级光束干涉的最常用、最直接的方法。②第二种方法是主动使目标焦点的加工平面偏离零级光斑位置。目前，已经研究了多种偏离焦点的方法，如使用叠加菲涅尔透镜。

利用 SLM 对全息激光束进行调制，可以生成具有预先设计性的多焦点的激光束，能够实现任意分布的三维微结构的并行化制造，显著提高了 TPL 技术的吞吐量和灵活性。在 2015 年，利用 SLM 将激光束预调制成多焦点，实现了多焦点光斑并行处理[图 6-15（c）][61]。研究结果表明，当采用多焦点时，由于在制作螺旋光子结构时减少了重复的三维扫描次数，大大缩短了加工时间。制作一个微透镜仅需 6 min，远低于传统单光斑的 20 min。在随后的 2019 年，Saha 等使用数字掩模版实现了基于空间和时间聚焦的飞秒激光 TPL。通过与之前的工作比对，这一单层的并行化处理技术不仅将分辨率保持在 500 nm 以下，还将制造速度提高了三个数量级。这些基于 SLM 的并行化技术，既保证了 TPL 的超高分辨率，又解决了串行逐点制造加工速度慢的问题。这一技术的发展，能够扩大 TPL 在功能化微纳器件、生物医学支架等多领域的重要作用。

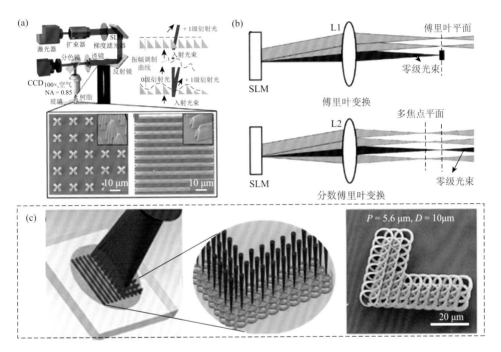

图 6-15　（a）在 TPL 系统上实现 SLM 调制的示意图及制造的周期性结构的 SEM 图；（b）不同傅里叶变换和分数傅里叶变换的比较；（c）基于 SLM 的多光束并行化制造示意图

6.5.3　计算机全息图图案化制造

正如前面所述，传统的 TPL 技术虽然能够实现超高的制造分辨率，但是由于逐层制造及点对点制造模式的原因，吞吐量受到了连续激光扫描的限制。这种缺点在打印复杂的空心结构时更加明显，如八面体桁架或非平面结构，因为激光总是需要扫描整个易构建的结构。近年来，微透镜阵列及空间光调制器的出现实现了激光的并行化处理，明显提高了加工效率。但是，这些方法明显地局限于周期性结构。基于计算机全息图（computer-generated holograms，CGHs）的飞秒激光光束整形技术，完全打破了这一束缚。CGHs 的应用更多地会与 SLM 相结合，SLM 将激光束调制成多束平行光，CGHs 则能够将光束整形成二元全息图像，高效地制造几何和空间分布可控的微结构。

利用飞秒激光制备微结构的第一步则是在计算机上设计合理的微结构模型。如图 6-16（a）所示，设计的二维全息图像经过二维快速傅里叶变换后，产生的光散射图就为原图像"bham"的一级衍射图。基于方程 $d\sin\theta_m = n\lambda$ 可知，光的色散取决于入射角（θ_m）和沟槽间距（d）。当入射角增加或沟槽间距减小时，光的色散增加[62]。图 6-16（a）的这些图像显示了入射光经过不同光栅后产生的衍射图案。陈玉萍副教授等利用飞秒激光微细加工技术，结合计算机生成的二元全息图制备了二元调制非线性光子晶体，并且他们在工作中展示了高效的 2D 任意谐波光束整形技术[图 6-16（b）][63]。针对这种高效的制造工艺，胡衍雷教授等在2020 年提出了一种快速和灵活的全路径计算方法，能够对光学系统中光的传输做出超快评估，为成像、激光处理和光学操作等实时光场分析奠定了基础[64]。

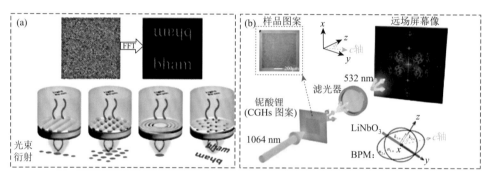

图 6-16　（a）飞秒激光全息制造示意图；（b）激光器泵浦铌酸锂（LiNbO₃）晶体实现全息成像的装置示意图

6.5.4　基于相位掩模版的空间光束整形

相位掩模版是一种能够可靠地产生高度可重复空间调制干涉场的自对准干涉仪，生成光束的光程长度与入射到掩模的光束自动匹配。光纤相位掩模距离（d）是一个非常重要的参数，因为它允许编写带有飞秒脉冲和相位掩模的纯双光束干涉光栅。经相位掩模衍射的脉冲在与相位掩模垂直距离 d 处有不同的到达时间[65]。当 d 较大时，衍射阶对在空间上不再重叠，产生衍射阶走离效应[图 6-17（a）]，因此所得光栅的周期是相位掩模的一半。Timo Gissibl 等利用飞秒双光子直接激光刻写技术，将相位掩模直接刻写在光纤端面上，可以实现亚微米级对准精度[66]。他们将 3D 打印掩模版直接连接到光学单模光纤，以在空间上对光束强度进行整形，制造的结构如图 6-17（b）所示，显示了利用菲涅耳-惠更斯衍射理论计算的波束整形的表面图案。基于相位掩模版的增材光学制造，将应用领域扩展到微纳米光学，并为集成光纤或片上实验室器件开辟了一个新的领域。

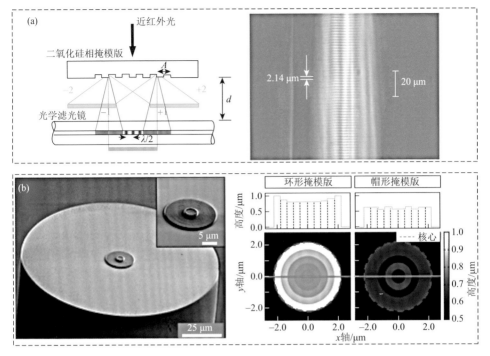

图 6-17　（a）周期性相位掩模版衍射阶走离效应及成像图像；（b）基于衍射相位掩模版的
TPL 技术制造的衍射元件及结构高度分布

6.6　非线性光刻技术应用前沿

在过去的几十年里，光刻胶和 TPL 在丰富各种类型的原料和实现小的特征尺寸方面取得了很大的发展。通过打印精确和复杂的结构，人们可以赋予单一需求结构特定的性能，以适应特殊和新奇的环境。这项技术之所以能被应用到许多领域，也得益于其无与伦比的优势。目前，它被广泛应用于光学器件、微机电系统、机械超材料、生物医学和环境响应等领域。本节将主要讨论它们在各个领域中具有潜在价值的功能化器件。

6.6.1　微光子器件与系统

在光子器件领域有许多有趣的应用，包括按需调制具有高折射率的复杂微结构及光子带隙。对光束携带角动量的性质研究已经从量子光学转变到了对显微学和显微操作的研究。利用飞秒激光非线性光刻可以有效实现对光学元件微结构的精确控制。

武汉理工大学的王学文教授在 2017 年提出了一种飞秒激光直写光刻胶来制作

几何相位光学元件的技术方案。如图 6-18 所示，利用飞秒激光的高扫描速度及重复频率加工了具有不同拓扑电荷（*l*）的复杂微结构。将制备的样品放在偏振器后，在不同波长的光束照射下能够看到具有不同形状的光学漩涡。这些结果表明，基于飞秒激光的非线性光刻技术可以实现自旋控制的几何相位光学元件的增材制造。

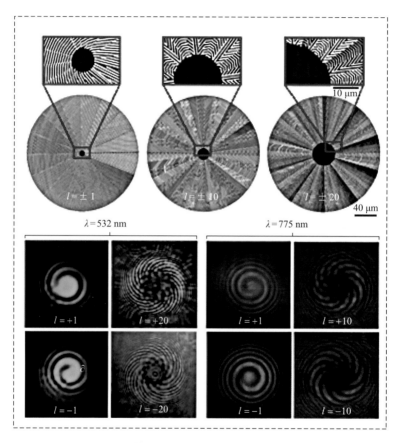

图 6-18　利用飞秒激光制造的光学漩涡微结构

众所周知，熔融石英玻璃是许多高性能光学元件的首选材料，因为它具有较高的光学透明度，并具有较强的热、化学和机械稳定性。除此之外，熔融二氧化硅微结构的产生对微光学和生物医学应用具有很高的价值。与飞秒激光的结合可以让此类器件在亚微米级尺度上实现几乎任意结构的制造。Frederik Kotz 等使用双光子可光固化的二氧化硅纳米复合树脂作为原材料，通过热脱脂和烧结工艺，制造了具有可视性的微光学透镜[图 6-19（a）][67]。该项工艺达到了数十微米的 3D 分辨率和仅为 6 nm 的表面粗糙度。该技术是新型高分辨率玻璃组件制造的重大突破，推动了分辨率、形状和自由设计的组件在高精细光学元件上的应用。

　　动态响应的三维光子晶体元件是有源集成光子电路设计的关键，其发展需要结合响应速度快、可调谐的材料系统。光子晶体是一种可以通过非线性光刻精确控制的人工周期性介质结构。例如，2015 年，Mikhail V. Rybin 等研究了几种类型的三维光子晶体，并制造了完整的光子带隙结构[68]。他们证明了光子带隙的变化与不同的结构尺寸有关，表明该技术的光学可调谐特性。同样地，Greer Julia 小组采用非线性光刻与热解脱脂的方法，利用含钛光刻胶制备了具有全光子带隙的光子晶体[26]。2019 年，Ioanna Sakellari 等使用飞秒激光直写原位合成了硫化镉（CdS）纳米颗粒，实现了可见光活性 3D 光子器件制造，成功制备了含有有机-无机硅锆复合材料和 CdS 量子点的可见光 3D 木堆光子器件[69]。新型有源 3D 可打印杂化复合材料在 Z-scan 方法下表现出高的非线性折射率值，而制备的木桩结构在可见光波段表现出清晰的光子禁带[图 6-19（b）]。

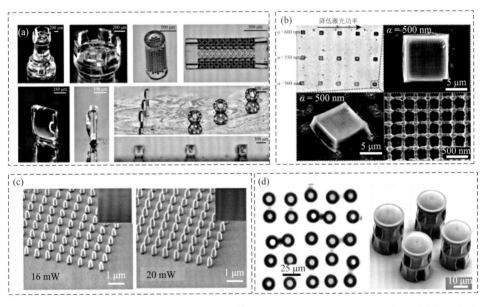

图 6-19　　（a）TPL 制造的熔融石英玻璃三维结构并应用于微透镜；（b）掺杂量子点的三维光子器件；（c）激光功率调控的纳米光栅；（d）基于 TPL 的高分辨率光场打印

　　作为一种可控的制造技术，激光功率的改变能够调控纳米柱状衍射光栅的尺寸[图 6-19（c）][70]。研究发现，当柱状光栅的尺寸增加时，颜色就会逐渐趋向蓝色。相似地，光场打印（LFP）是在环境白光照明下向裸眼观察者显示 3D 信息，从不同的角度看到 3D 图像的不同视角。因此，直接在透明树脂中制造 LFP 结构[图 6-19（d）]，不仅具有高空间分辨率和高角度分辨率，还在视图上具有平滑的运动视差[71]。

6.6.2 微电子器件与系统

TPL 技术被认为是开发三维功能体系结构的理想工具，使用可聚合树脂与各种功能材料复合能够获得多功能的光刻胶材料，包括光异构化染料、半导体纳米颗粒、金属纳米颗粒和磁性纳米颗粒。近年来，由于其在微电子或柔性电子学、纳米光子学和等离子体学等新兴领域的潜在应用，人们对微米级三维导电结构的制备产生了浓厚的兴趣。

多年的研究发现，碳纳米管具有卓越的机械、电学、热学及光学性能，是聚合物基复合树脂中很有前途的填充材料。通过原位聚合的方法，能够充分利用碳纳米管掺杂来提高聚合物基体的机械、电学和热学性能[72]。陆永枫教授等使用巯基（—SH）接枝方法对多壁碳纳米管（MWCNT）进行功能化，制备出了光聚合的 MWCNT-巯基丙烯酸酯（MTA）复合树脂[73]。分散的纳米管网络产生了优良的电导率。为了验证其在微机电系统（microelectromechanical systems）中制造的潜力，如图 6-20（a）所示，他们制备了各种导电微电子器件，包括电容器阵列和电阻阵列，并且可以在聚对苯二甲酸乙二醇酯（PET）衬底上制备柔性微电子器件。

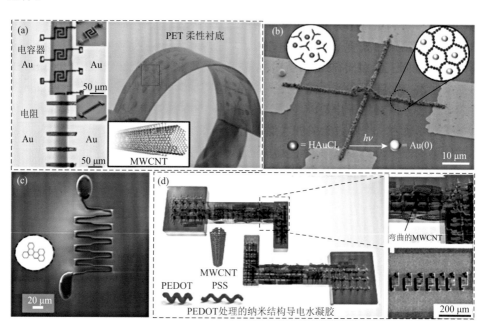

图 6-20　TPL 技术在微电子领域的应用

（a）含有碳纳米管的光刻胶制备的电容器、电阻及柔性可弯折微电子器件；（b）利用光还原制造的含 Au 的电极连接线；（c）玻璃碳电阻；（d）导电水凝胶制备的微型电阻

除了直接将导电材料接枝在聚合物上获得导电性能，研究发现，超快激光可以在光敏剂存在的情况下诱导金属离子的光还原，因此可以在溶液中直接书写金属结构或混合在聚合物基体中形成导电结构。Nakamura 等利用含有 $HAuCl_4$ 的商用光刻胶和光引发剂，写出了以高电导率为特征的导电图案[74]。结果表明，在激光照射下，掺杂 $HAuCl_4$ 的光敏剂可以通过双光子吸收诱导金离子的还原和聚集，而只交联少量的 SU-8。值得注意的是，Martin Wegener 等用 PEG 基光刻胶取代了 SU-8，在双光子聚合交联网络时 Au 可以被光还原。他们成功地制作了一些导电的 3D 导线，用于连接不同的金垫，电导率与金相近[2.2×10^6 S/m，图 6-20（b）][75]。

除此之外，利用 TPL 技术打印玻璃碳微结构[图 6-20（c）]的研究发现，通过不同的加热温度可以调整热解图案玻璃碳材料的电学和微观结构特性[76]。利用分子间作用力，熊伟教授等使用自组装的方法将 π-共轭聚（3,4-乙二氧基噻吩）（PEDOT：PSS）插入到含 MWCNT 的导电水凝胶中[图 6-20（d）]，设计了分辨率可达 500 nm 的精细结构，同时实现了高电导率（0.1～42.5 S/m），并产生了超高的机械强度和理想的耐潮湿/酸性环境性能[77]。

6.6.3　微机械器件与系统

机械超材料是指具有特殊力学性能（如杨氏模量增强、压转响应、负泊松比等）的人造材料，其特点来自精确的结构设计[78]。TPL 为在微/纳米尺度上构建复杂的机械超材料结构提供了前所未有的机遇，是显微领域制备超材料的重要工具。

与大多数领域一样，超材料的发展也经历了理论到实践的过程。作为一种制造技术，TPL 首次与超材料相结合只是为了证明这种结构是可以制造的，其性能分析主要依赖于有限元模拟，而不是机械实验。Kadic 等基于金刚石模型设计了五模（penta-mode）力学超材料。通过调整结构参数，以及有限元模拟（COMSOL Multiphysics），他们发现体模量与剪切模量的比值可以达到 1000 [图 6-21（a）][78]。基于此结构模型，他们制作了相同的聚合物微结构，并进行了弹性力学测量，应用于弹性力学无感斗篷[图 6-21（b）][79]。结果表明，使用压力很难探测到覆盖于五模超材料中的刚性物体。

随着 TPL 和纳米尺度力学测试的发展，研究人员将模拟与制备相结合，通过微纳米测试试验验证微结构力学超材料的性能。2017 年，Martin Wegener 等设计了一种手性结构，在施加轴向应力时可以进行扭转，并制作了聚合物样品来验证这一压转过程[80]。Dennis M. Kochmann 等将结构制备与理论模拟分析相结合，探索了节点几何形状对三维微超材料结构有效刚度的影响[图 6-21（c）][81]。在他们的研究中，选择了几个具体的参数进行制作和分析，以验证仿真的正确性。Dirk Mohr 等报道了具有最佳各向同性刚度的三维纳米板晶格结构[图 6-21（d）][82]。

之后，Jens Bauer 等采用类似的方法制备了该结构，并进行不同相对密度下不同参数的压缩实验[图 6-21（e）][83]。他们进一步证明了杨氏模量和强度与结构相对密度有关[图 6-21（f）]。随后，在 2021 年，Mougin Karine 等更系统地研究了激光参数及溶剂参数对材料杨氏模量的影响及作用规律[84]。他们以聚乙二醇二丙烯酸酯（PEGDA）、三甲基丙烷三丙烯酸酯（TMPTA）和聚季戊四醇三丙烯酸酯（PETA）为光刻胶原料，加工了数个桁架结构[图 6-21（g）]，来探究力学性能。结果表明，随着激光功率增加，材料的杨氏模量增强，表明交联密度的增大。此外，在树脂混合物中，随着 PETA 用量的增加，杨氏模量也随之增加。结合这两种方法，最终微结构的纳米力学性能达到了前所未有的范围，从兆帕到吉帕，覆盖了 3 个数量级。

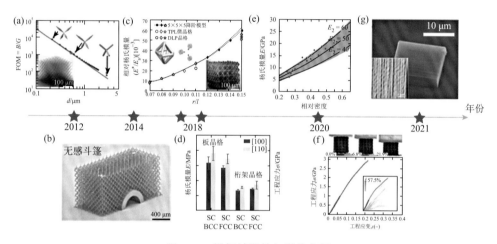

图 6-21 微机械器件与系统应用

（a）五模超材料的有限元模拟及结构制造；（b）基于五模超材料的力学无感斗篷；（c）八面体结构中基于不同节点的相对杨氏模量仿真与结构测试；（d）不同类型平板晶格的杨氏模量；（e）不同相对密度的立方＋八面体平板纳米晶格的杨氏模量；（f）热解的碳立方＋八面体平板纳米晶格的压缩实验；（g）高功率下实现的高交联桁架结构

目前 TPL 在超材料中的应用主要是将有限元模拟与非线性光刻相结合。利用仿真软件对超材料的各种结构参数进行系统分析，然后选择特征参数进行微结构加工，以验证仿真结果的正确性。当然，作为微/纳米尺度的精密三维制造的有力工具，TPL 已被用于此类系统的研究，以实现未来的工业应用。

6.6.4　生物微器件与系统

TPL 技术最初是为其他领域产生的，但是与生物医学领域的跨学科合作研究也具有广阔前景。在实际应用中，利用 TPL 制备精密微结构生物器件的同时也需要特殊的物理、化学和生物环境来实现预期的功能。在上一节中，介绍了几种可用于生物医学领域的光刻胶，在这里将重点介绍这些材料如何与 TPL 结合应用于生物医学。

组织工程是一个结合材料、细胞和生物环境的多方面应用领域。它的目标是制造一种支架，作为受损组织的生物替代品。在制造前应考虑以下几条规则[85]：①适当的生物相容性和生物降解性，足够的机械稳定性来支持附着的细胞；②相互连接的网络，细胞可以黏附并允许它们增殖和深度迁移；③营养物质和氧气容易通过网络到达细胞，细胞废弃物也容易排出体外。图 6-22（a）是一种可以进行细胞培养和观察的水凝胶支架，中国科学院理化技术研究所使用了一种水溶性的光引发剂，能够有效提升材料的吸收[86]。同样地，图 6-22（b）也是一种细胞支架，可以为细胞提供特殊的黏附位点来控制细胞的三维形状及生长过程[87]。

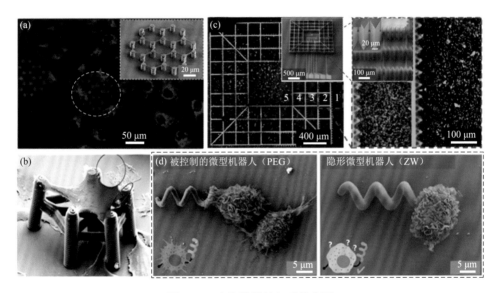

图 6-22 生物微器件与系统应用

（a）细胞培养支架；（b）纤维细胞培养支架；（c）细菌检测器；（d）可避免被巨噬细胞识别的两性生物微型机器人

细菌相关疾病和并发症，如术后感染、肺炎、腹泻和尿道炎，是卫生保健的主要负担之一，每年影响全球数百万患者。及时诊断细菌感染可显著减少并发症和降低死亡率，因此，有必要开发低检测限、高灵敏度、高选择性和重现性的传感技术，用于原位、体内应用。杨广中教授等提出一种新的生物传感器设计，利用双光子聚合和石墨烯制造了一个可增强的生物传感平台用于检测细菌运动[88]。利用 TPL 技术实现了一种静脉阀启发的三维微结构，所提出的非对称三维微结构可以对大肠杆菌在特定方向上的运动进行整流，导致指定腔内细菌浓度的增加，从而造成相应传感信号的增加。如图 6-22（c）所示，这种不对称结构仅允许运动细胞从陷阱外游向中心，因此中心的传感性能提高了 2.1～3.08 倍。

微型机器人由于体积小，在人体内可以自由操作，为非侵入性医疗干预提供了变革性的解决方案。已经有许多工作展示了微型机器人在生物医学中的应用，如药物传递、生物监测等。但是，作为一种外来物质，它们必须将免疫系统作为一种抵御外来威胁的自然保护机制来面对。Cabanach 等创新性地使用两性离子光刻胶设计了一种能避免被免疫细胞识别的非免疫原性隐身两性离子微型机器人[图 6-22（d）][89]。如图 6-22（d）所示，相比于普通的微型机器人，两性离子微型机器人在与巨噬细胞接触后并没有被识别而受到攻击，这一发现为医疗微型机器人关键的生物相容性和免疫原性挑战提供了新的材料解决方案。

6.6.5　智能材料与微致动器

TPL 可以用于创建复杂的、响应的 3D 交联结构，并且达到非常高的分辨率。由于凝胶中的驱动行为（膨胀和收缩）本质上是扩散控制的，减少结构的规模将极大地提高驱动速率。通过对 3D 结构本身的设计，也可以实现 3D 程序运动，因为 TPL 可以精细控制结构内部的聚合物密度。到目前为止，已经用低交联密度的水凝胶、可聚合离子液体和液晶光刻胶等制成了响应外部刺激的微致动器。这些响应性材料在微流体、微传感器、仿生机器人和信息加密保护等领域具有颠覆性潜力。

Florea Larisa 等创建了一种刺激响应的具有亚微米分辨率的软交联 3D 微结构，通过吸收水或其他液体后，体积可以膨胀超过 300%[90]。基于此，他们设计了一种螺旋内骨骼框架，当光滑的柱子在吸水之后产生水平和垂直方向上的膨胀，进而表现为螺旋旋转[图 6-23（a）]。基于分子光开关的刺激响应材料可以可逆地改变结构的颜色和其他光物理性质，具有广泛的应用价值。Sebastian Ulrich 等将巯基烯树脂与 TPL 技术相结合，制造了可见光响应的光致变色 3D 结构[图 6-23（b）]，在激光激发后，结构逐渐表现出荧光特性[91]。液晶光刻胶网络中存在自组装的螺旋光子结构，能够选择性地反射光，一旦受到外界刺激，螺旋形状的各向异性就会表现出不同的颜色响应。图 6-23（c）是使用胆甾相液晶进行 TPL 制造的 4D 花朵微致动器。随着温度或湿度的变化，花的颜色和结构也会发生变化进而表现出颜色的改变，呈现出动态双响应[92]。相似地，使用对刺激响应的弹性液晶体同样可以实现结构的热响应变化，通过合理的结构设计可以实现有温度控制的信息加密结构。Metin Sitti 等又利用这种材料制造了微尺度下的 Kirigami 超结构[图 6-23（d）]，并且演示了由温度控制的结构可逆变化[93]。

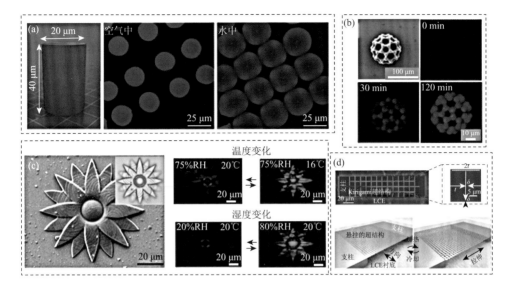

图 6-23　智能材料与微制动器应用

（a）水膨胀螺旋响应器；（b）光响应变色器；（c）温度湿度响应器；（d）基于 Kirigami 结构的温度-结构加密
装置

6.6.6　智能材料与微驱动器

运动是维持生命体的基本要素，微驱动器的灵感则来自生命形式的运动器官。微驱动器体积小，可进行非接触/无创操作，具有多种应用价值，如靶向药物输送、无创手术、细胞操作等。与传统的宏观驱动器不同，微驱动器可以让人们能够在狭窄通道、封闭环境及恶劣条件下精确进行工作。随着对精度及尺寸要求的不断提高，TPL 制造微驱动器的独特优势引起了人们的关注。以光固化树脂为基础的材料改性能够很好地解决光聚合物在本质上缺乏的一些物理特性，进而实现高效的驱动和远程操作。

图 6-24（a）是由徐杰教授等设计的一种微流体泵装置，可以用于单细胞捕获[94]。对微结构进行后聚合后发现，能够降低微结构的黏性从而减少表面颗粒的附着，显著提升结构捕获微粒的特性。TPL 技术与柔性导电纳米材料的结合能够创建功能性三维压电驱动微结构，杨广中教授和他的团队制造了具有碳纳米涂层包覆的微弹簧，通过弹簧的应力变化能够实现实时的力传感[图 6-24（b）][95]。除此之外，利用 TPL 技术可以在直径 140 μm 的毛细血管顶部制造出最大尺寸为 150 nm 的微活塞。当与抓钳集成时，利用气压的变化，该驱动器可以实现微球的抓取、移动和释放[图 6-24（c）][96]。

图 6-24　智能材料与微驱动器

（a）微流体泵；（b）微机械力传感器；（c）抓钳

6.7 ▶ 总结

　　正如介绍的这样，飞秒激光具有超短脉冲、超强功率及超精确聚焦能力等普通激光不具备的优势，因此能够实现超精细结构的微纳三维制造[97]。从非线性吸收概念的提出（1931 年）到 30 年后第一台激光器的问世，再到 2001 年飞秒激光制造纳米牛的文章发表，非线性光刻技术的发展历经 90 余载，而近 20 年基于飞秒激光的超快制造技术进入了蓬勃发展的时期。在这几十年里，光刻胶的种类不断扩宽，从最初的以 SU-8 为代表的有机光刻胶，再到可用于制造陶瓷的有机-无机杂化光刻胶，以及具有良好生物相容性的水凝胶，甚至于掺杂多种粒子赋予特殊性质的新型光刻胶。材料的多样性预示着技术应用领域的不断发展。随着对原材料的研究，光刻技术的不断革新也标志着这一技术的无穷潜力。非线性光刻的特色之一就是超高的精细度，分辨率的进一步提升离不开研究人员对工艺的深入探索。从激光参数的优化，到光刻胶化学组分的调控，再到双光束猝灭技术，难度不断提升但是精细度也同样增长，从最初的微米级到亚微米级再到如今的几纳米。此外，加工效率一直都是飞秒激光非线性光刻被质疑甚至诟病的地方，为了改变现状，多平台联动、多光束干涉、全息投影等多种技术不断涌现，致力于保证超高精细度的同时实现高效的制造效率。材料与技术的发展都是为了能够扩展其在多学科多领域的应用，以至于走向工业化生产。目前，这一技术已融入到力学、光学、电学和生物学等众多前沿领域，广泛地应用于光学元件、电子器件、传感器及驱动器、超材料结构和生物机器人等众多具有工业化前景的方向。

　　虽然完全实现产业化还有很长的路要走，还有很多问题需要解决，但是我们看到，它已将引领工业微/纳米制造到一个更高的水平。我们也相信，一旦满足条件，它必然会融入生活的各个方面。

参 考 文 献

[1]　Hohmann J K，Renner M，Waller H，et al. Three-dimensional μ-printing：An enabling technology. Advanced Optical Materials，2015，3（11）：1488-1507.

[2]　Zhang Y L，Chen Q D，Xia H，et al. Designable 3D nanofabrication by femtosecond laser direct writing. Nano Today，2010，5（5）：435-448.

[3]　Malinauskas M，Farsari M，Piskarskas A，et al. Ultrafast laser nanostructuring of photopolymers：A decade of advances. Physics Reports，2013，533（1）：1-31.

[4]　Xing J F，Zheng M L，Duan X M. Two-photon polymerization microfabrication of hydrogels：An advanced 3D printing technology for tissue engineering and drug delivery. Chemical Society Reviews，2015，44（15）：5031-5039.

[5]　Göppert-Mayer M. Über elementarakte mit zwei quantensprüngen. Annalen Der Physik，1931，401（3）：273-294.

[6]　Kaiser W K，Garrett C G B. 2-Photon excitation in CaF_2-Eu^{2+}. Physical Review Letters，1961，7（6）：229-231.

[7]　Albota M，Beljonne D，Bredas J I，et al. Design of organic molecules with large two-photon absorption cross sections. Science，1998，281（5383）：1653-1656.

[8]　Cumpston B H，Ananthavel S P，Barlow S，et al. Two-photon polymerization initiators for three-dimensional optical data storage and microfabrication. Nature，1999，31（6722）：52.

[9]　Ciuciu A I，Cywiński P J. Two-photon polymerization of hydrogels-versatile solutions to fabricate well-defined 3D structures. RSC Advances，2014，4：45504-45516.

[10]　Wood D. Microstereolithography and other fabrication techniques for 3D MEMS. Engineering Science and Education Journal，2002（2）：65.

[11]　LaFratta C N，Fourkas J T，Baldacchini T，et al. Multiphoton fabrication. Angewandte Chemie International

Edition，2007，46：6238-6258.

[12] Fatkullin N，Ikehara T，Kawata S，et al. NMR 3D Analysis Photopolymerization. Berlin：Springer，2006.

[13] Fischer J，Wegener M. Three-dimensional direct laser writing inspired by stimulated-emission-depletion microscopy. Optical Materials Express，2011，1（4）：614-624.

[14] Maruo S，Nakamura O，Kawata S. Three-dimensional microfabrication with two-photon absorbed photopolymerization. Optics Letters，1997，22（2）：132-134.

[15] Skliutas E，Samsonas D，Ciburys A，et al. X-photon laser direct write 3D nanolithography. Virtual and Physical Prototyping，2023，18（1）：e2228324.

[16] Selimis A，Mironov V，Farsari M. Direct laser writing：Principles and materials for scaffold 3D printing. Microelectronic Engineering，2015，132：83-89.

[17] Tayalia P，Mendonca Cleber R，Baldacchini T，et al. 3D cell-migration studies using two-photon engineered polymer scaffolds. Advanced Materials，2008，20（23）：4494-4498.

[18] Weiss T，Schade R，Laube T，et al. Two-photon polymerization of biocompatible photopolymers for microstructured 3D biointerfaces. Advanced Engineering Materials，2011，13（9）：B264-B273.

[19] Ummethala G，Jaiswal A，Chaudhary Raghvendra P，et al. Localized polymerization using single photon photoinitiators in two-photon process for fabricating subwavelength structures. Polymer，2017，117：364-369.

[20] Ober M S，Romer D R，Etienne J，et al. Backbone degradable poly(aryl acetal)photoresist polymers：Synthesis，acid sensitivity，and extreme ultraviolet lithography performance. Macromolecules，2019，52（3）：886-895.

[21] Sabaté R D，Nielsen H M，Taboryski R L，et al. Additive manufacturing of polymeric scaffolds for biomimetic cell membrane engineering. Materials & Design，2021，201：109486.

[22] Begantsova Y E，Zvagelsky R，Baranov E V，et al. Imidazole-containing photoinitiators for fabrication of sub-micron structures by 3D two-photon polymerization. European Polymer Journal，2021，145：110209.

[23] Arslan A，Steiger W，Roose P，et al. Polymer architecture as key to unprecedented high-resolution 3D-printing performance：The case of biodegradable hexa-functional telechelic urethane-based poly-ε-caprolactone. Materials Today，2021，44：25-39.

[24] Maria F，Vamvakaki M，Chichkov B N，et al. Multiphoton polymerization of hybrid materials. Journal of Optics，2010，12（12）：124001.

[25] Chai N，Liu Y，Yue Y，et al. 3D nonlinear photolithography of tin oxide ceramics via femtosecond laser. Science China Materials，2021，64（6）：1477-1484.

[26] Vyatskikh A，Ng R C，Edwards B，et al. Additive manufacturing of high-refractive-index，nanoarchitected titanium dioxide for 3D dielectric photonic crystals. Nano Letters，2020，20（5）：3513-3520.

[27] Gailevičius D，Padolskytė V，Mikoliūnaitė L，et al. Additive-manufacturing of 3D glass-ceramics down to nanoscale resolution. Nanoscale Horizons，2019，4（3）：647-651.

[28] Luitz M，Lunzer M，Goralczyk A，et al. High resolution patterning of an organic-inorganic photoresin for the fabrication of platinum microstructures. Advanced Materials，2021，33（37）：e2101992.

[29] Richter B，Pauloehrl T，Kaschke J，et al. Three-dimensional microscaffolds exhibiting spatially resolved surface chemistry. Advanced Materials，2013，25（42）：6117-6122.

[30] Hu X H，Yasa I C，Ren Z Y，et al. Magnetic soft micromachines made of linked microactuator networks. Science Advance，2021，7（23）：9.

[31] Liao C，Wuethrich A，Trau M. A material odyssey for 3D nano/microstructures：Two photon polymerization based nanolithography in bioapplications. Applied Materials Today，2020，19：100635.

[32] You S，Li J W，Zhu W，et al. Nanoscale 3D printing of hydrogels for cellular tissue engineering. Journal of Materials Chemistry B：Materials for Biology & Medicine，2018，6（15）：2187-2197.

[33] Houck H A，Muller P，Wegener M，et al. Shining light on poly(ethylene glycol)：From polymer modification to 3D laser printing of water erasable microstructures. Advanced Materials，2020，32（34）：e2003060.

[34] Lv C，Sun X C，Xia H，et al. Humidity-responsive actuation of programmable hydrogel microstructures based on 3D printing. Sensors and Actuators B：Chemical，2018，259：736-744.

[35] Qin X H，Wang X，Rottmar M，et al. Near-infrared light-sensitive polyvinyl alcohol hydrogel photoresist for spatiotemporal control of cell-instructive 3D microenvironments. Advanced Materials，2018，30（10）：1705564.

[36] Zieger M M，Mueller P，Quick A S，et al. Cleaving direct-laser-written microstructures on demand. Angewandte Chemie International Edition，2017，56（20）：5625-5629.

[37] Yang L，Chen X X，Wang L，et al. Targeted single-cell therapeutics with magnetic tubular micromotor by one-step exposure of structured femtosecond optical vortices. Advanced Functional Materials，2019，29（45）：1905745.

[38] Zhang W，Wang H，Wang H T，et al. Structural multi-colour invisible inks with submicron 4D printing of shape memory polymers. Nature Communications，2021，12（1）：112.

[39] Saha S K，Oakdale J S，Cuadra J A，et al. Radiopaque resists for two-photon lithography to enable submicron 3D imaging of polymer parts via X-ray computed tomography. ACS Applied Materials & Interfaces，2018，10（1）：1164-1172.

[40] Dong X Z，Zhao Z S，Duan X M. Improving spatial resolution and reducing aspect ratio in multiphoton polymerization nanofabrication. Applied Physics Letters，2008，92（9）：132.

[41] Bourdon L，Maurin J C，Gritsch K，et al. Improvements in resolution of additive manufacturing：Advances in two-photon polymerization and direct-writing electrospinning techniques. ACS Biomaterials Science and Engineering，2018，4（12）：3927-3938.

[42] Yang Z J，Zhang S M，Li X L，et al. Variable sinh-Gaussian solitons in nonlocal nonlinear Schrdinger equation. Applied Mathematics Letters，2018，82：64-70.

[43] Juodkazis S，Mizeikis V，Seet K K，et al. Two-photon lithography of nanorods in SU-8 photoresist. Nanotechnology，2005，16（6）：846.

[44] Kawata S，Sun H B，Tanaka T，et al. Finer features for functional microdevices. Nature，2001，412（6848）：697-698.

[45] Tan D F，Li Y，Qi F J，et al. Reduction in feature size of two-photon polymerization using SCR500. Applied Physics Letters，2007，90（7）：071196.

[46] Wang S H，Yu Y，Liu H L，et al. Sub-10-nm suspended nano-web formation by direct laser writing. Nano Futures，2018，2（2）：025006.

[47] Sang H P，Lim T W，Yang D Y，et al. Improvement of spatial resolution in nano-stereolithography using radical quencher. Macromolecular Research，2006，14（5）：559-564.

[48] Xing J F，Dong X Z，Chen W Q，et al. Improving spatial resolution of two-photon microfabrication by using photoinitiator with high initiating efficiency. Applied Physics Letters，2007，90（13）：51.

[49] Peng Y，Jradi S，Yang X Y，et al. 3D photoluminescent nanostructures containing quantum dots fabricated by two-photon polymerization：Influence of quantum dots on the spatial resolution of laser writing. Advanced Materials Technologies，2019，4：1800522.

[50] Momper R，Landeta A I，Yang L，et al. Plasmonic and semiconductor nanoparticles interfere with stereolithographic 3D printing. ACS Applied Materials & Interfaces，2020，12（45）：50834-50843.

[51] Zhou X Q，Hou Y H，Lin J Q. A review on the processing accuracy of two-photon polymerization. AIP Advances，2015，5（3）：030701.

[52] Cao Y Y，Gan Z S，Jia B H，et al. High-photosensitive resin for super-resolution direct-laser-writing based on photoinhibited polymerization. Optics Express，2011，19（20）：19486.

[53] Fischer J，Wegener M. Three-dimensional optical laser lithography beyond the diffraction limit. Laser & Photonics Reviews，2013，7（1）：22-44.

[54] Buchegger B，Kreutzer J，Plochberger B，et al. Stimulated emission depletion lithography with mercapto-functional polymers. ACS Nano，2016，10（2）：1954-1959.

[55] Buchegger B，Tanzer A，Posch S，et al. STED lithography in microfluidics for 3D thrombocyte aggregation testing. Journal of Nanobiotechnology，2021，19（1）：23.

[56] Mueller P，Zieger M M，Richter B，et al. Molecular switch for sub-diffraction laser lithography by photoenol intermediate-state *cis-trans* isomerization. ACS Nano，2017，11（6）：6396-6403.

[57] Wang P，Chu W，Li W B，et al. Three-dimensional laser printing of macro-scale glass objects at a micro-scale resolution. Micromachines，2019，10（9）：565.

[58] Li Y，Hong M H. Parallel laser micro/nano-processing for functional device fabrication. Laser & Photonics Reviews，2020，14（3）：1900062.

[59] Pan D，Xu B，Liu S L，et al. Amplitude-phase optimized long depth of focus femtosecond axilens beam for single-exposure fabrication of high-aspect-ratio microstructures. Optics Letters，2020，45（9）：2584-2587.

[60] Wang J，Sun S F，Zhang H H，et al. Holographic femtosecond laser parallel processing method based on the fractional Fourier transform. Optics and Lasers in Engineering，2021，146：106704.

[61] Yang L，El-Tamer A，Hinze U，et al. Parallel direct laser writing of micro-optical and photonic structures using spatial light modulator. Optics and Lasers in Engineering，2015，70：26-32.

[62] Alqurashi T，Montelongo Y，Penchev P，et al. Femtosecond laser ablation of transparent microphotonic devices and computer-generated holograms. Nanoscale，2017，9（36）：13808-13819.

[63] Zhu B，Liu H G，Liu Y A，et al. Second-harmonic computer-generated holographic imaging through monolithic lithium niobate crystal by femtosecond laser micromachining. Optics Letters，2020，45（15）：4132-4135.

[64] Hu Y L，Wang Z Y，Wang X W，et al. Efficient full-path optical calculation of scalar and vector diffraction using the Bluestein method. Light：Science & Applications，2020，9：119.

[65] Mihailov S J，Dan G，Smelser C W，et al. Bragg grating inscription in various optical fibers with femtosecond infrared lasers and a phase mask. Optical Materials Express，2011，1（4）：145979.

[66] Gissibl T，Schmid M，Giessen H. Spatial beam intensity shaping using phase masks on single-mode optical fibers fabricated by femtosecond direct laser writing. Optica，2016，3（4）：448-451.

[67] Kotz F，Quick A S，Risch P，et al. Two-photon polymerization of nanocomposites for the fabrication of transparent fused silica glass microstructures. Advanced Materials，2021，33（9）：e2006341.

[68] Rybin M V，Shishkin I I，Samusev K B，et al. Band structure of photonic crystals fabricated by two-photon polymerization. Crystals，2015，5（1）：61-73.

[69] Sakellari I，Kabouraki E，Karanikolopoulos D，et al. Quantum dot based 3D printed woodpile photonic crystals tuned for the visible. Nanoscale Advances，2019，1（9）：3413-3423.

[70] Purtov J，Rogin P，Verch P，et al. Nanopillar diffraction gratings by two-photon lithography. Nanomaterials，2019，9（10）：1495.

[71] Chan J Y E，Ruan Q，Jiang M，et al. High-resolution light field prints by nanoscale 3D printing. Nature

Communications，2021，12（1）：3728.

[72] Marino A，Barsotti J，de Vito G，et al. Two-photon lithography of 3D nanocomposite piezoelectric scaffolds for cell stimulation. ACS Applied Materials & Interfaces，2015，7（46）：25574-25579.

[73] Xiong W，Liu Y，Jiang L J，et al. Laser-directed assembly of aligned carbon nanotubes in three dimensions for multifunctional device fabrication. Advanced Materials，2016，28（10）：2002-2009.

[74] Nakamura R，Kinashi K，Sakai W，et al. Fabrication of gold microstructures using negative photoresists doped with gold ions through two-photon excitation. Physical Chemistry Chemical Physics，2016，18（25）：17024-17028.

[75] Blasco E，Müller J，Müller P，et al. Fabrication of conductive 3D gold-containing microstructures via direct laser writing. Advanced Materials，2016，28（18）：3592-3595.

[76] Tyler J B，Smith G L，Leff A C，et al. Understanding the electrical behavior of pyrolyzed three-dimensional-printed microdevices. Advanced Engineering Materials，2020，23（1）：2001027.

[77] Tao Y F，Wei C Y R，Liu J W，et al. Nanostructured electrically conductive hydrogels obtained via ultrafast laser processing and self-assembly. Nanoscale，2019，11（18）：9176-9184.

[78] Kadic M. On the feasibility of pentamode mechanical metamaterials. Applied Physics Letters，2012，100（19）：191901.

[79] Bückmann T，Thiel M，Kadic M，et al. An elasto-mechanical unfeelability cloak made of pentamode metamaterials. Nature Communications，2014，5：4130.

[80] Frenzel T，Kadic F，Wegener M，et al. Three-dimensional mechanical metamaterials with a twist. Science，2017，358（6366）：1072-1074.

[81] Portela C M，Greer J R，Kochmann D M. Impact of node geometry on the effective stiffness of non-slender three-dimensional truss lattice architectures. Extreme Mechanics Letters，2018，22：138-148.

[82] Tancogne-Dejean T，Diamantopoulou M，Gorji Maysam B，et al. 3D plate-lattices：An emerging class of low-density metamaterial exhibiting optimal isotropic stiffness. Advanced Materials，2018，30（45）：1803334.

[83] Crook C，Bauer J，Izard A G，et al. Plate-nanolattices at the theoretical limit of stiffness and strength. Nature Communications，2020，11（1）：1579.

[84] Belqat M，Wu X，Gomez L P C，et al. Tuning nanomechanical properties of microstructures made by 3D direct laser writing. Additive Manufacturing，2021，47：102232.

[85] Pan T，Cao X. Progress in the development of hydrogel-rapid prototyping for tissue engineering. Materials China，2015，34（3）：236-245.

[86] Zheng Y C，Zhao Y Y，Zheng M L，et al. Cucurbit[7]uril-carbazole two-photon photoinitiators for the fabrication of biocompatible three-dimensional hydrogel scaffolds by laser direct writing in aqueous solutions. ACS Applied Materials & Interfaces，2019，11（2）：1782-1789.

[87] Hippler M，Lemma E D，Bertels S，et al. 3D scaffolds to study basic cell biology. Advanced Materials，2019，31（26）：e1808110.

[88] Li B，Tan H J，Anastasova S，et al. A bio-inspired 3D micro-structure for graphene-based bacteria sensing. Biosensors and Bioelectronics，2019，123：77-84.

[89] Cabanach P，Pena-Francesch A，Sheehan D，et al. Zwitterionic 3D-printed non-immunogenic stealth microrobots. Advanced Materials，2020，32（42）：e2003013.

[90] Tudor A，Delaney C，Zhang H R，et al. Fabrication of soft，stimulus-responsive structures with sub-micron resolution via two-photon polymerization of poly(ionic liquid)s. Materials Today，2018，21（8）：807-816.

[91] Ulrich S，Wang X P，Rottmar M，et al. Nano-3D-printed photochromic micro-objects. Small，2021，17（26）：e2101337.

[92] Del Pozo M，Delaney C，Bastiaansen C W M，et al. Direct laser writing of four-dimensional structural color microactuators using a photonic photoresist. ACS Nano，2020，14（8）：9832-9839.

[93] Zhang M C，Shahsavan H，Guo Y B，et al. Liquid-crystal-elastomer-actuated reconfigurable microscale Kirigami metastructures. Advanced Materials，2021，33（25）：e2008605.

[94] Lin Y，Gao Y，Wu M R，et al. Acoustofluidic stick-and-play micropump built on foil for single-cell trapping. Lab on a Chip，2019，19（18）：3045-3053.

[95] Li B，Gil B，Power M，et al. Carbon-nanotube-coated 3D microspring force sensor for medical applications. ACS Applied Materials & Interfaces，2019，11（39）：35577-35586.

[96] Barbot A，Power M，Seichepine F，et al. Liquid seal for compact micropiston actuation at the capillary tip. Science Advance，2020，6（22）：eaba5660.

[97] Kiefer P，Hahn V，Nardi M，et al. Sensitive photoresists for rapid multiphoton 3D laser micro- and nanoprinting. Advanced Optical Materials，2020，8（19）：2000895.

第7章 飞秒激光周期表面微纳结构诱导技术及应用

7.1 引言

激光诱导周期表面结构（laser-induced periodic surface structure）是一种普遍的现象，其最早发现可以追溯到激光光源的出现。1965 年，Birnbaum 就发现并报道了在红宝石激光束聚焦照射下抛光锗晶体表面上的激光诱导微纳结构成型现象[1]。在过去的几十年中，利用超快激光诱导表面周期性结构的方法获得了广泛关注，并逐渐发展成为激光应用的重要领域[2]。超快激光诱导微纳结构的加工方法可以在单步加工过程中便捷地制备出不同类型的表面功能化结构，其结构尺寸可以跨越远超光学衍射极限的数百纳米到几微米的多个尺度，其结构特征参数也可以通过激光加工条件进行控制。常见的超快激光诱导表面周期性微纳结构如图 7-1 所示，包括微波纹结构、微凹槽结构和微凸峰结构等。这种加工方式简单、可靠，可以在空气环境中进行，也可以在溶液或者特殊气体环境中进行，完全符合现代工业制造对于成本、可靠性和生产效率的需求。此外，依靠极高的峰值功率密度，超快激光几乎能在任何材料（金属、半导体和透明介质等）上诱导出微纳结构，从而改变辐照表面的光学、机械或化学性质，在光学、电子、流体、机械工程和医学领域具有广泛的应用前景[3-7]。

7.2 表面微纳结构的飞秒激光诱导机理

目前已有大量的实验研究报道了不同激光加工参数在多样化材料表面上微纳结构的可控诱导[9, 10]。激光诱导微纳结构产生于激光辐照的焦点区域，根据微纳结

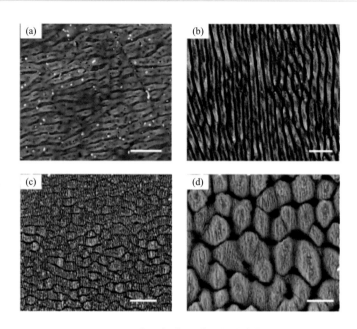

图 7-1　常见的激光诱导微纳结构

（a）高空间分辨率激光诱导微波纹结构；（b）低空间分辨率激光诱导微波纹结构；（c）微凹槽结构；（d）微凸峰结构[8]，图中标尺分别为：（a）500 nm；（b）2 μm；（c）10 μm；（d）10 μm

构的空间周期（Λ）与激光波长（λ）的关系，激光诱导微纳结构可以分为两类：一类是低空间分辨率激光诱导表面周期性微纳结构，其主要特征为结构的空间周期大于二分之一激光波长（$\Lambda > \lambda / 2$）[11]；另一类是高空间分辨率激光诱导表面周期性微纳结构，其主要特征为结构的空间周期小于二分之一激光波长（$\Lambda < \lambda / 2$）[9]。这种高空间分辨率激光诱导周期性微纳结构是一种非典型的结构，仅出现在超快激光脉冲辐照的材料表面。在强吸收材料中，如金属和半导体材料，低空间分辨率激光诱导表面周期性微纳结构的空间周期约为激光波长（$\Lambda \approx \lambda$），且朝向垂直于光束偏振方向，如图 7-2（a）所示，称为低空间分辨率激光诱导表面周期性微纳结构 Ⅰ 型：LSFL- Ⅰ。而在一些宽带隙材料中，如熔融石英玻璃等，激光诱导微纳结构的空间周期则近似为激光波长除以介质材料的折射系数（n），即 $\Lambda \approx \lambda / n$，如图 7-2（c）所示，称为低空间分辨率激光诱导表面周期性微纳结构 Ⅱ 型：LSFL- Ⅱ[12]。而根据诱导结构深度与周期比 A，高空间分辨率激光诱导表面周期性微纳结构可以分为 $A < 1$ 的 HSFL- Ⅱ 型[图 7-2（b）]与 $A > 1$ 的 HSFL- Ⅰ 型[图 7-2（d）][13]。在近几年中，研究的重点越来越偏向于利用现有的知识来定制激光诱导微纳结构表面，以构建功能性表面。激光诱导微纳结构的实验工作从一开始就伴随着激光诱导成型的理论研究。现有的关于激光诱导微纳结构成型的理论可以分为两类：一是电磁理论；二是物质重构理论。

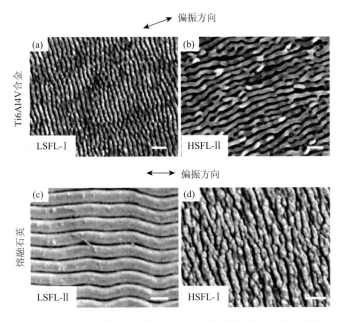

图 7-2　不同飞秒激光诱导条件下产生的周期性微条纹结构

Ti6Al4V 表面的飞秒激光诱导：（a）LSFL- I 和（b）HSFL-II；熔融石英玻璃表面的飞秒激光诱导：（c）LSFL-II 和（d）HSFL- I [13]，图中标尺分别为：（a）2 μm；（b）200 nm；（c）1 μm；（d）1 μm

7.2.1　电磁理论

20 世纪 80 年代，基于电磁辐射散射在微观粗糙表面的干扰，形成了详细的电磁理论[14, 15]。这一理论的基本思想如图 7-3 所示：在激光辐照过程中，入射光在样品表面粗糙处散射[图 7-3（a）]。在特定条件下，还可以附加其他表面激发模式，如表面等离激元等[图 7-3（b）][16]。入射辐射与散射和表面等离激元产生的辐射的干涉导致局部能量分布的空间调制，该局部能量的空间分布通过吸收印在样品材料表面上。如果入射激光激励足够强，则会触发最终周期性表面结构的形成。除了入射激光辐射与初始形成的激光诱导微纳结构的等离激元电磁场之间的干涉外，还可能存在（反）传播的表面等离激元的干涉[图 7-3（c）][3]。

一些电磁理论涉及不同类型表面电磁波的激发[17, 18]，包括表面极化，特别是表面等离激元[16]。表面等离激元起源于离域相干电子密度振荡，它被束缚在两种不同物质的界面上并沿着界面传播[19, 20]。在外部电磁场的驱动下，表面等离激元局限在界面附近且两侧都受到阻尼。表面等离激元的激发，必须要求两种介质介电常数满足特定的条件[21]。对于与电介质接触的普通金属暴露在可见光到红外光谱区域的激光波长下的情形，表面等离激元的激发条件可以简化为 $\mathrm{Re}(\varepsilon_m) < -1$，

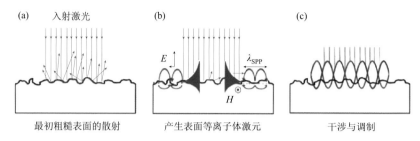

图 7-3　激光诱导表面微纳结构的电磁形成机理[4]

（a）激光束照射样品表面，样品表面初始粗糙度造成了光学散射；（b）这种光学散射可能导致表面等离激元的产生，与入射光相互干涉并调制激光在材料中的吸收；（c）最终调制烧蚀产生周期性的表面微纳结构

其中 ε_m 为金属的复介电常数[19-21]。特别是对于超快激光脉冲的辐照，这种激发条件是非常重要的，即使对于半导体和电介质也可以适用，因为一旦超过导带中的临界电子密度，最初的等离子体非活性材料可以瞬时地转变为金属（等离激元活性）状态[22, 23]。

对于给定的激光频率，在自由空间中传播的光子的动量比表面等离激元的小，这是因为两者具有不交叉的不同色散关系。这种动量失配导致来自空气/真空的自由空间光子不能直接与表面等离激元耦合。因此，需要一些额外的表面粗糙度来支持光子与表面等离激元的耦合。实验表明，激光诱导表面微纳结构通常是烧蚀区的多脉冲现象。第一个脉冲烧蚀一些材料并产生表面粗糙度，这进一步有助于激发表面等离激元。这种脉冲间重复辐照时的反馈机制决定了粗糙度分布的特定空间周期，以更好地吸收激光辐射[24]。

在激光诱导周期性微纳结构的标准表面等离激元模型中，为了简单起见，将 LSFL- Ⅰ 的周期通过表面等离激元色散关系直接与它的波长联系起来，即 $\Lambda_{LSFL} = \Lambda_{SPP}$。对于平面介质-金属界面和法向入射辐射，周期可以通过金属的复介电常数（ε_m）和介质的复介电常数（ε_d）及激光的波长 λ 获得[18, 25]：

$$\Lambda_{LSFL} = \Lambda_{SPP} = \lambda \cdot \text{Re}\left\{\sqrt{\frac{\varepsilon_m + \varepsilon_d}{\varepsilon_m \varepsilon_d}}\right\} \tag{7-1}$$

当激光诱导周期性微纳结构的表面波纹很小（调制深度 $h \ll \lambda$）时，这种近似适用于少量激光脉冲辐照的情况。然而一旦足够深的微条纹结构出现在表面上时，上述近似公式便不再适用[26]。

式（7-1）的变体被用于不同的场景中，通过变化介电常数来解决激光诱导周期性微纳结构的亚波长特性。一个简单的方法是用 Drude 模型来对辐照固体的介电常数（ε）进行建模。该模型预测 ε 值是导带（对于半导体和电介质）[23, 27]或金属能带结构的子带中[28]激光激发载流子数量的函数。该模型也适用于单独处理薄膜界面的层状体系[27]。考虑介电常数变化的另外一种方法是基于有效介质理论。Hwang 和 Guo 等提出用修正后的介质复介电常数 ε_d 来考虑空气中激光诱导周期性微纳结构表面的纳米粗糙度[29]。这是通过将金属纳米结构夹杂物模拟到介质主体空气中的 Maxwell-Garnett 理论来实现的。之后，有效介质理论也和 Drude 模型结合起来，用于解释激光诱导周期性微纳结构的亚波长结构特性。

低空间分辨率激光诱导表面微纳结构的偏振依赖性是由入射激光辐射对材料电子的定向激发引起的。根据材料的电学特性，线性偏振激光定向的辐射特性导致了诱导表面电磁波特定的各向异性场分布特性[30, 31]。在诱导等离子体活性材料的情况下，表面等离激元的激发还需要横磁波（TM 波）的照射[19, 20]，从而导致低空间分辨率激光诱导表面微纳结构的偏振依赖性[23]。

当前关于激光诱导周期性微纳结构的一个被广泛接受的理论是 20 世纪 80 年代加拿大多伦多大学 van Driel 和 Sipe 小组提出的 Sipe 理论[32]。在激光辐照材料表面时，入射波与反射波相互干涉，因此使得能量分布呈现周期性。他们从麦克斯韦方程组出发，利用格林公式发展了微观粗糙表面上介质极化密度的积分方程，该方程代表了一般的散射场模型，包括可能激发的表面电磁波（如表面等离激元）及它们对入射辐射的干涉。Sipe 理论预测了激光诱导周期性表面微纳结构可能的波向量 k（$|k|=2\pi/\varLambda$）是材料表面参数（表面粗糙度和体介质介电常数 ε）及激光照射参数（波长、偏振方向和入射角）的函数。该理论提供了光能不均匀沉积到辐照材料中的解析表达式：

$$Absorption \sim \eta(k) \cdot |b(k)| \tag{7-2}$$

式中，标量响应函数 η（效能因子）描述了表面粗糙度吸收光辐射的能力；b 为 k 处表面粗糙度的标量。对于非辐照（无波纹）表面，b 通常是一个缓慢变化的函数，其粗糙度的空间频率均匀分布[32]。与 b 相反，效能因子 η 可能在特定的 k 值上表现出明显的尖峰，可用于评价相关的空间周期 $\varLambda$。当效能因子 η 表现出强烈变化时，可以观察到激光诱导周期性微纳结构，这通常与其最大值、最小值相关。一旦周期性微纳结构形成，b 也将表现出尖锐的峰值，并通过后续激光脉冲的光能再分配进一步加强表面波纹结构。整个过程是正反馈结果，但是这种反馈并没有明确包括在 Sipe 理论中，且不太方便用于特定材料和辐照参数效能因子的量化[32]。这个不足之处随后被 Bonse 和他的同事在 2005 年的工作中克服了。他们在不改变效能因子 η 有效性范围的前提下重新将其表述为一组 14 个复数方程[33]。这组方程允许直接计算出在给定的波长 λ、介电常数 ε、入射角 θ 及两个粗糙度参数 s 和 F 编码的粗糙表面形貌特征的情况下，s 极化或 p 极化辐射的效能因子 η。

Sipe 理论典型地预测了金属和半导体等强吸收材料的两种镰刀形状特征，即 LSFL-I 型，如图 7-2（a）所示，其空间周期接近于激光波长，朝向垂直于激光的偏振方向[34]。如果材料在 λ 处具有等离子活性,那么由于辐射的共振吸收,η 处的峰值非常窄。对于透明电解质,则预测了另一种主要类型的低空间分辨率激光诱导周期性表面微纳结构,即 LSFL-II 型。这种结构展现出亚波长周期 $\varLambda \approx \lambda / n$($n$ 为介质材料的折射系数),且其朝向平行于激光的偏振方向,如图 7-2(c)所示。在 Sipe 理论中,LSFL-II 型与所谓的辐射残余量有关,其起源于靠近粗糙表面的一个特定的非传播电磁模式[35],它能够重新分配入射激光辐射的能量,并以表面粗糙度的特定空间频率将其转移到材料上。

7.2.2 自组织理论

自组织过程在 20 世纪 90 年代首次被提出,从理论上解释了一类特定的激光诱导周期性微纳结构的形成机理。这种结构的取向与激光辐射的偏振无关,结构周期与激光辐射波长没有直接关系[36]。其机理可以解释为:在强激光诱导下,在纳米厚度的次表面会形成非平衡缺陷,如缝隙、空穴和位错等,其中缺陷集中部位的局部波动增加,导致了表面起伏和相应的表面应力。这种激光驱动表面不稳定性的结果是微纳结构的形成[37, 38]。

具体来讲,如图 7-4 所示,衬底材料上一个厚度为 a 的薄层在电子逃逸深度范围内(对于电介质约几纳米)是不稳定的。在飞秒激光的辐照下,材料中的电子在脉冲持续时间内会被快速激发,在辐照区域内产生随机电荷分布,并由此产生随机位置的离子发射,从而造成局部缺陷的产生。随后的每个脉冲都会在表面上累积[39-41]。在缺陷态中较高的吸收截面将导致后续表面逐渐非均匀电离。在多脉冲辐照下,初始平坦表面上的微小破缺向调制表面层发展,在经过几个激光脉冲之后,一个调制厚度为 a、调制高度为 $h(x, y)$ 的薄表面膜被建立。薄膜的吸收截面随着每一个后续脉冲的作用而趋于均匀。然而,这个调制表面膜的解吸不是均匀的,因为位于"谷"上的离子比位于"峰"上的离子有更多的带电邻位,邻近密度越高,斥力(库仑力)越强,所以位于"谷"上的离子相应具有更高的解吸概率。因此,解吸过程通过优先加深"谷"来放大调制,使得"谷"位置会比波峰更快地被侵蚀。另一方面,原子的自扩散倾向于用扩散的"峰原子"填充"谷",从而使表面变得光滑。综上,在薄的不稳定层中,波峰上的粒子将感受到比波谷中更高的表面张力,总的趋势是将粒子拉下坡并使表面平衡[13, 36, 42]。因此,结构的形成被描述为激光驱动表面不稳定性的结果,这种不稳定性是由于缺陷集中场与主体材料弹性连续体的自洽变形相互作用而产生的。在这种情况下,近表面层的厚度 a 就是决定波纹表面形貌空间周期的一个重要标度参数[36]。

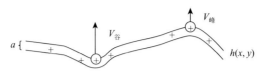

图 7-4　自组织表面模型[42]

假设一个厚度为 a 的薄吸收层（液体状），沿着 xy 平面起皱，并假设这一薄层在均匀激光作用下带电，导致库仑排斥。由于在谷中具有更高的相邻电荷密度，逃逸速度 $V_谷$ 大于具有低相邻电荷密度的 $V_峰$

随后，德国 Cottbus 大学的 Reif 和他的同事用自组织理论描述了在飞秒激光诱导作用下宽禁带材料如 BaF_2 和 CaF_2 上微纳结构的形成机理[37, 38]。研究者在详细研究了高功率激光辐射与上述介质材料相互作用的基础上[43]，认为局域缺陷的产生和积累也是结构形成过程的一个核心问题。根据该自组织模型，飞秒激光辐照最初导致材料的电子在脉冲持续时间内快速激发。这种能量的重新分布导致原子键的软化，从而导致薄表面层中晶格的不稳定。这种扰动系统处于高度不稳定的状态，远离热力学平衡，其扰动程度因单个组分如电子、离子、原子和团簇的发射而进一步增强。由于烧蚀引起的表面侵蚀（粗糙化）及由于原子扩散和表面张力梯度引起的表面光滑发生相互竞争，从而造成了表面轮廓的时间演化[42]。数学上，该模型实现了不断增长的表面形貌 $h(x, y, t)$ 的时间演化规律：

$$\frac{\partial h}{\partial t} = -v(h)\sqrt{1 + (\nabla h)^2} - D\Delta^2 h \tag{7-3}$$

公式中右边第一项描述的是表面侵蚀过程，$v(h)$ 为与表面曲率相关的侵蚀速度。第二项则考虑了热扩散过程，系数 D 取决于该过程的活化能、表面扩散系数、扩散原子的表面密度和温度[42]。该自组织模型在接下来的几年里进一步发展，引入了激光诱导周期性微纳结构形成过程的偏振依赖性[44]。研究者提出激光电磁场引起了电子动能初始分布的非对称性，从而导致了相应的非对称（偏振相关）能量转移。

7.3　飞秒激光诱导微纳结构形貌调控技术

相比于其他微纳加工方法，超快激光诱导表面周期性微纳结构具有高效灵活的特点，可以通过调整激光加工参数或者环境参数实现表面微纳结构形貌的可控制备。常见的激光加工参数包括激光能量密度、激光波长、脉宽、作用脉冲数量、激光扫描速度、激光入射角度和激光偏振方向等[45-47]。其中，激光能量密度（J/cm^2）是一个比较重要的参数，其对诱导的微纳结构的密度及形貌都有影响。如图 7-5 所示，在金属钛表面，当处于相同加工条件下时，较小的激光能量密度仅使表面变粗糙，并伴随微波纹结构的产生[图 7-5（a）]。当增大激光能量密度时，激光诱导微锥结构逐渐产生，且结构的密度随着激光能量密度的增大而减小。同时，更高的能量密度会导致更大的微纳结构[图 7-5（b）～（j）]。微结构的高度与激光能量密度呈线性关系，随着能量密度的增大而增大。同样地，激光脉冲数量对诱导微纳结构形貌也会产生影响。随着激光脉冲数量的增加，微纳结构高度也不断增大[45]。

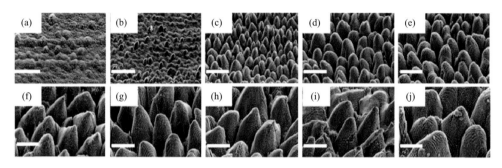

图 7-5 不同激光能量密度下激光在钛表面诱导出的微纳结构形貌[45]

从（a）到（j）激光能量密度依次为：$0.3 \ J/cm^2$、$0.4 \ J/cm^2$、$0.5 \ J/cm^2$、$0.6 \ J/cm^2$、$0.7 \ J/cm^2$、$0.8 \ J/cm^2$、$0.9 \ J/cm^2$、$1.0 \ J/cm^2$、$1.1 \ J/cm^2$、$1.2 \ J/cm^2$，激光脉冲数量为 450 个，标尺为 $20 \ \mu m$

Shazia Bashir 等在乙醇环境中利用飞秒激光辐照金属锆表面生成周期性微纳结构，并系统研究了不同脉宽对表面微纳结构形貌的影响[46]。如图 7-6 所示，在不同激光脉冲持续时间辐照下，消融区域的周围[图 7-6（a）～（c）]都形成了激光诱导周期性微纳结构，而中心区域[图 7-6（d）～（f）]则是不均匀的表面形貌，外观为纳米级胶体、球体、凹坑和裂纹。当脉冲持续时间为 25 fs 时，激光诱导周期性微纳结构表现得较为清晰，组织良好[图 7-6（a）和（d）]。随着脉冲持续时间的增加，微纳结构变得弥散与模糊[图 7-6（b）和（e）]。而随着脉冲持续时间的进一步增加，由于热效应的增强[48]，处于激光能量密度较高的中心区域的凹坑、胶体和裂纹结构密度显著增加[图 7-6（c）和（f）]。这种现象主要是因为在乙醇环境下，激光作用增强了目标物与液体的化学反应，发生了新相的生长和辐照区域化学成分的变化。在液体环境中，飞秒激光辐照作用下锆化合物与乙醇形成了羰基化合物，这个过程进一步引起了 C—C 键的拉伸[49]。

此外，超快激光诱导周期性表面微纳结构与激光波长也有直接的关系。Guoqiang Li 等系统地研究了金属表面结构色与波长从 400 nm 至 2200 nm 之间的飞秒激光脉冲的依赖关系。研究发现，不同波长的飞秒激光可以在材料表面诱导出不同类型的表面微条纹结构，可以得到完全不同的颜色[47, 50]。结果表明，在合适的激光能量和扫描速度下，不同的激光波长可以产生不同周期的微条纹。不锈钢表面不同激光波长作用下的微条纹结构如图 7-7 所示。可以明显看出，在相同条件下，随着激光波长的增大，微条纹结构的空间周期也逐渐增大。

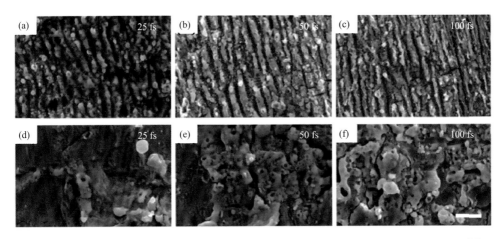

图 7-6　乙醇环境下使用脉冲能量为 600 μJ 的飞秒激光辐照锆表面的扫描电子显微镜图[46]

（a）~（c）为消融区域周围的表面形貌电子显微镜图；（d）~（f）为消融区域中心位置的表面形貌电子显微镜图，其中（a）和（d）的激光脉冲持续时间为 25 fs，（b）和（e）的激光脉冲持续时间为 50 fs，（c）和（f）的激光脉冲持续时间为 100 fs，标尺为 1 μm

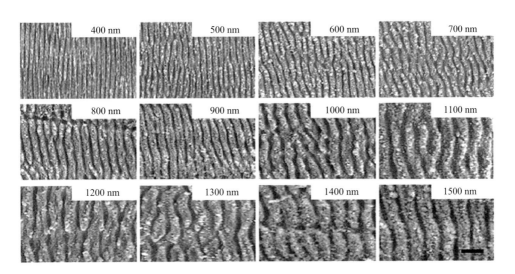

图 7-7　不同波长飞秒激光在不锈钢表面诱导周期性表面结构的扫描电子显微镜图[47]

右上角为对应的激光波长，标尺为 2 μm

　　当暴露于线偏振激光辐照下时，材料表面通常会形成平行或者垂直于电场矢量的微纳结构，这是因为激光辐照的相干性和表面等离激元的共同作用，导致电磁场的相干叠加和干涉，最终烙印到固体上[13]。因此，可以通过调整激光的偏振方向来实现微纳结构方向的控制。在光谱响应范围内，普遍认为低空间分辨率激光诱导微纳结构的周期与照射激光的波长线性相关，因此在相同的加工条件（脉冲能量和扫描速度）下，通过调整入射激光的波长可以在金属表面诱导出不同周期的条纹结构，进而在相同的观测条件下产生不同的结构色[47]。如图 7-8 所示，利用激光诱导微条纹结构对激光偏振方向的依赖性，可以实现在金属表面等间距分布的区域内制备出具有不同方向的微条纹结构，从而实现空间重合的多层图案[图 7-8（a）和（b）]。利用这种微条纹结构形成的光栅衍射效应，可以在光源的照射下产生结构色的效果。构成图案的不同方向条纹对照明光的衍射不同，使得各个图案都能独立地显示出来[图 7-8（c）][51]。此外，激光扫描速度[52]、激光入射角度[53]和基板温度[54, 55]等都会对激光诱导微纳结构的形貌产生影响。

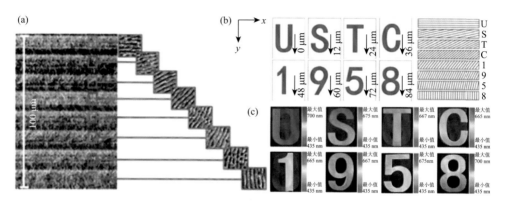

图 7-8 利用飞秒激光脉冲偏振方向实现微条纹结构方向调控[51]

（a）不同偏振方向的激光可以在不锈钢表面诱导出不同朝向的微条纹结构；（b）用于制备无空间重叠的多种图案；（c）微条纹结构周期为 1200 nm 时表面的结构色图案

除了激光参数（激光能量密度、激光脉冲数量、激光脉宽和激光波长等）之外，加工环境及加工材料类型都会对诱导的结构形貌产生影响。以不锈钢为例，相比于空气、氦气和真空环境下，利用飞秒激光在六氟化硫（SF_6）气体中诱导出的表面微柱结构更纤细、高度更高（平均高度约 20 μm，其他气体环境下则为 10～15 μm）。尽管在前面提到的几种气体环境下都能诱导出微柱结构，但是在真空中诱导出的微柱不规则，微柱形貌和尺寸均匀性差。而在液体环境中加工时，产生的微纳结构周期会显著降低[56-58]。不同材料由于热物理性质差异，即使在相同的加工条件下，诱导出的结构形貌也有较大的差异。以铜和铝为例，尽管两者具有相似的激光消融阈值和消融率，但是在相同的加工条件（0.16 J/cm²，600 个脉冲）下，因为铜的熔点比铝高了 400℃，铝表面可以诱导形成微凸起结构，而铜表面只能形成微波纹结构[45]。

7.4　不同材料微纳结构的飞秒激光诱导制备

实际的工业生产中对材料表面特性有一定的要求，通过在材料表面构建微纳结构可以显著改变材料的某些特性，如光学特性、润湿性和电化学特性等，具有很大的应用价值。传统的表面微纳加工方法包括喷砂、磨砂、腐蚀等，不仅可能会损伤材料表面，还会造成环境污染。超快激光微纳制造技术是一种非常理想的表面结构加工手段，可以避免热效应的影响，能够在材料表面实现冷加工[59]。利用超快激光可以在材料表面诱导出表面周期性微纳结构，在过去的几十年中受到了大量的关注和研究。相比于其他微纳加工方法，利用超快激光诱导微纳结构具有以下优点：可以加工几乎所有类型的材料，包括金属、半导体、玻璃和聚合物等材料；可以在材料表面诱导产生从微米到纳米级别的复合结构；对环境要求低，可以在正常环境条件下加工；单步快速加工，无须掩模。下面列举了一些利用超快激光在常见材料表面诱导表面周期性微纳结构的例子。

7.4.1　金属材料

相比于其他金属加工手段，激光是一种非接触式的加工方式，在重复性和污染方面具有无可比拟的优势[60]。利用超快激光可以在常见的金属表面诱导出表面周期性微纳结构[45]。当飞秒激光（1.2 J/cm²）在抛光的钛表面辐照 500 个脉冲时，钛表面能够形成规则的微锥形结构。图 7-9（a）为飞秒激光在金属钛表面诱导出来的微锥形结构。这些结构在空间上非常规则，微锥高度为 15～20 μm，底部直径为 5～10 μm，尖端逐渐变细至几微米，微锥形结构之间的平均间隔约为 13 μm。图 7-9（b）为当激光脉冲数量达到 2000 个时加工区域的微结构，可以明显地在激光照射点内观察到规则的微结构，且微结构表面覆盖着均匀的纳米条纹结构[45]。除了微锥形结构之外，还可以在金属表面诱导出类似于光栅的微条纹结构。例如，通过飞秒激光辐照可以在不锈钢、铝、铂和钛等金属表面[3, 61]诱导出微条纹结构。

利用超快激光还可以在金属表面诱导出随机分布的微凹坑结构，例如，在氩气氛围下利用飞秒激光辐照铝表面可以诱导出随机分布的微凹坑结构。氩气的存在避免了衬底上方的气体击穿，并通过最小化表面氧化和碎片再沉积来改善表面微观结构。微凹坑的位置与初始表面波纹有关，初步结论是入射辐照与激发表面波的耦合作用造成的[62]。除此之外，超快激光在钛及其他金属表面也能够诱导出随机分布的微凹坑（孔）结构[45]。尽管激光能够在金属表面诱导出微孔结构，但是大多数孔洞是随机分布的，形状和大小都是不规则的，如图 7-10 所示。

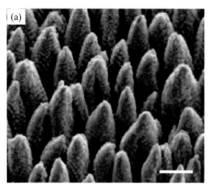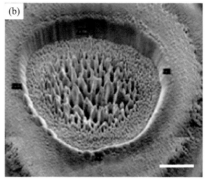

图 7-9　飞秒激光诱导钛表面周期性微纳结构[45]

（a）激光能量密度为 1.2 J/cm² 时，在钛表面作用 500 个激光脉冲后的表面微锥形结构扫描电子显微镜图；（b）大约 2000 次激光照射后光斑内自组织形成的微纳结构，标尺为：（a）10 μm；（b）100 μm

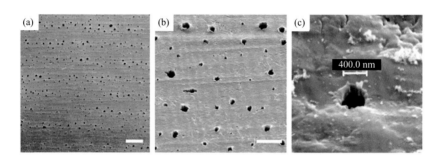

图 7-10　飞秒激光诱导钛箔表面微孔阵列结构扫描电子显微镜图[45]

（a）激光辐照钛箔表面形成的随机分布微纳米孔阵列；（b）微孔阵列局部放大图；（c）单个微孔的高倍数扫描电子显微镜图，标尺为：（a）100 μm；（b）25 μm

　　有研究者研究了利用飞秒激光在金属铝箔表面诱导出表面周期性微孔结构。如图 7-11 所示，加工的第一阶段（激光扫描次数＜10 次）以激光消融为主。首先利用较少的激光扫描次数消融材料表面，形成一系列凹槽。在这个阶段，激光作用强度不够，不能够产生微孔。第二阶段增加激光扫描次数（10＜激光扫描次数＜60），在凹槽底部逐渐形成少量小而浅且随机分布的圆形微孔。随着激光扫描次数的增加，达到一定的扫描次数之后，它们自发形成高度有序的微孔阵列，并趋向于沿着扫描路径周期性分布。在大约 60 次激光扫描后，可以观察到一个高度有序的微孔阵列。在第三阶段，微孔的形成已经固定，增加扫描次数只会使微孔增大和加深，而不会改变微孔的周期和形态。通过这种方法加工出来的微孔阵列在大小、形状和排列上都是规则的。微孔的周期和直径与激光能量密度有很大的关系，均随激光能量密度的增加而近似线性增加。通过调节激光能量密度可以实现不同周期和直径的可控微孔阵列。这种飞秒激光诱导微孔阵列形成的物理机理可以归因于飞秒激光诱导熔化及马兰戈尼效应相关的铝表面熔体流动和再凝固过程[63]。

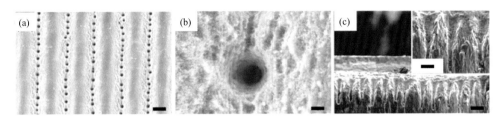

图 7-11　多次飞秒激光扫描铝箔表面自组织周期性微孔阵列结构[63]

（a）飞秒激光诱导铝箔表面周期性微孔阵列扫描电子显微镜图；（b）单个孔的细节图；（c）微孔阵列的截面扫描电子显微镜图，其中插图为高分辨率图，标尺：（a）20 μm；（b）2 μm；（c）20 μm，插图标尺为 10 μm

　　除了生活中常见的金属之外，利用飞秒激光还可以在一些特殊的金属表面诱导出微纳条纹结构，如金属铌等[64]。铌是一种高熔点、耐腐蚀、耐磨且具有良好低温超导体性质的金属，在钢中加入微量的铌就能将钢的屈服强度提高30%以上。铌的合金具有良好的热强性能，能够应用于航空发动机方面。此外，铌也广泛应用于原子能工业、电子工业和生物医疗领域。通过在铌表面制备出表面周期性微纳结构可以为铌在传感器电极[65, 66]和承重骨种植体[67]等应用方面提供多种优势。如图 7-12 所示，利用飞秒激光辐照，可以在金属铌表面诱导出规则的微纳条纹结构。当激光能量密度较小（29 mJ/cm^2）时，随着激光脉冲数量的增加，铌表面会逐渐形成一层与入射激光束的偏振方向平行的浅槽，这种浅槽的周期会随着扫描速度的减小或者脉冲数量的增大而增加[图 7-12（a）和（b）]。在生成浅槽的同时还会伴随着垂直于激光光束偏振方向的亚波长微孔。随着激光脉冲数量的

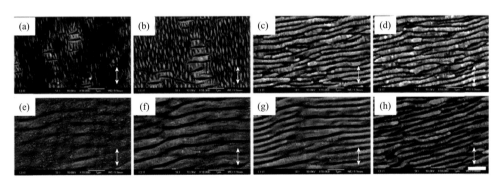

图 7-12　金属铌表面的超快激光诱导表面周期性微条纹结构[64]

（a）～（d）的激光能量密度为 29 mJ/cm^2，（e）～（h）的激光能量密度为 53 mJ/cm^2，激光脉冲数量从（a）到（h）分别为 1139 个、1898 个、3796 个、5694 个、85 个、142 个、284 个和 851 个，箭头代表入射激光的偏振方向，标尺为 1 μm

进一步增加，逐渐出现较深的波纹结构和凹坑结构，其方向垂直于光束偏振方向[图 7-12（c）和（d）]。而在较高的激光能量密度下，少量的脉冲即可在金属铌表面产生波纹和材料烧蚀[图 7-12（e）和（f）]。随着扫描速度的降低或者激光脉冲数量的增加，可以明显看到结构从低空间分辨率周期性表面微结构向高空间分辨率周期性表面微结构转变[图 7-12（g）和（h）]，这种转变主要是由低空间分辨率微条纹的分裂造成的[64, 68, 69]。

7.4.2　半导体材料

半导体是指常温下导电性能介于导体和绝缘体之间的材料。常见的半导体材料有硅和砷化镓等。其中硅是一种极具技术价值的材料，在电子工业中具有无可争议的主导地位。随着微电子器件逐渐朝着集成化、小型化方向发展，对半导体材料进行微纳加工则显得尤为重要。目前常规的半导体材料加工方法包括反应离子刻蚀法、聚焦离子束刻蚀法、湿法刻蚀法等。而超快激光微纳加工技术以加工精度高、热效应小等优势在半导体材料精细加工领域也发挥着不可替代的作用。

当激光辐照半导体材料表面时，如果激光辐照能量大于半导体材料的带隙，则会在材料表面诱导出低空间分辨率微纳结构，其排布垂直于激光偏振方向[22]。而当激光辐照能量小于带隙时，则平行于激光偏振方向[70]。利用超快激光诱导的表面周期性微纳结构可以改变半导体材料表面的润湿性或者光学性能[71-74]，能够在光伏发电等领域获得应用。例如，利用飞秒激光在惰性气体 SF_6 环境下辐照硅，可以在硅表面形成规则的微锥阵列。如图 7-13 所示，其形成主要分为以下几个阶段：第一阶段，激光脉冲数量在 1～5 个之间，此时在硅表面上会形成局部圆波图案，它们的起源可能是由于微气泡的崩塌或者是消融颗粒撞击熔融的硅表面而重新沉积，类似于物体撞击水面产生圆形的波纹一样[图 7-13（a）][75-77]。这些波纹结构在材料重新凝固之后固定。随着激光脉冲数量的增加，圆波的数量也会增加，它们之间开始相互干扰。第二阶段会形成微波纹结构。当激光脉冲数量在 5～15 个之间时，多个圆波的交点会在表面变得不规则，类似于入射激光辐照的散射中心。散射和入射光之间的干涉形成了辐射的正弦空间调制，从而导致了材料表面周期性微波纹结构的产生。这些结构的周期大致与激光波长的量级相同，波峰与波谷的方向垂直于激光偏振方向[图 7-13（b）][14]。随着激光脉冲数量的持续增加（15～25 个脉冲），进入波纹的坍塌和圆锥形微观结构生长的初始阶段，此时由于硅表面附加的局部圆波形成，波纹结构塌缩，锥形结构开始逐渐形成[图 7-13（c）和（d）]。激光辐照时会从这些微锥结构中反射，选择性地烧蚀材料。因此随着激光的进一步辐照，这些结构逐渐增大[图 7-13（e）～（h）]。最后一个阶段是微锥形结构的增长阶段。随着激光脉冲数量的增加，结构尺寸逐渐增大，通过调节作用在硅表面的平均脉冲数量，可以调节微锥结构的尺寸，例如，脉冲数量越大，微锥结构的直径、高度和间距越大[图 7-13（i）和（j）][73]。

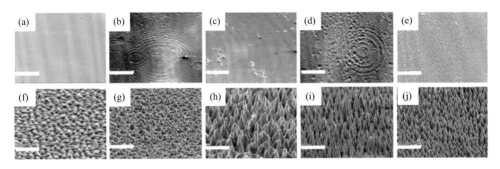

图 7-13　圆偏振激光辐照下硅在 SF_6 环境下的演变过程[78]

飞秒激光脉冲数从（a）到（e）分别为 5 个、10 个、20 个、40 个、60 个，（f）至（j）分别为对应的放大 SEM 图

除了硅之外，砷化镓（GaAs）也是一种常见的半导体材料，其禁带宽度宽、电子迁移率高，因此在光电子器件方面有广泛的应用。利用超快激光诱导可以在砷化镓材料表面制备出规则的高空间分辨率周期性表面微纳结构。这种微纳结构的产生经历了几个阶段，初始脉冲在材料的主体中产生高浓度的空位/间隙对，这些高度受力的间隙会迁移到表面，并合并成随机排列的岛屿结构[79]。岛屿的增长是由间隙和空位的进一步扩散驱动的。一旦岛屿足够大，它们就能与入射激光相互作用，激发表面等离激元[80]。砷化镓本身不能支撑表面产生等离激元，但是超快激光可以使得足够的电子被激发到导带状态，并赋予砷化镓类似于金属的特性[13, 81]。表面等离激元可以将激光能量分配到高强度区域和低强度区域，质量传输和缺陷产生优先发生在光强最强的地方，这就导致了岛屿的产生和排列。从间隙到岛屿及从空位到岛屿之间的进一步质量传输导致了波纹结构的产生，直到沟槽加深，并激发出更高能级模式的表面等离激元时，周期性才会发生变化[26]。基于这种原理，可以利用飞秒激光在砷化镓表面诱导出表面周期性纳米条纹结构（图 7-14），形成的表面衍射光栅具有近红外增透层的作用。这种砷化镓表面的单纳米条纹结构层使其在波长 2.5 μm 处全反射降低了 42%[82]。

图 7-14　砷化镓表面平均空间周期为 650 nm 的飞秒激光诱导微条纹结构[82]

二硫化钼（MoS$_2$）是一种二维半导体材料，具有层内强键合（共价键）和层间弱原子间相互作用（范德瓦耳斯力）的特性。由于其独特的结构和电子光学特性，以及在双层电容、晶体管、光电探测器和光伏器件等方面的应用前景，通过超快激光对二硫化钼进行加工在近几年引起了人们极大的兴趣。研究者在真空中利用线偏振飞秒激光脉冲辐照天然的二硫化钼表面，诱导出了均匀的周期性表面微波纹结构。通过控制激光能量密度，可以诱导产生深亚波长条纹结构（约 160 nm）和近波长条纹结构（约 660 nm）。如图 7-15（a）所示，在飞秒激光能量密度为 90 mJ/cm^2 时，150 个激光脉冲能在损伤点处产生周期约为 160 nm 的波纹结构，明显小于二分之一激光波长。图 7-15 中的（a1）和（a2）分别表示

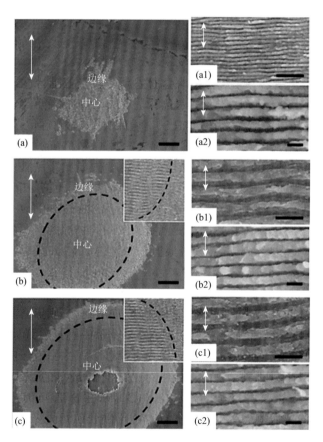

图 7-15　飞秒激光在真空中以不同激光能量密度在二硫化钼表面作用 150 个激光脉冲时的扫描电子显微镜图

（a）90 mJ/cm^2、（b）180 mJ/cm^2、（c）270 mJ/cm^2 激光能量密度作用下的二硫化钼表面微结构图，（a1）～（c1）为消融区域中心微结构细节扫描电子显微镜图，（a2）～（c2）为消融区域外围微结构细节扫描电子显微镜图，图中双箭头表示入射激光偏振方向，标尺：（a）20 μm；（a1）1 μm；（a2）200 nm；（b）20 μm；（b1）1 μm；（b2）200 nm；（c）20 μm；（c1）1 μm；（c2）200 nm

损伤点中心区域和外围区域方向垂直于激光偏振方向的微条纹结构局部放大扫描电子显微镜图。当激光能量密度增加到 180 mJ/cm^2 时，中心消融区域的周期变为约 660 nm，如图 7-15（b）所示，其中出现了相当规则和连续的波纹，且具有相对较宽的凹槽结构。损伤点外围微条纹结构的周期近乎保持不变[约 160 nm，图 7-15（b2）]，但是从图 7-15（b1）中可以看出，消融区域中心条纹周期变大，接近激光波长。当激光能量密度增加到 270 mJ/cm^2 时，可以看出激光能量密度的进一步增加不会改变中心烧蚀区域的条纹形态，如图 7-15（c）所示。

此外，波纹周期对脉冲数量不敏感。拉曼光谱表明，大多数辐照区域（近波长条纹结构区域）保持晶体状态，而不是非晶态或氧化状态。这些现象是由飞秒激光加工过程中二硫化钼的升华和剥落引起的，其中升华和剥落的材料带走了多余的激光能量和非结晶部分，同时抑制了熔化引起的波纹擦除[83]。

7.4.3　透明介质材料

除了金属、半导体等这些常见的非透明材料之外，飞秒激光最有前途的应用之一是在透明材料上的微加工，如玻璃、晶体和聚合物等。飞秒激光脉冲与透明材料的相互作用在近二十年来引起了科学家极大的研究兴趣。在未来几年，它将继续是一个极具前景的领域。飞秒激光在透明材料上的微纳加工与其他微纳器件制造技术比起来有几个优点：第一，光吸收的非线性特性将引起的变化限制在焦点位置上，从而可以产生一个良好空间局域性的修饰区，具有最小的附带损伤和热影响区。第二，吸收过程与材料无关，使得在不同透明材料的衬底上制作光学微纳器件成为可能。第三，飞秒脉冲的激发比长脉冲的激发具有更强的确定性。长脉冲的光学响应在统计上依赖于缺陷位或热激发电子-空穴对的数量。而在飞秒激光微纳加工的情况下，不需要缺陷电子来产生非线性吸收过程[84]。

如图 7-16 所示，利用飞秒激光（10 个脉冲）辐照石英玻璃表面，当激光能量密度超过材料损伤阈值[10 个飞秒激光脉冲照射下为(1.06±0.11)J/cm^2]会形成损伤坑[图 7-16（b）和（c）]。而当激光能量密度降至 1.01 J/cm^2 时，会形成一种特殊的损伤形貌[图 7-16（a）]，这种损伤很轻微，且只发生在材料表面[85]。微坑底部存在间歇性的高空间分辨率激光诱导周期性结构，方向垂直于激光束偏振方向，平均空间周期为 300 nm[图 7-16（d）]。当激光能量密度增大至 1.10 J/cm^2 时，在微坑边缘同样可以观察到间歇性的高空间分辨率微纳结构[图 7-16（e）]。随着激光能量密度的进一步提高，高空间分辨率激光诱导周期性微纳结构会逐渐消失，与此同时，另外一种低空间分辨率激光诱导周期性微纳结构会逐渐出现，这种类型的微纳结构在损伤坑底部连续形成，朝向平行于激光偏振方向，平均空间周期大约为 700 nm[图 7-16（c）和（f）]。损伤刚开始的时候是高空间分辨率周期性表面微纳结构，但是随着激光能量密度超过材料损伤阈值时，高空间分辨率结构逐渐转变为低空间分辨率结构，两种结构的方向和周期均不相同。这主要是因为最初的几个激光脉冲破坏样品表面产生粗糙结构，当随后的激光脉冲到达损伤表面时粗糙表面将会散射入射的激光[32]。入射的飞秒激光与散射光之间相互影响会产生周期性的大振幅区或者小振幅区，从而导致材料内部能量吸收不均匀。如果吸收能量呈现尖峰，那么就会出现低空间分辨率激光诱导微纳结构。当激发电子密度超过临界电子密度时，会同时产生烧蚀坑和低空间分辨率激光诱导周期性表面微纳结构。这种周期和方向的变化可以通过电子密度超过临界密度之后折射率的突变来解释[86]。

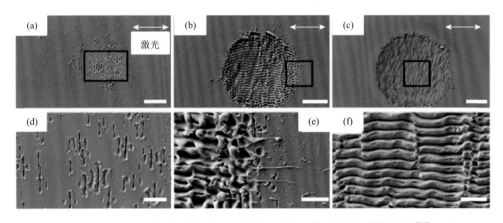

图 7-16　不同激光能量密度下飞秒激光诱导石英玻璃表面微纳结构[86]

激光能量密度：（a）和（d）1.01 J/cm²；（b）和（e）1.10 J/cm²；（c）和（f）1.38 J/cm²，激光偏振方向如图中箭头所示，（a）～（f）标尺分别为：3 μm、6 μm、10 μm、1 μm、1 μm、2 μm

利用超快激光诱导材料表面能够突破衍射极限，产生亚波长结构形貌，是制造大面积纳米尺度几何特征结构的重要方法。抗反射透明材料广泛应用于日常设备屏幕、太阳能面板和光学元器件等。通过在透明材料表面制备出非反射纳米柱结构（尺寸小于 100 nm，周期为 150～250 nm）可以获得良好的抗反射特性[87]。但是现有的加工方法通常会产生有害副产物。同时，化学涂层的质量也会随着时间的推移而降低[88, 89]。Antonis Papadopoulos 等利用超快激光诱导周期性微纳结构的方法在熔融石英玻璃表面上制备出了具有与天然蝴蝶和蝉原型表面[图 7-17（a）～（d）]形态和功能相似的仿生抗反射纳米柱，具有成本低、技术简单、不含化学品的优势[90]。当使用特定数量的圆偏振激光照射熔融石英表面时，在合适的激光能量密度下会产生纳米柱阵列。这种纳米柱阵列在光斑区域内均匀分布，且其大小可由入射激光的波长进行调控，且纳米柱的周期不会受到影响[图 7-17（e）～（h）]。

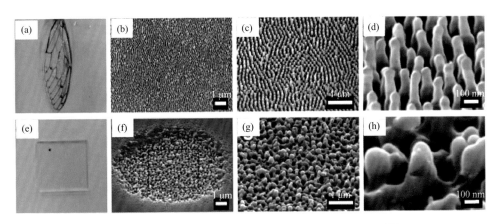

图 7-17　天然与仿生人造激光诱导纳米柱表面形态特征[90]

（a）～（d）蝉翅膀的光学照片和不同放大倍数下透明抗反射区域相应的扫描电子显微镜图；（e）～（h）熔融石英玻璃的光学照片和扫描电子显微镜图

这种纳米柱的形成机理可以归因于圆偏振激光的特性，材料表面平面上的激光场分量的等效贡献抵消了任何周期性的场调制和随后沿着优先方向的图案组织[91]。由于纳米等离子体的随机分布，激光辐照区形成了一系列点阵，这些点阵在随后的脉冲辐照下演变成纳米微柱。通过在玻璃表面连续扫描可以制备出大面积的纳米微柱阵列，加工过的部位在可见光-近红外光谱范围内具有良好的抗反射性。与迄今为止制造的大多数抗反射表面不同，激光诱导的纳米尖峰表现出准周期性排列并呈现随机的高度和宽度分布，这种随机高度分布不仅显著降低了表面反射率，而且实现了宽带全向抗反射特性，在大范围的入射角和波长范围内，反射率几乎被抑制了一个数量级。更重要的是，与目前最好的抗反射技术相反，观察到的光学特性随着时间的推移非常稳定[92, 93]。

铌酸锂（LiNbO$_3$）晶体也是一种常见的宽带隙透明介质，由于优异的声光、电光、热释电、压电、铁电和非线性光学特性，被广泛应用于光波导、光子晶体和光栅等众多技术。与传统的湿法刻蚀或者干法刻蚀技术相比，利用飞秒激光在铌酸锂晶体表面制备微纳结构具有可编程控制、速度快、分辨率高等优势，已经广泛应用于工业制造领域[94, 95]。如图 7-18 所示，通过在高温下对掺杂了铁离子的铌酸锂晶体使用飞秒激光辐照，可以诱导出周期约为 190 nm，垂直于激光偏振方向的均匀波纹结构。铁离子的杂质能级能够增强铌酸锂晶体的激发电子浓度，增强激光脉冲与铌酸锂的相互作用，因此有利于形成均匀的深亚波长微纳条纹结构。

而样品温度也是控制铌酸锂晶体表面结构的重要参数，在高温环境下能够有效产生大量热载流子，极大增强飞秒激光与材料的相互作用，显著影响激光诱导微纳结构的生成[96]。

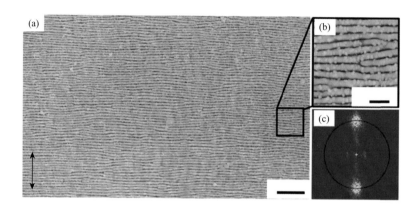

图 7-18   （a）在 1000℃ 环境下，利用飞秒激光在 6 kJ/m^2 激光能量密度和 1000 个脉冲情况下在掺杂了铁离子的铌酸锂晶体表面诱导出来的表面周期性微条纹结构，箭头代表激光偏振方向；（b）局部细节放大图；（c）样品表面的二维傅里叶转化，黑环的直径对应于两个峰值位置的二维傅里叶转化强度的距离，（a）和（b）的标尺分别为 2 μm 和 0.5 μm[96]

类似地，Simon Schwarz 等报道了利用超快激光在蓝宝石表面诱导出表面周期性微纳结构[97]。蓝宝石具有光学特性良好、生物兼容性好、硬度高等特点，同时也是一种惰性材料，在生物和医学领域具有广阔的应用前景[98]。图 7-19 展示了当激光脉冲数量为 10 个时，随着激光能量密度从 1.63 J/cm^2 增加到 3.11 J/cm^2 时，低空间分辨率激光诱导周期性微纳结构和高空间分辨率激光诱导周期性微纳结构的演化过程。从图 7-19（a）和（b）中可以看出，当激光能量密度处于 1.88 J/cm^2 的低功率范围内时，高空间分辨率激光诱导微纳结构的演化方向与激光偏振方向正交。随着激光能量密度的增大，在激光辐照中心位置开始出现低空间分辨率微纳结构，而在激光光斑的边缘位置仍然可以见到高空间分辨率微纳结构[图 7-19（c）]。这是超快激光诱导微纳结构的典型行为，即相比于低空间分辨率微纳结构，高空间分辨率微纳结构形成于一个激光能量密度较低的范围之内[86, 99]。高空间分辨率微纳结构的周期为 418 nm±27 nm，显著小于激光波长（1030 nm）。而低空间分辨率激光诱导微纳结构的周期为 924 nm±6 nm，略低于使用的飞秒激光波长，朝向垂直于激光偏振方向。当激光能量密度进一步增加到 3.11 J/cm^2 时[图 7-19（d）]，可以在蓝宝石表面观察到损伤。由实验可知，当激光脉冲数量为 10 个时，蓝宝石的消融阈值为 2.97 J/cm^2，实验现象也较好地证实了低空间分辨率激光诱导微纳结构在激光能量密度接近于材料阈值时出现[100, 101]。

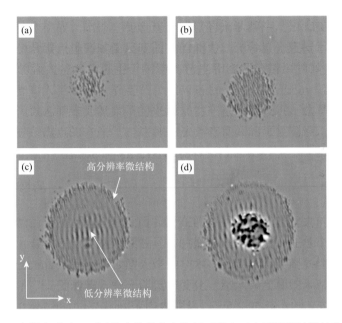

图 7-19　10 个激光脉冲及不同激光能量密度作用下蓝宝石表面周期性微结构扫描电子
显微镜图[97]

（a）～（d）的激光能量密度分别为 1.63 J/cm² 、1.88 J/cm² 、2.86 J/cm² 和 3.11 J/cm²

7.5　飞秒激光诱导表面微纳结构应用前沿

在亿万年的漫长进化中，自然界中的生物获得了许多独特的性质。例如，蝴蝶拥有五彩斑斓的翅膀，珍珠母具有鲜艳的彩虹色，雨滴可以在荷叶表面形成球形并快速滚落。这些特殊的功能与生物体表面的微纳结构息息相关。表面微纳结构形貌是控制固体表面光学、机械和润湿等性质的关键因素。通过微纳制造技术人们也可以在材料表面制备出与生物体表面类似的结构，实现甚至超越生物的某些特性。激光表面结构加工技术已经被证明是一种多功能的可靠技术，可以在金属、半导体等表面上创建各种微纳结构。这些结构可以实现对材料表面的电子、力学、润湿性和光学响应特性的调控。通过在固体表面制备出微纳结构实现固体表面功能增强或表面新功能的技术，可以在人类的生产和生活服务中得到有效且广泛的应用，例如，在太阳能面板表面构建微纳结构实现高效太阳能利用、在金属表面构建表面周期性微纳结构实现无化学颜料结构色制备、在材料表面构建微纳结构改善材料表面摩擦性能等。飞秒激光诱导表面微纳结构技术作为一种新型、多功能的纳米结构材料制备技术，在光电子学、微机械、生物医学和界面工程等领域具有广泛的应用前景。

7.5.1 仿生结构色

相比于物体表面化学组分对特定波长的光吸收而形成的化学色，结构色是指通过表面周期性微纳米结构引起光的折射、漫反射、衍射或干涉而产生的颜色。由于其潜在的应用价值，由表面周期性微纳米结构产生的结构色在彩色显示、防伪、装饰、传感和光学数据存储等方面引起了广泛的关注[102, 103]。当超快激光以接近材料烧蚀阈值的能量辐照材料表面时，可以在材料表面诱导出规则的周期性结构，如微条纹等。这种微条纹结构可以看作光栅结构，白光在这种微条纹结构的作用下发生有效衍射，从而产生鲜艳的结构色[52, 104-106]。在 2008 年，研究者首次报道了利用飞秒激光在金属表面制备结构色的工作[107]。利用飞秒激光辐照抛光的金属表面，可以在结构表面上诱导出规则的被纳米结构覆盖的周期性表面结构，从而在铝表面产生多样化的颜色。利用超快激光可以在材料表面便捷地诱导出大范围表面周期性微条纹结构，从而实现大面积结构色的快速制备。此外，超快激光诱导的微条纹结构对激光偏振方向具有依赖性，因此可以便捷地通过调整激光偏振方向来实现选择性地在表面加工对不同方向的入射光敏感的结构颜色[52]。

如图 7-20 所示，当使用平均能量密度为 0.64 J/cm^2 的激光以 1 mm/s 的扫描速度扫过 304 不锈钢表面时，不锈钢表面会被诱导出规则的波纹结构，波纹周期约为 700 nm，且波纹方向垂直于激光偏振方向。通过金属卤素灯发出白光可以进行表面颜色读取。通过控制激光偏振方向，可以实现表面图案化条纹微结构的方向的控制，因而在灯光照射下不同观察视角能够观测到的图案及颜色均不相同。将两个不同条纹方向结构图案非重叠紧密叠加，可以通过垂直两个方向的观察，很容易地实现图案在相同或不同区域的选择性显示，这是一种有效的防伪手段[108]。

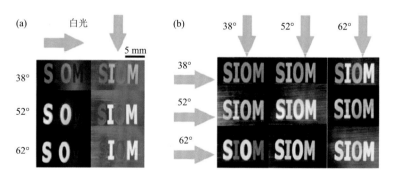

图 7-20　飞秒激光诱导结构色在防伪上的应用[108]

利用白光沿着红色箭头所示方向照射飞秒激光诱导处理后的不锈钢表面，可以分别（a）或同时（b）显示图案

　　类似地，Jianwu Yao 等通过优化超快激光脉冲的辐照强度和激光的扫描速度，在金属表面制备了深度均匀的衍射光栅。通过调整激光偏振方向，可以实现微条纹结构的无空间重叠的图案选择性显示。此外，他们还巧妙地将不同朝向的微条纹结构在空间上重叠在一起，实现了同一区域的不同图案选择性展示。如图 7-21 所示，数字 5 和 8 以空间重叠的方式交叠在一起。红色线条表示激光水平扫描路径，其构成了数字符号 8。黑色线条表示竖直扫描路径，相应地，其构成了数字符号 5[图 7-21（a）]。激光偏振方向选择平行于扫描方向。从图中也可以明显看出，数字符号 5 是由水平和垂直两种扫描路径组成的，因此其包含了两种方向的微条纹结构。而数字符号 8 与数字符号 5 重叠部分由两种扫描路径组成，其一小部分区域只包含水平方向条纹。在加工时首先进行水平方向条纹加工，然后在水平加工的基础上再次进行竖直方向条纹的加工。在重叠部位，第二次竖直激光扫描产生的水平微条纹结构可以很好地构建出来，而第一次水平激光扫描诱导出来的竖直微条纹则被水平条纹结构完全覆盖[图 7-21（b）～（d）]。如图 7-21（e）所示，当白光从两个垂直方向照射在加工区域时，可以看到两个不同的符号。结构的颜色可以通过改变照射或者观察角度进行调整。这种在同一区域选择性显示不同图案的技术可以很好地应用于防伪领域[47, 61]。与传统的防伪技术相比，其主要有以下几个优点：①版权图案是通过飞秒激光直接在材料表面诱导微条纹结构产生的，相比于黏在材料上面的防伪标签，这种结构色防伪标签是耐用的、稳定的，且难以被复制。②可以通过从不同方向照射白光在同一区域呈现出鲜活的结构色。这种结构色还可以通过改变照射或者观察角度发生显著变化，通过这种技术产生的版权图案很容易观察和有效地防止未经授权的复制[52]。

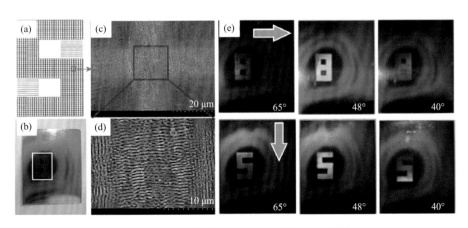

图 7-21　选择性显示空间重叠的两个符号[52]

（a）设计用于选择性显示空间重叠的两个符号（数字 5 和 8）的扫描路径示意图，黑线和红线分别表示水平和垂直扫描线；（b）在不锈钢表面制备的微结构照片；（c）水平和垂直扫描线重叠处的扫描电子显微镜图；（d）重叠部位局部放大图；（e）通过从两个垂直方向照射白光来选择性显示数字 5 和 8，白光的入射方向如箭头所示

由于超快激光诱导低空间分辨率微纳结构的取向性，由微结构对入射光衍射产生的结构色被限制在衍射角附近的一个狭窄角度范围内，限制了可视角度。为了能够在各个方向上显示结构色，需要制备出多方向的微结构。Taek Yong Hwang等提出利用液晶聚合物图案消偏器（LCPPD）在飞秒激光光斑内连续旋转激光脉冲的偏振，通过在镍表面上栅格扫描制备出全向低空间分辨率激光诱导微条纹结构，这种微结构具有连续且周期性旋转的特征[109]。在衍射角附近的方位角上，这种全向表面周期性微条纹结构（OD-LSFLs）可以显著扩大结构色的可视角度。通过将样品安装在旋转平台上，由白光 LED 从表面法线方向照射样品，用相机捕获样品围绕结构表面的法线旋转时表面结构色图像。如图 7-22 所示，全向微结构样品在旋转过程中表现出持久的着色效果，显著地扩展了结构色的可视角度。而单朝向微结构表面（LSFLs）只有狭窄的可视角度。

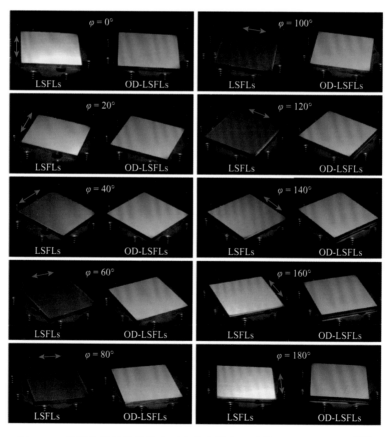

图 7-22　单朝向微条纹结构表面和全向微条纹结构表面光学衍射图[109]

样品在白光照射下围绕结构化表面的法线旋转，单朝向微条纹结构的方向用双箭头指示，旋转角 $\varphi = 0°$ 定义为当单朝向微条纹结构表面能够强烈地观察到结构色时的角度

前面提到的超快激光诱导结构色的方法都是在材料表面制备的二维平面图案。通过在透明材料内部不同深度的层面上加工，可以实现三维立体结构的制备。但是金属材料不具备透明性质，因此难以在金属材料上制备出具有三维效果的结构色图案。Guoqiang Li 等提出了一种新颖的飞秒激光诱导结构色方法，制备了一种具有视觉三维效果的结构色图案。如图 7-23 所示，通过将加工图案在平面上做平移的方法，巧妙地解决了金属表面加工三维效果结构色的问题。以不锈钢表面加工汉字"中"为例，他们首先用飞秒激光沿着扫描路径加工出第一层结构，然后在 x 轴和 y 轴方向进行一定距离的平移之后制备第二层相同的结构，依次叠加第三层、第四层等，最后通过多层图案的叠加，可以使平面图案在光照的条件下产生衍射，展现出绚丽的彩色三维立体效果。这种方法为非透明材料表面制备复杂结构色图案的三维立体显示提供了新的思路[50]。

图 7-23　利用飞秒激光在不锈钢表面诱导出的视觉三维结构色图案[50]

除了可以利用超快激光在金属表面诱导出微纳结构实现结构色之外，一些其他材料也可以通过超快激光诱导周期性表面微纳结构实现结构色功能，如半导体材料硅表面[110]。利用中心波长 744 nm，脉宽 100 fs，脉冲能量 8 mJ 的飞秒激光离焦辐照光滑的硅表面，可以制备出规则周期性纳米条纹，也能够实现结构色的制备[106]。

7.5.2　表面润湿性调控

液体与固体接触时，液体在固体表面铺展的能力或者倾向性称为润湿性[111, 112]。而与润湿性有关的一个量为接触角，即在气体/液体/固体交点处的气/液界面的切线穿过液体与液/固接触边缘的切线之间的夹角。接触角体现了固体材料表面对液体的润湿程度。当水和固体表面接触时其接触角小于 90°，那么这个表面就是亲水表面。当水与表面的接触角为零或者接近零接触角时称为超亲水表面。而当水的接触角大于 90°时则称为疏水表面，当接触角大于 150°时则称为超疏水表面。一般，固体的表面润湿性除了与表面能有关之外，还与表面微纳结构有关[113]。本征亲水的材料在表面构筑了微纳结构以后会更加亲水，相反，疏水的表面会随着粗糙度的增加变得更加疏水。

　　传统在材料表面构建出表面周期性微纳结构的方法包括电子束曝光[114]、聚焦离子束刻蚀[115]、沉积法[116]等。相比于这些方法，利用超快激光诱导可以便捷地在材料表面制备出微纳结构，其加工简单，不需要涉及复杂的加工步骤，以及一些危险化学物品等。通过超快激光修饰材料表面，增大表面粗糙度，可以实现材料表面亲疏水改性，使得本征亲水材料变得更亲水或者疏水材料变得更疏水。也可以在诱导出的微纳结构表面进一步进行化学修饰，改变材料表面能，从而改变表面润湿性[117, 118]。Guoqiang Li 等利用飞秒激光在乙醇环境中辐照金属镍，可以在其表面快速制备出大面积三维多孔金属微锥结构。这种三维的微锥结构形成主要是受到在乙醇环境下激光诱导等离子体、热传导增强、声压增强、冲击波增大和爆炸气化等因素的影响[119, 120]。由于相变既发生在固体中，也发生在相邻的液体中，因此独特结构的形成可能是多个过程竞争的结果。飞秒激光可以在靶附近产生过热物质和瞬态高压区，使周围的液体达到超临界状态[119]。因此，压力波与材料表面的熔体层相互作用，其形态被扰动，表面形态在后续液体冷却时被冻结。这种三维多孔金属微结构的表面形貌与激光脉冲能量和辐照时间密切相关。随着激光辐照时间的增加，微结构逐渐变得清晰，如图 7-24 所示。同时，随着激光脉冲能量的增加，激光与镍表面的相互作用增强，激光诱导等离子体进一步膨胀产生激波，镍表面的温度和压力也随之升高，因此三维多孔微结构变得更大。

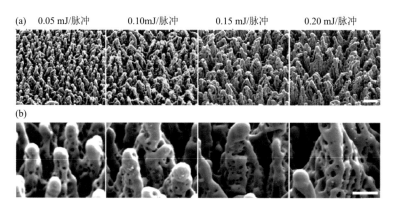

图 7-24　（a）不同飞秒激光脉冲能量作用下三维多孔微结构扫描电子显微镜图；（b）不同尺寸三维多孔微结构放大细节图，三维多孔微结构尺寸从左到右依次为 0.82 μm、1.12 μm、1.54 μm、1.91 μm，（a）和（b）的标尺分别为 2 μm 和 1 μm[121]

　　金属镍本征是亲水的，但是由于镍在空气中很容易被氧化形成一层氧化膜，因此表现出疏水特性[122]。通过飞秒激光在金属镍表面诱导出三维多孔微结构可以增大镍表面的粗糙度，从而增强镍表面的润湿性。如图 7-25 所示，随着激光脉冲能量的增加，金属三维多孔微锥结构的高度和尺寸逐渐变大，疏水性也随之增强，因此实现了在没有表面修饰的情况下镍表面接触角从 98°至 142°的调节[121]。

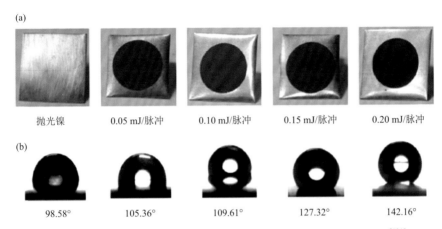

图 7-25　不同激光脉冲能量辐照对镍表面抗反射性和疏水性的影响[121]

（a）抛光镍表面和激光诱导微结构镍表面照片；（b）抛光镍表面和激光诱导微结构镍表面水滴接触角，微结构表面最大水滴接触角为 142.16°，远大于初始抛光镍表面的 98.58°

M. Martínez-Calderon 等提出了两步飞秒激光加工工艺实现对 304 不锈钢表面的无化学涂层润湿性修饰。通过飞秒激光的烧蚀效应及诱导效应在 304 不锈钢表面制备出分层微纳结构，实现了不锈钢表面润湿性的调控。如图 7-26 所示，研究者首先利用飞秒激光在 304 不锈钢表面刻蚀出规则的微沟槽或者微网格结构阵列，初步制备出微米级结构；然后再通过飞秒激光辐照，在制备的微结构表面进一步诱导出表面周期性的纳米尺度条纹结构，形成了类似于荷叶表面的分层微纳米结构。与前面提到的镍类似，激光加工完的不锈钢表面是非常亲水的，接触角小于 30°。将加工过后的样品存放一段时间（120 h）之后，表面会变得高度疏水，且这种疏水状态能够稳定存在。这种暴露于空气中润湿性行为变化与粗糙度的引入没有关系，因为引入粗糙度后的不锈钢表面是亲水的。润湿性的变化主要是与激光加工后不锈钢表面暴露于空气中表面化学性质变化有关。在激光辐照下，环境中的二氧化碳在缺氧金属氧化物上分解成碳，导致碳化合物在飞秒激光处理的粗糙表面上积累，因此增加了不锈钢表面的本征接触角[123, 124]。尽管润湿性行为变化与激光加工微结构无关，但是润湿程度与激光加工的结构息息相关，更粗糙的结构赋予了材料表面更强的润湿性，相比于只有微米结构的不锈钢表面，飞秒激光诱导出来的纳米结构进一步增加了表面疏水性[11]。

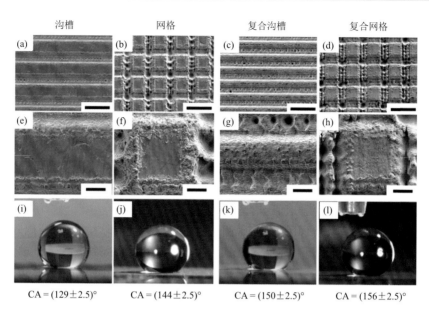

沟槽　　　　　网格　　　　复合沟槽　　　复合网格

CA = (129±2.5)°　　CA = (144±2.5)°　　CA = (150±2.5)°　　CA = (156±2.5)°

图 7-26　（a）和（e）飞秒激光刻蚀微沟槽结构，液滴接触角如图（i）所示；（b）和（f）飞秒激光刻蚀微网格阵列结构，其液滴接触角如图（j）所示；（c）和（g）覆盖了飞秒激光诱导表面周期性纳米条纹结构微沟槽复合结构，相比于没有激光诱导表面周期性纳米条纹结构的微沟槽阵列表面，其接触角从(129±2.5)°上升到(150±2.5)°；（d）和（h）覆盖了纳米条纹结构的复合网格阵列结构，其接触角从(144±2.5)°上升到(156±2.5)°，（a）～（d）的标尺为 50 μm，（e）～（h）的标尺为 10 μm[11]

　　相比于其他表面微纳结构构建方法，超快激光加工可以实现单步加工两个尺度的微纳结构，同时具有可加工材料范围广的优势[125]。除了金属表面之外，还可以利用超快激光在一些其他材料表面诱导出微纳结构，实现表面亲疏水改性。如图 7-27 所示，在 SF_6 环境中通过飞秒激光诱导硅表面周期性微锥形结构，这种微锥形结构表现为微米级的圆锥表面覆盖着纳米级突起，具有与自然界中荷叶表面类似的形貌。通过对这种分层微锥形结构的后期表面化学修饰可以实现结构表面超疏水改性，水滴接触角可以达到 154°左右，接触角滞后为(5±2)°，与自然界中的荷叶表面非常类似，可以实现防水、表面自清洁等功能[71, 72, 126]。

　　Eduardo Granados 等利用飞秒激光在掺硼金刚石表面诱导出规则的周期性表面结构，实现了表面润湿性调节[127]。掺硼金刚石电极已成为各种电化学应用的理想接口，因为它们具有化学稳定性，并具有宽的电位窗口和低背景电流[128, 129]。为了增加掺硼金刚石电极的表面积，同时保持其光滑界面的独特特征，研究者已经付出了巨大的努力来形成纳米结构的掺硼金刚石薄膜。在电化学应用中，电极的表面积是一个关键因素，因为它决定了电极的氧化性能。利用超快激光诱导结构的方法可以便捷地在掺硼金刚石表面"一步"诱导出周期性微纳结构，实现掺

图 7-27　（a）水滴在硅烷化处理后的激光诱导微纳结构硅表面，水滴静态接触角为$(154\pm1)°$；
（b）在 SF_6 气体环境中飞秒激光在硅表面诱导出来的表面周期性微锥形结构[71]

硼金刚石表面润湿性的调节。控制水在掺硼金刚石电极表面的附着力可以发挥重要的作用，因为附着力最终决定了掺硼金刚石电极的动态性能。

　　为了减少空气中发生的非线性效应，研究者在氮气氛围中利用飞秒激光对掺硼金刚石表面进行辐照处理。如图 7-28 所示，辐照后的金刚石表面产生了周期约为 430 nm，平均深度约为 150 nm 的表面周期性微条纹结构。通过稍微重叠多个激光相邻通道实现了大面积的微纳结构区域（4 mm×4 mm）的制备。经过激光加工之后的掺硼金刚石表面液滴接触角从 75°下降到了 46°。

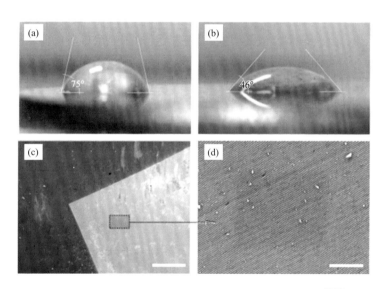

图 7-28　飞秒激光修饰前后掺硼金刚石表面润湿性变化[127]

（a）无处理掺硼金刚石表面液滴接触角；（b）飞秒激光诱导微结构掺硼金刚石表面接触角，飞秒激光修饰后，
接触角从初始 75°下降为 46°；（c）激光辐照处理过的样品表面，标尺为 500 μm；（d）表面形成纳米级波纹的显微
镜照片，标尺为 5 μm

7.5.3　摩擦学与表面工程应用

近几十年来，从摩擦学特性的角度研究表面工程已成为减少高摩擦磨损造成的资源浪费、减少 CO_2 排放和提高工艺表面耐磨性的重要手段。潜在的应用涉及航空航天、汽车、能源、船舶、纺织和机械工程等领域[130]。为了减少摩擦，在结构表面制备出表面周期性结构是显著提高滑动或旋转机械结构性能的有效途径。在润滑系统中，适当的润滑和表面花纹是减少摩擦的重要因素。润滑油在微尺度上的可控流动可以减少摩擦，提高滑动部件之间的承载能力。探索新兴的技术来改善摩擦学性能具有重要的实际应用意义。通过超快激光在材料表面诱导出微纳结构从而提高材料的摩擦学性能是一种很有前景的应用方法。研究者在 1999 年就提出了利用激光在材料表面诱导出微纳结构从而改善表面摩擦学性能[131]。随着激光应用技术的发展，利用超快激光在材料表面诱导出表面周期性微纳米结构在摩擦领域的应用也越来越广泛。如图 7-29 所示，研究者通过飞秒激光加工在研磨抛光的不锈钢表面诱导出表面周期性微条纹结构[图 7-29（a）]，并在干燥和欠油润滑的条件下进行了往复球摩擦磨损测试。如图 7-29（b）所示，在干燥条件下，微条纹周期垂直于摩擦球样品滑动方向的表面（LIPSS-90）平均摩擦系数明显低于光滑表面（SS）。而微条纹周期平行于球样品滑动方向的表面（LIPSS-0）平均摩擦系数则略低于光滑表面。这种现象可以解释为黏着、磨损颗粒捕获和粗糙变形的联合作用。在欠油润滑条件下，具有结构表面的平均摩擦系数与光滑表面相比显著降低，这种现象可以解释为黏附、油液储存和粗糙面变形的综合影响[图 7-29（c）]。总体来讲，在干摩擦和欠油润滑摩擦的条件下，激光诱导表面微条纹结构可以降低平均摩擦系数[132]。

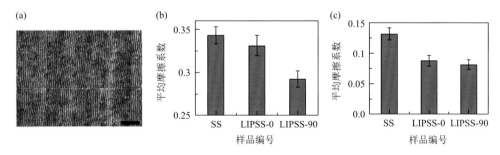

图 7-29　（a）飞秒激光在不锈钢 304L 表面诱导出来的表面周期性微条纹结构；（b）干摩擦环境下不同样品的平均摩擦系数；（c）欠油润滑环境下不同样品的平均摩擦系数，（a）标尺为 5 μm[132]

除了不锈钢之外，研究者还利用飞秒激光在其他金属材料表面诱导了表面周期性微纳米结构并对微结构表面的摩擦学性能进行了系统的研究。J. Bonse 等通过飞秒激光辐照在块状钛表面诱导出了周期为(520±80)nm 且朝向垂直于激光偏振方向的表面周期性微条纹结构。通过优化激光能量密度、空间光斑重叠情况和扫描次数，获得了大面积均匀覆盖周期性表面结构的样品（5 mm×5 mm）。在摩擦计上用超快激光处理的试样表面与直径 10 mm 的 100Cr6 钢球进行了往复摩擦实验。使用完全配方的发动机油和不含添加剂的石蜡油作为两种润滑剂进行测试。石蜡油中的摩擦系数随着摩擦次数的变化大约在 0.12～0.65 之间波动。1000 次滑动摩擦循环之后的光学显微镜图和扫描电子显微镜图如图 7-30（a）～（c）所示。从光学显微镜图中可以看出，钛表面都有着严重的损伤，从扫描电子显微镜图中可以看飞秒激光诱导出来的表面周期性微条纹结构在滑动摩擦测试之后被完全破坏。而在发动机油中的情况则有所不同。如图 7-30（d）～（f）所示，参考样品 A 区域具有较大的摩擦系数，与在石蜡油中的结果类似，大约在 0.3～0.6 之间波动。但是在飞秒激光处理过的区域则有较大的差别，样品 B 和样品 C 相比于无处理样品 A 具有更小的摩擦系数，其值在 0.12～0.13。此外，没有观察到振荡现象。从光学显微镜图中也可以明显看出，激光处理过的样品表面的磨损轨迹明显小于未处理样品，且激光诱导出来的微条纹结构仍然存在。与未处理表面相比，

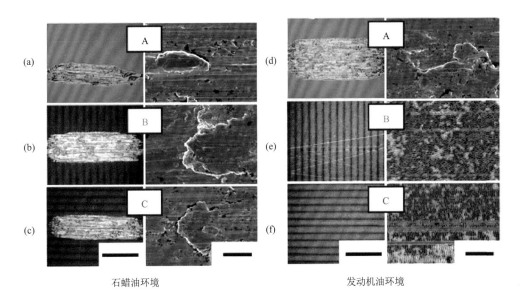

石蜡油环境　　　　　　　　　　　　　　发动机油环境

图 7-30　飞秒激光诱导表面周期性微条纹结构钛表面在石蜡油环境和发动机油环境下的摩擦情况[133]

（b）和（e）为摩擦方向垂直于激光扫描线的方向（平行于激光诱导周期性表面微条纹结构方向），（c）和（f）为摩擦方向平行于激光扫描线的方向（垂直于激光诱导周期性表面微条纹结构方向），（c）和（f）左边光学显微镜图标尺均为 500 μm，右边扫描电子显微镜图标尺均为 10 μm

飞秒激光处理过的钛表面在发动机油润滑状态下获得了优异的摩擦学性能。这主要是由于：发动机油中所含的添加剂有效覆盖了激光产生的表面结构，并通过形成滑动中间层来保护样品表面免受金属间直接接触，从而减少了相互滑动运动过程中的摩擦和磨损。添加剂的这种有益的摩擦学效应还可能通过激光在钛表面诱发的化学反应（如氧化反应）而得到增强。由于石蜡油中不含添加剂，该机理在这里不起作用，导致摩擦系数大、磨损大[133]。

利用飞秒激光诱导的方法还可以在非金属材质上制备出表面周期性微纳米结构，并实现摩擦系数的减小。如图 7-31 所示，通过飞秒激光在碳化硅机械密封表面上诱导出表面周期性纳米条纹结构，控制激光扫描速度可以实现微条纹结构振幅的调控，在一定范围内激光扫描速度越大，条纹振幅越大。通过控制加工参数可以实现振幅为 250～750 nm，宽度为 125～170 nm 的周期性纳米结构制备。激光诱导出的结构条纹垂直于激光偏振方向。通过环对盘摩擦试验机实验可知，有结构的碳化硅表面摩擦系数可以比无结构表面降低约 20%。这主要是因为润滑油可以被挤压到旋转的碳化硅表面，因此可以增加水和碳化硅密封表面之间的接触面积，改善了碳化硅在水中旋转时的摩擦化学反应。因此，周期性的纳米结构在产生流体动力载荷和减少摩擦方面起到了明显的作用[134]。

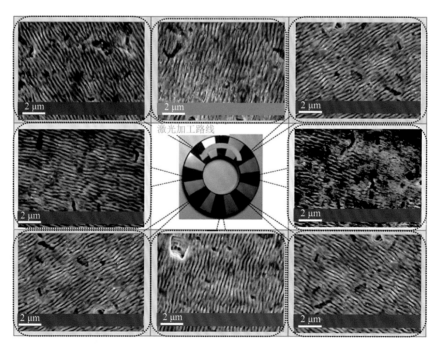

图 7-31 利用飞秒激光在碳化硅机械密封表面上诱导出表面周期性纳米条纹结构，条纹结构朝向可以被很好地控制[134]

7.6　总结

在首次发现后的五十几年中，周期性微纳结构激光诱导技术逐渐发展成为一个充满活力的研究领域。近年来随着超快激光诱导技术的快速发展，已经可以在金属、半导体、透明材料和聚合物等多样化材料表面快速、准确地制备出微波纹、微条纹、微乳突和微锥形结构。凭借超快激光诱导表面微纳加工灵活高效、无须掩模的优势，可以通过调整激光能量密度、激光脉冲数量、激光偏振方向、激光波长和加工环境等参数实现对表面诱导微纳结构的可控制备。得益于这些独特的周期性微纳结构，固体材料能够获得许多独特的性质，例如，在金属表面诱导出的表面周期性微条纹结构可以实现结构色显示；半导体硅材料表面诱导出表面周期性微锥阵列并结合表面修饰可以实现类似于荷叶表面的超疏水特性；固体表面诱导出表面周期性微条纹结构还可以实现摩擦系数的减小。表面微纳结构的制备和功能特性研究随着激光加工机理的深入及超快激光的发展必将获得蓬勃发展，新的表面微纳结构的实现及功能应用的扩展必将鼓舞着研究者在超快激光诱导微纳结构的工作上继续勇攀高峰，实现更高效、更可控的微纳结构制备，并将最新研究成果应用于人类的生产及生活中。

参 考 文 献

[1]　Birnbaum M. Semiconductor surface damage produced by ruby lasers. Journal of Applied Physics，1965，36（11）：3688-3689.

[2]　Bonse J. Quo vadis LIPSS？-Recent and future trends on laser-induced periodic surface structures. Nanomaterials，2020，10（10）：1950.

[3]　Vorobyev A Y，Guo C. Direct femtosecond laser surface nano/microstructuring and its applications. Laser & Photonics Reviews，2013，7（3）：385-407.

[4]　Florian C，Kirner S V，Krüger J，et al. Surface functionalization by laser-induced periodic surface structures. Journal of Laser Applications，2020，32（2）：022063.

[5]　Gräf S. Formation of laser-induced periodic surface structures on different materials：Fundamentals，properties and applications. Advanced Optical Technologies，2020，9（1-2）：11-39.

[6]　Bonse J，Kirner S，Krüger J. Laser-induced periodic surface structures（LIPSS）. Handbook of Laser Micro- and Nano-Engineering，2021：1-59.

[7]　Stratakis E，Bonse J，Heitz J，et al. Laser engineering of biomimetic surfaces. Materials Science and Engineering：R：Reports，2020，141：100562.

[8]　Bonse J，Kirner S V，Griepentrog M，et al. Femtosecond laser texturing of surfaces for tribological applications. Materials，2018，11（5）：801.

[9]　Bonse J，Krüger J，Höhm S，et al. Femtosecond laser-induced periodic surface structures. Journal of Laser Applications，2012，24（4）：042006.

[10]　Buividas R，Mikutis M，Juodkazis S. Surface and bulk structuring of materials by ripples with long and short laser pulses：Recent advances. Progress in Quantum Electronics，2014，38（3）：119-156.

[11]　Martínez-Calderon M，Rodríguez A，Dias-Ponte A，et al. Femtosecond laser fabrication of highly hydrophobic stainless steel surface with hierarchical structures fabricated by combining ordered microstructures and LIPSS. Applied Surface Science，2016，374：81-89.

[12]　Höhm S，Rosenfeld A，Krüger J，et al. Femtosecond diffraction dynamics of laser-induced periodic surface structures on fused silica. Applied Physics Letters，2013，102（5）：054102.

[13]　Bonse J，Gräf S. Maxwell Meets Marangoni—A review of theories on laser-induced periodic surface structures. Laser & Photonics Reviews，2020，14（10）：2000215.

[14]　Guosheng Z，Fauchet P M，Siegman A E. Growth of spontaneous periodic surface structures on solids during laser illumination. Physical Review B，1982，26（10）：5366.

[15]　Akhmanov S A，Emel'yanov V I，Koroteev N I，et al. Interaction of powerful laser radiation with the surfaces of semiconductors and metals：Nonlinear optical effects and nonlinear optical diagnostics. Soviet Physics Uspekhi，1985，28（12）：1084.

[16]　Keilmann F，Bai Y H. Periodic surface structures frozen into CO_2 laser-melted quartz. Applied Physics A，1982，29（1）：9-18.

[17]　Temple P，Soileau M. Polarization charge model for laser-induced ripple patterns in dielectric materials. IEEE Journal of Quantum Electronics，1981，17（10）：2067-2072.

[18]　Bonch-Bruevich A M，Libenson M N，Makin V S，et al. Surface electromagnetic waves in optics. Optical Engineering，1992，31（4）：718-730.

[19]　Raether H. Surface plasmons on smooth surfaces//Raether H. Surface Plasmons on Smooth and Rough Surfaces and on Gratings. 1988：4-39.

[20]　Raether H. Surface plasmons on gratings//Raether H. Surface Plasmons on Smooth and Rough Surfaces and on Gratings. 1988：91-116.

[21]　Derrien T J Y，Krüger J，Bonse J. Properties of surface plasmon polaritons on lossy materials：Lifetimes，periods and excitation conditions. Journal of Optics，2016，18（11）：115007.

[22]　Bonse J，Rosenfeld A，Krüger J. On the role of surface plasmon polaritons in the formation of laser-induced periodic surface structures upon irradiation of silicon by femtosecond-laser pulses. Journal of Applied Physics，2009，106（10）：104910.

[23]　Huang M，Zhao F L，Cheng Y，et al. Origin of laser-induced near-subwavelength ripples：Interference between surface plasmons and incident laser. ACS Nano，2009，3（12）：4062-4070.

[24]　Abere M J，Zhong M，Krüger J，et al. Ultrafast laser-induced morphological transformations. MRS Bulletin，2016，41（12）：969-974.

[25]　Bonse J，Rosenfeld A，Krüger J. Implications of transient changes of optical and surface properties of solids during femtosecond laser pulse irradiation to the formation of laser-induced periodic surface structures. Applied Surface Science，2011，257（12）：5420-5423.

[26]　Barnes W L，Dereux A，Ebbesen T W. Surface plasmon subwavelength optics. Nature，2003，424（6950）：824-830.

[27]　Miyaji G，Miyazaki K. Origin of periodicity in nanostructuring on thin film surfaces ablated with femtosecond laser pulses. Optics Express，2008，16（20）：16265-16271.

[28]　Golosov E V，Ionin A A，Kolobov Y R，et al. Ultrafast changes in the optical properties of a titanium surface and femtosecond laser writing of one-dimensional quasi-periodic nanogratings of its relief. Journal of Experimental

and Theoretical Physics，2011，113（1）：14-26.

[29] Hwang T Y，Guo C. Angular effects of nanostructure-covered femtosecond laser induced periodic surface structures on metals. Journal of Applied Physics，2010，108（7）：073523.

[30] Rudenko A，Colombier J P，Höhm S，et al. Spontaneous periodic ordering on the surface and in the bulk of dielectrics irradiated by ultrafast laser：A shared electromagnetic origin. Scientific Reports，2017，7（1）：1-14.

[31] Rudenko A，Mauclair C，Garrelie F，et al. Self-organization of surfaces on the nanoscale by topography-mediated selection of quasi-cylindrical and plasmonic waves. Nanophotonics，2019，8（3）：459-465.

[32] Sipe J E，Young J F，Preston J S，et al. Laser-induced periodic surface structure. Ⅰ. Theory. Physical Review B，1983，27（2）：1141.

[33] Bonse J，Munz M，Sturm H. Structure formation on the surface of indium phosphide irradiated by femtosecond laser pulses. Journal of Applied Physics，2005，97（1）：013538.

[34] Bonse J，Höhm S，Kirner S V，et al. Laser-induced periodic surface structures—A scientific evergreen. IEEE Journal of Selected Topics in Quantum Electronics，2016，23（3）：1-15.

[35] Sipe J E，Driel H M，Young J F. Surface electrodynamics：Radiation fields，surface polaritons，and radiation remnants. Canadian Journal of Physics，1985，63（1）：104-113.

[36] Emel'yanov V I. Self-organisation of ordered defect—Deformation microstructures and nanostructures on the surfaces of solids under the action of laser radiation. Quantum Electronics，1999，29（7）：561.

[37] Costache F，Henyk M，Reif J. Modification of dielectric surfaces with ultra-short laser pulses. Applied Surface Science，2002，186（1-4）：352-357.

[38] Costache F，Henyk M，Reif J. Surface patterning on insulators upon femtosecond laser ablation. Applied Surface Science，2003，208：486-491.

[39] Reif J，Costache F，Henyk M，et al. Ripples revisited：Non-classical morphology at the bottom of femtosecond laser ablation craters in transparent dielectrics. Applied Surface Science，2002，197：891-895.

[40] Henyk M，Wolfframm D，Reif J. Ultra short laser pulse induced charged particle emission from wide bandgap crystals. Applied Surface Science，2000，168（1-4）：263-266.

[41] Stoian R，Rosenfeld A，Ashkenasi D，et al. Surface charging and impulsive ion ejection during ultrashort pulsed laser ablation. Physical Review Letters，2002，88（9）：097603.

[42] Varlamova O，Costache F，Reif J，et al. Self-organized pattern formation upon femtosecond laser ablation by circularly polarized light. Applied Surface Science，2006，252（13）：4702-4706.

[43] Reif J. High power laser interaction with the surface of wide bandgap materials. Optical Engineering，1989，28（10）：1122-1132.

[44] Reif J，Varlamova O，Varlamov S，et al. The role of asymmetric excitation in self-organized nanostructure formation upon femtosecond laser ablation. AIP Conference Proceedings，American Institute of Physics，2012，1464（1）：428-441.

[45] Nayak B K，Gupta M C. Self-organized micro/nano structures in metal surfaces by ultrafast laser irradiation. Optics and Lasers in Engineering，2010，48（10）：940-949.

[46] Bashir S，Rafique M S，Husinsky W. Liquid assisted ablation of zirconium for the growth of lipss at varying pulse durations and pulse energies by femtosecond laser irradiation. Nuclear Instruments and Methods in Physics Research Section B：Beam Interactions with Materials and Atoms，2015，349：230-238.

[47] Li G Q，Li J W，Hu Y L，et al. Femtosecond laser color marking stainless steel surface with different wavelengths. Applied Physics A，2015，118（4）：1189-1196.

[48] Hashida M，Semerok A F，Gobert O，et al. Ablation threshold dependence on pulse duration for copper. Applied Surface Science，2002，197：862-867.

[49] Long D A. Infrared and Raman characteristic group frequencies. 3rd ed. New York：John Wiley & Sons，2001.

[50] Li G Q，Li G. Study on Femtosecond Laser Induced Structural Colors. Bionic Functional Structures by Femtosecond Laser Micro/nanofabrication Technologies. Springer，Berlin，2018：29-51.

[51] Li J W，Li G Q，Hu Y L，et al. Selective display of multiple patterns encoded with different oriented ripples using femtosecond laser. Optics & Laser Technology，2015，71：85-88.

[52] Yao J W，Zhang C Y，Liu H Y，et al. Selective appearance of several laser-induced periodic surface structure patterns on a metal surface using structural colors produced by femtosecond laser pulses. Applied Surface Science，2012，258（19）：7625-7632.

[53] Li G Q，Li J W，Yang L，et al. Evolution of aluminum surface irradiated by femtosecond laser pulses with different pulse overlaps. Applied Surface Science，2013，276：203-209.

[54] Deng G L，Feng G Y，Zhou S H. Experimental and FDTD study of silicon surface morphology induced by femtosecond laser irradiation at a high substrate temperature. Optics Express，2017，25（7）：7818-7827.

[55] Gräf S，Kunz C，Engel S，et al. Femtosecond laser-induced periodic surface structures on fused silica：The impact of the initial substrate temperature. Materials，2018，11（8）：1340.

[56] Daminelli G，Krüger J，Kautek W. Femtosecond laser interaction with silicon under water confinement. Thin Solid Films，2004，467（1-2）：334-341.

[57] Le Harzic R，Schuck H，Sauer D，et al. Sub-100 nm nanostructuring of silicon by ultrashort laser pulses. Optics Express，2005，13（17）：6651-6656.

[58] Wang C，Huo H B，Johnson M，et al. The thresholds of surface nano-/micro-morphology modifications with femtosecond laser pulse irradiations. Nanotechnology，2010，21（7）：075304.

[59] Yang X J，Li M，Wang L，et al. A new method of processing high-precision micro-hole with the femtosecond laser//Koutsonas S，Minafò G，Xu X P，et al. Applied Mechanics and Materials. Zurich，Switzerland：Trans Tech Publications Ltd，2013：382-386.

[60] Gaggl A，Schultes G，Müller W D，et al. Scanning electron microscopical analysis of laser-treated titanium implant surfaces—A comparative study. Biomaterials，2000，21（10）：1067-1073.

[61] Li G Q，Li J W，Hu Y L，et al. Realization of diverse displays for multiple color patterns on metal surfaces. Applied Surface Science，2014，316：451-455.

[62] Perrie W，Gill M，Robinson G，et al. Femtosecond laser micro-structuring of aluminium under helium. Applied Surface Science，2004，230（1-4）：50-59.

[63] Liu H G，Lin W X，Lin Z Y，et al. Self-organized periodic microholes array formation on aluminum surface via femtosecond laser ablation induced incubation effect. Advanced Functional Materials，2019，29（42）：1903576.

[64] Pan A，Dias A，Gomez-Aranzadi M，et al. Formation of laser-induced periodic surface structures on niobium by femtosecond laser irradiation. Journal of Applied Physics，2014，115（17）：173101.

[65] Bastani Nejad M，Mohamed M A，Elmustafa A A，et al. Evaluation of niobium as candidate electrode material for DC high voltage photoelectron guns. Physical Review Special Topics-Accelerators and Beams，2012，15（8）：083502.

[66] Helali S，Abdelghani A，Hafaiedh I，et al. Functionalization of niobium electrodes for the construction of impedimetric biosensors. Materials Science and Engineering：C，2008，28（5-6）：826-830.

[67] Godley R，Starosvetsky D，Gotman I. Bonelike apatite formation on niobium metal treated in aqueous NaOH.

Journal of Materials Science：Materials in Medicine，2004，15（10）：1073-1077.

[68]　Yao J W，Zhang C Y，Liu H Y，et al. High spatial frequency periodic structures induced on metal surface by femtosecond laser pulses. Optics Express，2012，20（2）：905-911.

[69]　Hou S S，Huo Y Y，Xiong P X，et al. Formation of long- and short-periodic nanoripples on stainless steel irradiated by femtosecond laser pulses. Journal of Physics D：Applied Physics，2011，44（50）：505401.

[70]　Rohloff M，Das S K，Höhm S，et al. Formation of laser-induced periodic surface structures on fused silica upon multiple cross-polarized double-femtosecond-laser-pulse irradiation sequences. Journal of Applied Physics，2011，110（1）：014910.

[71]　Barberoglou M，Zorba V，Stratakis E，et al. Bio-inspired water repellent surfaces produced by ultrafast laser structuring of silicon. Applied Surface Science，2009，255（10）：5425-5429.

[72]　Zorba V，Stratakis E，Barberoglou M，et al. Tailoring the wetting response of silicon surfaces via fs laser structuring. Applied Physics A，2008，93（4）：819-825.

[73]　Vishnubhatla K C，Nava G，Osellame R，et al. Femtosecond laser micro-machining for energy applications optical instrumentation for energy and environmental applications. New York：Optica Publishing Group，2013：EW2A. 3.

[74]　Nivas J J J，Allahyari E，Skoulas E，et al. Incident angle influence on ripples and grooves produced by femtosecond laser irradiation of silicon. Applied Surface Science，2021，570：151150.

[75]　Katayama K，Yonekubo H，Sawada T. Formation of ring patterns surrounded by ripples by single-shot laser irradiation with ultrashort pulse width at the solid/liquid interface. Applied Physics Letters，2003，82（24）：4244-4246.

[76]　Shen M Y，Crouch C H，Carey J E，et al. Femtosecond laser-induced formation of submicrometer spikes on silicon in water. Applied Physics Letters，2004，85（23）：5694-5696.

[77]　Shen M Y，Crouch C H，Carey J E，et al. Formation of regular arrays of silicon microspikes by femtosecond laser irradiation through a mask. Applied Physics Letters，2003，82（11）：1715-1717.

[78]　Nayak B K，Gupta M C. Ultrafast laser-induced self-organized conical micro/nano surface structures and their origin. Optics and Lasers in Engineering，2010，48（10）：966-973.

[79]　Abere M J，Chen C，Rittman D K，et al. Nanodot formation induced by femtosecond laser irradiation. Applied Physics Letters，2014，105（16）：163103.

[80]　Zayats A V，Smolyaninov I I，Maradudin A A. Nano-optics of surface plasmon polaritons. Physics Reports，2005，408（3-4）：131-314.

[81]　Glezer E N，Siegal Y，Huang L，et al. Laser-induced band-gap collapse in GaAs. Physical Review B，1995，51（11）：6959.

[82]　Ionin A A，Klimachev Y M，Kozlov A Y，et al. Direct femtosecond laser fabrication of antireflective layer on GaAs surface. Applied Physics B，2013，111（3）：419-423.

[83]　Pan Y S，Yang M，Li Y M，et al. Threshold dependence of deep- and near-subwavelength ripples formation on natural MoS_2 induced by femtosecond laser. Scientific Reports，2016，6（1）：19571.

[84]　Tan D，Sharafudeen K N，Yue Y，et al. Femtosecond laser induced phenomena in transparent solid materials：Fundamentals and applications. Progress in Materials Science，2016，76：154-228.

[85]　Fang J Q，Jiang L，Cao Q，et al. Doping transition metal ions as a method for enhancement of ablation rate in femtosecond laser irradiation of silicate glass. Chinese Optics Letters，2014，12（12）：121402.

[86]　Fang Z，Shao J. Femtosecond laser-induced periodic surface structure on fused silica surface. Optik，2016，127（3）：1171-1175.

[87] Siddique R H，Gomard G，Hölscher H. The role of random nanostructures for the omnidirectional anti-reflection properties of the glasswing butterfly. Nature Communications，2015，6（1）：1-8.

[88] Raut H K，Ganesh V A，Nair A S，et al. Anti-reflective coatings：A critical，in-depth review. Energy & Environmental Science，2011，4（10）：3779-3804.

[89] Prado R，Beobide G，Marcaide A，et al. Development of multifunctional sol-gel coatings：Anti-reflection coatings with enhanced self-cleaning capacity. Solar Energy Materials and Solar Cells，2010，94（6）：1081-1088.

[90] Papadopoulos A，Skoulas E，Mimidis A，et al. Biomimetic omnidirectional antireflective glass via direct ultrafast laser nanostructuring. Advanced Materials，2019，31（32）：1901123.

[91] Rudenko A，Colombier J P，Itina T E. Influence of polarization state on ultrafast laser-induced bulk nanostructuring. Journal of Laser Micro/Nanoengineering，2016，11（3）：304-311.

[92] Ji S，Song K，Nguyen T B，et al. Optimal moth eye nanostructure array on transparent glass towards broadband antireflection. ACS Applied Materials & Interfaces，2013，5（21）：10731-10737.

[93] Sun J Y，Wang X B，Wu J H，et al. Biomimetic moth-eye nanofabrication：Enhanced antireflection with superior self-cleaning characteristic. Scientific Reports，2018，8（1）：1-10.

[94] Yu B H，Lu P X，Dai N L，et al. Femtosecond laser-induced sub-wavelength modification in lithium niobate single crystal. Journal of Optics A：Pure and Applied Optics，2008，10（3）：035301.

[95] Shimizu H，Obara G，Terakawa M，et al. Evolution of femtosecond laser-induced surface ripples on lithium niobate crystal surfaces. Applied Physics Express，2013，6（11）：112701.

[96] Li Y N，Wu Q，Yang M，et al. Uniform deep-subwavelength ripples produced on temperature controlled $LiNbO_3$：Fe crystal surface via femtosecond laser ablation. Applied Surface Science，2019，478：779-783.

[97] Schwarz S，Rung S，Hellmann R. Two-dimensional low spatial frequency laser-induced periodic surface structuring of sapphire. Journal of Laser Micro Nanoengineering，2017，12（2）：67.

[98] Fox M，Bertsch. Optical properties of solids. American Journal of Physics，2002，70（12）：1269-1270.

[99] Han Y H，Zhao X L，Qu S L. Polarization dependent ripples induced by femtosecond laser on dense flint（ZF6）glass. Optics Express，2011，19（20）：19150-19155.

[100] Cunha A，Serro A P，Oliveira V，et al. Wetting behaviour of femtosecond laser textured Ti-6Al-4V surfaces. Applied Surface Science，2013，265：688-696.

[101] Albu C，Dinescu A，Filipescu M，et al. Periodical structures induced by femtosecond laser on metals in air and liquid environments. Applied Surface Science，2013，278：347-351.

[102] Lezec H J，McMahon J J，Nalamasu O，et al. Submicrometer dimple array based interference color field displays and sensors. Nano Letters，2007，7（2）：329-333.

[103] Zhao X L，Meng G W，Xu Q L，et al. Color fine-tuning of CNTs@AAO composite thin films via isotropically etching porous AAO before CNT growth and color modification by water infusion. Advanced Materials，2010，22（24）：2637-2641.

[104] Dusser B，Sagan Z，Soder H，et al. Controlled nanostructrures formation by ultra fast laser pulses for color marking. Optics Express，2010，18（3）：2913-2924.

[105] Ou Z G，Huang M，Zhao F L. Colorizing pure copper surface by ultrafast laser-induced near-subwavelength ripples. Optics Express，2014，22（14）：17254-17265.

[106] Ionin A A，Kudryashov S I，Makarov S V，et al. Femtosecond laser color marking of metal and semiconductor surfaces. Applied Physics A，2012，107（2）：301-305.

[107] Vorobyev A Y，Guo C. Colorizing metals with femtosecond laser pulses. Applied Physics Letters，2008，

92（4）：041914.

[108] Qian J，Zhao Q Z. Anti-counterfeiting microstructures induced by ultrashort laser pulses. Physica Status Solidi:A，2020，217（11）：1901052.

[109] Hwang T Y，Shin H，Lee H J，et al. Rotationally symmetric colorization of metal surfaces through omnidirectional femtosecond laser-induced periodic surface structures. Optics Letters，2020，45（13）：3414-3417.

[110] Zhang C Y，Yao J W，Liu H Y，et al. Colorizing silicon surface with regular nanohole arrays induced by femtosecond laser pulses. Optics Letters，2012，37（6）：1106-1108.

[111] Cassie A B D，Baxter S. Wettability of porous surfaces. Transactions of the Faraday Society，1944，40：546-551.

[112] Öner D，McCarthy T J. Ultrahydrophobic surfaces. Effects of topography length scales on wettability. Langmuir，2000，16（20）：7777-7782.

[113] Robert N W. Resistance of solid surfaces to wetting by water. Industrial & Engineering Chemistry，1936，28（8）：988-994.

[114] Near R，Tabor C，Duan J，et al. Pronounced effects of anisotropy on plasmonic properties of nanorings fabricated by electron beam lithography. Nano Letters，2012，12（4）：2158-2164.

[115] Lin Y Y，Liao J D，Ju Y H，et al. Focused ion beam-fabricated Au micro/nanostructures used as a surface enhanced Raman scattering-active substrate for trace detection of molecules and influenza virus. Nanotechnology，2011，22（18）：185308.

[116] Tsujioka T. Metal-vapor deposition modulation on polymer surfaces prepared by the coffee-ring effect. Soft Matter，2013，9（24）：5681-5685.

[117] Zhang Y C，Zou G S，Liu L，et al. Time-dependent wettability of nano-patterned surfaces fabricated by femtosecond laser with high efficiency. Applied Surface Science，2016，389：554-559.

[118] Patel D S，Singh A，Balani K，et al. Topographical effects of laser surface texturing on various time-dependent wetting regimes in Ti6Al4V. Surface and Coatings Technology，2018，349：816-829.

[119] Yang G W. Laser ablation in liquids：Applications in the synthesis of nanocrystals. Progress in Materials Science，2007，52（4）：648-698.

[120] Shaheen M E，Gagnon J E，Fryer B J. Femtosecond laser ablation of brass in air and liquid media. Journal of Applied Physics，2013，113（21）：213106.

[121] Li G Q，Li J W，Zhang C C，et al. Large-area one-step assembly of three-dimensional porous metal micro/nanocages by ethanol-assisted femtosecond laser irradiation for enhanced antireflection and hydrophobicity. ACS Applied Materials & Interfaces，2015，7（1）：383-390.

[122] Khorsand S，Raeissi K，Ashrafizadeh F. Corrosion resistance and long-term durability of super-hydrophobic nickel film prepared by electrodeposition process. Applied Surface Science，2014，305：498-505.

[123] Kietzig A M，Negar Mirvakili M，Kamal S，et al. Laser-patterned super-hydrophobic pure metallic substrates：Cassie to wenzel wetting transitions. Journal of Adhesion Science and Technology，2011，25（20）：2789-2809.

[124] Kietzig A M，Hatzikiriakos S G，Englezos P. Patterned superhydrophobic metallic surfaces. Langmuir，2009，25（8）：4821-4827.

[125] Zorba V，Persano L，Pisignano D，et al. Making silicon hydrophobic：Wettability control by two-lengthscale simultaneous patterning with femtosecond laser irradiation. Nanotechnology，2006，17（13）：3234.

[126] Barthlott W，Neinhuis C. Purity of the sacred lotus，or escape from contamination in biological surfaces. Planta，1997，202（1）：1-8.

[127] Granados E，Calderon M M，Krzywinski J，et al. Enhancement of surface area and wettability properties of boron

doped diamond by femtosecond laser-induced periodic surface structuring. Optical Materials Express, 2017, 7 (9): 3389-3396.

[128] Macpherson J V. A practical guide to using boron doped diamond in electrochemical research. Physical Chemistry Chemical Physics, 2015, 17 (5): 2935-2949.

[129] Panizza M, Cerisola G. Application of diamond electrodes to electrochemical processes. Electrochimica Acta, 2005, 51 (2): 191-199.

[130] Luo Y H, Yuan L, Li J H, et al. Boundary layer drag reduction research hypotheses derived from bio-inspired surface and recent advanced applications. Micron, 2015, 79: 59-73.

[131] Yu J J, Lu Y F. Laser-induced ripple structures on Ni-P substrates. Applied Surface Science, 1999, 148 (3-4): 248-252.

[132] Wang Z, Zhao Q Z, Wang C W. Reduction of friction of metals using laser-induced periodic surface nanostructures. Micromachines, 2015, 6 (11): 1606-1616.

[133] Bonse J, Koter R, Hartelt M, et al. Tribological performance of femtosecond laser-induced periodic surface structures on titanium and a high toughness bearing steel. Applied Surface Science, 2015, 336: 21-27.

[134] Chen C Y, Chung C J, Wu B H, et al. Microstructure and lubricating property of ultra-fast laser pulse textured silicon carbide seals. Applied Physics A, 2012, 107 (2): 345-350.

第8章

飞秒激光低维材料诱导合成技术及应用

20 世纪 90 年代纳米科学技术的出现，特别是碳纳米管的发现，使得纳米材料成为材料研究领域的热门。经过近 30 年的发展，纳米材料已经进入了人们生活的方方面面。低维材料，是指在至少一个维度方向上受到纳米尺度（1～100 nm）限制的一类纳米结构材料。按照受限制的维度数，低维材料又可以分为：①零维材料，如量子点、纳米颗粒和纳米团簇；②一维材料，如纳米棒、纳米管、纳米带和纳米纤维等；③二维材料，如石墨烯及其衍生物、二维过渡金属碳/氮氧化物（MXenes）等。

与块体材料相比，低维材料在某些维度上的特征尺度极小，与电子的平均自由程相当，从而会表现出一些新的量子现象及性质。

（1）表面效应。随着固体材料表面颗粒尺寸的减小，使得处于材料表面的活性原子占比增加，材料表面颗粒尺寸达到 100 nm 以下时，这种现象尤为明显。表 8-1 给出了粒子尺寸在 1～20 nm 时表面原子占比的变化，当粒径降至 1 nm 时，表面原子占比达 90%。表面原子占比的激增，使得材料表现出更高的化学反应活性。

表 8-1　纳米颗粒尺寸与表面原子占比的关系

粒径/nm	原子总数/个	表面原子占比/%
20	2.5×10^5	10
10	3.0×10^4	20
5	4.0×10^3	40

续表

粒径/nm	原子总数/个	表面原子占比/%
2	2.5×10^2	80
1	30	90

（2）量子尺寸效应。当量子点的尺寸小到可与电子的德布罗意波长、相干波长及激子玻尔半径相比时，电子的局限性和相干性增强，极易形成激子。随着粒径的减小，激子带的吸收系数增加，出现激子强吸收。金属费米能级附近的电子能级由准连续变为离散能级，纳米半导体微粒存在不连续的最高占据分子轨道和最低未占分子轨道能级。

（3）宏观量子隧道效应。微观离子具有贯穿势垒的能力称为隧道效应。一些宏观量，如超微粒的磁化强度、量子相干器件中的磁通量及电荷等也具有隧道效应，它们可以穿越宏观系统中的势垒并发生变化，故称为宏观量子隧道效应。用此概念可定性地解释超细镍微粒在低温下继续保持超顺磁性。这一效应与量子尺寸效应一起，限定了磁带、磁盘进行信息存储的最短时间，确立了现代微电子器件微型化的极限。

低维纳米材料所具有的独特性质，使得其在生物医疗、信息存储、新能源开发等多个领域得到了广泛的应用。而对颗粒尺寸及分布的控制是目前纳米材料合成领域的研究重点。化学气相沉积、水热法等传统制备方法虽然可以实现对不同形貌、尺寸和组分低维纳米材料的可控合成，但这些方法大多数具有一定的缺陷。一种高效的制备精细低维材料的方法迫切地需要被提出。激光作为一种可控的微纳合成和微加工技术，具有加工速度快、环境友好、经济高效等优点，可以实现材料的原位合成加工[1, 2]。近年来，激光技术不断发展，促进了纳米材料的制备和纳米结构的建构[3]。

与水热法等传统的纳米材料合成技术相比，激光辅助的纳米材料合成技术能够在液体、气体环境或者透明固态介质中定点合成低维纳米材料。特别是对于在热敏衬底上进行局部的纳米材料合成方面，激光合成方法具有很大优势。一方面，由于激光具有较高的能量密度，在辅助合成纳米材料时，热影响区小，能量损失较少，可以加工出更高精度的微纳结构。另一方面，通过调节激光功率、激光波长、脉宽、激光频率等，可以实现对纳米材料尺寸、形貌和成分的可控调节。与传统激光相比，飞秒激光具有超短脉宽（10^{-15} s）、极高瞬时功率密度（10^{22} W/cm²）、较小的加工热效应及可精确靶向辐照定位等特点，能够实现对低维纳米材料的可控合成与加工。飞秒激光的脉宽短于声子传输时间，产生的峰值功率更高，能量能够完全注入局部区域，因此可以在局部产生更高的温度和压强。此外，飞秒激光热效应较小，更便于控制合成出的低维纳米材料的尺寸，可以制备出更为精细的表面微纳结构。

8.2　低维材料的飞秒激光合成机理

目前，飞秒激光的热效应和光热效应对材料进行烧蚀和沉积是飞秒激光合成低维材料的主要方法。此外，由于飞秒激光具有特殊的光化学效应、光镊效应，从而衍生出了飞秒激光直写、飞秒光镊等多种纳米合成技术[4, 5]。本节将对几种通过飞秒脉冲激光制备低维纳米材料的方法及合成原理进行介绍。

8.2.1　激光液相烧蚀

数十年来，激光烧蚀技术在激光基材加工方面表现出巨大的潜力，受到人们的广泛关注，在纳米晶体的合成，激光切割、焊接、钻孔、表面清洗及器件制造方面有着广泛的应用[6-11]。相比于在气体介质和固体介质中制造而言，激光液相烧蚀法具有独特的优势：一方面，通过激光与溶液相互作用，可以在室温下产生局部的高温高压的极端环境。在此环境中，溶液介质中的粒子与靶材烧蚀产生的粒子相互作用，从而可以生成传统方法难以制造的低维材料。采用液相作为介质，可以实现对等离子体的快速冷却，这抑制了热影响区的扩散，很好地限制了纳米材料的尺寸。液相介质的存在也可以保护加工出的低维纳米材料表面不受污染。另一方面，通过调整液相介质及靶材的组分，可以更容易地制备不同类型、成分的低维纳米材料。改变靶材的成分，可以制备出具有多种组分的纳米复合材料。而对靶材进行修饰处理，能够同步实现纳米颗粒制备和表面微纳结构加工。此外，改变溶液组分，加入表面活性剂，可以实现对纳米材料形貌和尺寸的调控，甚至可以调控所制备材料的成分。更重要的是，激光液相烧蚀法是一种环境友好的方法，液相介质的存在可以减少制备过程中有毒气体的产生，使用的表面活性剂及产生的微纳颗粒被保存在液相介质中，在制备有机成分纳米材料时，可以有效防止其对环境造成的污染。

飞秒激光脉冲与材料之间的相互作用由独特的机理控制。目前，对于飞秒激光与物质的相互作用机理的了解尚不如纳秒和微秒激光，需要进一步研究。邱建荣等[12]对飞秒激光液相烧蚀过程的基本机理进行总结。如图 8-1（a）和（b）所示，根据靶材类型的不同，飞秒激光液相烧蚀分为块体靶材烧蚀和粉体靶材烧蚀两大类。对于块体靶材，随着激光能量的不同，将发生六种烧蚀机理：相剥离、相爆炸、斯宾那多分解、碎裂气化、库仑爆炸和等离子体消融。当激光入射通量在靶材烧蚀阈值附近时，会发生相剥离效应。靶材在等容加热条件下经过多光子吸收过程，产生两个不同的压力波，通过固体和液体传播。在固液界面处，压力

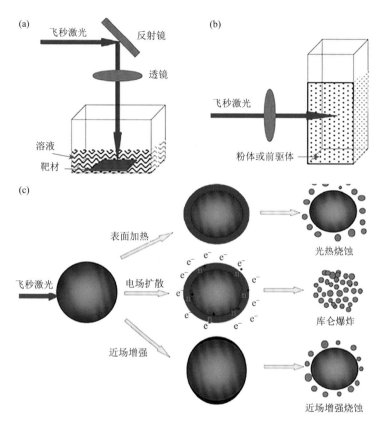

图 8-1 （a）块体靶材飞秒激光液相烧蚀示意图；（b）粉体靶材飞秒激光液相烧蚀示意图；
（c）三种粉体靶材激光烧蚀机理

波的相互作用产生了强拉应力，促进烧蚀区域靶材空穴的形成、长大与合并，最终导致整个表层的膨胀剥离。相爆炸发生在入射通量高于烧蚀阈值的情况下，焦点处过热的溶液沸腾爆炸产生空化气泡。空化气泡内部形成微小的雾状混合物，最终形成纳米颗粒。当沉积能量过高时，固体靶材被直接加热到临界温度以上，产生了一个热力学亚稳态区域，进而发生斯宾纳多分解。在过热条件下，除了斯宾那多分解，还会发生碎裂气化现象。在亚稳态区域形成之前，过热的超临界流体发生体积膨胀，积累了大量弹性能量，这导致表面层的靶材破碎甚至气化。当激光通量高于等离子体形成阈值时，烧蚀材料由固体直接变为等离子体，在材料表面形成了等离子羽流，电荷的相互作用导致的库仑爆炸最终导致碎裂的产生。对于粉体靶材[图 8-1（c）]，人们提出了光热烧蚀、库仑爆炸诱导碎裂、近场增强烧蚀三种机理。在激光通量低且重复频率高时，飞秒脉冲能量的非线性吸收导致多光子电离，在分散的粉末中电荷斥力会导致粉体熔化，产生光热烧蚀现象。随着激光通量的增加，库仑爆炸逐渐占据主导地位。当激光通量低于熔化阈值时，等离子体近场增强效应导致了烧蚀的发生。除此之外，人们还提出了光场与表面等离激元-极化激元波（SPWs）辅助等机理来介绍飞秒激光的烧蚀过程[13]。

Shih 等报道了液体环境中激光烧蚀金属目标的首次原子模拟结果。它们显示了激光与金属靶相互作用的过程，以及用于模拟沉积在二氧化硅衬底上的银薄膜的激光烧蚀的声阻抗匹配边界条件[14]。Stoian 等[15]结合硅片的飞行时间（TOF）光谱进行了飞秒激光实验。在 TOF 光谱中，Si^+峰值对应于观察到的 Si^{2+}速度的一半，这表明发生了库仑爆炸。此时，如果功率密度继续增加，将观察到等离子体烧蚀现象。当功率密度增加到临近烧蚀阈值时，会发生库仑爆炸。首先，材料吸收激光脉冲所具有的高能量，使得电子通过光电和热离子发射从原子中剥离。因此，在被照射区域的表面上会产生非常高强度的电场，电场会在正离子之间产生很强的排斥力。由于排斥力大于黏结强度，固体材料的表面被剥离[16]。

Hashimoto 等[17]基于考虑电子温度、晶格温度和颗粒周围介质温度的双温度模型，利用纳秒和飞秒激光器进行了数值模拟，以解释激光诱导金纳米颗粒尺寸减小的机理。结果表明，飞秒激光提供了足够的能量，可以将液态金的电子温度提高到 7000 K，固体金的电子温度提高到 8000 K 以上，满足库仑爆炸的要求。相比之下，纳秒激光诱导主要依靠激光的光热效应。除了理论估算，他们还对飞秒激光诱导的金纳米颗粒碎裂进行了原位消光光谱和瞬态吸收光谱测试[18]。如果功率密度增加到等离子体烧蚀阈值以上，则会发生固体到等离子体的直接转变，随后会发生光学击穿，在这种情况下，材料被完全电离并蒸发，形成高温高密度的等离子体[19, 20]。纳秒和飞秒激光产生的等离子体之间存在显著差异[21]。与纳秒激光产生的等离子体相比，飞秒激光衍生等离子体的密度和温度更低，下降更快。纳秒激光产生的冲击波的垂直扩展距离与 $t_{2/5}$ 成正比，类似于球形传播，而飞秒激光产生的冲击波的垂直扩展距离与 $t_{2/3}$ 成正比，符合一维扩展。最初的几纳秒内，飞秒激光诱导等离子体主要在垂直于目标表面的方向上扩展。几秒后，飞秒激光诱导的等离子体在横向和垂直方向上都会膨胀，垂直方向的膨胀比横向的膨胀快。相比之下，纳秒激光诱导的等离子体以相似的速度向两个方向扩展。

除了这些实验研究之外，一些理论研究表明，在飞秒激光脉冲加热下，固体物质的快速膨胀和冷却可能通过不同的机理导致纳米颗粒的形成。在不同的目标系统和不同的加热状态下，异相分解、液相喷射和碎裂、均相成核和分解、斯宾那多分解和光力学效应都可能导致纳米颗粒的产生[22-31]。甚至可能有相当一部分喷射材料将以非晶态或晶态粒子的形式回收，其半径范围为 $1\sim1000$ nm。

8.2.2　激光辅助化学气相沉积

激光辅助化学气相沉积是一种新兴的制造工艺，通过利用激光束在合适的蒸气反应物中诱导化学反应，在衬底上产生固体沉积物，通过控制激光束聚焦点的位置，在需要书写的地方进行建设和蒸发以产生所需要的低维材料。激光辅助化学气相沉积（LCVD）是物理气相沉积的一种变体，与传统的 CVD 技术相比，LCVD 学气相沉积所需要的衬底温度更低。

作为一种通用的工艺，激光诱导化学沉积技术能够实现多种材料的沉积。该化学反应的一般形式如式（8-1）所示。试剂气体的混合物反应产生固体沉积物和气态副产物。LCVD 反应通常分为单一反应气体分解反应，由两种或两种以上独立气体的组分结合的组合反应。组合反应通常涉及金属卤化物在过量氢存在下的解离。下面所示的化学反应展示了每一类反应，并说明了 LCVD 沉积金属[式（8-2）]、陶瓷[式（8-3）]和金属/陶瓷复合材料[式（8-4）]的可行性。

$$A(g) + B(g) \longrightarrow C(s) + D(g) \tag{8-1}$$

$$SiCl_4 + 2H_2 \longrightarrow Si + 4HCl \tag{8-2}$$

$$SiCl_4 + CH_4 \longrightarrow SiC + 4HCl \tag{8-3}$$

$$2SiCl_4 + CH_4 + 2H_2 \longrightarrow Si + SiC + 8HCl \tag{8-4}$$

由 LCVD 制备的材料通常是高质量的。沉积材料通常具有高纯度、低孔隙度和高结晶度。这些属性是原子逐个沉积的结果，导致材料比其他技术沉积的材料具有优越的机械性能和热稳定性。根据引发化学反应的机理，LCVD 过程主要分为两大类（光解和热解）。虽然大多数体系主要依赖于某一类反应，但也有少数沉积体系结合了光解和热解技术[32-41]。

光解 LCVD 是利用激光束的光子打破反应气体中的化学键。这些分子要么重组或分解，要么在衬底表面形成粉末或固体沉积物。由于沿激光路径长度的气体吸收光子并产生固体颗粒，因此所产生的沉积物的空间分辨率很差。事实上，当激光束平行于衬底通过时，薄膜通常会沉积下来。紫外光谱中的脉冲激光器通常用于光解反应。沉积的必要条件是反应气体能够吸收激光束中的波长，这限制了光解过程的灵活性。然而，光解反应的一个明显优势是，沉积过程中衬底温度较低，不会对衬底造成损伤。1989 年，Lowndes 等[42]报道了硅、锗和氮化硅的多层结构的制造。关于光解的动力学过程，人们建立了多种模型[43-46]。经验观察表明，影响沉积速率和材料性能最大的加工条件是激光功率和总压力[47-49]。光解沉积物已被用于制造反射镜[50]和透镜[51]，并已作为表面涂层应用于固体润滑和表面耐腐蚀[52]。

热解 LCVD 是一个热驱动的过程，利用激光束的能量将衬底表面加热到化学沉积所需的温度。这一过程中，化学反应被限制在由聚焦的激光光点产生的加热区域，因此能够高精度地控制空间分辨率（约 5 mm）。这个区域的尺寸由激光束的直径及衬底的热特性和光学特性决定。热解技术提供的高分辨率使它们更适合小型复杂零件的快速成型[53-55]。此外，激光束波长的选择并不限制可以沉积的材料的类型。热解 LCVD 工艺来源于传统的 CVD 工艺，该工艺利用化学反应的热效应在大小基质表面均匀地沉积涂层。与在 LCVD 中使用的局部加热相比，传统的 CVD 炉需要对整个衬底进行全面加热。CVD 过程的沉积速率通常受到气体进出反应区的扩散的限制。由于化学反应同时发生在衬底表面，反应性气体的扩散路径通常在垂直于反应平面的方向上是一维的。相比之下，LCVD 技术的扩散区是一个以聚焦激光焦点为中心的半球。该点处发生的化学反应为气体的扩散开辟了三维扩散路径。因此，LCVD 技术的沉积速率比传统的 CVD 技术高出几个数量级。与 CVD 相比，LCVD 的另一个明显优势是能够在不使用光刻的情况下生成图案化产物。对热解 LCVD 的研究开始于 1972 年，当时 Nelson 和 Richardson 从甲烷和乙烷前驱体中生产出短碳棒[56]。由于结构的不均匀性，棒又弱易碎。在过去的五十多年里，LCVD 技术取得了相当大的进步。人们已经运用热解 LCVD 技术沉积制备了多种材料，包括碳、钨、碳化钨、硼、碳化钛、氮化钛、硅、碳化硅、氮化硅、金和铝等。同时人们还利用 LCVD 技术制备了许多具有三维结构的功能性材料。

LCVD 是一个热激活的过程。由于温度是决定材料沉积物的位置和质量的驱动力，因此了解在 LCVD 过程中热量是如何在基质中产生和分布是非常重要的。根据能量守恒方程，进入反应区或产生的热能量必须等于化学反应逸出或消耗的能量：

$$Q_{in} = Q_{out} \tag{8-5}$$

$$Q_{in} = Q_{laser} + Q_{reaction} \tag{8-6}$$

$$Q_{out} = Q_{cond} + Q_{convection} + Q_{radiation} \tag{8-7}$$

输入反应区的能量 Q_{in} 为反应区吸收的激光能量 Q_{laser} 和化学反应释放的能量 $Q_{reaction}$，从反应区输出的能量 Q_{out} 则由热传导 Q_{cond}、热对流 $Q_{convection}$、热辐射 $Q_{radiation}$ 三种方式逸出。

热解 LCVD 是一个局部的过程，涉及在衬底表面或附近的气态试剂之间的化学反应，以产生固体沉积和气态副产物。该过程包括七个基本步骤：①试剂气体向反应区的质量输送；②气体通过边界层对衬底表面的扩散；③气体吸附到衬底；④表面化学反应；⑤衬底表面副产物的解吸；⑥副产物远离衬底的扩散；⑦副产物远离反应区的质量输运。这些步骤可以分为三个不同的类别：质量输运、扩散和化学动力学。总体沉积速率将由这些步骤中最慢的步骤决定。Han 和 Jensen[57] 提出了铜沉积的动力学模型，Mazumder 和 Kar[58] 提出了钛和氮化钛沉积的动力学模型。该模型基本上包括一种描述沉积区域中每个给定温度的生长速率的方法。该模型依赖于阿伦尼乌斯关系来描述动力学有限区域内的增长，并考虑到扩散及一些其他影响，如解吸和热力学。该模型也被用来预测纤维的生长，包括轴向和横向生长。Maxwell[59]通过接近衬底的瞬态状态开发了一个纤维生长模型，这解释了轴向和径向的增长。对于长纤维，假设温度场是恒定的，因为假设通过衬底的热传导的影响可以忽略不计。只要加热的纤维尖端离衬底足够远，这一假设就是有效的。Park 和 Lee[60]开发了一个硅纤维生长的模型，假设激光的能量通过辐射和对流从纤维中损失，而没有传导到纤维的衬底，使用阿伦尼乌斯关系来预测动力学有限状态下的横向和轴向生长。

8.3 　飞秒激光可控合成低维材料研究进展

8.3.1　金属材料

在金属低维材料制备过程中，往往会伴随着高温及等离子体的产生，这使得在传统的纯金属低维材料合成过程中极易被氧化。Okamoto 等[61]在没有任何添加剂的情况下，通过飞秒激光照射，在 $HAuCl_4$ 水溶液和正己烷的混合物中合成了单纳米尺寸的 AuNPs。飞秒激光脉冲聚焦在水中产生反应物质，将金离子还原为金原子，然后聚集形成 AuNPs。相比之下，当使用混合溶液而不是水溶液时，由于 AuNPs 在正己烷微滴表面的吸附聚集概率低，抑制了粒子的生长过程。混合溶液中 AuNPs 的平均尺寸几乎与激光辐照时间无关，而水溶液中 AuNPs 的平均尺寸随着激光辐照时间的延长逐渐变小。这是因为初级 AuNPs 在正己烷微滴表面的吸附和大 AuNPs 在水中的连续激光脉冲破碎保留了混合物中单纳米大小的 AuNPs。

John 等[62]利用飞秒激光在液体中一步反应激光烧蚀（fs-RLAL）技术，将飞秒激光脉冲聚焦在浸泡在 $KAuCl_4$ 水溶液中的硅晶片上，从而合成硅-金纳米颗粒（Si-Au NPs），反应过程中每个 Si-Au NPs 产生的时间尺度如图 8-2（b）所示。在早期脉冲与电子作用之后，等离子体反应开始。在硅-水界面等离子体中产生的自由电子与高浓度的$[AuCl_4]^-$发生反应，在几百飞秒到几纳秒范围内形成 Au 核。它们可以与 10 ns 左右生成的 O_2 和 H_2 结合反应，主要形成较大的孤立纳米颗粒。与此同时，表面反应开始于 100 ps 左右或更晚。喷射出的 Si 原子和液滴氧化并聚合，此时它们可以与剩余的$[AuCl_4]^-$和 Au 核发生反应。在激光脉冲后大约 1 ns 时，硅-水界面附近预期的低浓度$[AuCl_4]^-$会导致喷射出来的 Si 稳定包裹金颗粒。另外，Si 原子对生长的金纳米团簇的包封也会使生长过程猝灭。由于在等离子体反应中形成的金颗粒在冷却前与 Si 原子接触，一些大的颗粒会附着在 Si 基体上。

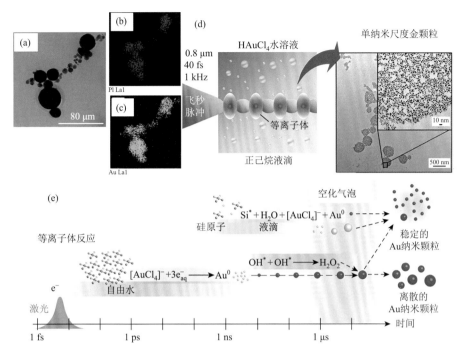

图 8-2　（a）～（c）飞秒激光作用下合成极小尺寸金纳米颗粒；（d）不同时间尺度下金纳米颗粒的产生过程；（e）利用飞秒激光烧蚀合成出的双金属纳米颗粒

除了金属纳米颗粒尺寸的控制，飞秒激光还可以合成出具有独特结构与形貌的纳米颗粒。Ovidio Peña-Rodríguez 和 Antonio Rivera 等[63]研究金纳米颗粒在超短激光脉冲单次辐照后的形状动力学，对其进行了分子动力学模拟，讨论了形成这些空心颗粒所需的辐照和能量耗散条件。动力学模拟表明，通过飞秒激光辐照可以诱导被辐照颗粒内部形成空腔，而不需要像纳秒激光辐照那样吸收外部物质。当固体纳米颗粒被飞秒激光脉冲照射后，会熔化并膨胀，形成一个由熔融材料组成的外壳。如果冷却过程足够快，颗粒"冻结"保存在高温下形成的空腔，最终形成一个稳定的空心纳米球。在 2500～3500 K 的温度范围内（对于半径为 20 nm 的纳米球，激光注量范围为 30～60 J/m^2），空腔形成。此外，冷却速率是空心纳米结构稳定的关键。实验发现，纳米颗粒浸泡在水溶液中的冷却速率的最合理值是 $\tau = 60\sim120$ ps，因此必须使用一些表面活性剂来避免纳米颗粒在胶体中聚集，减缓热量的消散。

在飞秒激光烧蚀过程中，通过改变靶材的组分可以对产物组分进行调整。Chau 等[64]采用高强度激光辐照水溶液，在不添加任何还原剂的情况下，成功制备了双金属 Pt-Au 和 Fe-Pt 纳米颗粒。在不使用还原剂的情况下，激光辐照溶液形成双金属纳米合金的机理主要是光诱导水分子的分解。当强烈的飞秒激光场聚焦在含有金属离子的水溶液中时，水分子解离产生自由电子，等离子体中含有的自由电子和氢自由基可能被 H_3^+ 或 OH^- 捕获。在飞秒激光辐照过程中，离子会形成 H_2 和 O_2 气体的气泡，或者被金属离子捕获，导致金属原子的形成。因此，双金属纳米颗粒的平均尺寸随辐照时间的延长而增大。

利用飞秒激光可以在有机柔性衬底上实现纳米颗粒的制备沉积。徐嵘茂等[65] 采用飞秒激光诱导等离子体消融（laser induced plasma assisted ablation，LIPAA）技术，一步制备柔性氟化乙烯丙烯（FEP）表面等离子体共振薄膜。随着激光注量的增加，喷射材料的体积增加，导致更多的纳米颗粒沉积，纳米颗粒的数量增加，一些纳米颗粒聚集在一起，纳米孔隙减少。通过调谐激光注量，可以灵活地调节飞秒 LIPAA 制备的 Ag 和 Au 纳米颗粒的密度和尺寸分布，Ag 和 Au 纳米颗粒的密度和尺寸分布也可以通过调节靶与衬底之间的间隔层厚度来控制。此外，通过将飞秒激光脉冲沉积工艺与激光诱导周期表面结构相结合，可以实现表面周期性结构及表面纳米颗粒的制备。飞秒激光诱导周期表面结构是一种优良的仿生虹彩减反射界面。李铸国等[66]通过在空气中飞秒激光烧蚀钨和钼合金的方法，同时合成功能性金属氧化物纳米材料、原位沉积和分层激光诱导周期表面纳米结构，证明了开发可调谐彩虹减反射表面的可行性。调整扫描间隔从 1 μm 到 20 μm，可以对激光诱导周期表面结构上的粒子沉积速率进行调制，结果表明，减小扫描间隔可以提高粒子沉积速率。

具有良好柔韧性和高导电性的银纳米线在柔性透明电极领域具有广阔的应用前景。然而，银纳米线之间的结电阻在很大程度上影响了纳米线网络的导电性，阻碍了其广泛应用。飞秒激光等离子焊接由于单脉冲激光作用时间仅为 10～15 s，且热影响最小，可以实现银纳米线的焊接。胡友旺等提出了一种用空间光调制飞秒激光快速焊接银纳米线透明导电薄膜的方法，采用线性光束往复扫描快速焊接银纳米线接头[67]。飞秒激光焊接的机理主要是利用高能激光束辐照产生局部场增强，使纳米线结处产生局部高温。激光焊接后，纳米线薄膜的电阻可降至 14.7 Ω/sq。同时，他们系统地研究了激光能量和扫描速度对银纳米线透明导电薄膜电导率的影响，随后进行了导电薄膜的弯曲性能和抗氧化性能测试。经过 10000 次循环后，银纳米线导电薄膜的电阻无损伤，并表现出良好的机械稳定性。金属螺旋超材料是圆偏振器和其他光手性器件的突出候选材料。然而，快速制造具有多螺距数和优异的机械强度、电导率和表面平滑度的缠绕双螺旋结构仍然是一个挑战。李焱等利用空间光调制器设计双螺旋焦场强度，实现了独立的三维银双螺旋微结构的单曝光飞秒激光光还原[68]。通过该技术，可以实现具有特定三维结构的纳米线的制备。

此外，基于超快激光沉积技术及飞秒光刻还可以制备出具有复杂组分的金属基二维薄膜，具体内容在第 3 章已经进行过详细介绍。

8.3.2　石墨烯材料

石墨烯（graphene）是一种由碳原子以 sp²杂化轨道组成六角形呈蜂巢晶格的二维碳纳米材料。2004 年，海姆和诺沃肖洛夫等用胶带在高定向热解石墨上反复剥离，得到了单层石墨烯材料，两人也因此获得了诺贝尔物理学奖。石墨烯独特的结构使得其具有独特的理化性能。石墨烯具有优异的力学性能、良好的柔韧性和延展性，能被用于各种柔性材料上。石墨烯的电子迁移率达 15000 cm²/(V·s)，热导率达 5300 W/(m·K)。此外，石墨烯材料具有良好的光学性能（光透过率达97.3%）。作为典型的二维材料，人们已经尝试使用多种方法制备石墨烯，如微机械分离法[69]、表面外延生长法、还原氧化石墨烯法等。基于激光直写等工艺，开发出石墨烯材料新的合成方法，对石墨烯基材料在工业上的应用有着重要意义。

Shi 等[70]采用飞秒激光电子动态调控加工的方法来实现石墨烯材料的加工[图 8-3（a）]。通过设计飞秒激光脉冲参数，调控光子与电子的耦合过程，实现了对电子的动态调控，进而实现了对表面微纳结构的形成过程和几何形貌的调控。利用这种方法，他们在石墨烯片上成功制备了大面积的，尺寸、形状和密度均可控的三维玫瑰状微花。该石墨烯薄片由石墨烯纳米片逐层堆叠而成，图形表面的密度可控，其组成的花卉图案具有较强附着力的超疏水性，这对石墨烯纳米片在流体学、仿生学等领域的应用具有重要意义。

Angizi 等[71]利用飞秒激光辐射剥离液氮中的碳样品，用以剥离制备石墨烯材料，并研究了激光辅助液相剥离的相关机理。刘敬权等提出了一种获得碳"纳米卷轴"的机理——螺旋状的扭曲石墨烯片[72]。将天然石墨样品浸入液氮中，用微波辐射 5 s，辐照后，石墨的初始试样被加热到高温状态，体积增大。与此同时，石墨表面的石墨烯片被液氮冷却并压缩。这样，试样的冷却表面与被加热石墨的主体之间就形成了一种应力状态。边界处产生的应力使得层间键断裂，石墨烯薄片被剥离，最终折叠成碳纳米结构。

当石墨样品浸入液氮中时，液氮作为单层液体渗透到石墨平面的层间距离。由于尺寸较小，氮分子可以从有缺陷的地方（裂纹、芯片、分层）穿透到面间距离，也可以从样品本身的末端穿透[图 8-3（b）]。在液氮介质中，超短激光脉冲与石墨样品的相互作用，可以识别出材料结构转化过程中的几种变化。当激光辐射功率不足时，光子能量被碳晶格和扩散的氮气（分子）吸收。由于晶格振动和氮分子的急剧增加，弱的平面间 π 键坍缩[图 8-3（c）]。因此，材料晶格中氮原子数量的增加会促进石墨烯片更强烈的剥离。

石墨烯量子点（GQDs）由于优异的生物相容性、低的细胞毒性、宽带光学吸收、稳定的光致发光（PL）、耐光漂白等特性，已经在生物成像和发光器件等

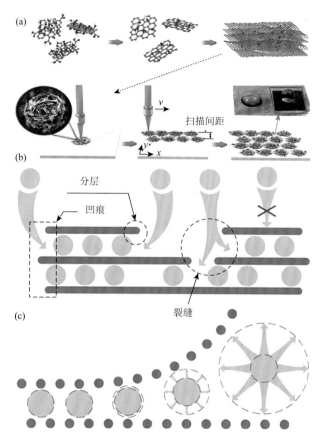

图 8-3　（a）飞秒激光合成石墨烯花的工艺流程图；（b）、（c）飞秒激光作用下液氮分子剥离
石墨烯片原理图

多个领域得到应用[73-76]。李欣等使用了电场辅助的时间整形飞秒激光液相烧蚀技术，通过调整飞秒激光脉冲延时和电场强度，得到了一系列尺寸相近但结晶度和含氧量不同的石墨烯量子点[77]。他们发现：①激光液相烧蚀库仑爆炸产生的纳米颗粒和原子团簇是多晶纳米晶核的主要来源。因此，增加激光烧蚀过程中库仑爆炸的主导地位可以增加双石墨烯量子点的比例。②该方法能够快速引导空化气泡及其所含纳米颗粒的方向运动。因此，晶核的碰撞可以在更高的温度和压力下完成，这是形成双石墨烯量子点结构的关键。③溶液的激光烧蚀和电场电离共同产生含氧官能团，这些官能团能够充分修饰孪晶石墨烯量子点边缘和晶界处的不饱和碳原子。

碳点是一类新兴的纳米材料，在生物成像、光催化、传感、治疗、发光二极管等领域具有广阔的应用前景。碳点的光学性质可以通过改变其尺寸、形貌、掺杂剂和表面改性来调节[78-81]。然而，碳点的粒径、结晶度、形貌和化学成分的精细控制仍然是一个挑战。此外，制造基于碳点的光学器件，如 LED 或光子晶体，需要精确地将少量碳点排列成微尺度图案的能力。飞秒激光直接写入技术是一种具有应用潜力的强大技术，可用于制造高精度和空间分辨率的碳点二/三维微图案，类似于激光写入半导体量子点[82]。Alexander G. Tskhovrebov 等提出了一种新的简单的方法，以乙腈作为氮原子的来源来生产氮掺杂碳点，这是一种很有前景的合成杂原子掺杂碳点的方法[83]。这种方法具有良好的可复制性，而且新的碳点具有与传统方法获得的碳点不同的独特的物理特性。

8.3.3　氧化物材料

复合氧化物由于独特的物理性质和潜在的应用前景，在过去的几十年里引起了广泛的关注。金属氧化物纳米颗粒具有较好的理化性质，在各个领域都有着广泛的应用。Dhanunjaya 等用飞秒激光烧蚀技术在去离子水中制备氢氧化铪胶体纳米颗粒和纳米带[84]。随着输入激光能量的变化，纳米颗粒和纳米带的平均尺寸分别在 13.5～18.0 nm 和 10～20 nm 范围内变化。在较低的输入激光能量下，产物是纯单斜相 HfO_2。在较高的输入激光能量下，HfO_2 和 Hf_6O 会同时存在单斜相和六方相。

飞秒激光还可以与其他工艺相结合，用以制备出具有复杂结构的纳米线阵列。范培迅等通过超快激光形成前驱体的微纳结构，在铜表面经过简单的热氧化后，可以方便而均匀地生长出具有独特纳米线结构的氧化物[85]。首先使用超快激光在铜表面产生特定的微纳结构，经过激光处理后，采集具有微/纳米结构的铜样品，在静态空气中水平管炉中加热进行热氧化。一方面，所制备的微纳结构作为前驱体，可在热氧化条件下驱动氧化物纳米线的后续生长；另一方面，微纳结构可以为氧化物纳米材料提供钉扎和保护作用，防止其脱落。通过这种氧化过程，氧化物纳米线将沿着激光产生的微/纳米结构的表皮生长，最终形成了具有纳米线表皮的微锥阵列。图 8-4（a）为所制备的纳米线包裹的锥形阵列。

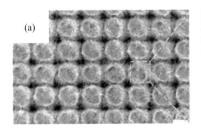
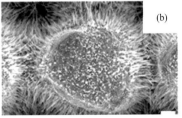

图 8-4　超快激光制备表面生长纳米线的微纳结构

（a）和（b）飞秒激光诱导具有微纳结构的铜纳米线，标尺分别为 20μm 和 5μm

二氧化钛（TiO₂）光电极具有高光吸收和高效电荷分离的优点，在光催化领域具有广阔的应用前景。李欣等提出了一种前驱体修饰的自掺杂方法，通过飞秒激光加工和阳极氧化直接在金属基板上原位制备分级 TiO_{2-x} 光电电极[86]。采用飞秒激光直接在金属钛表面制备微锥。阳极氧化后，在这些微锥上形成了二氧化钛纳米管。在该研究中，激光阳极处理后会显著引入氧空位，这可以归因于飞秒激光介导的钛晶格相转变（多晶和非晶层）。经过激光抛光后微锥表面的纳米管具有图 8-5（a）所示的菜花状形貌，这可能是激光烧蚀后微锥阵列表面粗糙所致。

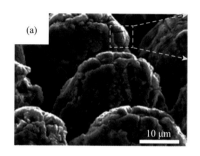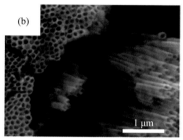

图 8-5　超快激光制备表面生长 TiO₂ 纳米管

Kevin P. Musselman 等[87]研究了一种合成等离子体 MoO_{3-x} 纳米片的新方法，以 MoS₂ 为原料，利用飞秒激光辐照制备亚化学计量的氧化钼纳米片。MoS₂ 粉体悬浮在乙醇/水混合物中，其中 MoS₂ 作为前驱体，在激光辐照过程中被氧化。图 8-6（a）为该工艺的示意图。在该工艺中，悬浮在乙醇/水中的 MoS₂ 粉末被飞秒激光脉冲照射，同时导致库仑爆炸、光脱落和氧化。从图 8-6（c）～（f）中可以看到，激光处理 10 min 后，SEM 图显示，大块粉体颗粒全部分解为平均粒径为 30 nm 的纳米颗粒，解离的纳米颗粒主要由 MoS₂ 组成。经过 30 min 的激光处理后，直径增大到 40～100 nm。经过 50 min 的激光处理后，大部分材料转化为层状纳米带，一些纳米薄片保留下来。纳米带的形成可能是由于纳米片在强激光强电场作用下的线性生长所致。MoO_{3-x} 的合成与乙醇浓度密切相关，最佳浓度为 80%～90%。这是由于乙醇在飞秒激光照射下形成 H_3^+ 所致。H_3^+ 与氧化的 MoS₂ 反应生成—OH₂ 基团，—OH₂ 基团的释放会在氧化钼结构中产生氧空位。此外，研究发现，溶剂中有足够数量的水（＞5%）有助于—OH₂ 基团的释放。

氧化钒银（silver vanadium oxide，SVO）由于独特的通道结构和离子性质，在阴极电极、气体检测和锂电池等方面的潜在应用受到了广泛关注[88-93]。如图 8-6（b）所示，Yike Sun 等利用前驱体的种子效应和等离子体介导的热效应，以硝酸银和单钒酸铵作为前驱体，通过飞秒激光辐照前驱体直接产生自组装的花状结构，

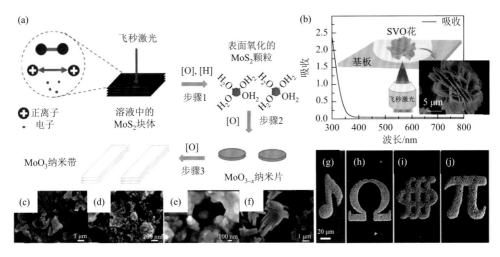

图 8-6　（a）飞秒激光合成 MoO_{3-x} 纳米带的过程示意图；（b）飞秒激光诱导氧化钒银花状结构示意图；激光处理 10 min（c）、20 min（d）、30 min（e）和 50 min（f）后 MoO_{3-x} 纳米带的产物形貌；（g）～（j）图案化的氧化钒银花状结构

制备了柔性的图形化 SVO 结构[94]。X 射线衍射（XRD）测定了花状结构的组分为 $Ag_4V_2O_7$ 和 $AgVO_3$ 及部分 Ag_3VO_4 的化合物。一般的晶体生长过程可分为单体浓度期、成核期和生长期。一旦银离子被释放并与 VO_3^- 结合，立即形成了 SVO 纳米团簇。然后通过浓度成核和位错堆积，这些纳米颗粒生长成分散在花状结构周围的未发育的花状结构。在生长期，花的花瓣首先在底部一层一层地堆积，最后在顶部与垂直的交叉层闭合。基于飞秒激光诱导 SVO 的机理，激光辅助热组装可以用来解释这一复杂的过程。柠檬酸钠作为银籽的表面活性剂和还原剂是必需的。在没有柠檬酸钠的衬底上，银籽和 SVO 结构都很难形成。SVO 的产生分为两个过程，第一个是通过飞秒激光诱导的双光子还原过程在衬底上形成银种子[95-97]。然后种子将通过电子介导的效应迅速聚集成纳米结构——银纳米团簇/结构周围的局域电场增强。同时，这一效应会加速 Ag^+ 与 VO_3^- 在溶液中的重组[98]。此外，它还将通过提高局部温度至 100℃ 的光热效应，驱动纳米晶体的成核和花朵状结构的自组装生长[99, 100]。通过飞秒激光直写的方式可以制备出不同图案的 SVO[101]。

8.3.4　硫族化物材料

在液相中使用脉冲激光剥离 MoS_2 是比传统溶剂剥离方法更有效地制备 MoS_2 纳米结构的一种手段。MoS_2 纳米片对析氢反应（HER）具有良好的电催化活性。富含缺陷的 MoS_2 纳米片有许多硫空位，具有特别高的催化性能[102, 103]。相比之下，除了在片状边缘处，范德瓦耳斯材料的理想二维片不能有悬空键等缺陷，但是它们的零维（0D）和一维（1D）材料由于表面积/体积比大和边缘数量大，因而具有更高密度的悬空键。因此，0D 材料，如量子点（quantum dots，QDs），是理想的 HER 材料。Sungjin An 等[104]利用 Li 插层和飞秒激光在水介质中实现了简单、环保的 MoS_2 量子点的制备。通过在水介质中进行剥离，制备了部分氧化的 MoS_2 量子点。首先，将 MoS_2 粉溶解到正己烷中。然后，加入 N-BuLi，导致电子插入到主相，MoS_2 从 2H 相转变为 1T 相，随后 Li 插入到 MoS_2 的夹层中，对带负电荷的 MoS_2 进行电荷补偿。最后，如图 8-7 所示，在去离子水稀释的 Li-MoS_2 溶液中，以 2 W 的激光功率和恒定的入射角进行激光剥离得到所制备的量子点材料。基于此方法，可以控制剥离材料的尺寸。同时，激光产生的热能除去了插入材料层之间的锂离子，并提供足够的激活能，使得材料发生相变[105]。

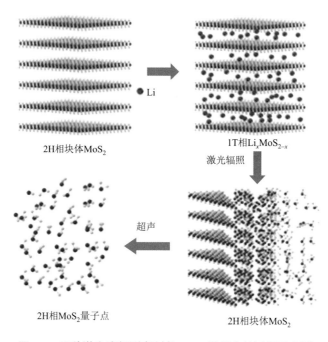

图 8-7　飞秒激光液相剥离制备 MoS_2 量子点的过程示意图

　　纳米管由于独特的结构及较大的比表面积，表现出优异的力学、热学和电学性能。冯国英等[106]利用飞秒激光液相烧蚀（FLAL）合成了硒化锌（ZnSe）纳米线和部分纳米管。如图 8-8（a）～（c）所示，整个方法可以分为三个步骤：①飞秒激光烧蚀液体（去离子水）形成纳米颗粒作为前驱体；②自组装形成纳米线；③引入空气促进硒化锌和水之间的水解反应，在硒化锌衬底上形成部分中空的纳米管。为了研究纳米线的生长机理，用离子铣削技术制备了一个截面样品，截面呈六边形，边长约为 200 nm。图 8-8（c）中的纳米棒在截面边缘处可以看到未完全合并的纳米颗粒，这意味着纳米线可能来自 FLAL 诱导的纳米颗粒的自组装。

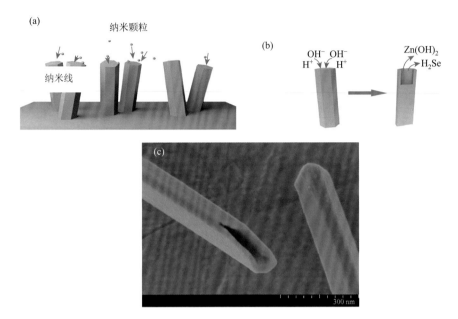

图 8-8　（a）、（b）ZnSe 纳米管的自组装机理；（c）自组装生成的具有六边形结构的 ZnSe 纳米管

过渡金属二硫化物（transition metal dichalcogenide，TMD）是一类层状材料，基本化学式可写作 MX_2，其中 M 代表过渡金属元素，包括 Ti、V、Ta、Mo、W、Re 等，X 表示硫属元素，包括 S、Se、Te 等。这类材料具有奇妙的电性能及光电性能，可以广泛应用于能量转换和收集。几个原子厚的半导体 TMD 由于二维限制表现出有趣的物理现象，如原子级薄的 MoS_2 的栅极诱发超导、单层 MoS_2 的谷极化和自旋极化，以及 $MoTe_2$ 从块体转变为少层过程中的能带打开现象等。目前，利用飞秒激光剥离的方法，人们已经成功实现了少层的二维 TMD 的制备[107]。对溶液中块体的 TMD（$MoSe_2$、MoS_2、WS_2、WSe_2）进行飞秒激光照射，在较短时间内（约 1 h）实现了二维材料的剥离制备。通过调整激光功率和照射时间，可以对剥离层数进行调控，得到厚度为 100 nm 的二维层状材料。

8.3.5　氮化物材料

氮化硼（BN）量子点是一类新型的零维纳米材料，具备独特的荧光性能、高导热性、化学稳定性及良好的生物相容性等出色的理化特性，在光电子学、电子元件、传感和催化、生物传感器和生物成像等领域已展现出极为广阔的应用前景。目前仍缺乏 BN 量子点的高效制备方法。合成和调控 BN 量子点的光致发光（photoluminescence，PL）特性对于确定其发光机理并制备出具有理想发光强度的 BN 量子点至关重要。通过定制量子点的 PL 性能，许多全新的功能和应用可以直接通过其智能功能化创建[108, 109]。到目前为止，BN 量子点可以通过一些方法实现功能化，通过表面功能化成功地获得了具有可调谐 PL 的 BN 量子点，但大多数合成过程步骤烦琐、耗时较长[110, 111]。闫理贺等[112]利用飞秒激光烧蚀法一步合成并实现从紫外到绿色区域的荧光可调的 BN 量子点。在激光烧蚀过程中，活性物质可以与液体中的分子发生反应，通过加入特定的配体或在不同液体中烧蚀，可以一步得到具有复杂功能化的纳米材料。分别在乙醇、二乙胺（DEA）和乙二胺（EDA）中激光烧蚀六氮化硼粉末，合成了三种能发射紫外、蓝色和绿色荧光的二氮化硼量子点。量子点表面形成了碳的锯齿形边缘，促进了 BN 量子点的有效发射。

8.3.6　其他材料

飞秒激光可以直接在透明材料内部加工出三维光子器件结构，这在非线性光学、光学数据存储和纳米光子学等领域得到了广泛应用[112-119]。连续非线性光学过程可以引起原子在激光焦点上快速重新分布，金属卤化物钙钛矿（MHP）可以通过光子-物质相互作用分解或形态重塑[120]。此外，利用飞秒激光对透明玻璃材料的处理，可以在玻璃内部打印出可重写的 3D 发光图案。董国平课题组[121]选取固有生成能量较低的 $CsPbBr_3$，利用飞秒激光诱导原位结晶技术在含有 Cs、Pb 和 Br 元素的玻璃中获得并分解了含有发光 $CsPbBr_3$ 量子点的三维结构。经过原位形成和分解循环后，$CsPbBr_3$ 量子点可以很容易地通过连续低温退火得到恢复。与溶液中制备的 $CsPbBr_3$ 量子点相比，在玻璃或聚合物基体中原位制备的量子点不受影响的光致发光，易于集成，长期稳定性大大提高。

8.4　飞秒激光可控合成低维材料应用前沿

8.4.1　催化领域

催化剂的形貌和成分是影响其性能的重要因素。低维纳米材料拥有独特的结构与尺寸，较大的比表面积意味着其表面具有更多的活性位点，具有更好催化性能，因此常被用作化学催化或光化学催化领域的催化剂。对于光催化剂，光吸收能力、比表面积及光生载流子迁移速率是影响其光催化效率的重要因素。TiO_2 由于价格低廉、丰度高、无毒和较高的光化学稳定性，被认为是最常见的光催化剂，在过去的几十年里得到了广泛的应用[122, 123]。遗憾的是，TiO_2 的带隙为 3.2 eV，只吸收阳光的紫外部分（小于太阳总光谱能量的 5%），限制了太阳能转换效率[124, 125]。因此，通过调节 TiO_2 的带隙实现对阳光的高效吸收和转换成为 TiO_2 催化剂的主要研究方向[126, 127]。对于化学催化剂，比表面积是影响其催化活性的重要因素。金属纳米颗粒由于较小的粒子尺寸，具有更多的表面活性位点，是高效的化学催化剂。例如，钯纳米颗粒（PdNPs）具有对氢键活化、氢化和铃木交叉偶联等独特的催化活性而受到人们的广泛关注[128, 129]。金属基纳米颗粒催化剂的催化活性强烈依赖于尺寸、形貌和表面修饰。传统化学合成技术通常耗时长达几小时，且往往需要使用毒性试剂及稳定剂，如聚合物、表面活性剂、树状大分子、磷化氢和硫醚等，这些试剂会阻断催化活性位点，导致催化活性降低[130]。此外，化学合成所需的高温会导致颗粒烧结，这也会降低催化活性。因此，开发绿色、可控的金属纳米颗粒合成方法成为当前催化领域的研究热点。

Batista 等[131]报道了使用两种不同的前驱体，即四氯钯酸钾（K_2PdCl_4）和硝酸钯[$Pd(NO_3)_2$]在液体中通过飞秒激光还原的简易绿色路线合成无盖 Pd 纳米颗粒。通过降低 pH 稳定 Pd 前驱体，合成出的纳米颗粒平均尺寸小于 5 nm。使用两种前驱体进行了激光合成，硝酸盐和氯化物前驱体的平均直径分别为 1.2 nm 和 3.1 nm。在电子显微镜图中观察到的具有纳米爆米花和纳米花形态的各向异性大颗粒的额外群体似乎是由超小 Pd 纳米颗粒聚集形成的。Pd 纳米颗粒是铃木交叉偶联反应和硼氢化钠还原水中对硝基苯酚的有效催化剂。利用激光在液体中还原生成颗粒具有小尺寸和无配体结构的特点，生成的 Pd 纳米颗粒具有优异的催化活性。

李欣等[132]提出了通过电场辅助时间整形飞秒激光液相烧蚀 TiO_2 和 $HAuCl_4$ 悬浮液，在非晶态 TiO_2 表面一步还原生长出纳米金的方法。同时，通过施加额外电流来影响纳米颗粒的聚集和冷凝过程，并结合调节激光脉冲形状可以可控地制备金纳米球、金纳米团簇和金纳米星等。此外，附着在 TiO_2 上的 Au 纳米颗粒在受到激光照射时将产生不同程度的局域表面等离子体共振（localized surface plasmon resonance，LSPR）。同时，LSPR 引起的局部高温可以实现非晶态 TiO_2 的部分晶化。Au 纳米片和 TiO_2 在混合相中形成复合材料，这是因为部分结晶的 TiO_2 扩大了其表面积，显著增加了光化学反应面积。该方法不仅揭示了激光液相烧蚀形成纳米颗粒的结晶过程和调控手段，而且为复合光催化剂的构建提供了新的策略。

8.4.2 生物化学传感检测领域

表面增强拉曼散射（surface-enhanced Raman scattering，SERS）是一种对有机物或生物分子进行检测的重要微分析手段，其检测衬底的选材十分重要[133]。贵金属拥有较高的 SERS 增强因子，金属纳米结构周围会有局部电磁场增强效应[134, 135]。随着局域表面等离子体共振波长的变化，金属纳米结构的局部电磁场增强效应也会变化。通过改变脉冲激光参数对金属纳米结构进行调节，可以实现对金属纳米结构 SERS 性能的调控[136]。与贵金属表面的电磁场增强机理不同，二维材料在检测过程中会存在和待检测物质相互作用而产生的化学增强机理，会存在电荷转移效应和材料界面间偶极子耦合两种现象，因而也具有较高的增强因子。将金属粒子和二维材料的复合结构作为 SERS 的衬底，可以同时利用金属表面电磁场改变和化学增强机理耦合增强检测效果。

Wei Cao 等提出了一种通过飞秒激光辐照结合镀金和退火制备高灵敏度、形状可控和化学稳定性 SERS 衬底的有效方法[137]。所制备的 SERS 衬底是用丰富的金纳米颗粒修饰的纳米棒阵列（NPDN）。使用沉积厚度可控的金膜的不同衬底，可以很好地控制金纳米颗粒的尺寸。纳米棒结构有助于形成最小的金纳米颗粒，周期性纳米棒结构具有较小的周期性，在单个脊和沟槽上的金沉积少于波纹衬底。因此，在相同的金膜厚度下，与纳米颗粒修饰的硅衬底（NPDS）和纳米颗粒修饰的纳米波纹（NPDR）衬底相比，NPDN 衬底始终显示最小平均直径、均方差和最大密度。Au NPDN 衬底上的拉曼信号在金膜厚度为 15 nm 时具有最佳强度。为了解释这一现象，考虑使用纳米颗粒直径（D）和纳米间隙（G）参数来评估 SERS 性能。对于 Au NPDN 衬底，最佳增强因子达到 8.3×10^7，能够满足单分子检测所需的强度。此外，Au NPDN 衬底表现出优异的化学稳定性，暴露在空气中 2 个月后的最大强度偏差为 3.2%。FDTD 模拟表明，纳米棒衬底比波纹衬底产生更高的电增强，因为它促进了相邻脊之间更窄的纳米间隙的产生。此外，纳米棒腔及其中修饰的纳米颗粒使得局部的光场增强。因此，Au NPDN 衬底的 SERS 性能主要取决于脊上的粒子间耦合和腔中的光场增强。这项研究拓宽了等离子体器件在 SERS、光捕获、生物成像和催化等方面进一步的功能化应用范围。

徐嵝茂等[64]利用飞秒 LIPAA 一步法制备了柔性透明衬底，用于原位 SERS 检测。使用罗丹明 6G（R6G）拉曼探针和 532 nm 激光激发，AgNPs/FEP 和 AuNPs/FEP 底物的增强因子分别为 5.6×10^7 和 2.4×10^6。与没有金属纳米颗粒的裸露 FEP 薄膜相比，拉曼信号显示出良好的均匀性，并且与 R6G 溶液的浓度呈线性关系。当 AgNPs/FEP 用于苹果上农药残留的原位检测时，硫胺素的检测限为 0.1 mg/kg，相当于 7.96 ng/cm^2，远低于中国和新加坡的国家标准。这项工作提出了一种新型的柔性 SERS 衬底，可用于食品安全、医药和环境领域。

8.4.3　生物医学领域

低维纳米材料由于具有一些优秀的特性，在生物医学领域具有良好的应用前景。通过飞秒激光处理，可以合成出具有良好生物相容性的低维纳米材料，即金属基纳米颗粒，在生物医学领域中也有着良好的应用前景[138]。

李路明等使用飞秒激光处理的 Pt-Ir 神经电极，提高了神经电极的电性能和润湿性能[139]。如图 8-9（a）所示，通过调节脉冲能量和脉冲数量，以及增加扫描次数，可以提高电极的电荷存储容量。同时由于电极表面产生的丰富的微纳结构，电极的电化学阻抗和界面电容显著增加。当电荷存储容量（CSC$_{op}$）增大到一定阈值以上时，借助于分层结构，电极表现出芯吸效应。分级 Pt-Ir 表面上的水流速度高达 80 mm/s，因此表面表现出超芯吸效应。通过这种方法可以在目前常用的Pt-Ir 电极上原位获得独特的结构，在临床神经电极中有着很好的应用前景。

抑菌剂在预防致病性细菌和真菌感染方面发挥着至关重要的作用。银纳米颗粒是最早被证明具有高抗致病性的纳米材料之一，在随后的研究中得到了广泛关注。当银纳米颗粒与细菌相互作用时，产生的活性氧能够降低细菌表面的鞭毛活性，从而抑制细菌的繁殖[140]。Courrol 等[141]利用飞秒激光还原在色氨酸水溶液中的硝酸银制备出的银纳米颗粒对大肠杆菌菌落起到了良好的杀菌效果。通过控制变量法研究了前驱体中硝酸银浓度、辐照时间、激光功率等参数，对所制备银纳米颗粒尺寸及杀菌性能的影响。结果表明，随着硝酸银浓度的提高，产物中银纳米颗粒浓度提升，对大肠杆菌的抑制作用得到提升。除此之外，辐照时间和激光功率的增加使得制备的银纳米颗粒尺寸分布更为均匀，比表面积增大，对大肠杆菌的抑制作用也会得到提升。

生物可降解金属作为种植体能够在体内逐渐腐蚀，不存在残留。理想的生物可降解金属的性能应与损伤组织的重建过程完全相容，提供短期的机械支持，并在长期植入后以人体可以容忍的速度降解。铁锰合金具有奥氏体组织、高腐蚀率、高强度、良好的塑性和抗铁磁性[142, 143]。同时，锰作为一种可降解铁基合金的合金元素，从生物学的角度来看，对人类也是必不可少的。因此，改性铁锰奥氏体合金近年来引起了广泛的关注。研究发现，连续激光和纳秒脉冲激光对材料的相互作用主要与熔体的产生有关。如图 8-9（c）和（d）所示，飞秒激光诱导的纳米结构提供了更大的表面积，提高了铁锰合金的腐蚀速率，还具有较低的表面粗糙度（Ra：110 nm）和中等疏水性（静态水接触角：141°）。通过飞秒激光产生的纳米结构有效地增强了铁锰合金表面的抗菌作用[144]。

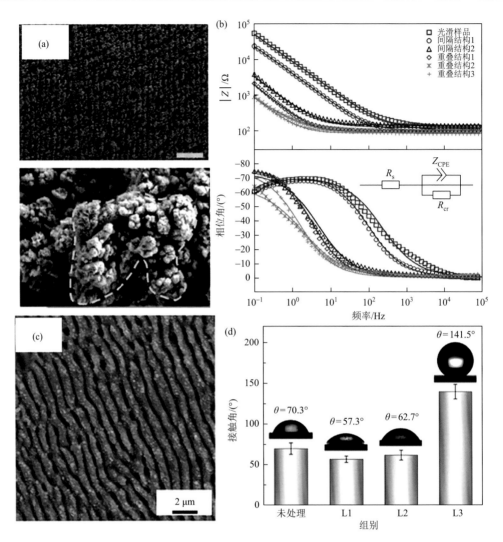

图 8-9 （a）超快激光对 Pt-Ir 神经电极进行表面改性，比例尺分别为 40 μm 和 200 nm；（b）不同类型电极的电化学阻抗伯德图；（c）利用超快激光在合金表面诱导周期性结构，得到具有超疏水性质的金属种植体；（d）Fe-30Mn 在激光处理前后的接触角

8.4.4　储能及微电子领域

　　低维材料在能源储存及微电子传感领域都有着重要作用。超级电容器是一种储能设备，与电池相比，具有高功率性能，较短的充放电时间，在长期循环中几乎没有退化的优点。然而，这些设备无法与电池所能达到的高能量密度相匹配[145]。为了同时获得高功率和高能量密度，作为混合储能系统的超级电容器和

电池的耦合问题在过去几年中得到了积极的探索，已应用于电动汽车等新的应用领域[146-148]。下一代超级电容器的开发将成为可穿戴电子设备的组成部分，尤其是在物联网领域，这也是目前所面临的基本挑战之一。

利用飞秒激光脉冲在空气环境中一步还原氧化石墨烯薄膜，可以实现高性能的柔性微型超级电容器的构建[149]。杨立军等通过研究不同剂量和脉冲数量辐照下飞秒激光还原氧化石墨烯的表面形貌演变，展示了纳米颗粒的三维形貌，包括亚波长网状结构和片状沟槽结构的激光诱导周期表面结构。他们采用 XPS、Raman 光谱和 XRD 等测试手段，对氧化石墨烯在还原反应中的化学性质和石墨烯转化过程进行了全面的研究。通过表面等离子体极化和光化学效应，揭示了纳米颗粒形成和飞秒激光还原氧化石墨烯的机理。最后，构建了具有超低电极间隙的全固态间充质干细胞，其良好的循环稳定性和灵活性进一步证明了飞秒激光一步纳米化和还原氧化石墨烯是制备微电子器件的理想选择。

金英珍及其同事[150]使用密集的紫外飞秒激光直接在空气环境中将自然落叶制造成任意的图案化石墨烯。叶片中的天然生物惰性物质被转化为无机晶体，成为中孔小层石墨烯生长的成核中心。在叶片上制备的柔性 FsLIG-MSCs 性能良好，5 mV/s 的面积电容为 34.68 mF/cm^2，50000 次充放电循环后电容保持率为 99%。

8.5 总结

由于极小的特征尺寸所带来的尺寸效应和表面效应，低维纳米材料往往具有独特的、优异的性能，在诸多领域都引起了研究人员的广泛关注。经过几十年的研究，人们已经通过多种方法来得到不同的低维材料。飞秒激光合成作为近几年发展出的新兴合成手段，在低维纳米材料的合成方面有着光明的发展前景。

由于飞秒激光与材料独特的相互作用机理，在低维纳米材料的合成领域展现出了独特的优势，具有广阔的发展前景。通过飞秒激光辐射，可以在局部创造出传统方法难以实现的高温、高压等离子体环境，通过相爆炸、碎裂、库仑爆炸和等离子体消融等过程实现低维材料的合成。飞秒激光已经成为制备低维材料的一种新兴工具。

飞秒激光辅助制备的低维纳米材料在化学催化和光化学催化领域、能源存储及微电子器件、生物医学领域和能源存储及微电子器件四个领域具有极佳的应用前景。研究人员可以通过对飞秒激光进行空间光调制，以及精确调控相关激光参数（如激光通量、辐照时间、重复频率、扫描速度等）来优化低维纳米材料的尺寸、形貌和成分，以改善材料的物理化学性质；还可以通过改变激光加工过程中的气氛和基材成分，对合成产物的组分进行调节，以得到具有更优结构与性能的低维纳米材料。

目前利用飞秒激光，人们发展出了多种合成手段用以合成低维材料。但是，这些合成方法往往都有着产率低、难以大批量合成的缺点，限制了其工业化应用。如何通过光路调控和方案设计实现低维材料的大批量制备，成为目前飞秒激光低维材料合成方向一个亟待解决的难题。不过，我们相信，未来飞秒激光一定会成为低维材料及器件制备中的有力工具之一。

参 考 文 献

[1]   Bian J，Zhou L B Y，Wan X D，et al. Laser transfer，printing，and assembly techniques for flexible electronics. Advanced Electronic Materials，2019，5（7）：1800900.

[2]   Palneedi H，Park J H，Maurya D，et al. Laser irradiation of metal oxide films and nanostructures：Applications and advances. Advanced Materials，2018，30（14）：1705148.

[3]   Zhao L L，Liu Z，Chen D，et al. Laser synthesis and microfabrication of micro/nanostructured materials toward energy conversion and storage. Nano-Micro Letters，2021，13（1）：1-48.

[4]   Dong Y Q，Lin M，Jin G R，et al. Fabrication of fluorescent composite hydrogel using *in situ* synthesis of upconversion nanoparticles. Nanotechnology，2017，28（17）：175702.

[5]   Goswami D. Understanding femtosecond optical tweezers：The critical role of nonlinear interactions. Journal of Physics：Conference Series，2021，1919（1）：012013.

[6]   Robert E. Pulsed Laser Deposition of Thin Films：Applications-led Growth of Functional Materials. Hoboken，New Jersy：John Wiley & Sons，2007.

[7]   White C W. Laser and Electron Beam Processing of Materials. Elsevier，2012.

[8]   Shanjin L V，Yang W. An investigation of pulsed laser cutting of titanium alloy sheet. Optics and Lasers in Engineering，2006，44（10）：1067-1077.

[9]   Ohl C D，Arora M，Dijkink R，et al. Surface cleaning from laser-induced cavitation bubbles. Applied Physics Letters，2006，89（7）：074102.

[10]   Torkamany M J，Hamedi M J，Malek F，et al. The effect of process parameters on keyhole welding with a 400 W Nd：YAG pulsed laser. Journal of Physics D：Applied Physics，2006，39（21）：4563.

[11]   Lu Y F，Takai M，Komuro S，et al. Surface cleaning of metals by pulsed-laser irradiation in air. Applied Physics A，1994，59（3）：281-288.

[12]   Tan D Z，Zhou S F，Qiu J R，et al. Preparation of functional nanomaterials with femtosecond laser ablation in solution. Journal of Photochemistry and Photobiology C：Photochemistry Reviews，2013，17：50-68.

[13]   Tzeng W Y，Tseng Y H，Yeh T T，et al. Selenium nanoparticle prepared by femtosecond laser-induced plasma shock wave. Optics Express，2020，28（1）：685-694.

[14]   Shih C Y，Wu C，Shugaev M V，et al. Atomistic modeling of nanoparticle generation in short pulse laser ablation of thin metal films in water. Journal of Colloid and Interface Science，2017，489：3-17.

[15]   Stoian R，Rosenfeld A，Hertel I V，et al. Comment on "Coulomb explosion in femtosecond laser ablation of Si（111）". Applied Physics Letters，2004，85（4）：694-695.

[16]   Annou R，Tripathi V K. Femtosecond laser pulse induced Coulomb explosion：arXiv preprint physics/0510014，2005-10-03.

[17]　Werner D，Hashimoto S. Improved working model for interpreting the excitation wavelength- and fluence-dependent response in pulsed laser-induced size reduction of aqueous gold nanoparticles. The Journal of Physical Chemistry C，2011，115（12）：5063-5072.

[18]　Werner D，Furube A，Okamoto T，et al. Femtosecond laser-induced size reduction of aqueous gold nanoparticles：*In situ* and pump-probe spectroscopy investigations revealing Coulomb explosion. The Journal of Physical Chemistry C，2011，115（17）：8503-8512.

[19]　von der Linde D，Sokolowski-Tinten K，Bialkowski J. Laser-solid interaction in the femtosecond time regime. Applied Surface Science，1997，109：1-10.

[20]　von der Linde D，Schüler H. Breakdown threshold and plasma formation in femtosecond laser-solid interaction. JOSA B，1996，13（1）：216-222.

[21]　Zeng X，Mao X L，Greif R，et al. Experimental investigation of ablation efficiency and plasma expansion during femtosecond and nanosecond laser ablation of silicon. Applied Physics A，2005，80（2）：237-241.

[22]　Glover T E. Hydrodynamics of particle formation following femtosecond laser ablation. JOSA B，2003，20（1）：125-131.

[23]　Abraham F F，Koch S W，Desai R C. Computer-simulation dynamics of an unstable two-dimensional fluid：Time-dependent morphology and scaling. Physical Review Letters，1982，49（13）：923.

[24]　Blink J A，Hoover W G. Fragmentation of suddenly heated liquids. Physical Review A，1985，32（2）：1027.

[25]　Holian B L，Grady D E. Fragmentation by molecular dynamics：The microscopic "big bang". Physical Review Letters，1988，60（14）：1355.

[26]　Sokolowski-Tinten K，Bialkowski J，Cavalleri A，et al. Transient states of matter during short pulse laser ablation. Physical Review Letters，1998，81（1）：224.

[27]　Toxvaerd S. Fragmentation of fluids by molecular dynamics. Physical Review E，1998，58（1）：704.

[28]　Ashurst W T，Holian B L. Droplet formation by rapid expansion of a liquid. Physical Review E，1999，59（6）：6742.

[29]　Vidal F，Johnston T W，Laville S，et al. Critical-point phase separation in laser ablation of conductors. Physical Review Letters，2001，86（12）：2573.

[30]　Jeschke H O，Garcia M E，Bennemann K H. Theory for the ultrafast ablation of graphite films. Physical Review Letters，2001，87（1）：015003.

[31]　Perez D，Lewis L J. Molecular-dynamics study of ablation of solids under femtosecond laser pulses. Physical Review B，2003，67（18）：184102.

[32]　Um J W，Kim S Y，Lee B H，et al. Direct writing of graphite thin films by laser-assisted chemical vapor deposition. Carbon，2020，169：163-171.

[33]　Reisse G，Gaensicke F，Ebert R，et al. Laser-induced chemical vapour deposition of conductive and insulating thin films. Applied Surface Science，1992，54：84-88.

[34]　Garrido C，Braichotte D，van den Bergh H，et al. Interconnection lines of Pt induced by laser direct writing. Applied Surface Science，1989，43（1-4）：68-73.

[35]　Falk F，Meinschien J，Mollekopf G，et al. CN$_x$ thin films prepared by laser chemical vapor deposition. Materials Science and Engineering：B，1997，46（1-3）：89-91.

[36]　Elders J，van Voorst J D W. Laser-induced chemical vapor deposition of titanium diboride. Journal of Applied Physics，1994，75（1）：553-562.

[37]　Elders J，Bebelaar D，van Voorst J D W. Photochemical vapor deposition of titanium diboride. Applied Surface

Science，1990，46（1-4）：215-219.

[38] Rife J L，Kung P，Hooper R J，et al. Structural and mechanical characterization of carbon fibers grown by laser induced chemical vapor deposition at hyperbaric pressures. Carbon，2020，162：95-105.

[39] Turunen M，Lenkkeri J，Levoska J，et al. Laser-induced deposition and etching of materials：A new technology for sensor fabrication. Sensors and Actuators，1989，17（1-2）：75-79.

[40] Higashi G S. The chemistry of alkyl-aluminum compounds during laser-assisted chemical vapor deposition. Applied Surface Science，1989，43（1-4）：6-10.

[41] van Maaren A J P，Krans R L，de Haas E，et al. Excimer laser induced deposition of tungsten on silicon. Applied Surface Science，1989，38（1-4）：386-396.

[42] Lowndes D H，Geohegan D B，Eres D，et al. Low temperature photon-controlled growth of thin films and multilayered structures. Applied Surface Science，1989，36（1-4）：59-69.

[43] Krans R L，Brands C，Sinke W C. Kinetics of excimer-laser induced CVD of W. Applied Surface Science，1992，54：117-120.

[44] Meunier M，Lavoie C，Boivin S，et al. Modeling KrF excimer laser induced deposition of titanium from titanium tetrachloride. Applied Surface Science，1992，54：52-55.

[45] Wetterauer U，Knobloch J，Hess P，et al. *In situ* Fourier transform infrared spectroscopy and stochastic modeling of surface chemistry of amorphous silicon growth. Journal of Applied Physics，1998，83（11）：6096-6105.

[46] Wahl G，Esrom H. Simulation of laser CVD. Applied Surface Science，1990，46（1-4）：96-101.

[47] Suzuki Y. Tungsten-carbon X-ray multilayered mirror prepared by photo-chemical vapor deposition. Japanese Journal of Applied Physics，1989，28（5R）：920.

[48] Chiussi S，González P，Serra J，et al. Amorphous germanium layers prepared by UV-photo-induced chemical vapour deposition. Applied Surface Science，1996，106：75-79.

[49] Braichotte D，Garrido C，van den Bergh H. The photolytic laser chemical vapor deposition rate of platinum，its dependence on wavelength，precursor vapor pressure，light intensity，and laser beam diameter. Applied Surface Science，1990，46（1-4）：9-18.

[50] Yamada Y，Takeyama S，Mutoh K，et al. Soft-X-ray multilayer mirrors with laterally varying film thicknesses fabricated using laser-beam-scanning chemical vapor deposition. Review of Scientific Instruments，1995，66（9）：4501-4506.

[51] Wang Q Y，Zhang Y S，Gao D S. Theoretical study on the fabrication of a microlens using the excimer laser chemical vapor deposition technique. Thin Solid Films，1996，287（1-2）：243-246.

[52] Pou J，Gonzalez P，Garcia E，et al. Ceramic coating for high-temperature corrosion protection by laser-CVD processes. Applied Surface Science，1994，79：338-343.

[53] Wallenberger F T. Rapid prototyping directly from the vapor phase. Science，1995，267（5202）：1274-1275.

[54] Lehmann O，Stuke M. Three-dimensional laser direct writing of electrically conducting and isolating microstructures. Materials Letters，1994，21（2）：131-136.

[55] Lehmann O，Stuke M. Laser-driven movement of three-dimensional microstructures generated by laser rapid prototyping. Science，1995，270（5242）：1644-1646.

[56] Nelson L S，Richardson N L. Formation of thin rods of pyrolytic carbon by heating with a focused carbon dioxide laser. Materials Research Bulletin，1972，7（9）：971-975.

[57] Han J，Jensen K F. Combined experimental and modeling studies of laser-assisted chemical vapor deposition of copper from copper（Ⅰ）-hexafluoroacetylacetonate trimethylvinylsilane. Journal of Applied Physics，1994，75（4）：2240-2250.

[58] Mazumder J，Kar A. Theory and Application of Laser Chemical Vapor Deposition. Berlin：Springer Science & Business Media，2013.

[59] Maxwell J L. Three-Dimensional Laser-Induced Pyrolysis：Modelling，Growth Rate Control，and Application to Micro-scale Prototyping. New York：Rensselaer Polytechnic Institute，1996.

[60] Park S I，Lee S S. Growth kinetics of microscopic silicon rods grown on silicon substrates by the pyrolytic laser-induced chemical vapor deposition process. Japanese Journal of Applied Physics，1990，29（1A）：L129.

[61] Okamoto T，Nakamura T，Sakota K，et al. Synthesis of single-nanometer-sized gold nanoparticles in liquid-liquid dispersion system by femtosecond laser irradiation. Langmuir，2019，35（37）：12123-12129.

[62] John M G，Tibbetts K M. One-step femtosecond laser ablation synthesis of sub-3 nm gold nanoparticles stabilized by silica. Applied Surface Science，2019，475：1048-1057.

[63] Castro-Palacio J C，Ladutenko K，Prada A，et al. Hollow gold nanoparticles produced by femtosecond laser irradiation. The Journal of Physical Chemistry Letters，2020，11（13）：5108-5114.

[64] Chau J L H，Chen C Y，Yang C C. Facile synthesis of bimetallic nanoparticles by femtosecond laser irradiation method. Arabian Journal of Chemistry，2017，10：S1395-S1401.

[65] Xu L M，Liu H G，Zhou H，et al. One-step fabrication of metal nanoparticles on polymer film by femtosecond LIPAA method for SERS detection. Talanta，2021，228：122204.

[66] Liu R J，Zhang D S，Li Z J. Femtosecond laser induced simultaneous functional nanomaterial synthesis，*in situ* deposition and hierarchical LIPSS nanostructuring for tunable antireflectance and iridescence applications. Journal of Materials Science & Technology，2021，89：179-185.

[67] Liang C，Sun X Y，Su W M，et al. Fast welding of silver nanowires for flexible transparent conductive film by spatial light modulated femtosecond laser. Advanced Engineering Materials，2021，23（12）：2100584.

[68] Liu L P，Yang D，Wan W P，et al. Fast fabrication of silver helical metamaterial with single-exposure femtosecond laser photoreduction. Nanophotonics，2019，8（6）：1087-1093.

[69] Novoselov K S，Geim A K，Morozov S V，et al. Electric field effect in atomically thin carbon films. Science，2004，306（5696）：666-669.

[70] Shi X S，Li X，Jiang L，et al. Femtosecond laser rapid fabrication of large-area rose-like micropatterns on freestanding flexible graphene films. Scientific Reports，2015，5（1）：1-10.

[71] Angizi S，Shayeganfar F，Azar M H，et al. Surface/edge functionalized boron nitride quantum dots：Spectroscopic fingerprint of bandgap modification by chemical functionalization. Ceramics International，2020，46（1）：978-985.

[72] Liu M L，Xu Y H，Wang Y，et al. Boron nitride quantum dots with solvent-regulated blue/green photoluminescence and electrochemiluminescent behavior for versatile applications. Advanced Optical Materials，2017，5（3）：1600661.

[73] Lin L X，Xu Y X，Zhang S W，et al. Fabrication and luminescence of monolayered boron nitride quantum dots. Small，2014，10（1）：60-65.

[74] Yan H，Wang Q，Wang J Y，et al. Planted graphene quantum dots for targeted，enhanced tumor imaging and long-term visualization of local pharmacokinetics. Advanced Materials，2023，35（15）：202210809.

[75] Liu M L，Xu Y H，Wang Y，et al. Boron nitride quantum dots with solvent-regulated blue/green photoluminescence and electrochemiluminescent behavior for versatile applications. Advanced Optical Materials，2017，5（3）：1600661.

[76] Zhi C Y，Xu Y B，Bando Y，et al. Highly thermo-conductive fluid with boron nitride nanofillers. ACS Nano，2011，5（8）：6571-6577.

[77] Li X J，Li X，Jiang L，et al. Preparation of twin graphene quantum dots through the electric-field-assisted

femtosecond laser ablation of graphene dispersions. Carbon，2021，185：384-394.

[78]　Yuan F L，Yuan T，Sui L Z，et al. Engineering triangular carbon quantum dots with unprecedented narrow bandwidth emission for multicolored LEDs. Nature Communications，2018，9（1）：1-11.

[79]　Tang L B，Ji R B，Li X M，et al. Size-dependent structural and optical characteristics of glucose-derived graphene quantum dots. Particle & Particle Systems Characterization，2013，30（6）：523-531.

[80]　Qu D，Zheng M，Li J，et al. Tailoring color emissions from N-doped graphene quantum dots for bioimaging applications. Light：Science & Applications，2015，4（12）：e364-e364.

[81]　Li L B，Dong T D. Photoluminescence tuning in carbon dots：Surface passivation or/and functionalization，heteroatom doping. Journal of Materials Chemistry C，2018，6（30）：7944-7970.

[82]　Antolini F，Orazi L. Quantum dots synthesis through direct laser patterning：A review. Frontiers in Chemistry，2019，7：252.

[83]　Astafiev A A，Shakhov A M，Kritchenkov A S，et al. Femtosecond laser synthesis of nitrogen-doped luminescent carbon dots from acetonitrile. Dyes and Pigments，2021，188：109176.

[84]　Dhanunjaya M，Byram C，Vendamani V S，et al. Hafnium oxide nanoparticles fabricated by femtosecond laser ablation in water. Applied Physics A，2019，125（1）：74.

[85]　Fan P X，Bai B F，Long J Y，et al. Broadband high-performance infrared antireflection nanowires facilely grown on ultrafast laser structured Cu surface. Nano Letters，2015，15（9）：5988-5994.

[86]　Liang M S，Li X，Jiang L，et al. Femtosecond laser mediated fabrication of micro/nanostructured TiO_{2-x} photoelectrodes：Hierarchical nanotubes array with oxygen vacancies and their photocatalysis properties. Applied Catalysis B：Environmental，2020，277：119231.

[87]　Ye F，Chang D，Ayub A，et al. Synthesis of two-dimensional plasmonic molybdenum oxide nanomaterials by femtosecond laser irradiation. Chemistry of Materials，2021，33（12）：4510-4521.

[88]　Mai L，Xu X，Han C，et al. Rational synthesis of silver vanadium oxides/polyaniline triaxial nanowires with enhanced electrochemical property. Nano Letters，2011，11（11）：4992-4996.

[89]　Mai L Q，Xu L，Gao Q，et al. Single β-$AgVO_3$ nanowire H_2S sensor. Nano Letters，2010，10（7）：2604-2608.

[90]　Fu H T，Xie H，Yang X H，et al. Hydrothermal synthesis of silver vanadium oxide($Ag_{0.35}V_2O_5$)nanobelts for sensing amines. Nanoscale Research Letters，2015，10（1）：1-12.

[91]　Bock D C，Takeuchi K J，Marschilok A C，et al. Structural and silver/vanadium ratio effects on silver vanadium phosphorous oxide solution formation kinetics：Impact on battery electrochemistry. Physical Chemistry Chemical Physics，2015，17（3）：2034-2042.

[92]　Han C H，Pi Y Q，An Q Y，et al. Substrate-assisted self-organization of radial β-$AgVO_3$ nanowire clusters for high rate rechargeable lithium batteries. Nano Letters，2012，12（9）：4668-4673.

[93]　McNulty D，Ramasse Q，O'Dwyer C. The structural conversion from α-$AgVO_3$ to β-$AgVO_3$：Ag nanoparticle decorated nanowires with application as cathode materials for Li-ion batteries. Nanoscale，2016，8（36）：16266-16275.

[94]　Sun Y K，Xu W W，Okamoto T，et al. Femtosecond laser self-assembly for silver vanadium oxide flower structures. Optics Letters，2019，44（21）：5354-5357.

[95]　Xu B B，Xia H，Niu L G，et al. Flexible nanowiring of metal on nonplanar substrates by femtosecond-laser-induced electroless plating. Small，2010，6（16）：1762-1766.

[96]　Ma Z C，Zhang Y L，Han B，et al. Femtosecond-laser direct writing of metallic micro/nanostructures：From fabrication strategies to future applications. Small Methods，2018，2（7）：1700413.

[97]　Wei D Z，Wang C W，Wang H J，et al. Experimental demonstration of a three-dimensional lithium niobate nonlinear photonic crystal. Nature Photonics，2018，12（10）：596-600.

[98]　Xu B B，Wang L，Ma Z C，et al. Surface-plasmon-mediated programmable optical nanofabrication of an oriented silver nanoplate. ACS Nano，2014，8（7）：6682-6692.

[99]　Jauffred L，Samadi A，Klingberg H，et al. Plasmonic heating of nanostructures. Chemical Reviews，2019，119（13）：8087-8130.

[100]　Meader V K，John M G，Frias Batista L M，et al. Radical chemistry in a femtosecond laser plasma：Photochemical reduction of Ag^+ in liquid ammonia solution. Molecules，2018，23（3）：532.

[101]　Sun Y K，Wang L，Kamano M，et al. Plasmonic nano-imprinting by photo-doping. Optics Letters，2018，43（15）：3786-3789.

[102]　Xie J F，Zhang H，Li S W，et al. Defect-rich MoS_2 ultrathin nanosheets with additional active edge sites for enhanced electrocatalytic hydrogen evolution. Advanced Materials，2013，25（40）：5807-5813.

[103]　Ye G L，Gong Y J，Lin J H，et al. Defects engineered monolayer MoS_2 for improved hydrogen evolution reaction. Nano Letters，2016，16（2）：1097-1103.

[104]　An S J，Park D Y，Lee C，et al. Facile preparation of molybdenum disulfide quantum dots using a femtosecond laser. Applied Surface Science，2020，511：145507.

[105]　Xu Y，Wang R Z，Ma S J，et al. Theoretical analysis and simulation of pulsed laser heating at interface. Journal of Applied Physics，2018，123（2）：025301.

[106]　Yang C，Yin J J，Dai J Y，et al. ZnSe nanowires and partially hollow nanotubes synthesized by femtosecond laser ablation in liquid. Chemistry Letters，2016，45（7）：755-757.

[107]　An S J，Kim Y H，Lee C，et al. Exfoliation of transition metal dichalcogenides by a high-power femtosecond laser. Scientific Reports，2018，8（1）：1-6.

[108]　Pu J，Xue P，Li T T，et al. *In situ* regulation of dendrite-free lithium anode by improved solid electrolyte interface with defect-rich boron nitride quantum dots. Journal of Materials Chemistry A，2022，10（38）：20265-20272.

[109]　Jambhulkar S，Ravichandran D，Thippanna V，et al. A multimaterial 3D printing-assisted micropatterning for heat dissipation applications. Advanced Composites and Hybrid Materials，2023，6（3）：93.

[110]　Liu M L，Xu Y H，Wang Y，et al. Boron nitride quantum dots with solvent-regulated blue/green photoluminescence and electrochemiluminescent behavior for versatile applications. Advanced Optical Materials，2017，5（3）：1600661.

[111]　Dehghani A，Madadi Ardekani S，Lesani P，et al. Two-photon active boron nitride quantum dots for multiplexed imaging，intracellular ferric ion biosensing，and pH tracking in living cells. ACS Applied Bio Materials，2018，1（4）：975-984.

[112]　Liang S Y，Liu Y F，Ji Z K，et al. Chameleon-inspired design of dynamic patterns based on femtosecond laser-induced forward transfer. Chemical Engineering Journal，2023，466：143121.

[113]　Romodina M N，Xie S R，Tani F，et al. Backward jet propulsion of particles by femtosecond pulses in hollow-core photonic crystal fiber. Optica，2022，9（3）：268-272.

[114]　Roth G L，Kefer S，Hessler S，et al. Polymer photonic crystal waveguides generated by femtosecond laser. Laser & Photonics Reviews，2021，15（11）：2100215.

[115]　Zhang Y，Sheng Y，Zhu S N，et al. Nonlinear photonic crystals: from 2D to 3D. Optica，2021，8（3）：372-381.

[116]　Zhang Y，Zhang L D，Zhang C Q et al. Continuous resin refilling and hydrogen bond synergistically assisted 3D structural color printing. Nature Communications，2022，13（1）：7095.

[117] He M F，Zhang Z M，Cao C，et al. Single-color peripheral photoinhibition lithography of nanophotonic structures. PhotoniX，2022，3（1）：25.

[118] Liao J L，Ye C Q，Guo J et al. 3D-printable colloidal photonic crystals. Materials Today，2022，56：29-41.

[119] Tan D Z，Sharafudeen K N，Yue Y Z，et al. Femtosecond laser induced phenomena in transparent solid materials：Fundamentals and applications. Progress in Materials Science，2016，76：154-228.

[120] Dong Y H，Hu H，Xu X B，et al. Photon-induced reshaping in perovskite material yields of nanocrystals with accurate control of size and morphology. The Journal of Physical Chemistry Letters，2019，10（15）：4149-4156.

[121] Huang X H，Guo Q，Yang D D，et al. Reversible 3D laser printing of perovskite quantum dots inside a transparent medium. Nature Photonics，2020，14（2）：82-88.

[122] Molinari R，Lavorato C，Argurio P. Visible-light photocatalysts and their perspectives for building photocatalytic membrane reactors for various liquid phase chemical conversions. Catalysts，2020，10（11）：1334.

[123] Zhou H L，Qu Y Q，Zeid T，et al. Towards highly efficient photocatalysts using semiconductor nanoarchitectures. Energy & Environmental Science，2012，5（5）：6732-6743.

[124] Sun S D，Song P，Cui J，et al. Amorphous TiO_2 nanostructures：Synthesis，fundamental properties and photocatalytic applications. Catalysis Science & Technology，2019，9（16）：4198-4215.

[125] Reséndiz López E，Morales-Luna M，Vega González M，et al. Bandgap modification of titanium dioxide doped with rare earth ions for luminescent processes. Journal of Applied Physics，2020，128（17）：175106.

[126] Li C J，Rao Y H，Zhang B W，et al. Extraordinary catalysis induced by titanium foil cathode plasma for degradation of water pollutant. Chemosphere，2019，214：341-348.

[127] Kochuveedu S T，Jang Y H，Kim D H. A study on the mechanism for the interaction of light with noble metal-metal oxide semiconductor nanostructures for various photophysical applications. Chemical Society Reviews，2013，42（21）：8467-8493.

[128] Van Vaerenbergh B，Lauwaert J，Vermeir P，et al. Synthesis and support interaction effects on the palladium nanoparticle catalyst characteristics. Advances in Catalysis，2019，65：1-120.

[129] Van Vaerenbergh B，Lauwaert J，Vermeir P，et al. Towards high-performance heterogeneous palladium nanoparticle catalysts for sustainable liquid-phase reactions. Reaction Chemistry & Engineering，2020，5（9）：1556-1618.

[130] Zhang J，Bai X F. Microwave-assisted synthesis of Pd nanoparticles and their catalysis application for Suzuki cross-coupling reactions. Inorganic and Nano-Metal Chemistry，2017，47（5）：672-676.

[131] Batista L M F，Kunzler K，John M G，et al. Laser synthesis of uncapped palladium nanocatalysts. Applied Surface Science，2021，557：149811.

[132] Li X J，Li X，Zuo P，et al. Electric field assisted femtosecond laser preparation of Au@ TiO_2 composites with controlled morphology and crystallinity for photocatalytic degradation. Materials，2021，14（14）：3816.

[133] Laing S，Jamieson L E，Faulds K，et al. Surface-enhanced Raman spectroscopy for *in vivo* biosensing. Nature Reviews Chemistry，2017，1（8）：1-19.

[134] Yang X Q，Liu Y，Lam S H，et al. Site-selective deposition of metal-organic frameworks on gold nanobipyramids for surface-enhanced Raman scattering. Nano Letters，2021，21（19）：8205-8212.

[135] Chen K X，Wang H. Plasmon-driven photocatalytic molecular transformations on metallic nanostructure surfaces：Mechanistic insights gained from plasmon-enhanced Raman spectroscopy. Molecular Systems Design & Engineering，2021，6（4）：250-280.

[136] 孙文峰，洪瑞金，陶春先，等. 脉冲激光改性金属纳米薄膜的等离子体特性. 中国激光，2020，47（1）：0103001.

[137] Cao W，Jiang L，Hu J，et al. Optical field enhancement in Au nanoparticle-decorated nanorod arrays prepared by femtosecond laser and their tunable surface-enhanced Raman scattering applications. ACS Applied Materials & Interfaces，2018，10（1）：1297-1305.

[138] Qin Y，Geng X R，Sun Y，et al. Ultrasound nanotheranostics：Toward precision medicine. Journal of Controlled Release，2023，353：105-124.

[139] Li L Z，Jiang C Q，Li L M. Hierarchical platinum-iridium neural electrodes structured by femtosecond laser for superwicking interface and superior charge storage capacity. Bio-Design and Manufacturing，2022，5（1）：163-173.

[140] Korshed P，Li L，Liu Z，et al. The molecular mechanisms of the antibacterial effect of picosecond laser generated silver nanoparticles and their toxicity to human cells. PLoS One，2016，11（8）：e0160078.

[141] dos Santos Courrol D，Lopes C R B，da Silva Cordeiro T，et al. Optical properties and antimicrobial effects of silver nanoparticles synthesized by femtosecond laser photoreduction. Optics & Laser Technology，2018，103：233-238.

[142] Martínez J，Aurelio G，Cuello G，et al. Mössbauer spectroscopy，dilatometry and neutron diffraction detection of the ε-phase fraction in Fe-Mn shape memory alloys. Hyperfine Interactions，2005，161（1）：221-227.

[143] Liu B，Zheng Y F，Ruan L Q. *In vitro* investigation of $Fe_{30}Mn_6Si$ shape memory alloy as potential biodegradable metallic material. Materials Letters，2011，65（3）：540-543.

[144] Sun Y Y，Chen L，Liu N，et al. Laser-modified Fe-30Mn surfaces with promoted biodegradability and biocompatibility toward biological applications. Journal of Materials Science，2021：1-13.

[145] Simon P，Gogotsi Y. Perspectives for electrochemical capacitors and related devices. Nature Materials，2020，19（11）：1151-1163.

[146] Lin Z，Goikolea E，Balducci A，et al. Materials for supercapacitors：When Li-ion battery power is not enough. Materials Today，2018，21（4）：419-436.

[147] Kouchachvili L，Yaïci W，Entchev E. Hybrid battery/supercapacitor energy storage system for the electric vehicles. Journal of Power Sources，2018，374：237-248.

[148] Dai X，Wan F，Zhang L L，et al. Freestanding graphene/VO_2 composite films for highly stable aqueous Zn-ion batteries with superior rate performance. Energy Storage Materials，2019，17：143-150.

[149] Li Q，Ding Y，Yang L J，et al. Periodic nanopatterning and reduction of graphene oxide by femtosecond laser to construct high-performance micro-supercapacitors. Carbon，2021，172：144-153.

[150] Le T S D，Lee Y A，Nam H K，et al. Green flexible grapheme-inorganic-hybrid micro-supercapacitors made of fallen leaves enabled by ultrafast laser pulses. Advanced Functional Materials，2022，32（20）：2107768.

第9章

飞秒激光柔性微纳器件
制备技术及应用

9.1 ▶ 引言

　　传统微电子制造可追溯到 20 世纪 60 年代发展起来的平面工艺，即在硅半导体上通过氧化、光刻、扩散、离子注入等步骤，制作出晶体管和集成电路。经过半个世纪的发展，微电子技术已成为信息技术的核心，在各行各业都发挥着重要的作用。但与此同时，硬质硅基板和玻璃基板限制了电子元器件向轻薄、耐摔、柔性方向发展。自 20 世纪 70 年代起，科学家们不断发现各类导电聚合物和有机光电材料，为柔性电子的出现创造了契机。1973 年能源危机推动了太阳能电池的薄膜化发展，人们第一次实现在柔性金属和聚合物基板上沉积非晶硅太阳能电池。到了 20 世纪 80 年代，等离子体增强的化学蒸发沉积技术被用于太阳能电池产业，并在随后的十多年里广泛应用于其他薄膜器件，如有机场效应晶体管（organic field-effect transistor，OFET）[1]、有机光伏（organic photovoltaic，OPV）[2]。1992 年，美国加利福尼亚大学的 A. Heeger 和曹镛院士在 *Nature* 上报道了基于柔性基板聚对苯二甲酸乙二醇酯（polyethylene terephthalate，PET）的柔性有机发光二极管（organic light-emitting diode，OLED），为 OLED 产业化拉开序幕[3]。时至今日，柔性电子涵盖了柔性显示、有机电致发光[4]、可穿戴设备[5]、柔性储能、射频识别（radio frequency indentification，RFID）等应用，属于应用驱动型行业。柔性电子的出现掀起了一场电子技术革命，*Science* 杂志将有机电子技术进展与人类基因组草图、克隆技术等重大发现并列，标为 2000 年世界十大科技成果之一。柔性电子目前尚处于起步阶段，各领域对此的定义和内涵也不尽相同。简而言之，柔性电子是将主动/被动的有机/无机电子器件制作在柔性/可延性塑料或薄金属基板上的新型电子技术；其最大特点是器件在弯曲状态下仍能正常工作。根据所采用的功能材料和制造工艺，柔性电子又可称为塑料电子、有机电子、聚合物电子、印刷电子等。移动化、低成本、绿色健康是柔性电子的发展趋势。

9.2　柔性电子材料

9.2.1　柔性电极材料

与传统电子元器件相比，柔性电子器件具有轻薄、可弯曲、延展性好等优点。合适的材料是柔性器件的关键所在。其中，作为核心部件的柔性电极，在满足导电性的前提下应具有良好的机械性能。传统透明导电玻璃，如氧化铟锡（ITO）玻璃，是在玻璃表面覆盖了一层掺杂金属氧化物的薄膜，兼具优异的光学与透过率，使得它在过去十年成为柔性电子器件的主要电极材料。然而，ITO 薄膜具有脆性，无法在一定弯曲、折叠、扭曲和拉伸的状态下保持稳定，无法满足未来柔性电子的发展需求，新的柔性透明电极（FTEs）材料成为研究热点。碳基材料，如活性炭（AC）、碳纳米管（CNT）、石墨烯、碳纤维（CF）及其复合材料，因大比表面积、优异导电性、高稳定性和良好机械性能而成为储能器件的研究热点[6-8]。

石墨烯是由碳原子构成的二维蜂窝网状材料，是已知最轻最强的材料之一，通过堆叠、卷曲和包裹可以分别转换成石墨（3D）、碳纳米管（1D）和富勒烯（0D）[9]（图 9-1）。比起 ITO 玻璃，石墨烯具有更高的透光率（90%），低薄层电阻也能够满足大多数器件需求，如太阳能电池、发光二极管、光电探测器、超级电容器等（图 9-2）。石墨烯是一种零间隙半导体，表现出室温霍尔效应，

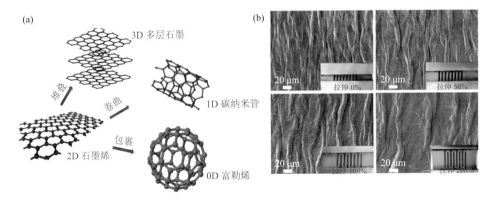

图 9-1　（a）石墨烯及其衍生结构[9]；（b）不同应变比下石墨烯纳米带的 SEM 图[10]

在 50～500 K 温度范围内载流子迁移率约为 15000 cm²/(V·s)，这一数值超过了硅材料的 10 倍。中国科学院宁波材料技术与工程研究所周旭峰等[10]报道了利用掩模辅助印刷技术制备以石墨烯纳米卷（GNS）为活性材料的柔性超级电容器。石墨烯纳米卷由二维石墨烯薄片滚动制成，由于长期处于缠绕状态，其微观结构呈螺旋状，具有一维碳材料中表面积最大的独特拓扑开放结构。随着拉伸强度的增加，GNS 表面的褶皱逐渐变平，但即使在 200%拉伸状态下也未发生折断[图 9-1（b）]。

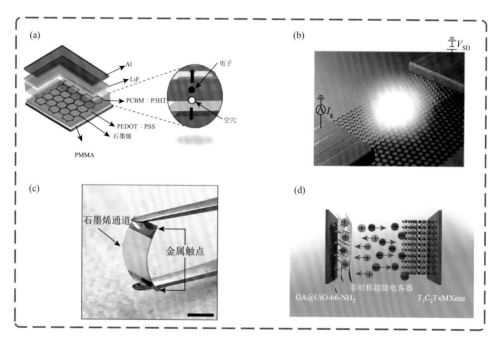

图 9-2　石墨烯基柔性电子器件[9]

碳纳米管由 sp² 杂化碳网络组成，具有高电导率和超过 10000 的长径比，与传统的导电材料相比，可以实现更有效的电子转移。自从 1991 年由日本科学家 Sumio Iijima 首次发现以来，碳纳米管因独特的一维结构引起了全世界科学家的兴趣[11]。碳纳米管可以通过干湿法纺丝、真空过滤、自组装和化学气相沉积等多种方法组装成纤维、薄膜、泡沫、气凝胶等性能优异的不同结构[12]（图 9-3）。例如，一维碳纳米管纤维显示出 300 S/cm 的电导率和 460 MPa 的拉伸强度[13]；二维碳纳米管薄膜的电导率为 2000 S/cm，拉伸强度超过 360 MPa[14]；具有高孔隙率和受控取向的三维碳纳米管海绵可以在最大应变（$\varepsilon = 50\%$）下承受 0.032 MPa 的压应力[15]。作为半导体材料，碳纳米管对电子和空穴均具有高的迁移率，使得其有望作为场效应晶体管（FET）和集成电路中的沟道材料[16]。除此之外，碳纳米管在电子皮肤[17]、药物传送[18]、超级电容器[19]等柔性设备中也已经开展了大量研究。由于碳纳米管可以看成是石墨烯片层卷曲而成，因此根据管壁形貌，碳纳米管可分为多壁碳纳米管（multi-walled carbon nanotube，MWCNT）和单壁碳纳米管（single-walled carbon nanotube，SWCNT）。多壁碳纳米管直径为 2～100 nm，层间容易形成缺陷，纤维上呈放射状排列的刷状微结构使材料具有足够的柔韧性。2018 年，北京科技大学的研究团队提出了一种利用水原位收缩 CVD 制备纤维状碳纳米管-气凝胶电极的方法，并在此基础上制备了超级电容器，在历经 2000 次180°弯曲测试后，仍能保持 92.9%的初始电容[20]。与多壁碳纳米管相比，单壁碳纳米管缺陷更少，具有更高的均匀一致性，直径为 0.6～2 nm，在微纳电子器件、能量存储器件、结构和功能复合材料等诸多领域具有应用潜力。例如，下一代无线通信技术需要集成射频设备能够在 90 GHz 以上频率平稳运行，硅互补金属氧化物半导体（complementary metal oxide semiconductor，CMOS）场效应晶体管和基于Ⅲ- Ⅴ族化合物半导体（特别是 GaAs）的晶体管都无法实现太赫兹频率，一个有希望的候选半导体材料是单壁碳纳米管。2021 年，北京大学研究团队通过双分散和二元液体界面限制自组装程序获得了用于射频应用的碳纳米管阵列，并实现了基于碳纳米管阵列的高性能射频器件和放大器的制造，所制备阵列密度约为每微米 120 个纳米管，载流子迁移率为 1580 cm^2/(V·s)，饱和速度高达 3.0×10^7 cm/s[21]。

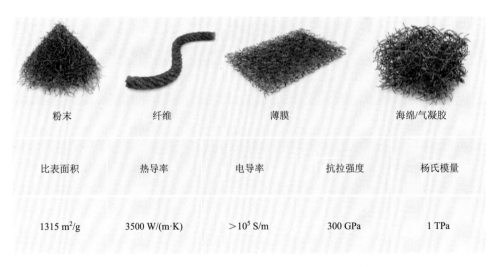

图 9-3　碳纳米管的不同形态和优良物理性质[12, 22]

在过去十年中，金属纳米线（metal nanowire，MNW）透明电极技术已经相当成熟，有望成为 ITO 的低成本替代品。在达到相同最佳电阻和光学透明度的情况下，银纳米线电极中所需的银量比 ITO 电极中所需的铟量低很多，每平方米仅需几十毫克[23]。相较于其他解决方案，如碳纳米管、石墨烯、金属纳米纤维、金属纳米槽和光刻图案化的金属网格，MNW 提供了广泛的优势，包括与基于溶液的处理、低成本和大面积沉积技术兼容、高透明度、优异的导电性和稳定性。虽然具有明显的经济技术优势，但为了使 MNW 进一步取代 ITO，它们必须具备相当的稳定性，当前 MNW 容易因外界因素而退化，包括：①高温球化；②电迁移；③在大气中化学降解，如硫化（对于 AgNW）和氧化（对于 CuNW）。特别是，高湿度条件或暴露在强光下已被证明会显著加速化学诱导的降解，必须添加密封剂来提高它们的稳定性，以保留 MNW 网络的固有电子和光学特性[24, 25]（图 9-4）。封装通过充当气体、湿气和金属本身的扩散屏障来保护 MNW 免受环境影响，从而延迟高温或偏压下的形态不稳定性和腐蚀，例如，通过将化学气相沉积（chemical vapor deposition，CVD）法生长的石墨烯转移到 AgNW 网络上完成封装。近年来，将 AgNW 嵌入溅射 ZnO 层以实现夹层 ZnO/AgNW/ZnO 结构，或使用空间原子层沉积（sALD）形成 ZnO 的薄膜涂层，显著提高了其在高温下的稳定性。

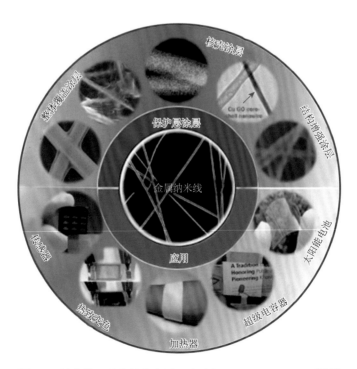

图 9-4　具有增强稳定性的金属纳米线保护层涂层及其应用[24, 25]

9.2.2　柔性半导体材料

半导体材料在技术上可分成三代：第一代以硅和锗为代表，特别是高纯度单晶硅制成的晶圆，是计算机芯片、存储器等电子信息产业的基础材料；第二代半导体材料是以砷化镓和磷化铟等为代表；第三代半导体材料则以氮化镓和碳化硅等为代表。由于镓和铟都属于稀有金属，因此硅基半导体仍占据着当今半导体行业的主要市场。随着人们对电子设备轻量化的不断追求，硅基薄膜的厚度也在不断减小，这也为硅基柔性光电应用提供了机会。与传统认知中硅是刚性材料不同，硅片厚度小于 50 μm 为最佳状态：此时硅片更柔韧、更稳定。厚度小于 10 μm 的硅片甚至可达到光学透明，从而简化装配过程中芯片对准的难题。印度理工学院 Piyush K. Parashar 等采用银辅助刻蚀方法制备了柔性薄硅片（约 50 μm），使平均反射率从约 36% 降低到约 3%，随后通过热原子层沉积（atomic layer deposition，ALD）制备具有不同氮浓度的氮氧化铝（AlO_xN_y）薄膜，用于柔性纳米纹理硅表面钝化，进一步为高性能黑色薄膜硅太阳能电池开辟道路[26]。

应变工程已被广泛探索以调整材料特性，进而改善半导体薄膜的器件性能。以 ZnO 和 ZnS 为代表的无机半导体材料由于出色的压电特性，在可穿戴柔性电子传感器领域显示出了广阔的应用前景。ZnO 属于 II-IV 族直接带隙材料，具有无毒、大激子束缚能（60 meV）等特点，载流子浓度可在 $10^{-6}\sim10^{-4}\,m^{-3}$ 范围内变化，是一种理想的 n 型半导体材料。韩国延世大学 Hong Je Choi 通过在拉伸驱动沉积过程中施加可控的外部压缩应力来利用柔性 ZnS 薄膜的可变光学特性[27]。不同于未应变的立方 ZnS 薄膜，这种应力引起的晶体各向异性随着四方相的增加而增加，并且可以观察到折射率和光学带隙的减小。此外，已经开发出基于直接将机械能转换为光学信号的柔性压力传感器。

有机电子器件由于具有质量轻、柔韧性好、易于通过分子修饰来调节性能等优点而受到越来越多的关注。最重要的是，其加工制造技术具有低成本、高通量等优势，这些技术可与丝网印刷、喷墨印刷和卷绕涂布技术相兼容。有机聚合物半导体材料可按结构分为三大类：有机小分子化合物、低聚物、高分子聚合物。有机功能电子器件主要包括有机场效应晶体管、有机发光二极管、有机太阳能电池、有机存储器件等。1986 年，第一个有机场效应晶体管——聚噻吩场效应晶体管诞生[28]；1992 年，A. Heeger 的团队开发出第一个在塑料基板上基于聚合物的柔性 OLED[29]；两年后，F. Garnier 和他的同事使用印刷技术开发了第一个全聚合物柔性 OFET[30]；到了 2003 年，Stephen Forrest 的团队演示了第一个有机存储器设备[31]；2004 年，Aernouts 和他的同事使用高导电聚（3,4-乙撑二氧噻吩）/聚（4-苯乙烯磺酸盐）（PEDOT∶PSS）作为柔性透明阳极，制备了柔性有机太阳能电池组件[32]。在随后的十多年间，柔性有机半导体在高性能光电器件上取得了飞速的进步[33, 34]，包括外量子效率超过 30%的蓝色和绿色电致发光器件，电流效率分别大于 10%和 20%的有机太阳能电池和有机无机杂化钙钛矿太阳能电池。

9.2.3　柔性衬底材料

正如前面提到的，使用柔性基板是柔性电子器件与传统微电子器件的最大区别。作为器件支撑材料，柔性基板需要提供一定的强度来保证机械稳定性，同时需要一定的耐温性从而使基板在器件制备过程中不发生化学变化。为了满足柔性电子器件轻薄、透明、柔性和拉伸性好、绝缘耐腐蚀等性质的要求，方便易得、化学性质稳定、透明和伸缩性好的聚二甲基硅氧烷（PDMS）成为人们的首选，特别是在电子皮肤领域，其他柔性基板包括：聚对苯二甲酸乙二醇酯（PET）、聚酰亚胺（PI）、聚乙烯（PE）和聚氨酯（PU）等。这些材料兼具良好的变形能力和强度。目前，通常有两种策略可以实现可穿戴传感器的拉伸性。第一种方法是在柔性衬底上直接键合低杨氏模量的薄导电材料，John A. Rogers 等首先提出将电学性能优异的刚性传统无机材料黏附在弹性衬底表面[35]。例如，对硅芯片结构的改进，是基于 PDMS 等软质弹性基板上集成微结构的原理，此方法可以解决硅片脆性问题，使电子器件兼具轻薄与抗震的性能。第二种方法是使用本身可拉伸的导体组装器件。通常是将导电物质混合到弹性基体中制备。中北大学研究人员提出使用石墨烯/PDMS 复合材料作为介电层组装柔性压力传感器，研究发现，复合材料厚度为 200 μm，石墨烯浓度为 2%时，具有极高的灵敏度、很高的稳定性和快速的响应时间[36]。

9.3　柔性微纳制造技术

柔性电子制造技术水平指标包括芯片特征尺寸和基板面积大小，其关键是如何在更大幅面的基板上以更低的成本制造出特征尺寸更小的柔性电子器件。柔性电子制造过程通常包括：纳米材料制备—薄膜沉积—结构图案化—外部封装，整个流程的关键在于如何实现不同材料和结构的跨尺度制造。除此之外，柔性电子制造还存在以下挑战。

（1）低温溶液法制备。由于聚合物基板材料的玻璃化转变温度较低，因此实际制造过程更多采取的是液相环境，整个环节需时刻关注界面层尺度效应，做到控形控性。

（2）器件稳定性。柔性薄膜的热膨胀系数比较大，几何尺寸易受到制造过程中的热、力影响，给多尺度结构的定位键合造成困难，如果控制不当，热-力耦合机理将引起电子器件的失效。除此之外，有机材料暴露在水汽、紫外灯情况下，电学性能会急剧下降，因此环境湿度、温度等也是必须考虑的因素。

目前，柔性电子制造工艺可分为自上而下的减材策略和自下而上的增材策略两大类，具体包括光刻、喷墨打印、电子束或激光直写、纳米压印、印刷等。

9.3.1　光刻

光刻是利用光刻胶在紫外光、X 射线等的照射或辐射下发生物理化学反应，从而使图案从光掩模版转移到基板上的工艺，具体来讲，包括基板清洗烘干、匀胶、前烘、曝光、后烘、显影、刻蚀等环节。光刻胶和掩模版是光刻过程的两大关键。在曝光过程中，仅透光部分的光源可照射到光刻胶上。通过多次曝光、刻蚀与沉积，可以在基板上实现三维复杂的结构。光刻工艺根据曝光方式可分为掩模版光刻、直接光刻；根据掩模版所在位置可分为接触式光刻、接近式光刻、投影光刻等。光源无论是紫外光还是 X 射线，都具有波粒二象性，所以要考虑曝光过程中存在的光学衍射现象，特别是当微纳图形尺寸小于 100 nm 时，光源波长已十分接近衍射极限。理论光刻分辨率可由式（9-1）计算：

$$2b_{\min} = 3\sqrt{\lambda\left(s + \frac{d}{2}\right)} \tag{9-1}$$

式中，$2b_{\min}$ 为理论最小光刻线宽；λ 为光源波长；s 为掩模版与光刻胶之间的距离；d 为光刻胶层厚度。所以，为了实现更精细的加工，可以通过减小掩模版与光刻胶间的距离来实现，当 $s = 0$ 时，即为接触式光刻。接触式光刻存在的一个重要问题是因接触而对掩模版和光刻胶层的损伤，界面处很小的灰尘也会在光刻过程中带来很大的缺陷。所以，工业上一般选择接近式曝光，掩模版和光刻胶层间距保持在几微米。然而，通过式（9-1）可知，即使是极小的 s 值也会带来很大的附加线宽，限制了加工精度，所以接近式曝光一般只用来生产特征尺寸较大的集成电路。

投影式光刻是采用透镜成像的原理，将掩模版上的图形转移到基板的工艺。该工艺避免了掩模版与光刻胶的物理接触，且掩模版图形与实际所需尺寸无须保持 1∶1 大小，掩模版不会被污染且使用寿命长。根据具体的投影方式，投影式光刻可分为扫描投影式光刻、步进式光刻、沉浸式光刻等。在接触接近式光刻技术之后，以深紫外（deep ultraviolet，DUV）投影式光刻技术为代表的光刻技术成为主流（表 9-1）。

表 9-1　光刻工艺发展

工艺名称	曝光光源	工艺节点
第一代接触接近式光刻	紫外谱 G 线（436 nm）	0.8～2.5 μm
第二代接触接近式光刻	紫外谱 I 线（365 nm）	0.8～2.5 μm
第三代扫描投影式光刻	DUVKrF 激光（248 nm）	130～180 nm
第三代步进投影式光刻	DUVKrF 激光（248 nm）	约 110 nm
第四代步进扫描式光刻	DUVArF 激光（193 nm）	65 nm
第四代沉浸式扫描光刻	DUVArF 激光（193 nm）	<22 nm
极紫外（EUV）光刻	EUV 光源（10～14 nm）	<7 nm

光学系统的理论分辨率 R 和焦深 DOF 可分别由夫琅禾费公式和瑞利判据计算得到：

$$R = \frac{k_1 \lambda}{NA} \tag{9-2}$$

$$DOF = \frac{k_2 \lambda}{NA^2} \tag{9-3}$$

式中，k_1、k_2 为工艺因子；NA 为透镜的数值孔径。显而易见，可以通过增大 NA 来提高加工分辨率。焦深是指在不影响最小线宽的情况下，像平面允许与焦平面偏离的最大距离，若 NA 过大，视场范围将大大缩小，反过来会限制高分辨率的实现。如何调节焦深与分辨率这两个参数之间的矛盾成了主要问题。而在柔性基板上光刻的最大问题是，不同于传统以硅为代表的无机材料，有机聚合物基板与抗蚀剂、显影剂等不化学兼容，若直接在柔性基板上进行微纳光刻，有机材料的性能容易被破坏。

9.3.2　直写

1. 电子束直写

电子束刻蚀（electron beam lithography，EBL）技术是一种电子束直写技术，是利用电子束在涂有对电子敏感的高分子聚合物的衬底上直接刻画微小结构。电子束曝光（electron beam exposure，EBE）技术避免了传统方法中对模板加工和使用的复杂过程，且电子束波长远小于可见光，因此可用于特征尺寸 2～10 nm 的图案制作。中国科学院化学研究所赵永生采用双层电子束直写技术，实现了在柔性聚合物衬底上制备由耦合腔单模激光源构成的柔性机械传感器网络，如图 9-5（a）所示。柱支撑的几何结构通过抑制来自衬底的应变干扰，使微盘腔具有较高的机械鲁棒性，从而可以作为柔性微盘激光器，为机械传感提供可靠的信号[37]。2020 年，Sonia Castellanos 等通过极紫外光和电子束刻蚀技术对胶体量子点进行直接图案化，在用具有不同能量的光子或电子照射后，量子点通过有机配体壳的交联而聚集在一起，经非极性显影剂显影后，可将辐照结构保留在基板上[图 9-5（b）]。

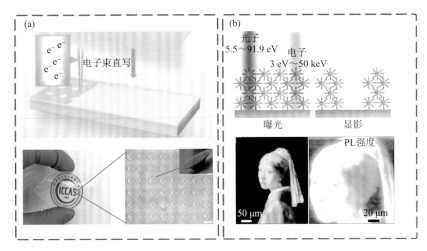

图 9-5　（a）双层电子束直写全有机柔性钙钛矿微腔激光阵列；（b）紫外光和电子束刻蚀技术对胶体量子点图案化[38]

2. 离子束直写

聚焦离子束（focused ion beam，FIB）系统是在常规离子束和聚焦电子束系统研究的基础上发展起来的。由于离子质量较大，经加速聚焦后还可对材料和器件进行刻蚀、沉积、离子注入等微纳加工，因而在纳米科技领域起到越来越重要的作用。聚焦离子束的一个重要应用是利用聚焦离子束技术的精确定位和控制能力，无掩模离子注入。

3. 激光直写

激光直写作为一种非光刻、非真空加工技术已经受到了越来越多的关注。它可以应用于包括热敏柔性衬底在内的各种衬底的电路电极的制造中，在生产柔性电子设备、柔性储能设备、传感器及可穿戴电子设备等领域有着巨大的应用前景。根据激光与材料作用方式，激光直写技术可分为：①激光烧结技术；②激光还原技术；③激光诱导改性技术；④激光辅助电路制造技术[39]。激光烧结是通过激光热源将金属纳米粉末快速熔化并凝固形成连续导电结构。与热烧结相比，激光烧结更适合柔性的衬底材料。韩国浦项科技大学 Dongsik Kim 分别采用 KrF 纳秒准分子激光器和 Ti：蓝宝石飞秒激光器分析了聚对苯二甲酸乙二醇酯衬底上的银纳米颗粒烧结过程[图 9-6（a）]，比较了具有显著不同脉宽的两种激光源的烧结机理，以及烧结产物导电性、柔韧性和黏附性。在最佳条件下，飞秒激光烧结产物比纳秒激光烧结产物具有更好的导电性和柔韧性[40]。

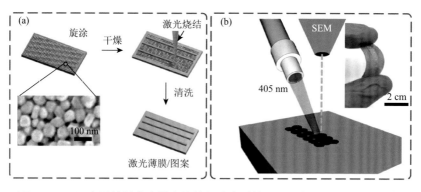

图 9-6 （a）在柔性衬底上激光烧结银纳米颗粒；（b）激光直写诱导石墨烯

激光还原常应用在金属氧化物或非金属氧化物纳米油墨制备柔性电路中，带动了石墨烯基柔性电子产品的发展[41]，是目前实验室制备石墨烯的最佳方法之一，如图 9-6（b）所示。激光诱导改性具有可以实现柔性电路的精细化、可定制活化区域、能够大批量改性等特点。因此，许多研究人员对激光在柔性衬底聚合物的加工和表面改性进行了研究，目的是增强电路层与柔性衬底的黏附性。

随着激光直写柔性电路（laser direct writing of flexible circuit，LDWFC）技术的不断发展，为了更好地制造出高性能的柔性电路，许多研究人员采用激光直写与其他技术相结合的方法来制造柔性电路，如激光辅助墨水直写、激光辅助电沉积及激光辅助化学沉积等。其中，激光辅助墨水直写技术是利用墨水直写技术能够在空间任意构型的优点，再结合激光直写线加工方式，让油墨在空间任意构型制备出复杂的 3D 立体电路，为 3D 电路的制造提供了很好的解决方案。BinIn Jung 报道了一种激光辅助制造光纤超级电容器（SC）的方法，通过该方法可以将活性电极、集电器、电解质和柔性聚合物集成到单丝聚偏二氟乙烯纤维型 SC 中（图 9-7）[42]。

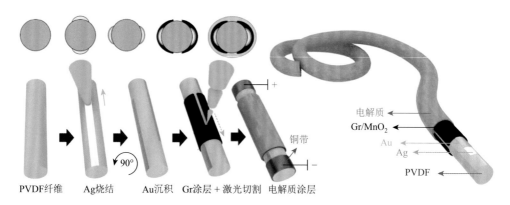

图 9-7 柔性单丝光纤超级电容器的激光辅助制造[42]

9.3.3　印刷

　　喷墨打印是一种用于打印功能图案的节省材料的沉积技术，通过微米大小的打印喷嘴以胶体分散形式沉积纳米材料。目前，喷墨打印工艺因节能、成本效益高、工作温度低、可放大的特性，已成为印刷电子、传感器和能源设备的潜在经济制造方法（图 9-8）。喷墨打印机产生液滴的主要机理有两种：连续喷墨（continuous inkjet，CIJ）打印和按需喷墨（drop-on-demand，DOD）打印。在连续喷墨模式下，加压油墨被强迫通过喷嘴，在表面张力的作用下分解成均匀的液滴；按需喷墨的特点是更小的落点尺寸和更高的放置精度，适用于低黏度高速喷墨打印。在这种模式下，液滴由打印喷嘴后面充满流体的腔内产生的压力脉冲喷射出来，具体驱动包括热泡法、压电法、电流体动力法等。

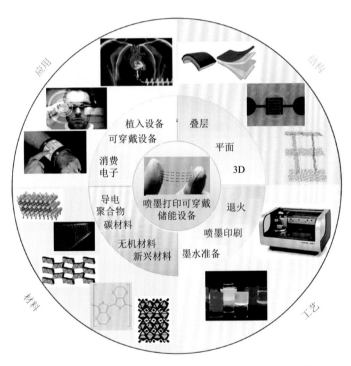

图 9-8　喷墨打印可穿戴储能设备的可扩展纳米制造[43]

　　在按需喷墨打印中，油墨的粒径、黏度、表面张力和密度对液体喷射和液体射流起着关键作用。液滴从喷嘴喷出后，除主液滴外，伴随着卫星液滴的产生，无法预测其喷射轨迹，喷印过程中应尽可能抑制这些细小的卫星液滴出现。一般，喷嘴尺寸越小，墨水黏度越低，可获得的打印精度也越高。然而，为了避免墨水在喷射过程中堵塞喷嘴，喷嘴的设计尺寸一般不小于 20～30 μm，这使得打印特征尺寸很难小于 20 μm。而对于实际定位精度，还受到环境气流扰动，喷嘴与基板的角度与距离的影响。此外，墨水在喷墨打印过程中可视为一维纳米材料，通过喷嘴时剪切流诱导排列的咖啡环效应是印刷过程中常见的一种现象，可能的产生原因包括液滴上不同的蒸发速率引起的毛细管流动，墨滴飞行过程中溶剂的挥发，以及墨滴沉积后边缘溶质的聚集与干燥。

传统喷墨打印"挤"出墨水的工艺方式难以获得高分辨率图案，相比之下，电流体动力喷印（EHD）是一种利用电场产生流体流动的技术，将油墨从液锥顶端"拉"出来并输送到目标基材上，这种工艺可适用于较粗的喷嘴和非牛顿较高黏度墨液打印。根据墨水属性和喷射工艺参数不同，EHD 打印可分为电喷涂、电纺丝和点喷涂，这三种模式分别适用于柔性电子的薄膜层、互联导体、复杂电极的制备，最高分辨率可达百纳米级。2021 年，华中科技大学黄永安课题组通过高分辨电流体 EHD 打印实现离子液体甲基乙酸铵（MAAc）微/纳米图案化，通过优化印刷工艺和结晶条件，EHD 印刷了 1 μm 钙钛矿点阵，这是钙钛矿应用的最小印刷特征尺寸[44]。

丝网印刷是用胶刮板将油墨通过有图案的模板压印而实现的大批量印刷方法，其最显著的优势是印刷图案的高纵横比，这对于油墨实现高导电性非常重要。丝网印刷工艺简单，是应用最广泛的印刷技术之一，但印刷薄膜的质量（如分辨率、油墨对基材的附着力、厚度）由多种因素决定，因此在印刷过程中不可精确控制。用于丝网印刷的油墨通常由填料、黏合剂和溶剂组成，其中油墨的黏度与黏合剂有关，以确保油墨牢固地附着在基材上，而不会堵塞丝网织物的网孔。此外，黏合剂的功能对于油墨的形成变得越来越重要。例如，在基于石墨烯的油墨中，黏合剂应有助于库仑排斥，以避免石墨烯纳米片聚集。溶剂决定了墨水整体流动性，迄今为止，印刷油墨常用的溶剂是水和有机溶剂。

随着应用需求增长，丝网印刷技术正逐渐朝着多功能集成微系统的方向发展（图 9-9）[45-49]。2020 年，中国科学院化学研究所的赵永生课题组开发了一种通用且强大的润湿性引导丝网印刷技术，用于快速制备大面积多色钙钛矿阵列，该阵列可用作激光显示面板，并进一步用于电流驱动的演示。通过基于润湿/去润湿机理的预定义表面能图案辅助旋涂方法精确制备具有受控物理尺寸和空间位置的钙钛矿微盘阵列，其中电子束刻蚀开发的表面能图案作为丝网印刷模板[50]。

对于无机半导体或金属材料，因为柔性聚合物衬底不能承受极端的加工条件，如高温或化学刻蚀，所以不能直接在柔性聚合物衬底上使用传统的制造技术。柔性电子制造工艺一般为先在晶圆/施主基板上独立制造器件，然后再将器件组装到柔性/可拉伸基板上（图 9-10）[51]。转移印刷工艺又称为贴花，最普遍的形式是利用柔软的弹性印章（PDMS）来调节微器件（通常称为油墨）在给体基板和次级

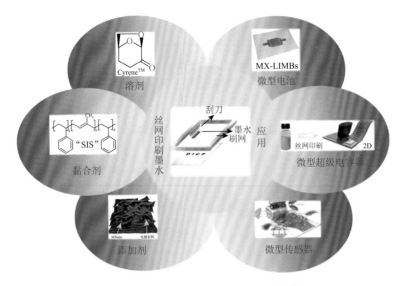

图 9-9　丝网印刷材料及技术应用[45-49]

受体基板之间的物理传质，如图 9-10（a）所示，通常包括两个步骤：从施主基板拾取/取墨和打印/将墨传送到受体基板上。印章/油墨界面和油墨/柔性衬底界面之间的竞争断裂行为是转印过程成功与否的关键：若图案层和受体基板界面的黏附功大于图案层和弹性印章界面的黏附功，则图案层在弹性图章移开后可保留在受体基板上。由于 PDMS 具有黏弹性，在高速（10 cm/s）剥离的情况下，图章可成功将图层从给体基板上剥离，在图章与受体基板接触后，以极小的速度（<1 mm/s）剥离，图案层会优先与受体基板结合[52, 53]。

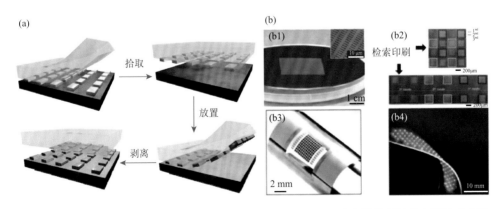

图 9-10　（a）转移印刷固体物体的通用工艺流程示意图；（b）动力学控制转移印刷技术实现的结构：（b1）GaAs 晶片上大规模印刷 I 形硅微结构阵列；（b2）LED 选择性检索和非选择性打印；（b3）可弯曲的 GaAs 太阳能电池阵列；（b4）在塑料基板上印刷 GaN LED 阵列[51]

卷对卷（R2R）印刷是一种成熟的电子器件大面积制造方法（图 9-11）[54-56]，兼有增材制造和高速加工的特点。各种印刷技术，如刮刀涂布、丝网、凹版印刷、柔性版印刷与 R2R 印刷都是兼容的。韩国机械与材料研究所（KIMM）在此基础上开发了卷对板（roll-to-plate，R2P）转移工艺，可用于尺寸和芯片厚度分别低于 100 μm 和 10 μm 的微型 LED 芯片转移，转移速率高达每秒 10000 个[57]。

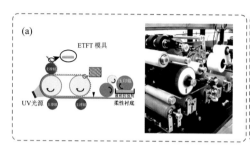
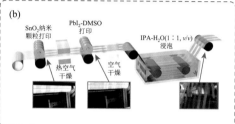
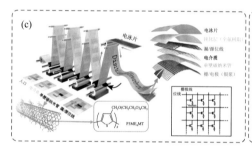
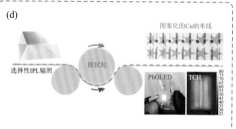

图 9-11　（a）卷对卷工艺示意图；（b）卷对卷生产柔性钙钛矿太阳能电池；（c）连续卷对卷生产碳纳米管柔性 TFT 有源矩阵；（d）卷对卷制备基于铜纳米线的透明导电电极的连续图案化[54-56]

激光诱导正向转移（laser-induced forward transfer，LIFT）是一种巨量转移过程，采用激光束诱导微型 LED 从其载体基板分离，然后将其转移到接收基板上，如图 9-12（a）所示。现如今，该技术及其衍生技术已经被广泛用于各类光电器件的生产制备过程中[图 9-12（b）][58]。具体来讲，LIFT 技术原理为激光束的照射导致在载体基板和芯片之间的界面处的光-物质相互作用，结果是模具与基板分离，同时产生局部机械力，将模具推向接收基板。如图 9-13 所示，转移过程涉及喷射动力学，施主材料中激光脉冲能量的吸收导致形成高压气泡，由于气泡上方存在刚性衬底，因此，阻止了气泡向上膨胀，使得气泡仅在横向方向上朝着无液表面膨胀，侧面和两极之间开始出现压力梯度，液体沿着气泡壁流向极点。感应流线在极点处汇聚停止，直到瑞利-泰勒不稳定性产生两个液体射流：负责液滴沉积的射流和反射流[59]。

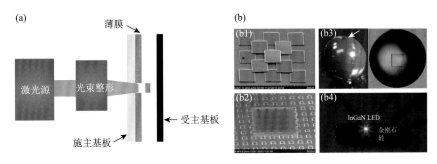

图 9-12 （a）激光诱导正向转移过程示意图；（b）使用激光驱动的非接触式转移印刷技术制造的结构：(b1) 硅方块搭建的三维金字塔；(b2) 在结构化衬底上的 $100\ \mu m \times 100\ \mu m \times 0.32\ \mu m$ 超薄正方形硅；(b3) 在曲面上的印刷示例，1 mm 陶瓷球上打印（左）和液态光聚合物 NOA 液滴上打印（右）；(b4) 在硅衬底上 CVD 生长的多晶金刚石上转印 μ-LED[58]

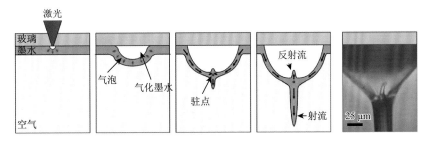

图 9-13 激光诱导正向转移喷射动力学

　　该界面相互作用可与蓝宝石衬底上 GaN LED 的激光剥离过程相同，即在衬底外延界面烧蚀一层厚度约 10 nm 的 GaN 层，并分解成氮气和液态 Ga，也可通过使用聚合物黏合剂作为临时衬底来实现界面层，在激光束照射下会分解。据报道，激光诱导正向转移技术可以实现一次激光发射转移大约 1000 个芯片。英国光学技术公司 Optovate 展示了其图形激光剥离（p-LLO）传输技术，将蓝色微型 LED 从蓝宝石晶圆转移到接收基板上。据北达科他州立大学 Val R. Marinov 教授报道，使用大规模平行激光器可以实现每小时 1 亿次以上的传输速率[60]。

9.4　飞秒激光柔性制造

9.4.1　飞秒激光直写

　　飞秒激光直写技术的原理是在焦平面处形成高能量的极小光斑，通过软件控制在材料上进行加工。飞秒激光直写技术具有无接触性、快速加工、热损伤区域小等优势,与其他加工方式相比具有质量好和精度高的优势。随着柔性器件的大量应用,为了改善器件制备时的质量和效率问题,飞秒激光柔性制造技术迅速发展,目前飞秒激光 3D 打印、刻蚀、焊接、诱导等多种技术在柔性制造中具有广泛应用。

1. 3D 打印

纳米复合材料在光学、电学、光电、机械等方面具有优良的性能,因此在超材料、柔性电子、太阳能电池等新兴科技领域有着广泛的应用。飞秒激光可通过多光子吸收突破衍射极限,实现微纳米尺度的 3D 器件制备,已被广泛用于从陶瓷、金属、聚合物和复合材料等多种材料中生成形状复杂的微纳 3D 结构。目前通过飞秒激光进行金属纳米复合材料 3D 打印的方法主要是通过激光诱导含金属离子的前驱体溶液进行结构加工。2018 年,中国科学院微电子研究所的研究团队[61]利用双光束激光直写系统,在聚对苯二甲酸乙二醇酯(PET)衬底上制备了可控尺寸的单根银纳米线(AgNW),制备的银纳米线致密且光滑,大大降低了表面和颗粒散射对纳米线电阻率的影响。如图 9-14 所示,制备的 AgNW 具有极好的柔韧性,且电阻率在 10~300 K 范围内随温度改变,根据此设计一个温度范围为 40~300 K 的温度计。这一工作为双光束激光直写技术在柔性衬底上制备导电纳米线提供了强有力的工具。

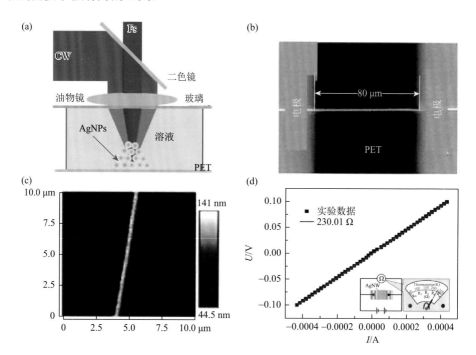

图 9-14　双光束激光直写系统在 PET 基板上制备 AgNW 及其性能[61]

(a)双光束激光直写系统在 PET 基板上制备 AgNW 的工艺流程;(b)AgNW 的 SEM 图;(c)AgNW 的 AFM 图;
(d)温度计和 AgNW 的测量电阻

在柔性器件制备中，通过飞秒激光 3D 打印生成柔性基板也是一个值得探究的工作。2017 年，诺丁汉大学的研究团队[62]通过光引发剂 7-二乙氨基-3-噻酰香豆素（DETC）引发双光子聚合和光还原促进聚季戊四醇三丙烯酸酯（PETA）的聚合和金纳米颗粒形成。相比单独形成聚合物基体，纳米颗粒同步形成更容易进入实际应用。采用两种试剂，第一种预树脂由 PETA 和 0.5 wt%～1.5 wt%的 DETC 组成，第二种金盐预树脂含有水合氯化金(III)（HAuCl$_4$·3H$_2$O）和 0.5 wt%～1.5 wt%的 DETC，两种预树脂组成的混合物（黄色）滴涂到玻璃基板上。然后，如图 9-15（a）所示，近红外（780 nm，红色）飞秒激光束聚焦到树脂混合物中，吸收两个光子激发光引发剂。这种激发随后引发局部化学反应，包括单体聚合、交联和金属盐还原。在相同的工艺条件下制备了 5 个样品（含 0 wt%、5 wt%、10 wt%、15 wt%和 20 wt%的金盐）[图 9-15（d）]。纳米金由于受到聚合物基体的限制而产生，通过 TEM 和暗场扫描透射电子显微镜（DF-STEM）分析证实金盐成功还原形成金纳米颗粒[图 9-15（c）]。椭圆颗粒均匀分布在聚合物基体中，在上表面也发现了一些大的纳米颗粒（＞10 nm）。聚合物基体和金属纳米颗粒同时形成，原位生成的纳米颗粒瞬间嵌入聚合物基体中，阻止了它们的进一步生长。所有原位生成的金纳米颗粒都表现出局域表面等离子体共振的特征光学性质。如图 9-15（b）所示，可以采用这种工艺打印复杂的含金微结构。这种方法为飞秒激光一步打印复杂微纳结构提供了有力的支持。

2. 激光刻蚀

激光刻蚀作为一种应用时间较久的工艺技术，在各种器件和结构制备中都有大量的应用，但由于之前激光加工精度不足且烧蚀效应明显，多用于宏观层面或者非精密加工。随着飞秒激光技术的发展，激光刻蚀在微纳米领域中大量应用，可以进行结构制备、电路刻蚀等加工。同时由于飞秒激光作用于物质的时间短于传热时间，因此具有热效应不明显的优势，可以在柔性器件中大量使用。

激光在对柔性器件进行加工时，需要对材料的烧蚀阈值进行探究，明确烧蚀阈值可以进行有效的实验探索。2015 年，美国堪萨斯大学的研究团队[63]利用轴棱锥透镜聚焦的飞秒激光脉冲对柔性聚酰亚胺（PI）衬底上的钼（Mo）薄膜进行了烧蚀实验，并评估了轴棱锥透镜产生窄槽的能力及划线过程的鲁棒性。贝塞尔式激光束是一个可靠的微加工选择，如图 9-16（a）所示，单轴棱锥透镜的使用提供了一种简单而有效地产生贝塞尔式激光束的方法。首先获得了 Mo 和 PI 的损伤阈值，然后通过理论计算和实验测量表征了轴棱锥透镜产生的空间光束轮廓。随后，在不同的加工参数（脉冲能量、扫描速度及轴棱锥尖端与样品表面的距离）下进行划线实验。利用光学显微镜和原子力显微镜对实验得到的微槽进行了观察[图 9-16（b）]，发现使用轴棱锥聚焦光束可以生产出高质量的窄划线，这种光束可以满足工业环境中移动柔性基板的大长度波动。Mo 和 PI 在激光损伤阈值上的

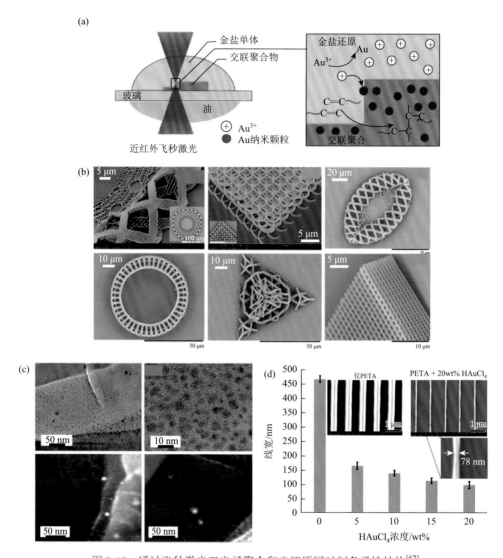

图 9-15　通过飞秒激光双光子聚合和光还原同时制备柔性结构[62]

（a）同时双光子聚合和光还原制备纳米复合材料的工艺；（b）制备的复杂 3D 含金复合结构的 SEM 图；
（c）嵌入聚合物基体中的金纳米颗粒的 TEM 和 DF-STEM 图；（d）线宽与树脂混合物中金盐浓度的关系

巨大差异使得在 PI 衬底上高选择性地去除 Mo 薄膜成为可能，也为接下来在柔性膜上进行纳米结构加工的探索提供了理论支撑。2020 年，中南大学的研究团队[64]为了在 PET 衬底上实现银纳米线（AgNW）网络的高精度激光图案化，分析了飞秒激光参数对 PET 柔性衬底上 AgNW 的烧蚀形貌影响。通过研究烧蚀直径与激光脉冲能量的关系，确定了 AgNW 和 PET 的烧蚀阈值，通过控制激光辐照的能量，可以有效地去除 AgNW，而对热敏 PET 衬底的损伤较小[图 9-16（c）]。

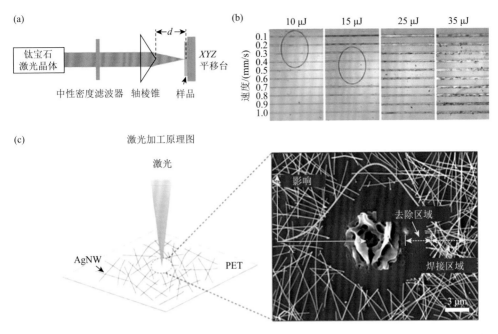

图 9-16　（a）轴棱锥透镜聚焦的飞秒激光脉冲加工工艺；（b）通过不同速度和激光能量制作的微槽的光学图像，红色圆圈表示凹槽质量良好[63]；（c）飞秒激光对 PET 柔性衬底上 AgNW 的烧蚀加工及参数对形貌的影响[64]

　　由于飞秒激光直写具有选择性、可控性和快速处理等优点，因此为柔性器件制造提供了一种有效的解决方案，同时印刷技术的发展使得在柔性基板上制造电路成为可能。然而，目前的技术仍然局限于单层图案。为了解决这一难题，如图 9-17（a）所示，2018 年，韩国科学技术研究院的 Won Seok Chang 等[65]展示了一种通过激光烧结和烧蚀相结合的方法来进行多层电路的图案化加工。通过控制激光束的路径和辐射通量选择性激光烧结 Ag 纳米颗粒油墨，在热敏基板和绝缘层上制作多层导电图案，多层电路顶层和底层之间互连部分的横截面 SEM 图[图 9-17（b）]表现出了较高的加工质量，最终成功地制造了一种芯片尺寸大小的柔性电路，并证明其具有功能性操作[图 9-17（d）]。与此同时，高效地进行导电图案的制作也成为一个研究方向，2019 年，北京航空航天大学的研究团队[66]采用激光直接写入 Cu 前驱体薄膜的方法，在柔性衬底上实现了具有可调谐成分的 Cu/Cu_xO 结构的一步图案化，如图 9-17（c）所示，将富 Cu_xO 多孔传感结构与导电富 Cu 结构相结合，制成了一种集成湿度传感器。这种一步制造装置对人的呼吸行为具有很高的灵敏度，这项工作显示了这种一步无掩模激光写入作为一种高效、快速和低成本的柔性器件复合结构制造工艺的远大前景。

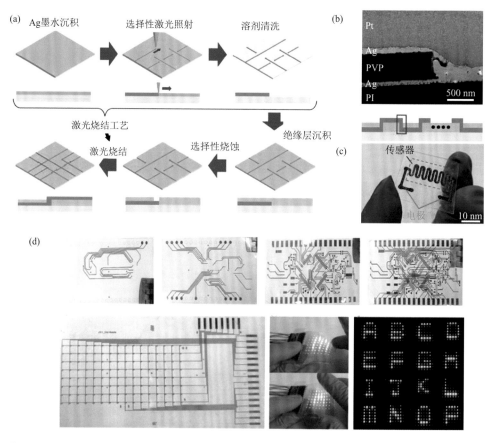

图 9-17 （a）选择性激光烧结和烧蚀的多层图案化工艺[65]；（b）上图为顶部和底部银电极之间互连区域的横截面 SEM 图；下图为选择性激光烧结和选择性激光烧蚀制备的横截面样品结构[65]；（c）飞秒激光一步图案化在柔性衬底上实现具有可调谐成分的 Cu/Cu$_x$O 结构[66]；（d）飞秒激光在 PI 上采用多层图案化工艺来制造柔性微控制器（MCU）电路[65]

以石墨烯和碳纳米管为代表的有机材料，在柔性电子器件方面具有显著的优势。激光烧蚀可以通过无掩模和无化学反应的方式在石墨烯上制作精确的图形，通过充分利用金属纳米颗粒中等离子体增强的光吸收和局部光学加热效应，2018 年，得克萨斯大学的 Lin 等[67]成功开发了一种用于石墨烯层高通量图案化的光热等离子体纳米光刻方法。而为了对碳纳米管这一优质材料图案化，2019 年，哈尔滨理工大学的吴雪峰等[68]利用不同参数的飞秒激光对碳纳米管薄膜进行图案化，如图 9-18（a）所示，通过研究激光脉冲能量和脉冲数量对烧蚀孔的影响，获得了 25 mJ/cm^2 的烧蚀阈值。使用拉曼光谱和扫描电子显微镜对加工后的材料进行了表征[图 9-18（b）和（c）]，结果表明，激光烧蚀去除了纳米管中的低聚物。随着激光脉冲能量的增加，当增加到足以破坏不同碳原子之间的碳-碳键时，光子的能量与激光诱导的热弹性相互作用导致碳纳米管的烧蚀，高能激光切割时，在切割边缘及其附近发现了杂质和非晶态碳，碳纳米管凹槽边缘产生了相当大的变形和拉伸。在不引入缺陷和损伤衬底的情况下，选择 100 nJ 的脉冲能量和 0.1 mm/s 的激光扫描速度在碳纳米管薄膜上形成了干净的微结构。这种方法能够在不同材料的柔性和复合衬底上加工碳纳米管薄膜且简单有效，这必将为碳纳米管薄膜在电极和柔性电子器件中的应用提供技术支持。

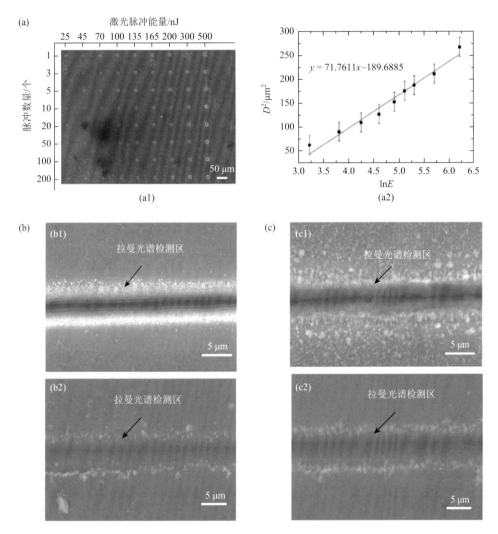

图 9-18　（a）中（a1）不同激光脉冲能量和脉冲数量烧蚀的 CNT 薄膜的 SEM 图；（a2）产生的烧蚀孔直径平方随脉冲能量对数变化的曲线图；（b）低脉冲能量下不同波长激光切割 CNT 薄膜沟槽入口的拉曼检测和 SEM 图，（b1）$\lambda = 515$ nm，（b2）$\lambda = 1030$ nm；（c）高脉冲能量下不同波长激光切割 CNT 薄膜沟槽入口的拉曼检测和 SEM 图，（c1）$\lambda = 515$ nm，（c2）$\lambda = 1030$ nm[68]

通过激光刻蚀还可得到具备不同性能的结构，并应用于生产生活中。控制液态金属的润湿行为是柔性电子应用的迫切要求，目前，通过简单灵活的工艺实现可图案化且持久的液态金属排斥表面仍具有挑战性。飞秒激光具有改变固体表面形貌和润湿性的显著能力，可以应用于控制液态金属的润湿性和实现完整的液态金属图案。2020年，西安交通大学的陈烽等[69]通过激光烧蚀直接在PDMS表面制备了一层微纳结构，具有良好的液态金属排斥性。如图9-19所示，在没有昂贵的掩模和复杂的操作过程的情况下，通过飞秒激光选择性处理PDMS表面，很容易获得可编程液态金属排斥图案。所制备的液态金属图案可用作柔性微加热器和微带贴片天线。此外，表面增强拉曼散射（SERS）也是目前微电子领域的技术要求，然而，开发简便且低成本的方法来制造具有极高SERS信号增强的柔性衬底亟待解决。激光直写在解决这一问题上具有显著优势，其具有无掩模、绿色、大面积高通量及可控性极高的优势。马来西亚玛尼帕尔国际大学的Sajan D. George等[70]演示了一种通过在聚甲基丙烯酸甲酯（PMMA）上激光写入

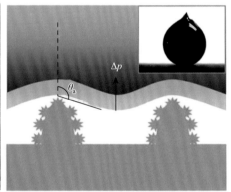
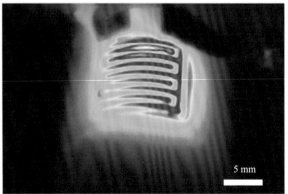
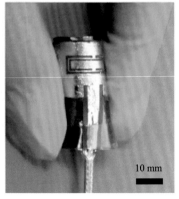

图 9-19　飞秒激光在 PDMS 表面烧蚀制备了微/纳米结构，获得可编程液态金属排斥图案，用作柔性微加热器和微带贴片天线

图案随后将其复制到柔软弹性衬底（PDMS）上，然后在表面原位还原银纳米颗粒来制备柔性 SERS 衬底的方法。与传统技术相比，拉曼信号显著增强。复制的图案表现出莲花效应（超疏水表面，具有超低接触角滞后），当银纳米颗粒还原时，表现出超疏水性，具有高接触角滞后（玫瑰花瓣效应）。这种微小液滴体积的检测可能在生物医学研究中有重要作用，可用于疟疾和癌症等疾病的早期检测及水中生物危害的检测。

3. 激光焊接

飞秒激光由于加工精度高的优势，可以对纳米结构进行连接，且连接后的结构一般具有良好的稳定性。银纳米线（AgNW）导体具有良好的柔韧性和导电性，在柔性透明电极领域具有广阔的应用前景。2015 年，清华大学的研究团队[71]通过飞秒激光辐照硅晶片上的银纳米颗粒组装银纳米线。研究发现在飞秒激光照射下，银纳米线-硅界面处的电场增强吸引相邻的银纳米颗粒，当激光偏振方向平行于银纳米线的长轴时，这些纳米颗粒会周期性地自组装在银纳米线的表面上，这种效应可以用于构建具有纳米级构建块的可重构光子器件。这为后续飞秒激光焊接纳米线提供了一定的理论基础。为了提高银纳米线柔性透明导电薄膜的导电性、均匀性和可靠性，2019 年，中南大学的孙小燕等[72]采用了高重复频率飞秒激光焊接银纳米线，如图 9-20（a）所示。飞秒激光辐照可以使局部电场增强，从而诱导银纳米线间隙处的熔化，提高纳米线网络的导电性。激光焊接银纳米线的总电阻率显著降低，透明度略有变化。如图 9-20（b）所示，焊接后的纳米线连接良好且在

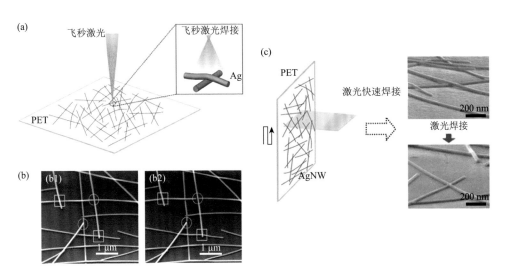

图 9-20　（a）PET 薄膜上 AgNW 的飞秒激光焊接示意图[72]；（b）PET 衬底上 AgNW FTCFs 的 SEM 图，（b1）第一次照射，（b2）第二次照射[72]；（c）PET 薄膜上 AgNW 的飞秒激光快速焊接示意图[73]

10000 次循环的机械弯曲中也表现出优异的可靠性。该焊接工艺可应用于柔性光电器件和功能器件集成的银纳米结构的制备。然而，在 AgNW 制备工艺方面仍然存在许多挑战，如高温和耗时。2021 年，中南大学的研究团队[73]进一步提出了一种利用空间光调制飞秒激光焊接 AgNW 的高效、快速方法，如图 9-20（c）所示。将高斯激光束调制成线形激光束。与传统的球面透镜聚焦激光焊接相比，焊接效率可提高数十倍。经过激光焊接后，AgNW 薄膜的薄层电阻可以在透射率为 89.5%无衬底损伤下降低到 14.7 Ω/sq。焊接后的 AgNW 薄膜即使在 10000 次弯曲循环后仍表现出优异的导电性。在 AgNW 之外，科研人员对其他金属纳米线也进行了探究。2019 年，清华大学的刘磊等[74]研究了用飞秒激光焊接 ZnO 纳米线，发现接触区域部分熔融产生填充材料，该填充材料与 ZnO 纳米线连接形成同质结。以上研究表明飞秒激光焊接纳米线已经可以高效率的进行应用，将其应用于柔性器件制备时，可在不损伤柔性器件的前提下，在微纳米尺度下进行焊接。

4. 激光诱导

激光诱导产物生成目前已经成为制造微纳米器件的一种有力手段，相比较激光烧蚀，激光诱导不会造成其他杂质生成，可以精准干净地生成所需要的微纳结构。2021 年，广东工业大学的谢小柱等[75]使用高重复频率的飞秒激光，在柔性聚酰亚胺（PI）衬底上诱导并制备了铜电路，实现了氧化铜纳米颗粒的选择性局部还原。随后，系统探究了激光脉冲能量和激光扫描速度对铜电路质量的影响规律。如图 9-21（a）所示，随着激光脉冲能量的增加，尤其是当其增加到 0.17 nJ 和 0.24 nJ 时，铜纳米颗粒之间的接触趋于紧密，连接质量增加。随着扫描速度的增加，Cu 的比例显著增加，C 的比例迅速降低，这表明大部分氧化铜纳米颗粒（CuO-NPs）在与有机物的反应过程中已被脱氧为铜纳米颗粒[图 9-21（b）]。最后如图 9-21（c）所示，在柔性聚合物衬底上通过优化激光工艺参数，制备了线宽为 5.5 μm 的各种铜电路，电阻率为 130.9 μΩ·cm，铜含量为 91.416%，孔隙率为 9.89%。在柔性聚合物衬底上通过优化条件创建的各种铜电极的图像足以用于工业应用。这为光电子器件和微机电器件的发展提供了一种新的工艺方法。同时激光诱导还原不局限于金属材料，在有机材料微观尺度下精准还原也有着较大的优势。如图 9-21（d）所示，2021 年，韩国科学技术研究院的研究团队[76]通过超快飞秒激光脉冲将木材转化为激光诱导石墨烯（LIG），然后转移到具有高拉伸性的柔性 PDMS 衬底上，从而制造 LIG 热敏电阻。这种热敏电阻的分辨率是最先进的同类产品的 16 倍，可以用于精确监测电机、玻璃杯和人手的温度。

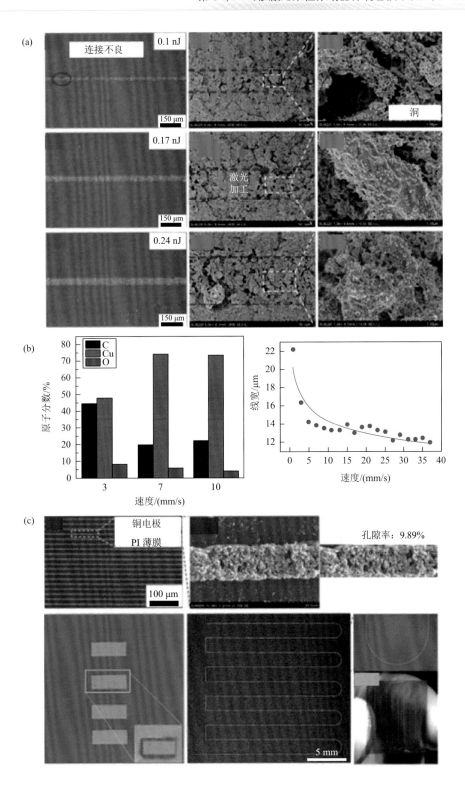

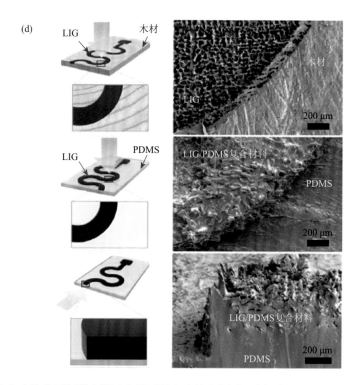

图 9-21 （a）左边为不同激光脉冲能量下铜电路的金相图；中间为 SEM 图；右边为铜电路的高分辨率 SEM 图；（b）扫描速度对铜电路元件（左边）和铜宽度（右边）的影响；（c）柔性聚合物衬底上的铜电路照片[75]；（d）左边为木材上的 LIG 图案及转移工艺，右边为柔性 LIG 热敏电阻的横截面的 SEM 图[76]

9.4.2　飞秒激光转印

激光转印技术即在激光的作用下以阵列的形式将微小结构从转移基板发射到接收基板上，并在接收基板上固定下来，转印的质量与激光功率、激光脉冲、光斑大小、转移方式、转移物质的性质、转移基板和接收基板的性质等因素有关。利用激光转印技术可以通过对金属、有机物、无机物的转移进行微电子元件（如芯片和电路）的制作、发光器件的组装及微机电系统的封装。华中科技大学的黄永安等[77]通过总结，如图 9-22 所示，将激光转印技术分为三种：①成型激光束通过透明基板扫描整个界面材料，称为激光剥离，上层薄膜以无缺陷的方式从基板上释放；②激光通过透明基板照射，使沉积在施主基板上的材料转移到接收基板上，这种激光辅助印刷工艺实现了许多与传统印刷技术不兼容的功能材料的沉积和图案制作；③利用激光脉冲控制透明基板和微型物体之间的界面黏附，以将微型物体微妙地转移到接收基板上。

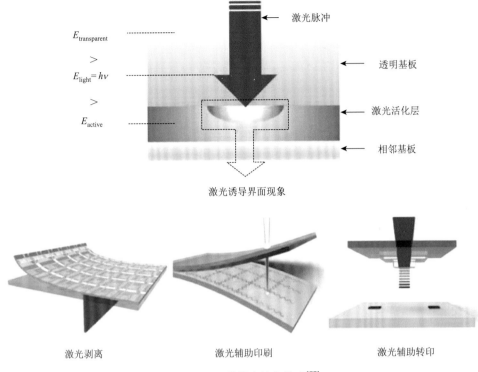

$E_{transparent}$

$>$

$E_{light} = h\nu$

$>$

E_{active}

激光脉冲

透明基板

激光活化层

相邻基板

激光诱导界面现象

激光剥离　　　　　　激光辅助印刷　　　　　　激光辅助转印

图 9-22　三种激光转印技术[77]

脉冲激光一般分为长脉冲激光和短脉冲激光，两者都可适用于激光转印。长脉冲激光输入热量高，通过传热，较高的能量可以分布在一个较大的规定区域中，进行巨量转移，并且热量会传导到接收基板上，使得转移后的物质与基板紧密结合，提高了激光转印的质量，但会存在转印精度不高和基板损坏的情况。为了获得更精细和更均匀的结构，飞秒激光被引入激光转印技术。飞秒激光持续时间短、瞬时功率高，其作用于材料的时间远小于弛豫的时间，并且在转移过程中产生的热量较少，因此不会对转移材料造成损伤，大大提升了激光转印的质量。

2018 年，巴西圣保罗大学的 Cleber R. Mendonca 等[78]展示了飞秒激光诱导正向转移技术在细菌纤维素（BC）衬底上的应用。该技术可在细菌纤维素衬底上形成高分辨率的导电聚对苯撑乙烯基（PPV）图案。PPV 是一种具有优异电性能的先进材料。这种方法以 10 μm 量级的分辨率转移 PPV，并且不会导致材料降解，随后对其进行掺杂以增加导电性。这一高分辨率的图案化材料，为纸质器件的制造开辟了新的途径。在制作 SERS 衬底时，也可以采用激光转印的方法转移柔性衬底。2019 年，北京理工大学的姜澜等[79]提出了利用飞秒激光诱导正向转移制备混合超亲水-超疏水 SERS（HS-SERS）衬底的简单方法，该方法通过引入超亲水图案来促进目标分子集中进行检测。HS-SERS 衬底制造工艺的示意图如图 9-23（a）和（b）所示，该工艺包括两个原位步骤。第一，如图 9-23（a）所示，PDMS 通过飞秒激光诱导正向转移在硅表面形成超疏水表面。供体 PDMS 和受体硅紧密地装配在一起，间隙为 20 μm。第二，如图 9-23（b）所示，在不改变加工位置的情况下，飞秒激光直接聚焦在硅表面，然后选择性移除 PDMS，同时烧蚀硅表面，最终形成混合超亲水-超疏水结构。如图 9-23（c）所示，产生的超疏水表面类似于具有超低附着力的荷叶表面。该结构具有超大的疏水角和超低的附着力，最终制备成 HS-SERS 衬底。该制备方法灵活，具有流体混合、流体输送和生化传感器制备工艺的应用潜力。

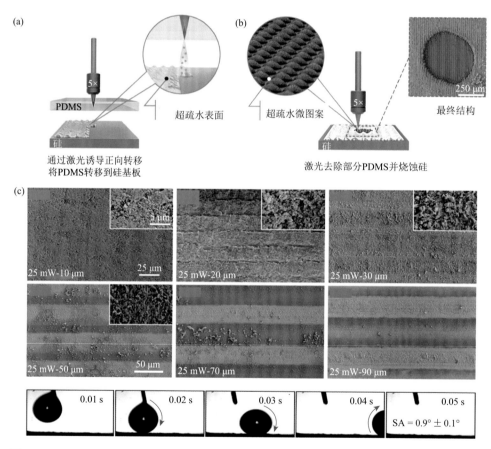

图 9-23　（a）和（b）HS-SERS 衬底的制造工艺示意图；（c）25 mW 激光功率下不同激光扫描间距的形貌 SEM 图和接触角[79]

9.5 应用前沿

9.5.1 柔性基板

飞秒激光制备柔性器件，有时会对基板进行加工和表面改性。为了更加灵活简单地制作柔性基板，2018 年，意大利 Gianluca Trotta 等[80]基于微注射成型和飞秒激光微加工技术，提出了一种大规模生产聚合物微流控器件的微制造平台，设计了一个用于制造聚合物薄板的模具原型。注塑工具包括可更换的金属嵌件，适当调整激光工艺参数，可以满足模具的目标几何形状和表面质量。

柔性电子器件生产中的一个技术问题是能否将薄膜-芯片在形成后切割成单个芯片，而不损坏基板，且可重复使用。2018 年，俄罗斯科学院的 Ganin 等[81]对飞秒激光切割柔性基板做了研究，探索了烧蚀和光化学两种聚酰亚胺（PI）薄膜切割方法。如图 9-24（a）和（b）所示，这两种方法各有优缺点。"烧蚀"切割的优点是切割质量好、无较大污染、可改变切割宽度，缺点是在没有高精度聚焦

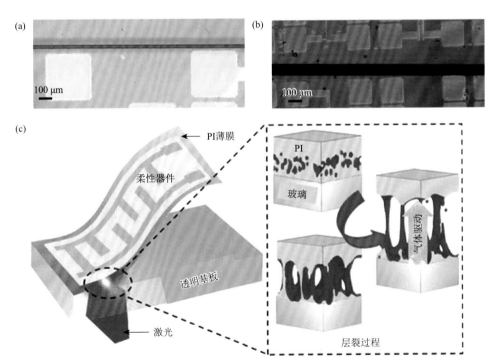

图 9-24　（a）烧蚀模式下加工聚酰亚胺薄膜；（b）光化学模式下加工聚酰亚胺薄膜[81]；
（c）飞秒激光加工聚酰亚胺薄膜时的界面变化[83]

的情况下可能损坏基板，以及需要高能量飞秒激光；光化学切割的优点是技术简单、对飞秒激光脉冲能量要求低、性能强、对基板无损伤，缺点是薄膜表面污染和相对较高的切割宽度。2021 年，中南大学的孙小燕等[82]通过飞秒激光切割柔性基板，制备出了高分辨率银纳米线电极。激光精密切割可选择性去除薄的聚二甲基硅氧烷（PDMS）掩模，随后的氧等离子体处理使目标基板产生亲水性，由此产生的润湿/脱湿模式允许选择性地将银纳米线溶液捕获到亲水区域。使用图案化的银纳米线电极制备的柔性电致发光显示器具有明亮且均匀的发射和清晰的边缘。该方法为柔性电子产品中复杂电极的图形化提供了一种新的方法。

为了探索飞秒激光作用于柔性基板上产生的结构性能的变化，如图 9-24（c）所示，2020 年，华中科技大学的黄永安等[83]发现了 PI 薄膜在透明基板上激光诱导界面层裂过程，并对激光辐照后界面层裂的可控性进行了全面的机理研究。背面激光辐照将导致 PI 周围形成纳米空腔-玻璃界面，使界面附着力显著降低。理论计算表明，PI 热分解产生的气体产物会引起界面附近熔融 PI 的流体动力层裂。可控层裂行为有利于 PI 膜和玻璃基板之间纤维微连接的形成/消除。激光注量和辐照次数的共同调控可以实现可控制的界面微观形貌，从而可以精确削弱界面黏附，制备功能性纳米结构表面。此研究结果可用于柔性电子器件和仿生表面。

飞秒激光微加工技术也为在柔性印刷电路板（FPCB）上无掩模制备良好的导电轨迹和图案提供了新的加工方式。科研人员通过研究飞秒激光功率和脉冲频率对加工深度、表面粗糙度和加工区铜含量的影响，在 FPCB 上微加工了单个不同宽度的导电轨道和两个不同宽度的平行导电轨道，加工后基板没有明显损伤。这项工作对于利用飞秒激光在 FPCB 上制造高密度、高精度的图案具有重要意义[84]。

9.5.2 柔性光伏

相比刚性器件，柔性光伏器件具有更大的应用范围。然而，柔性光伏器件存在效率低、加工困难的问题。而飞秒激光加工是一种极具潜力的制备和处理光伏器件的技术。

飞秒激光退火技术在柔性器件制备中得到了应用。2017 年，台湾清华大学的阙郁伦等[85]将飞秒激光退火（fs-LA）工艺引入 Cu(InGa)Se$_2$（CIGS）薄膜及其光伏器件制备中。研究人员发现在过热条件下，薄膜表面形貌基本不变，但经 fs-LA 处理后，薄膜结晶度质量明显提高。此外，通过优化激光束的扫描速度，铟偏析现象大大减少，器件光伏转换效率提高了近 20%。为了将飞秒激光加工柔性光伏与工业技术结合起来，降低太阳能电池制作成本，2020 年，德累斯顿工业大学的

Marcos Soldera 等[86]提出了一种新的策略，通过使用微观结构图案化的聚合物作为透明衬底制备柔性太阳能电池，以增强光捕获性能。这种与工业兼容的方法包括两个处理步骤：首先，使用直接激光干涉图案（DLIP）构造圆柱形金属压印；随后，将该压印用于卷对卷热压压印系统，以将压印图案转移到聚合物箔上。如图 9-25（a）和（b）所示，通过优化 DLIP 工艺，获得了空间周期为 2.7 μm 的激光诱导周期表面结构高质量压印品。与以平面 PET 为衬底的钙钛矿太阳能电池相比，织构化钙钛矿太阳能电池的电流和填充因子分别高出 2%和 4%。可见光散射和衍射在钙钛矿内部形成了拉长的光程，导致织构化太阳能电池具有更高效率[图 9-25（c）]，且 PET 太阳能电池中的平均开路电压没有显著差异。

9.5.3　柔性显示

微显示（microdisplay）制造中的一个关键过程是将微型 LED 转移到另一个如金属氧化物半导体器件的合适载体上。柔性金属箔特别适用于可穿戴光电设备，如光学智能传感器。早期的研究已经证明，通过将器件嵌入弹性 PDMS 层，可以将 InGaN/GaN 纳米 LED 简单地集成到柔性衬底中。但自组装纳米 LED 存在位置随机、不规则高度和不协调的几何形状的缺点。另一种通过拾取和放置过程的传统纳米 LED 传输方法可能需要数小时的加工时间，会导致传输的数量有限（低成品率）和集成效率低下。在柔性衬底上生长的 GaN-LED 与柔性有机 LED 相比，在柔性、寿命和外量子效率（EQE）方面可以表现出更好的性能。为了将 GaN-LED 从其原始蓝宝石衬底转移到其他所需衬底上，已经开发了激光剥离（laser lift-off，LLO）工艺。在传统的 LLO 工艺中，通常使用能量高于 GaN 带隙的光子，因此能量在蓝宝石/GaN 界面处消散。2018 年，德国布伦瑞克工业大学的 Nursidik Yulianto 等[87]采用波长为 520 nm 的高功率超短脉冲激光，采用激光剥离工艺成功制备了 InGaN/GaN LED 芯片。2021 年，该研究团队[88]又采用基于超快飞秒激光剥离的快速物理转移技术，在非常规衬底上实现垂直 GaN LED 纳米结构制备。如图 9-26（a）所示，该工艺首先自上而下的在 LED 晶圆上对铬（Cr）掩模进行光刻，然后在室温下使用 SF_6/H_2 混合气体进行感应耦合等离子体反应离子刻蚀（ICP-RIE），接着进行湿法刻蚀。通过对激光加工前后 LED 性质变化的研究发现，其性能和质量可以与蓝宝石上原始生长的平面 LED 相媲美。飞秒激光剥离转移过程包括聚合物旋涂和背面刻蚀，然后将整个 GaN 纳米 LED 结构从蓝宝石转移到临时硼硅酸盐玻璃基板上，接着使用飞秒激光从蓝宝石上剥离，最后转移到铜箔，详细过程如图 9-26（b）所示。这一加工方式为现在的 mini-LED 发展提供了一种必要的技术手段。

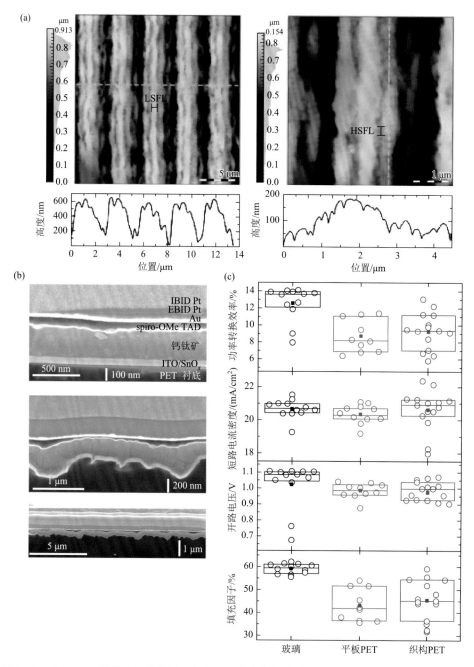

图 9-25　（a）PET 原子力显微镜图，左图为平均空间周期为 700 nm 的 LSFL；右图为横向特征尺寸为 250 nm 的 HSFL；（b）在 PET 上沉积的不同功能层的钙钛矿太阳能电池的 FIB-SEM 图；（c）沉积在玻璃（黑色）、平板 PET（红色）和织构 PET（蓝色）衬底上的钙钛矿太阳能电池的光伏参数[86]

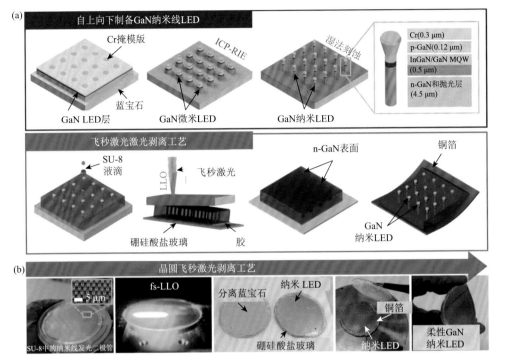

图 9-26　（a）非常规衬底上垂直 GaN 纳米 LED 的晶圆级转移路径；（b）fs-LLO 中，GaN 纳米 LED 从上到下转移到铜箔上[88]

9.5.4　柔性传感

　　近年来，通过简便有效的手段提高钙钛矿型柔性光电探测器的性能越来越受到人们的重视。与通过修饰光活性材料进而提升性能的常规方法不同，2020 年，中国科学院长春光学精密机械与物理研究所的团队[89]提出了一种简单但有效的设计，通过在背反射衬底上形成近场光学干涉改善光与物质的相互作用，如图 9-27（a）所示，通过飞秒激光直写得到具有微/纳米结构的后向散射表面。由于衬底的近场光学增强和强光-物质相互作用[图 9-27（b）]，在 220~780 nm 的宽光谱范围内光电探测器的性能参数至少提高了五倍。这种增强行为与活性材料性质无关，因此可以与其他操作兼容，如晶体转变、掺杂和界面修饰。此外，改变结构衬底上的应力分布有助于提高抗弯强度和稳定性。这些特点突出了背反射设计在柔性钙钛矿光电器件开发中的潜力，特别适合大规模工业生产。

　　具有刺激检测功能的矩阵结构柔性传感器在健康监测、物联网、柔性机器人等领域具有广阔的应用前景，然而，以简单、高效的方式制造传感器仍然是一个挑战。为了解决这个问题，2020 年，华东理工大学的高阳等[90]开发了一种飞秒激

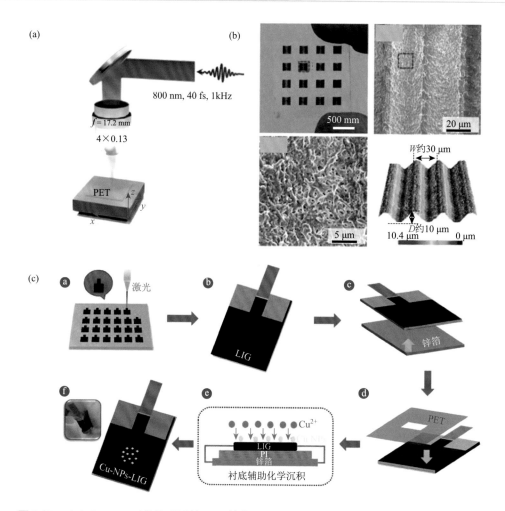

图 9-27　（a）fs-LDW 工艺处理柔性 PET 衬底；（b）后背散射结构及制备的钙钛矿型柔性光电
探测器[89]；（c）柔性无酶葡萄糖传感器制造工艺示意图[91]

光微加工方法来制造温度和压力传感器阵列集成的传感器。通过对扫描速度、激光功率、激光照射间隔等激光加工参数的可编程控制，测得的温度传感器的电阻温度系数高于基于铂的商用温度传感器。压力传感器的灵敏度高、响应速度快、机械稳定性高。当飞秒激光微加工将压力和温度传感器阵列集成在一起时，传感器可以同时检测外部压力和热刺激。

　　2020 年，南京邮电大学的徐荣青等[91]利用一种简单的衬底辅助化学沉积（SAED）技术，如图 9-27（c）所示，成功地研制了一种基于铜纳米颗粒的激光诱导石墨烯（Cu-NPs-LIG）复合材料上的高灵敏度柔性无酶葡萄糖安培生物传感器。该传感器在葡萄糖感知方面显示出优异的再现性、稳定性和选择性。由于制备简单、性能可靠，新型柔性 Cu-NPs-LIG 传感器是下一代可穿戴和植入式无酶葡萄糖诊断设备的理想选择。

2019 年，南开大学的吴强等[92]提出了在 SF_6 环境中使用飞秒激光制造的基于硫超掺杂超薄硅的可独立激发光电探测器，所制备的器件在 400～1200 nm 范围内具有良好的宽带光响应性能，外量子效率达到 90.92%。此外，该装置具有快速响应速度（上升时间 $\tau_r = 68$ μs）和稳定的检测性能及良好的机械灵活性。当弯曲到不同的曲率半径和超过 500 次弯曲循环时，响应度几乎保持不变。因此，将飞秒激光应用于柔性传感器加工时，柔性传感器的性能会得到提升，促使柔性传感器得到大规模的应用。

9.5.5　其他应用

为了在柔性基板上形成高分辨的金属电极，2021 年，特拉维夫大学的研究团队[93]采用一种新的方法，将金纳米颗粒在 PDMS 上超音速团簇束沉积（SCBD），然后进行飞秒激光加工，制备了柔性微电极。金纳米颗粒在 PDMS 上通过 SCBD 形成了一种纳米复合膜，其机械性能与弹性衬底相似。电中性金属纳米颗粒穿透聚合物基体，并随机分布到几百纳米的深度，形成欧姆传导路径。如图 9-28（a）所示，飞秒激光在 50%重叠等距线中等速烧蚀，以去除导电层，电极的有效电热影响区为几微米。使用无掩模进行图案化，将线宽分辨率限制在几百微米，可以用于低电流信号传输。

石墨烯由于优异的结构性能，在光电材料中有很多应用，电容器是其主要应用场景。2017 年，北京工业大学的胡安明等[94]发明了一种激光制备的基于聚酰亚胺（PI）基板的多层三维微型超级电容器（MSC）。飞秒激光脉冲快速将绝缘 PI 转化为导电多孔碳结构。厚度为 80 μm 的单层超级电容器在 0.1 mA/cm² 充放电电流密度下单位面积比电容达到 22.40 mF/cm²。高性能归因于分级多孔结构和适当的氮/氧掺杂。2 层和 3 层堆叠的 MSC 显示改进的比电容分别高达 37.2 mF/cm² 和 42.6 mF/cm²。电压和电容可以通过简单的串行和并行连接写入 MSC 阵列来放大。该研究证明了将三维激光直写技术引入到多层超级电容器的制备中，为高性能电化学储能材料的制备开辟了一条新的途径。

平面集成电极由于独特和优越的结构设计，在便携式和可穿戴式储能设备中引起了广泛关注。以前大多数的平面微制造通常涉及复杂的加工步骤，这导致高成本和需要精细的光刻工艺。2019 年，台北科技大学的研究团队[95]采用超快激光烧蚀技术，研究了柔性石墨烯基微电容器的传感器性能和耐久性。为了获得最佳电容性能，研究人员在柔性 PET 衬底上，以不同的电极宽度、长度和间隙下制作了微图案[图 9-28（b）]。实验结果表明，微电容器的非接触电容

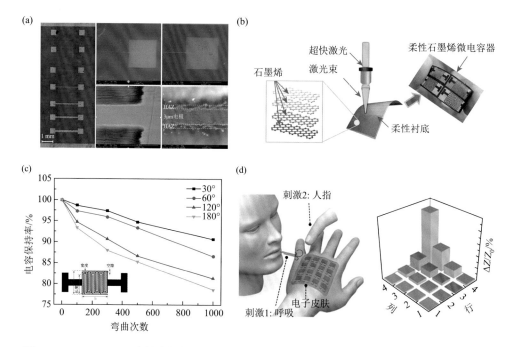

图 9-28 （a）PDMS 上的电极排列光学和 SEM 成像，SEM 的电极宽度分别为 3 μm、13 μm 和 23 μm[93]；（b）用超快激光烧蚀在柔性 PET 衬底上制作了微图案[95]；（c）柔性微电容器在不同弯曲条件下的电容保持率，插图为激光烧蚀多层石墨烯微电容器原理图[96]；（d）模拟人类皮肤的电子皮肤原型演示及每个像素的阻抗相对变化示意图[96]

与电极宽度和长度呈近似线性关系，增加电极宽度可以有效地提高微电容器的电容。微电容器在弯曲角度下表现出稳定的相对电阻变化和良好的电容保持性[图 9-28（c）]，这些实验结果可用于耐用和高灵敏度柔性石墨烯基触摸传感器的设计。

作为智能应用的关键组件，柔性电子系统应包含嵌入式有源电子组件，如晶体管和集成电路，用于处理传感器中采集的数据并将其传输至无线通信系统。这些柔性电子系统的基板也已从柔性塑料基板扩展到如织物和纺织品之类的适形基板。2017 年，南洋理工大学研究团队[96]提出了一种利用飞秒激光直写的全石墨烯基高柔性非接触电子皮肤的先进制造方法。如图 9-28（d）所示，激光还原氧化石墨烯图案用作导电电极，而原始氧化石墨烯薄膜用作传感层。所制备的电子皮肤具有高灵敏度、快速响应恢复行为、良好的长期稳定性和优异的机械鲁棒性。这项研究将为非接触式电子皮肤的创新开辟一条道路，并有望在可穿戴人机界面、机器人和生物电子学等领域得到应用。

9.6 总结

随着经济社会和人类需求的发展，柔性器件由于可弯曲、高弹性、轻便、可拉伸的特点，已经逐渐成为研究和应用的热点，逐步进入人们的生产生活中。以柔性光伏为代表的新能源应用，将为我国新能源发展和碳达峰做出重要的支持。柔性显示作为新一代显示技术，可以应用在手机、电视、计算机方面，促进我国电子产业进一步发展。而柔性储能、柔性传感等器件与新一代通信技术结合时，将会在医疗、工业生产、日常生活等方面产生巨大的影响。而以等离子加工、热加工、机械加工等手段制作柔性器件时，多会产生精度分辨率较低、制作工艺复杂、成本较高、良品率低等缺点。采用飞秒激光加工时，由于飞秒激光加工可突破衍射极限，可在微/纳米尺度下进行结构制造并且通常无须掩模版制作和化学刻蚀等工艺，制作过程中加工精度高、加工损伤小。与计算机和通信技术结合时，可通过编程，自动智能地进行大面积结构制备。飞秒激光加工柔性器件时，不仅可以对柔性基板进行制备、改性和结构加工，而且可以对柔性器件不同层的结构和材料进行加工，加工后可提升器件的性能。而随着激光技术和生产力的发展，飞秒激光器的成本也会逐渐降低，飞秒激光加工将逐步应用到柔性器件的工业生产中，为人类生产生活提供便利。

参 考 文 献

[1] Yuan Y B，Giri G，Ayzner A L，et al. Ultra-high mobility transparent organic thin film transistors grown by an off-centre spin-coating method. Nature Communications，2014，5（1）：3005.

[2] You J B，Dou L T，Yoshimura K，et al. A polymer tandem solar cell with 10.6% power conversion efficiency. Nature Communications，2013，4（1）：1446.

[3] Gustafsson G，Cao Y，Treacy G M，et al. Flexible light-emitting diodes made from soluble conducting polymers. Nature，1992，357（6378）：477-479.

[4] Lee C W，Lee J Y. Above 30% external quantum efficiency in blue phosphorescent organic light-emitting diodes using pyrido[2, 3-*b*]indole derivatives as host materials. Advanced Materials，2013，25（38）：5450-5454.

[5] Pan S W，Lin H J，Deng J，et al. Novel wearable energy devices based on aligned carbon nanotube fiber textiles. Advanced Energy Materials，2015，5（4）：1401438.

[6] Su X L，Chen J R，Zheng G P，et al. Three-dimensional porous activated carbon derived from loofah sponge biomass for supercapacitor applications. Applied Surface Science，2018，436：327-336.

[7] Wang C，Hu K，Li W J，et al. Wearable wire-shaped symmetric supercapacitors based on activated carbon-coated graphite fibers. ACS Applied Materials & Interfaces，2018，10（40）：34302-34310.

[8] Rey-Raap N，Enterria M，Martins J I，et al. Influence of multiwalled carbon nanotubes as additives in biomass-derived carbons for supercapacitor applications. ACS Applied Materials & Interfaces，2019，11（6）：6066-6077.

[9] Tiwari S，Purabgola A，Kandasubramanian B. Functionalised graphene as flexible electrodes for polymer photovoltaics. Journal of Alloys and Compounds，2020，825：153954.

[10] Jiang S Q，Zhou X F，Xiao H，et al. Robust and durable flexible micro-supercapacitors enabled by graphene nanoscrolls. Chemical Engineering Journal，2021，405：127009.

[11] Iijima S. Helical microtubules of graphitic carbon. Nature，1991，354（6348）：56-58.

[12] Wu Y Z，Zhao X W，Shang Y Y，et al. Application-driven carbon nanotube functional materials. ACS Nano，2021，15（5）：7946-7974.

[13] Zhang M，Atkinson K R，Baughman R H. Multifunctional carbon nanotube yarns by downsizing an ancient technology. Science，2004，306（5700）：1358-1361.

[14] Ma W J，Song L，Yang R，et al. Directly synthesized strong, highly conducting, transparent single-walled carbon nanotube films. Nano Letters，2007，7（8）：2307-2311.

[15] Gui X C，Wei J Q，Wang K L，et al. Carbon nanotube sponges. Advanced Materials，2010，22（5）：617-621.

[16] Gupta N，Alred J M，Penev E S，et al. Universal strength scaling in carbon nanotube bundles with frictional load transfer. ACS Nano，15（1）：1342-1350.

[17] Zhu H F，Wang X W，Liang J，et al. Versatile electronic skins for motion detection of joints enabled by aligned few-walled carbon nanotubes in flexible polymer composites. Advanced Functional Materials，2017，27（21）：1606604.

[18] Liu Z，Sun X M，Nakayama-Ratchford N，et al. Supramolecular chemistry on water-soluble carbon nanotubes for drug loading and delivery. ACS Nano，2007，1（1）：50-56.

[19] Wang Y L，Zhang Y，Wang G L，et al. Direct grapheme-carbon nanotube composite ink writing all-solid-state flexible microsupercapacitors with high areal energy density. Advanced Functional Materials，2020，30（16）：1907284.

[20] Li Y，Kang Z，Yan X Q，et al. A three-dimensional reticulate CNT-aerogel for a high mechanical flexibility fiber supercapacitor. Nanoscale，2018，10（19）：9360-9368.

[21] Shi H W，Ding L，Zhong D L，et al. Radiofrequency transistors based on aligned carbon nanotube arrays. Nature Electronics，2021，4（6）：405-415.

[22] Zhu S，Sheng J，Chen Y，et al. Carbon nanotubes for flexible batteries：Recent progress and future perspective. National Science Review，2021，8（5）：nwaa261.

[23] De S，Higgins T M，Lyons P E，et al. Silver nanowire networks as flexible，transparent，conducting films：Extremely high DC to optical conductivity ratios. ACS Nano，2009，3（7）：1767-1774.

[24] Chen Z F，Ye S R，Stewart I E，et al. Copper nanowire networks with transparent oxide shells that prevent oxidation without reducing transmittance. ACS Nano，2014，8（9）：9673-9679.

[25] Bang J，Coskun S，Pyun K R，et al. Advances in protective layer-coating on metal nanowires with enhanced stability and their applications. Applied Materials Today，2021，22：100909.

[26] Parashar P K，Kinnunen S A，Sajavaara T，et al. Thermal atomic layer deposition of AlO_xN_y thin films for surface passivation of nano-textured flexible silicon. Solar Energy Materials and Solar Cells，2019，193：231-236.

[27] Choi H J，Jang W，Kim Y E，et al. Stretching-driven crystal anisotropy and optical modulations of flexible wide band gap inorganic thin films. ACS Applied Materials & Interfaces，2019，11（44）：41516-41522.

[28] Tsumura A，Koezuka H，Ando T. Macromolecular electronic device：field-effect transistor with a polythiophene thin film. Applied Physics Letters，1986，49（18）：1210-1212.

[29] Greenham N C，Moratti S C，Bradley D D C，et al. Efficient light-emitting diodes based on polymers with high

electron affinities. Nature，1993，365（6447）：628-630.

[30] Garnier F，Hajlaoui R，Yassar A，et al. All-polymer field-effect transistor realized by printing techniques. Science，1994，265（5179）：1684-1686.

[31] Moeller S，Perlov C，Jackson W，et al. A polymer/semiconductor write-once read-many-times memory. Nature，2003，426（6963）：166-169.

[32] Aernouts T，Vanlaeke P，Geens W，et al. Printable anodes for flexible organic solar cell modules. Thin Solid Films，2004，451：22-25.

[33] Liu D，Kelly T L. Perovskite solar cells with a planar heterojunction structure prepared using room-temperature solution processing techniques. Nature Photonics，2014，8（2）：133-138.

[34] Tan Z K，Moghaddam R S，Lai M L，et al. Bright light-emitting diodes based on organometal halide perovskite. Nature Nanotechnology，2014，9（9）：687-692.

[35] Choi W M，Song J，Khang D Y，et al. Biaxially stretchable "wavy" silicon nanomembranes. Nano Letters，2007，7（6）：1655-1663.

[36] Kou H R，Zhang L，Tan Q L，et al. Wirelessflexible pressure sensor based on micro-patterned graphene/PDMS composite. Sensors & Actuators A：Physical，2018，277：150-156.

[37] Zhang C H，Dong H Y，Zhang C，et al. Photonic skins based on flexible organic microlaser arrays. Science Advances，2021，7（31）：eabh3530.

[38] Dieleman C D，Ding W Y，Wu L J，et al. Universal direct patterning of colloidal quantum dots by (extreme) ultraviolet and electron beam lithography. Nanoscale，2020，12（20）：11306-11316.

[39] 申超，翁沛希，王子杰，等. 激光直写柔性电路的研究进展. 中国科学：物理学、力学、天文学，2021，51（8）：16.

[40] Noh J，Ha J，Kim D. Femtosecond and nanosecond laser sintering of silver nanoparticles on a flexible substrate. Applied Surface Science，2020，511：145574.

[41] Stanford M G，Zhang C，Fowlkes J D，et al. High-resolution laser-induced graphene. Flexible electronics beyond the visible limit. ACS Applied Mterials & Interfaces，2020，12（9）：10902-10907.

[42] Nguyen P T，Jang J，Lee Y，et al. Laser-assisted fabrication of flexible monofilament fiber supercapacitors. Journal of Materials Chemistry A，2021，9（8）：4841-4850.

[43] Huang T T，Wu W Z. Scalable nanomanufacturing of inkjet-printed wearable energy storage devices. Journal of Materials Chemistry A，2019，7（41）：23280-23300.

[44] Wang Q L，Zhang G N，Zhang H Y，et al. High-resolution，flexible，and full-color perovskite image photodetector via electrohydrodynamic printing of ionic-liquid-based ink. Advanced Functional Materials，2021，31（28）：2100857.

[45] Zhang Y，Zhu Y Y，Zheng S H，et al. Ink formulation，scalable applications and challenging perspectives of screen printing for emerging printed microelectronics. Journal of Energy Chemistry，2021，63：498-513.

[46] Yu L H，Fan Z D，Shao Y L，et al. Versatile N-doped MXene ink for printed electrochemical energy storage application. Advanced Energy Materials，2019，9（34）：1901839.

[47] Salavagione H J，Sherwood J，Budarin V L，et al. Identification of high performance solvents for the sustainable processing of graphene. Green Chemistry，2017，19（11）：2550-2560.

[48] Kumar R，Shin J，Yin L，et al. All-printed，stretchable Zn-Ag$_2$O rechargeable battery via hyperelastic binder for self-powering wearable electronics. Advanced Energy Materials，2017，7（8）：1602096.1-1602096.8.

[49] Zheng S H，Wang H，Das P，et al. Multitasking MXene inks enable high-performance printable microelectrochemical

energy storage devices for all-flexible self-powered integrated systems. Advanced Materials，2021，33（10）：2005449.

[50] Wang K，Du Y X，Liang J，et al. Wettability-guided screen printing of perovskite microlaser arrays for current-driven displays. Advanced Materials，2020，32（29）：2001999.

[51] Meitl M A，Zhu Z T，Kumar V，et al. Tansfer printing by kinetic control of adhesion to an elastomeric stamp. Nature Materials，2006，5（1）：33-38.

[52] Bibl A，Higginson J A，Hu H H，et al. Method of transferring and bonding an array of micro devices：US 9 773 750. 2017-09-26.

[53] Feng X，Meitl M A，Bowen A M，et al. Competing fracture in kinetically controlled transfer printing. Langmuir，2007，23（25）：12555-12560.

[54] Kim Y Y，Yang T Y，Suhonen R，et al. Gravure-printed flexible perovskite solar cells：Toward roll-to-roll manufacturing. Advanced Science，2019，6（7）：1802094.

[55] Sun J F，Sapkota A，Park H，et al. Fully R2R-printed carbon-nanotube-based limitless length of flexible active-matrix for electrophoretic display application. Advanced Electronic Materials，2020，6（4）：1901431.

[56] Zhong Z Y，Lee H，Kang D，et al. Continuous patterning of copper nanowire-based transparent conducting electrodes for use in flexible electronic applications. ACS Nano，2016，10（8）：7847-7854.

[57] Ahn S H，Guo L J. Large-area roll-to-roll and roll-to-plate nanoimprint lithography：A step toward high-throughput application of continuous nanoimprinting. ACS Nano，2009，3（8）：2304-2310.

[58] Saeidpourazar R，Li R，Li Y H，et al. Laser-driven micro transfer placement of prefabricated microstructures. Journal of Microelectromechanical Systems，2012，21（5）：1049-1058.

[59] Delaporte P，Alloncle A P. Laser-induced forward transfer：A high resolution additive manufacturing technology. Optics & Laser Technology，2016，78：33-41.

[60] Marinov V R. 52-4：Laser-enabled extremely-high rate technology for μLED assembly. SID Symposium Digest of Technical Papers，2018，49（1）：692-695.

[61] He G C，Lu H，Dong X Z，et al. Electrical and thermal properties of silver nanowire fabricated on a flexible substrate by two-beam laser direct writing for designing a thermometer. RSC Advances，2018，8（44）：24893-24899.

[62] Hu Q，Sun X Z，Parmenter C D J，et al. Additive manufacture of complex 3D Au-containing nanocomposites by simultaneous two-photon polymerisation and photoreduction. Scientific Reports，2017，7（1）：1-9.

[63] Yu X M，Ma J F，Lei S T. Femtosecond laser scribing of Mo thin film on flexible substrate using axicon focused beam. Journal of Manufacturing Processes，2015，20：349-355.

[64] Liang C，Sun X Y，Zheng J F，et al. Surface ablation thresholds of femtosecond laser micropatterning silver nanowires network on flexible substrate. Microelectronic Engineering，2020，232：111396.

[65] Ji S，Choi W，Kim H Y，et al. Fully solution-processable fabrication of multi-layered circuits on a flexible substrate using laser processing. Materials，2018，11（2）：268.

[66] Zhou X W，Guo W，Fu J，et al. Laser writing of Cu/Cu$_x$O integrated structure on flexible substrate for humidity sensing. Applied Surface Science，2019，494：684-690.

[67] Lin L H，Li J G，Li W，et al. Optothermoplasmonic nanolithography for on-demand patterning of 2D materials. Advanced Functional Materials，2018，28（41）：1803990.

[68] Wu X F，Yin H L，Li Q. Ablation and patterning of carbon nanotube film by femtosecond laser irradiation. Applied Sciences，2019，9（15）：3045.

[69]　Zhang J Z, Zhang K Y, Yong J L, et al. Femtosecond laser preparing patternable liquid-metal-repellent surface for flexible electronics. Journal of Colloid and Interface Science, 2020, 578: 146-154.

[70]　George J E, Unnikrishnan V K, Mathur D, et al. Flexible superhydrophobic SERS substrates fabricated by *in situ* reduction of Ag on femtosecond laser-written hierarchical surfaces. Sensors and Actuators B: Chemical, 2018, 272: 485-493.

[71]　Lin L C, Huang H, Sivayoganathan M, et al. Assembly of silver nanoparticles on nanowires into ordered nanostructures with femtosecond laser radiation. Applied Optics, 2015, 54 (9): 2524-2531.

[72]　Hu Y W, Liang C, Sun X Y, et al. Enhancement of the conductivity and uniformity of silver nanowire flexible transparent conductive films by femtosecond laser-induced nanowelding. Nanomaterials, 2019, 9 (5): 673.

[73]　Liang C, Sun X Y, Su W M, et al. Fast welding of silver nanowires for flexible transparent conductive film by spatial light modulated femtosecond laser. Advanced Engineering Materials, 2021, 23 (12): 2100584.

[74]　Xing S L, Lin L C, Zou G S, et al. Two-photon absorption induced nanowelding for assembling ZnO nanowires with enhanced photoelectrical properties. Applied Physics Letters, 2019, 115 (10): 103101.

[75]　Huang Y J, Xie X Z, Li M N, et al. Copper circuits fabricated on flexible polymer substrates by a high repetition rate femtosecond laser-induced selective local reduction of copper oxide nanoparticles. Optics Express, 2021, 29 (3): 4453-4463.

[76]　Kim Y J, Le T S D, Nam H K, et al. Wood-based flexible graphene thermistor with an ultra-high sensitivity enabled by ultraviolet femtosecond laser pulses. CIRP Annals, 2021, 70 (1): 443-446.

[77]　Bian J, Zhou L B Y, Wan X D, et al. Laser transfer, printing, and assembly techniques for flexible electronics. Advanced Electronic Materials, 2019, 5 (7): 1800900.

[78]　Avila O I, Santos M V, Shimizu F M, et al. Direct femtosecond laser printing of PPV on bacterial cellulose-based paper for flexible organic devices. Macromolecular Materials and Engineering, 2018, 303 (10): 1800265.

[79]　Ma X D, Jiang L, Li X W, et al. Hybrid superhydrophilic-superhydrophobic micro/nanostructures fabricated by femtosecond laser-induced forward transfer for sub-femtomolar Raman detection. Microsystems & Nanoengineering, 2019, 5 (1): 1-10.

[80]　Trotta G, Volpe A, Ancona A, et al. Flexible micro manufacturing platform for the fabrication of PMMA microfluidic devices. Journal of Manufacturing Processes, 2018, 35: 107-117.

[81]　Ganin D V, Lapshin K E, Obidin A Z, et al. High-precision cutting of polyimide film using femtosecond laser for the application in flexible electronics. Journal of Physics: Conference Series, 2018, 945: 012019.

[82]　Liang C, Su W M, Sun X Y, et al. Femtosecond laser patterning wettability-assisted PDMS for fabrication of flexible silver nanowires electrodes. Advanced Materials Interfaces, 2021, 8 (19): 2100608.

[83]　Bian J, Chen F R, Yang B, et al. Laser-induced interfacial spallation for controllable and versatile delamination of flexible electronics. ACS Applied Materials & Interfaces, 2020, 12 (48): 54230-54240.

[84]　Lu Z, Wang M D, Zhang P C, et al. Femtosecond laser machining of flexible printed circuit boards. Journal of Physics: Conference Series, 2022, 2185 (1): 012082.

[85]　Chen S C, She N Z, Wu K H, et al. Crystalline engineering toward large-scale high-efficiency printable Cu(In, Ga) Se$_2$ thin film solar cells on flexible substrate by femtosecond laser annealing process. ACS Applied Materials & Interfaces, 2017, 9 (16): 14006-14012.

[86]　Soldera M, Wang Q, Soldera F, et al. Toward high-throughput texturing of polymer foils for enhanced light trapping in flexible perovskite solar cells using roll-to-roll hot embossing. Advanced Engineering Materials, 2020, 22 (4): 1901217.

[87]   Yulianto N，Bornemann S，Daul L，et al. Transferable substrateless GaN LED chips produced by femtosecond laser lift-off for flexible sensor applications. Multidisciplinary Digital Publishing Institute Proceedings，2018，2（13）：891.

[88]   Yulianto N，Refino A D，Syring A，et al. Wafer-scale transfer route for top-down Ⅲ-nitride nanowire LED arrays based on the femtosecond laser lift-off technique. Microsystems & Nanoengineering，2021，7（1）：1-15.

[89]   Wang Y，Liu W W，Xin W，et al. Back-reflected performance-enhanced flexible perovskite photodetectors through substrate texturing with femtosecond laser. ACS Applied Materials & Interfaces，2020，12（23）：26614-26623.

[90]   Bai R J，Gao Y，Lu C，et al. Femtosecond laser micro-fabricated flexible sensor arrays for simultaneous mechanical and thermal stimuli detection. Measurement，2020，169：108348.

[91]   Zhang Y，Li N，Xiang Y J，et al. A flexible non-enzymatic glucose sensor based on copper nanoparticles anchored on laser-induced graphene. Carbon，2020，156：506-513.

[92]   Jin X R，Sun Y Q，Wu Q，et al. High-performance free-standing flexible photodetectors based on sulfur-hyperdoped ultrathin silicon. ACS Applied Materials & Interfaces，2019，11（45）：42385-42391.

[93]   Dotan T，Berg Y，Migliorini L，et al. Soft and flexible gold microelectrodes by supersonic cluster beam deposition and femtosecond laser processing. Microelectronic Engineering，2021，237：111478.

[94]   Wang S T，Yu Y C，Li R Z，et al. High-performance stacked in-plane supercapacitors and supercapacitor array fabricated by femtosecond laser 3D direct writing on polyimide sheets. Electrochimica Acta，2017，241：153-161.

[95]   Wang C P，Chou C P，Wang P C，et al. Flexible graphene-based micro-capacitors using ultrafast laser ablation. Microelectronic Engineering，2019，215：111000.

[96]   An J N，Le T S D，Huang Y，et al. All-graphene-based highly flexible noncontact electronic skin. ACS Applied Materials & Interfaces，2017，9（51）：44593-44601.

第10章

飞秒激光极端制造技术及应用

10.1　引言

　　极短的脉宽、极高的峰值功率是飞秒激光区别于其他激光的两个技术特点，为科研赋予了极高的时间分辨率、电场及温度等极端条件，使得飞秒激光与物质相互作用时产生复杂的光与物质非线性相互作用现象。在飞秒激光极强的光电场中，高密度的等离子体通过材料的光致电离、多光子吸收和雪崩电离等过程在激光焦点附近产生，导致加工区域材料物理化学性质改变。

　　飞秒激光与物质相互作用时有以下特点[1]：①脉冲持续时间极短，持续时间内只有自由电子吸光储能过程，从而实现"冷"加工，提高了加工精度；②物质通过多光子吸收等非线性过程吸收激光能量，作为一种非线性光学效应，多光子吸收只发生在激光焦点处等光强足够高的地方，因此，通过调节聚焦点能量达到亚波长加工精度是飞秒激光的典型制造方法；③针对透明材料，飞秒激光可实现基材内部三维微纳加工；④飞秒激光焦点处的峰值功率可以达到 $10^{20}\,\mathrm{W/cm^2}$ 量级，足以超过原子核对其周围电子的库仑场强作用强度，因此可以对几乎任何材料进行加工处理。飞秒激光的出现，给材料加工带来了革命性的突破。下面分别介绍一些典型的研究进展。

10.2　飞秒激光极端条件新材料制备

10.2.1　飞秒激光极端环境诱导机理

　　在极端的温度和压强条件下，普通材料的原子向密实排布转变，产生的新致密相（亚稳相）具有超常物理性能（如超硬、超导等），从而获得一些新物质、新材料[2-5]。这些具有超常物理性能的材料不仅具有科研意义，还具有重要的实际应用价值。随着金刚石压腔（diamond anvil cell，DAC）的发明，人们研究材料在极端压力和温度下的转变行为取得了极大的进展[6-9]。一直以来，人们获得的压力和温度纪录得到不断的提升，目前已经可以得到 10^{11} Pa 的压力，同时可以利用激光加热得到超过 3000 K 的高温[4, 10-12]。一些更极端的瞬态高温高压条件可以通过爆炸或超强激光获得[13-15]。然而，受到金刚石杨氏模量的限制，利用 DAC 创造的最大静态高温高压值难以进一步提高，阻碍了许多新相新材料形成。而且在爆炸或长脉冲高功率激光产生的瞬态极端条件下获得的新材料暴露在环境中，难以保存和观察。

脉宽为 100 fs，脉冲能量为 100 nJ 的飞秒激光脉冲，经过紧聚焦到晶体材料内部后强度可达 10^{14} W/cm^2，会将密度为几 mJ/cm^3 的能量沉积在一个亚微米级的体积空间内，从而可以同时产生高达 10^{12} Pa 的压力和超过 10^5 K 的温度。这一能量密度超过任何材料强度，可以使凝聚态的材料过热而转变为高熵态的致密等离子体。在这种状态下，初始的晶态结构排列消失而转变成温密物质（warm dense matter）[16]。温密物质是物质介于固体和等离子体之间的一种非平衡态，此时，电子和原子核之间相互作用的潜能和电子的动能大致处于同一量级。在这样一个由完全无序的、远离热力学平衡的混合元素组成的热稠密等离子体冷却过程中，不同材料结构可以自发组织形成[17]。当激光诱导的原子无序排列的等离子体，以一个空前的淬冷速率（10^4 K/s）等容地冷却到室温时，新的结构形成了[18]。此外，飞秒激光在束缚空间内产生的微爆炸还具有一个重要优势，即在极端高温高压条件下诱导形成的非寻常相可以保存在原始晶体内部，从而可以进行后续的性能表征和应用。目前，利用飞秒激光诱导微爆炸方法已经实现了一种新的具有超密实结构的 bcc-Al 相和 Si 的一些四方晶型新相的合成[19, 20]。

10.2.2　飞秒激光诱导极端相结构

2011 年，Vailionis 等[20]用 NA 为 1.4 的油镜将能量为 130 nJ 的激光脉冲（800 nm，150 fs）聚焦到蓝宝石晶体薄板内（80 μm 厚）诱导了微爆炸，如图 10-1 所示。他们通过同步辐射微区 XRD 分析了微爆炸周围的材料结构，发现测试到的 XRD 峰位与数据库中预测的一种面心立方相（fcc）的 Al 峰位高度吻合，从而确认微爆炸导致形成了一种从未在实验中观察到的新的 Al 的高压相，如图 10-2（b）和（c）所示。根据里特沃尔德（Rietveld）精修和谢乐（Scherrer）公式，推算出产生的这种相的平均晶粒尺寸约为 18 nm。

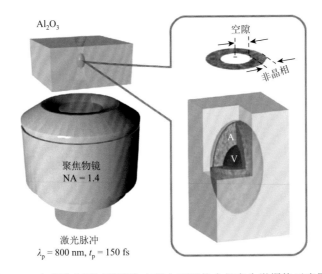

图 10-1　飞秒激光通过紧聚焦在蓝宝石晶体内部产生微爆炸示意图[20]

微爆炸产生的冲击波将材料压在一起，形成致密的非晶相 A，并在激光诱导的微爆炸中心形成空隙 V，在受压的
材料中发现了超致密的 bcc-Al 相

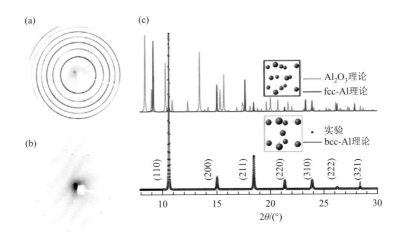

图 10-2　bcc-Al 形成的证据[20]

（a）和（b）分别对应于（c）中获得上下两个微区 XRD 图的位置

　　他们进一步分析了 bcc-Al 高压相形成的原因和过程。相关研究提出，在完全束缚条件下 Al 离子和 O 离子在空间上的分离是 bcc-Al 高压相形成的原因[16, 20, 21]。焦点区域的飞秒脉冲能量高于光学击穿阈值而破坏了 Al_2O_3 的化学键，使 Al 原子和 O 原子电离形成等离子体，直到温度降低到热电离阈值（约 10 eV）以下。在这个等离子体中，Al 离子和 O 离子以不同的速率扩散和散射，从而实

现两种离子在空间上的分离，如图 10-3 所示。O 和 Al 的空间分离距离取决于两者之间的相对扩散速率和扩散时间，而扩散时间取决于等离子体的寿命。由于等离子体中电子到离子的能量传递时间正比于离子的质量，因而 O 离子先从电子中获得能量，在激光脉冲作用后 3～27 ps 内开始迁移，而 Al 离子的迁移则是从 5～45 ps 才开始[16]。因此，在 Al 离子被加热到开始迁移的时候，O 离子已经迁移到离 Al 离子几十纳米以外的区域。Vailionis 等估算出两种离子间最大的分离距离约为 32 nm，这为 Al 纳米晶的形成提供了足够大的空间。Gamaly 等还特别展示了当使用的激光通量高于电离阈值 50 倍时，能量可以高效地被块体材料吸收，增强了微爆炸产生的非理想等离子体中的离子分离。此外，分子氧的发现也证实了材料组分的分离[22, 23]。

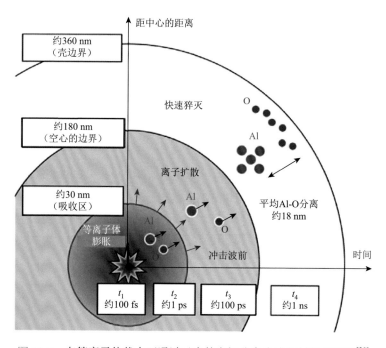

图 10-3　在等离子体状态下通过元素的空间分离合成新材料示意图[20]

另外，当激光脉冲消失后，能量开始耗散，而电离过程受电子碰撞导致的热电离影响，仍然可维持在和激光脉冲作用过程中几乎一样的水平。焦点中心区域产生的高温等离子体在固体材料内部产生了冲击波并向外膨胀，使得材料受压形成一个致密化的壳层，而焦点中心也由此形成一个孔洞。

2015 年，Rapp 等利用类似的实验手法，首先在单晶 Si 表面生长了 10 μm 厚的透明 SiO_2 层，然后将飞秒激光聚焦到 Si 表面产生微爆炸，观察到焦点区域产生了 Si 的多种晶型[19]。由于 Si 是不透明的，他们巧妙地利用透明的 SiO_2 层作为束缚介质，在 Si 表面产生了束缚的微爆炸，创造了新相生成所需的极端高温高压条件。通过聚焦离子束研磨将样品减薄到厚度约 80 nm 后，利用透射电子显微镜（TEM）对微爆炸诱导产生的新结构进行了表征，如图 10-4 所示。从 Si 的改性区域获得的选区电子衍射花样可以看到，除了常见金刚石立方结构 Si（dc-Si）以外，还有许多以前从未观察到的面间距参数，这说明飞秒激光处理后该区域出现了多个晶型的 Si。从暗场 TEM 图像中，推算出晶粒尺寸为 10～30 nm。

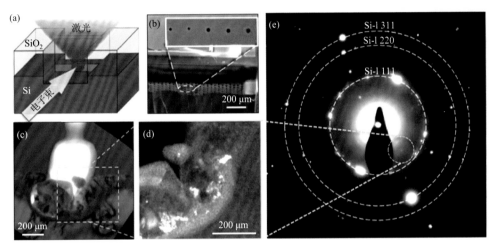

图 10-4　飞秒激光在 Si 晶体中诱导微爆炸实验[19]

　　他们首先通过利用 dc-Si 结构的反射精确校正的 TEM 参数，判断衍射花样中所有非 dc-Si 结构反射的面间距；其次将衍射图样与已知的压力诱导的 Si 的亚稳相对照匹配；再次将不能归结于任何已知 Si 相的反射与计算机搜索计算的面间距进行匹配；最后，为了进一步确认给定的相的产生，在选区电子衍射图样的基础上，对该相的单晶衍射图样做了模拟。通过这四步，同时从面间距和角度两个方面确认微爆炸导致了至少四种四方晶系的 Si 新晶型的产生：bt8-Si、st12-Si、Si-Ⅷ和 t32-Si。其中前面两种是首次在块体材料中合成，并可以保存下来进行后续的研究。通过计算，这两种新相很可能拥有非常有趣的性能，例如，bt8-Si 的密度为 2.73 g/cm^3，比 dc-Si 要高出 17%，计算出它的电子结构在费米能级的态密度很低，很可能表现为金属性，但是由于根据 DFT 方法计算的带隙通常都是偏低的，因此它很可能是一种窄带隙的半导体，有可能成为制造太阳能电池的好材料，并且它的纳米颗粒形式可用于下一代的光伏应用中的多重激子生成。

10.3　飞秒激光尖端材料制备

10.3.1　飞秒激光加工高温合金

飞秒激光在尖端材料制备方面的一个典型应用就是在高温合金航空发动机涡轮叶片表面制备异型微孔。航空发动机作为飞机的心脏，不仅是飞机飞行的动力来源，也是促进航空事业发展的重要推动力。航空发动机制造技术是衡量一个国家工业整体实力和科技水平的重要标志。提高涡轮进口温度是增加发动机推力和功率的有效措施。涡轮叶片是燃气涡轮发动机中涡轮段的重要组成部件，为了能保证其在高温高压的极端环境下稳定长时间工作，涡轮叶片通常采用高温合金锻造，并采用内部气流冷却、边界层冷却或采用保护叶片的热障涂层等方式来保证可靠服役。

如图 10-5 所示，气膜孔的存在使得冷却气体形成一层气膜（可实现隔热降温）附在叶片表面[24]。气膜孔分布于叶身之上，倾斜角度 15°～45°，孔径范围一般为 0.25～0.8 mm。气膜孔对叶片结构完整度有不利影响，应力集中等现象的出现使得叶片的失效通常围绕气膜孔产生。涡轮叶片的寿命与强度对气膜孔提出了无微裂纹、热影响区等需求。目前，电火花加工、电液束加工、激光加工及复合加工等已经应用于气膜孔的结构成型。其中，电火花加工会形成重熔层；电液束加工的加工精度和稳定性不足，难以满足现代航空高性能发动机需求[25, 26]。充分利用上述飞秒激光区别于其他激光的技术优势，发挥其快速加工成型、高分辨率等特点，理论上可实现"冷加工"效果，加工出孔壁光滑、孔边缘非常锐利、表面无明显热效应及加工残渣的高质量微孔。

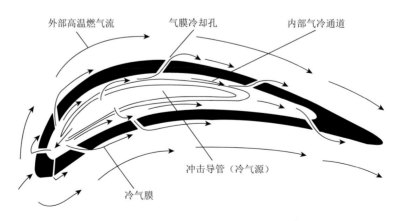

图 10-5　在叶片上的气膜冷却结构原理[24]

德国耶拿弗里德里希·席勒大学 Döring 等[27]通过实验发现，与纳秒激光相比，皮秒及飞秒激光微深孔加工时孔深饱和严重、材料去除率低，但加工质量高。德国斯图加特大学 Breitling 等[28]通过实验分析了短脉冲及超短脉冲激光深孔加工中沿着孔深不同位置的等离子体成分，发现等离子体屏蔽是导致孔深饱和的主要原因。Das 等利用飞秒激光加工了带热障涂层合金材料，实现了最大深度 1.5 mm 的气膜孔加工，但孔具有一定的锥度，且孔壁具有 Ra 1.8 的粗糙度[29]。在优化飞秒激光加工工艺参数后，可以规避结构表面重熔层、微裂纹等的形成，但局部烧蚀会出现在涂层表面，如图 10-6 所示。来自清华大学的科学家以飞秒激光实现了锥孔无残渣、裂纹及重熔层的带热障涂层高温合金气膜孔的加工，但孔口处有附着物出现，研究分析是由热累积效应造成的[30]。

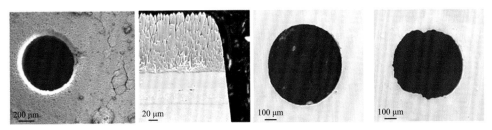

图 10-6 飞秒激光加工微孔表面/孔壁形貌及进/出口形貌图[29]

西安交通大学王恪典等[31-33]通过对飞秒激光孔加工中等离子体通道的调控，实现了飞秒激光空间能量的调控及有效焦深的延长、高功率飞秒激光多丝机理的抑制，在 4 mm 厚度带热障涂层高温合金基体上实现了深径比 15：1 的气膜孔高质加工，加工后无裂纹、无重熔层，加工结果如图 10-7 所示。

10.3.2 飞秒激光加工碳纤维增强树脂基复合材料

卫星、飞机、坦克、汽车及建筑体育设施等军民产品正朝着结构轻量化发展，尤其是在航空航天领域，航天器对高稳定、轻量化、高精度需求日益突出。传统均质金属材料，如铝合金、钛合金，常规单一陶瓷、高分子等工程材料越来越难以满足综合需求。产品复合材料化成为解决上述需求的理想途径之一，特别是碳纤维复合材料以轻质、高模量、高强度、高热稳定性、抗疲劳、可设计性强等优良综合性能成为各类复合材料中应用最广泛和最重要的复合材料之一。碳纤维增强树脂基复合材料（carbon fiber reinforced polymer，CFRP）是由碳纤维增强相和树脂基体相两相结构组成，复合材料保留了增强相和基体材料各自特点，又可以通过各组分的互补和协同获得更优异的性能[34]。

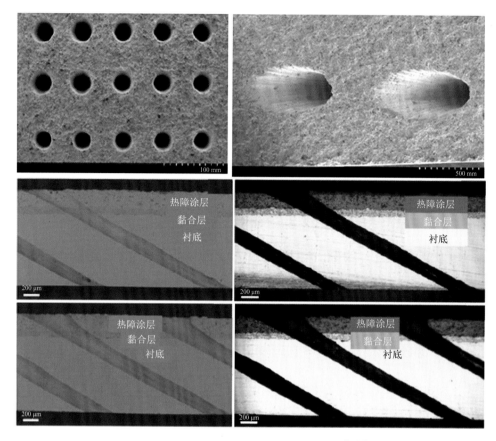

图 10-7　飞秒激光光丝调控加工的气膜孔[31-33]

　　随着航空工业的发展，CFRP 已经应用于一些大型客机的襟翼、副翼等部位，其应用比例代表着飞机先进程度。例如，A380 大型客机 CFRP 制品占比机身近 6%，降低了 12% 油耗，提高其竞争优势[35]；我国于 2017 年 5 月 5 日首飞的 C919 大型客机上，飞机总质量的 12% 为 CFRP 制品，极大降低了飞机总质量[36]。预计到 2024 年，在航空领域的复合材料市场，CFRP 将会达到 190 亿美元，占比最大份额。在航天领域，如图 10-8 所示，CFRP 很早就用于卫星、深空探测器等空间飞行器的主体结构（如卫星的外壳、中心承力筒和仪器安装结构板、探测器被罩）、功能结构（如太阳能电池阵结构、天线结构）、防护结构和辅助结构，是应用比例最高的材料之一，并在航天器升级换代中不断提高应用比例，成为制造航天器的关键材料[37]。

　　成型后的 CFRP 制品因切割、连接或钻孔装配需求被用于加工装配连接件[38]。然而，CFRP 的树脂基体与增强纤维具有截然不同的物理性质（如强度、热导率、熔沸点、光吸收性质等），当力、热、光、电等加工能场与纤维和基体同时作用时，

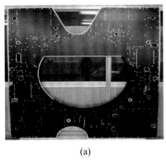

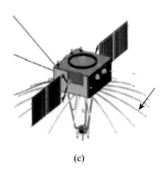

(a)　　　　　　　　　　(b)　　　　　　　　　　(c)

图 10-8　航天器典型 CFRP 产品[37]

（a）CFRP 蒙皮结构板；（b）某探测器被罩 CFRP 蒙皮；（c）可展收天线 CFRP 材质肋条

二者在微观尺度上经常难以均匀去除，造成加工缺陷突出、加工精度低等问题，使得这种材料成为一种典型的难加工材料[38]。当以传统接触式工艺（车、削、铣、钻、锯切等）加工时，加工中引起的机械力会导致纤维分层或崩边、毛边、微裂纹、表面粗糙或烧焦等缺陷问题，影响结构力学性能。此外，加工刀具磨损严重而需频繁更换刀具，降低了加工效率，使得成本高昂。因此，传统接触式加工已无法满足需求，加工精度、效率与成本问题日益成为制约航天器高效研制的瓶颈问题。

上述问题推动了人们对磨粒水射流加工[39]、电火花加工[40]、超声振动辅助切削加工[41]和激光等新工艺的探索。然而，磨粒水射流的使用会导致 CFRP 加速分层[42]；电火花加工[43]会增大热影响区；超声振动辅助切削加工[44]削弱了刀具磨损问题，但是没有改进纤维分层拉出、内部裂纹等缺陷。激光加工具有以下优势：①可控性强且可实现车、铣、钻、切割功能，尤其适合微细或薄壁结构加工、表面工程领域；②由于没有刀具磨损，加工效率可以很高，在加工经济性方面被证明是最优的工艺之一[45]；③由于激光加工无接触应力，可有效避免接触加工出现的分层、崩边、纤维破碎等加工损伤和缺陷问题。

虽然，相比其他几种特种加工方法，激光烧蚀的热影响区对材料力学性能的影响是最小的[46,47]，但对于连续激光、毫秒至纳秒量级的长脉冲激光等传统激光，其较大的热影响区仍会严重影响几何精度、表面粗糙度等精度指标；对于皮秒、飞秒等具有极端物理特性的超快脉冲激光，可以进一步减小热影响区，提高加工精度，还可以实现复合材料表面清洗与活化、表面金属化等，满足连接或功能表面制造新需求。

下面介绍一些国内外使用超快激光加工 CFRP 的相关进展。国外方面，Fujita 等[48]系统研究了波长范围跨 266～1064 nm、脉宽跨 100 fs 到 20 ns 的激光切割 CFRP 的效率和热影响区，结果表明越短的波长和脉宽，其切割效率越高同时热损伤越小（图 10-9）。Freitag 等[49]使用 1.1 kW 红外皮秒激光切割 2 mm 厚 CFRP，

其热损伤尺寸小于 20 μm，有效切割速度达到 0.9 m/min。Salama 等[50]使用 400 W
红外皮秒激光在 6 mm 厚 CFRP 上钻孔，其热影响区小于 25 μm。他们发现减小激
光能量和增加扫描速度，热影响区尺寸和烧蚀深度同时减小。葡萄牙 Oliveira 等[51]
使用飞秒激光（550 fs，1024 nm）扫描加工 CFRP，实现了只去除树脂基体而使
碳纤维暴露出表面的目的（图 10-10）。此外，激光还在碳纤维表面诱导出了周期
表面微结构，他们指出激光烧蚀对提升粗糙表面黏结特性有帮助，有望应用于
CFRP 零件的黏接。Weber 等[52]研究了加工 CFRP 时单脉冲能量、重复频率等激光
参数对热累积效应的影响，实现在同一位置的最大脉冲数估算以避免热累积超过
温度阈值。Keiji Sonoya 等[53]使用飞秒激光切割 CFRP 获得了光滑的切割面。

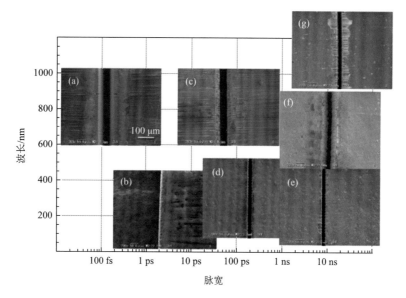

图 10-9   不同脉宽、波长的激光切割 CFRP 电子显微镜图[48]

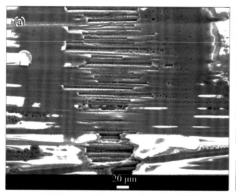
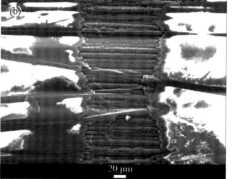

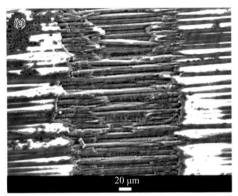

图 10-10　扫描速度是 1 mm/s，重复频率是 1 kHz，不同脉冲能量处理 CFRP 表面结构电子显微镜图[51]

（a）0.13 mJ；（b）0.18 mJ；（c）0.26 mJ；（d）0.40 mJ，（a）和（b）条件下，树脂被烧蚀，暴露出碳纤维，
（c）和（d）条件下，碳纤维和树脂均被烧蚀

　　国内方面，哈尔滨工业大学赵煦[54]分别探究了飞秒激光、纳秒激光和连续激光在 CFRP 上打孔形貌和加工效率，实验表明飞秒激光加工的热效应最小。另外，还研究了激光重复频率、扫描速度、扫描次数、焦点位移量对加工效果的影响。北京卫星制造厂有限公司张开虎等[55]研究发现对于 1 mm 厚 CFRP，超快激光在近紫外波长下的加工效率比近红外波长高 27%，而且对于更薄的 CFRP，其加工效率增加 16%。他们还发现更短波长下热影响区更小。CFRP 中纤维和基体材料在激光高能束能场加工时具有不同的去除阈值和去除率，造成了去除过程的非均质性，极易造成某一材料去除过多而导致结构形状精度低。张开虎等[56]针对这一问题，提出一种用于 CFRP 的整形超快激光加工方法，即通过综合控制光斑重叠率、入射双脉冲通量等参数，实现碳纤维和树脂材料的均质去除。东华大学 Hu 等[57]使用 Nd：YVO$_4$ 皮秒脉冲激光来切割 CFRP，在 1500 mm/s 扫描速度下其热影响区尺寸为 13～44 μm，研究表明增大激光扫描间距可以减小热影响区。中国科学院西安光学精密机械研究所 Jiang 等[58]使用飞秒激光在 CFRP 上采用螺旋扫描方式加工圆柱形微孔，分别研究了圆路径和螺旋路径激光打孔这两种模式中激光能量、激光旋转速度对热影响区和烧蚀深度的影响。结果表明在相同加工参数下，螺旋路径激光打孔可以减小热影响区同时增加烧蚀深度。该方法制得的孔锥角小于 0.32°、深径比 3：1，激光入口处热影响区尺寸小于 10 μm，在孔截面中未发现明显的热影响区域，证实了飞秒激光可以通过螺旋扫描打孔方式作用 CFRP 实现高精度制孔。华中科技大学 Xuehui Wang 等[59]提出一种基于扫描振镜的飞秒激光螺旋钻孔技术用于在厚 CFRP 上加工高质量、高深径比微孔，通过简单的光学设计，使用一对透镜和扫描振镜实现深径比高达 9.7：1 的微直孔制备，热影响区小于 15 μm（图 10-11）。Yongdu Li 等[60]研究了紫外飞秒

激光不同加工参数对切割 CFRP 的精度影响，结果表明当能量为 13 W、重复频率为 500 kHz、扫描速度为 9 m/s 时，热影响区宽度为 25 μm。

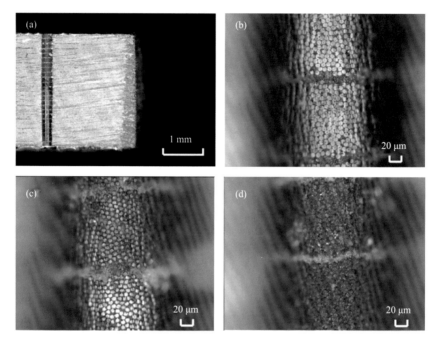

图 10-11　单脉冲 60 μJ、焦点进深速度 0.02 mm/s 时加工的微直孔截面形貌[59]

（a）孔壁全貌图；（b）孔壁下部放大图；（c）孔壁中部放大图；（d）孔壁上部放大图

　　经过近些年国内外研究人员的探索，取得了如下共识：①相比传统连续激光加工，超快激光加工精度最高。②为减少热累积效应，实现"冷加工"效果，超快激光加工时也需要优化重复频率、扫描速度和扫描路径等加工参数。③短波长相较红外波长在低热损伤加工方面具有明显优势。

10.4　飞秒激光极端尺寸制造技术

　　飞秒激光微纳加工技术发展至今，已形成并提出了多种应用于微米级、亚微米级及纳米级等尺寸范围的极端超分辨率加工策略，如图 10-12 所示[61]，包括双/多光子吸收、酝酿效应及近场效应等。自从 Kawata 等报道了"纳米牛"微雕刻加工开始[62]，双光子聚合成为聚合物三维微纳结构加工的常规手段。酝酿效应能够以连续脉冲提升靶材对激光能量的吸收以改善其表面粗糙度。作为飞秒激光诱导酝酿效应的典型，Liu 等[63]以多激光束扫描的方式实现了铝材衬底上周期性微孔阵列的自组装，实现微孔尺寸、形状与阵列方式的可控均一化，极大提升了飞秒激光加工的分辨率。除此之外，基于近场效应，通过飞秒激光与原子力显微镜（AFM）、近场扫描光学显微镜（NSOM）等先进机加工制造工具的结合，能够获得低于 30 nm 的极端高分辨率微结构。

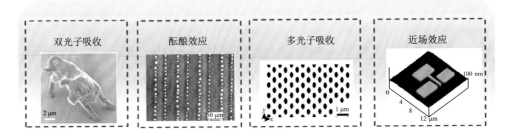

图 10-12　飞秒激光极端尺寸制造策略[61]

　　双光子聚合、激光刻蚀等策略主要针对 1～100 μm 级结构的加工[64-66]，微透镜阵列辅助及激光光刻等方法也只能获得亚微米级（100 nm～1 μm）结构[67-69]。飞秒激光加工分辨率的提升一直是相关领域的关键待解决问题，由于芯片制造等行业对微纳结构尺寸的要求越来越低，以传统光刻等策略获得大面积纳米级微结构对于技术与成本来说均是一个巨大的挑战，且高成本投入与低产出限制了常规激光加工手段在大面积高精密微结构制备方面的应用。因此，一种具有高制造效率的新型纳米制造手段对满足未来工业需求具有重要意义，自适应扫描光学显微镜（ASOM）、NSOM 及微球在飞秒激光近场加工中的使用实现了 10～100 nm 分辨率结构的加工，突破了光学衍射的限制[70-72]。另外，基于多光子吸收（MPA）、受激发射损耗（STED）及酝酿效应的远场加工实现了 50 nm 级结构制备将更有研究吸引力与意义[73-75]。

　　由于倏逝波随着与衬底材料间距离的增大而迅速减小，近场加工主要适用于衬底界面的局部小区域，可实现低于激光波长的纳米结构加工。Chimmalgi 等利用微探针尖端产生局部近场增强实现飞秒激光可控高分辨率结构加工。如图 10-13（a）所示[70]，亚 15 nm 级图案化结构在银材料衬底上完成制备，硅基原子力显微镜探针下方的空间光场强度分布数值预测说明结构的高分辨率源于局部电场增强。通过多探针阵列激光辐射加工的方式实现了 10 nm 级空间分辨率结构的高效制备，这为飞秒激光极端尺寸微结构加工提供了一种有力手段。近场扫描光刻在空气环境中加工且成本可控的优势使其相较于其他激光直写加工显得更可取，如图 10-13（b）和（c）所示[76]，20 nm 级微点阵列、微型线条结构的分辨率只有波长尺寸的二十分之一。通过飞秒激光与 NSOM 的结合，如图 10-13（d）所示[77]，Lin 等实现了纳米结构光学分辨率的突破并以紫外光刻的形式进一步将结构分辨率压缩到亚 50 nm 级别。除此之外，激光频率、工作距离及照射时间都能决定所加工结构的特征尺寸，频率越高、照射时间越长所得结构尺寸也就越大。准确控制激光频率与扫描速度等参数，加工出的 20 nm 级结构与传统光刻技术相比，近场激光高精度微结构加工能够满足纳米光电器件制备需求。

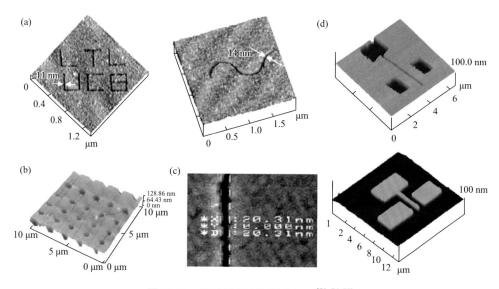

图 10-13　飞秒激光近场微纳加工[70, 76, 77]

飞秒激光近场加工因工作距离段需要光滑平整的靶材进行加工，远场加工则弥补了这一技术劣势，能在硅基材料上以激光直写的方式制备出三维微流控、复杂光流控器件。利用飞秒激光远场加工，Liao 等[73]在硅基材料上加工了具有可控三维形态的细长微流控通道，如图 10-14（a）所示，该纳米通道空间分辨率宽度小于 50 nm。这种纳米通道容易拓展为三维微流控系统，可同时实现材料内部通道加工与单链 DNA 识别应用。多光束同时照射也是提升激光纳米加工分辨率与效率的有效途径，如图 10-14（b）所示，Lin 等[75]提出一种以正交偏振双飞秒激光光束远场照射加工的新方法实现了半导体表面 12 nm 级微结构的直接制备，正交双光束的叠加所形成纳米线的方向几乎与扫描方向完全平行，多飞秒激光脉冲照射诱发的高重复酝酿效应是 12 nm 微结构形成的关键。除此之外，重复率对多光束诱导结构形成至关重要，对其进行准确调节可实现纳米线的宽度、深度等结构特征尺寸的高精度可控。飞秒激光极端尺寸精密加工具有重要应用潜力，尽管现有近/远场加工方式仍存在局限需要克服改进，但对于亚 10 nm 级结构特征的直接加工已经是一种可取技术手段。

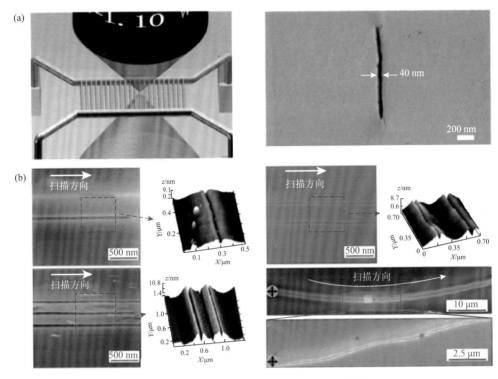

图 10-14 飞秒激光远场极端尺寸加工[73, 75]

10.5 飞秒激光极端尺寸制造前沿应用

10.5.1 航空航天领域

1. 超快激光加工高温合金

德国 LUMERA 公司开展了皮秒激光加工单晶涡轮发动机工作叶片气膜冷却孔研究[78]，如图 10-15 所示，叶片壁厚为 1 mm，孔径为 400 μm，倾斜角为 30°，孔形精确、孔壁非常光滑。

2. 超快激光加工 CFRP 应用

2019 年、2020 年，针对航天领域典型高模量 CFRP 的制孔需求，北京卫星制造厂有限公司报道了使用多种激光源切割、铣削制孔应用（图 10-16），发现使用超快激光切割 CFRP 时边缘热影响区至少可控制在 10～100 μm 量级，且边缘光滑，无表皮撕裂、分层等传统接触式加工产生的缺陷，因此有望满足航天领域薄板复合材料的精密制孔需求[37]。

图 10-15　皮秒激光加工飞机发动机单晶叶片气膜冷却孔[78]

图 10-16　基于超快激光切割的卫星结构板高模量 CFRP 蒙皮[37]

10.5.2　极端极小尺寸的加工应用

　　极端尺寸微/纳结构的加工制备对材料属性的改进具有重要作用,材料的光电响应性能会随着其表面微纳形貌结构的改变而不同,调节材料表面化学成分、结构及晶格结构等已成为改进光电属性的有效途径。另外,材料的摩擦、润湿等特性也能通过表面微/纳结构的极端尺寸与形貌进行控制调节,飞秒激光近/远场极端分辨率加工技术在极高精度纳米光刻、可控纳米沉积、纳米生物技术及光学器件等方面能够发挥其技术优势。经过二十多年发展,随着近场加工技术的出现,光学研究进入了新的阶段,例如,飞秒激光 NSOM 探针加工技术对 10 nm 极端尺寸结构的制备，如图 10-17 所示[79]，克服了光学显微、投影光刻、集成光学、数据储存等领域发展中光学衍射这一瓶颈的限制，能够推动其在光学探测与纳米加工领域的更进一步发展。

 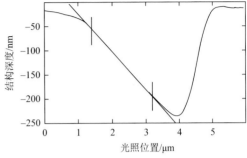

图 10-17　近场观测到结构深度与曝光时间的线性关系[79]

10.6　总结

本章介绍了飞秒激光极端环境制备新材料机理、飞秒激光诱导极端相结构的研究进展、飞秒激光加工尖端材料（如航空发动机高温合金）、超快激光加工碳纤维增强树脂基复合材料和飞秒激光极端尺寸制造研究进展及前沿应用。其中，飞秒激光极端环境制备新材料研究刚刚兴起，一些技术问题亟待解决，例如，如何提高利用微爆炸方法制造新材料的效率，怎样将制备的新材料从原始材料中分离出来等。在飞秒激光加工高温合金制备冷却孔方面，受孔深饱和问题制约，加工深度 4 mm 以上微深孔效率低，同时入孔累积热烧蚀、孔的锥度与出口圆度、异型孔加工等问题也亟待解决。在超快激光加工 CFRP 方面，受限于固定的光路和有限的移动台空间，可加工的产品尺寸和形状有限，因此需要在现有成熟数控机床技术的基础上，重点发展基于超快激光的数控加工装备，如将三维五轴激光加工头配合扫描振镜和场镜等来实现无接触激光加工模式。该种构型有望满足大尺寸、三维复杂结构航天产品的切割、刻蚀、铣削、焊接等高性能制造需求。在极端尺寸制造方面，精密加工领域各类技术发展至今，飞秒激光加工已成功运用于微纳级别极端尺寸精密结构的制备，仍存在一些挑战亟待解决，其中最典型的就是飞秒激光加工分辨率与效率问题。尽管飞秒激光近场加工能获得 10 nm 级别结构尺寸，工作距离短及加工效率低等问题使其暂时无法应用于大面积表面织构。基于近场加工，微球辅助飞秒激光等能实现大面积结构加工获得亚百纳米级别微纳制造，以解决工作距离与加工效率低的难题。因此，随着精密制备技术的不断进步，飞秒激光逐渐成为极端尺寸制造的主要手段之一。尽管存在激光与材料间的复杂非线性反应所诱导的一些现象仍无法解释，有待进一步探索，我们相信以飞秒激光的优异加工能力，在极端制造方面将会给科学研究和工业应用上带来更多新的机会。

参 考 文 献

[1] 邱建荣. 飞秒激光加工技术：基础与应用. 北京：科学出版社，2018.

[2] Teter D M，Hemley R J，Kresse G，et al. High pressure polymorphism in silica. Physical Review Letters，1998，80（10）：2145.

[3] Sekine T，He H，Kobayashi T，et al. Shock-induced transformation of β-Si$_3$N$_4$ to a high-pressure cubic-spinel phase. Applied Physics Letters，2000，76（25）：3706-3708.

[4] McMillan P F. New materials from high-pressure experiments. Nature Materials，2002，1（1）：19-25.

[5] Ma Y M，Eremets M，Oganov A R，et al. Transparent dense sodium. Nature，2009，458（7235）：182-185.

[6] Weir C E，Lippincott E R，van Valkenburg A，et al. Infrared studies in the 1- to 15-micron region to 30,000 atmospheres. Journal of Research of the National Bureau of Standards，Section A，Physics and Chemistry，1959，63（1）：55.

[7] Piermarini G J, Block S. Ultrahigh pressure diamond-anvil cell and several semiconductor phase transition pressures in relation to the fixed point pressure scale. Review of Scientific Instruments，1975，46（8）：973-979.

[8] Jayaraman A. Diamond anvil cell and high-pressure physical investigations. Reviews of Modern Physics，1983，55（1）：65.

[9] Bassett W A，Shen A H，Bucknum M，et al. A new diamond anvil cell for hydrothermal studies to 2.5 GPa and from −190 to 1200℃. Review of Scientific Instruments，1993，64（8）：2340-2345.

[10] Leger J M，Haines J，Schmidt M，et al. Discovery of hardest known oxide. Nature，1996，383（6599）：401.

[11] Ruoff A L，Rodriguez C D，Christensen N E. Elastic moduli of tungsten to 15 Mbar，phase transition at 6.5 Mbar，and rheology to 6 Mbar. Physical Review B，1998，58（6）：2998.

[12] Zerr A，Miehe G，Serghiou G，et al. Synthesis of cubic silicon nitride. Nature，1999，400（6742）：340-342.

[13] Hicks D G，Celliers P M，Collins G W，et al. Shock-induced transformation of Al$_2$O$_3$ and LiF into semiconducting liquids. Physical Review Letters，2003，91（3）：035502.

[14] Brygoo S，Henry E，Loubeyre P，et al. Laser-shock compression of diamond and evidence of a negative-slope melting curve. Nature Materials，2007，6（4）：274-277.

[15] Eggert J H，Hicks D G，Celliers P M，et al. Melting temperature of diamond at ultrahigh pressure. Nature Physics，2010，6（1）：40-43.

[16] Gamaly E G，Vailionis A，Mizeikis V，et al. Warm dense matter at the bench-top: Fs-laser-induced confined micro-explosion. High Energy Density Physics，2012，8（1）：13-17.

[17] Drake R P. High-energy-density physics. Physics Today，2010，63（6）：28.

[18] Glezer E N，Mazur E. Ultrafast-laser driven micro-explosions in transparent materials. Applied Physics Letters，1997，71（7）：882-884.

[19] Rapp L，Haberl B，Pickard J，et al. Experimental evidence of new tetragonal polymorphs of silicon formed through ultrafast laser-induced confined microexplosion. Nature Communications，2015，6（1）：7555.

[20] Vailionis A，Gamaly E G，Mizeikis V，et al. Evidence of superdense aluminium synthesized by ultrafast

microexplosion. Nature Communications，2011，2（1）：445.

[21] Mizeikis V，Vailionis A，Gamaly E G，et al. Synthesis of super-dense phase of aluminum under extreme pressure and temperature conditions created by femtosecond laser pulses in sapphire. Advanced Fabrication Technologies for Micro/Nano Optics and Photonics Ⅴ，SPIE，2012，8249：27-38.

[22] Lancry M，Poumellec B，Canning J，et al. Ultrafast nanoporous silica formation driven by femtosecond laser irradiation. Laser Photonics Reviews，2013，7（6）：953-962.

[23] Bressel L，de Ligny D，Gamaly E G，et al. Observation of O_2 inside voids formed in GeO_2 glass by tightly-focused fs-laser pulses. Optical Materials Express，2011，1（6）：1150-1158.

[24] 郭文，王鹏飞. 涡轮叶片冷却技术分析. 航空动力，2020（6）：55-58.

[25] Pham D T，Dimov S S，Bigot S，et al. Micro-EDM: Recent developments and research issues. Journal of Materials Processing Technology，2004，149（1-3）：50-57.

[26] 唐岳，罗红平，吴明，等. 电液束加工的发展与应用. 电加工与模具，2015（A01）：11-15.

[27] Döring S，Richter S，Tünnermann A，et al. Influence of pulse duration on the hole formation during short and ultrashort pulse laser deep drilling. Frontiers in Ultrafast Optics: Biomedical，Scientific，and Industrial Applications Ⅻ，SPIE，2012，8247：162-170.

[28] Breitling D，Ruf A，Dausinger F. Fundamental aspects in machining of metals with short and ultrashort laser pulses. Photon Processing in Microelectronics and Photonics Ⅲ，SPIE，2004，5339：49-63.

[29] Das D K，PollockT M. Femtosecond laser machining of cooling holes in thermal barrier coated CMSX4 superalloy. Journal of Materials Processing Technology，2009，209（15-16）：5661-5668.

[30] 张学谦，邢松龄，刘磊，等. 带热障涂层的高温合金飞秒激光旋切打孔. 中国激光，2017，44（1）：0102013.

[31] Wang R J，Dong X，Wang K，et al. Two-step approach to improving the quality of laser micro-hole drilling on thermal barrier coated nickel base alloys. Optics Lasers in Engineering，2019，121：406-415.

[32] Wang R J，Dong X，Wang K，et al. Polarization effect on hole evolution and periodic microstructures in femtosecond laser drilling of thermal barrier coated superalloys. Applied Surface Science，2021，537：148001.

[33] Wang R J，Dong X，Wang K，et al. Investigation on millijoule femtosecond laser spiral drilling of micro-deep holes in thermal barrier coated alloys. The International Journal of Advanced Manufacturing Technology，2021，114：857-869.

[34] 胡保全，牛晋川. 先进复合材料. 北京：国防工业出版社，2006.

[35] 陈绍杰. 复合材料与A380客机. 航空制造技术，2002（9）：27-29.

[36] 余建斌. 碳纤维复合材料让飞机更轻盈. 民航管理，2018（11）：63.

[37] 张加波，张开虎，范洪涛，等. 纤维复合材料激光加工进展及航天应用展望. 航空学报，2022，43（4）：132-153.

[38] Karataş M A，Gökkaya H. A review on machinability of carbon fiber reinforced polymer（CFRP）and glass fiber reinforced polymer（GFRP）composite materials. Defence Technology，2018，14（4）：318-326.

[39] 蔡志刚，陈晓川，王迪，等. 碳碳复合材料的水射流钻孔技术研究. 机械工程学报，2019，55（3）：226-232.

[40] Kumar R，Kumar A，Singh I. Electric discharge drilling of micro holes in CFRP laminates. Journal of Materials Processing Technology，2018，259：150-158.

[41] 邵振宇，姜兴刚，张德远，等. CFRP旋转超声辅助钻削的缺陷抑制机理及实验研究. 北京航空航天大学学报，2019，45（8）：1613-1621.

[42] 章辰，袁根福，丛启东，等. 水射流辅助激光切割碳纤维复合材料的实验研究. 激光杂志，2018，9（2）：68-71.

[43] 张俊清，汪炜，张伟，等. CFRP 的高速电火花穿孔加工试验研究. 电加工与模具，2014（2）：21-24.

[44] 童志强，皮钧. 纵扭共振旋转超声端铣碳纤维复合材料的试验研究. 机械科学与技术，2016，35（3）：425-430.

[45] Negarestani R，Li L. Fibre laser cutting of carbon fibre-reinforced polymeric composites. Proceedings of the Institution of Mechanical Engineers，Part B：Journal of Engineering Manufacture，2013，227（12）：1755-1766.

[46] Stock J W，Zaeh M F，Spaeth J P. Remote laser cutting of CFRP：Influence of the edge quality on fatigue strength. High-Power Laser Materials Processing：Lasers，Beam Delivery，Diagnostics，and Applications Ⅲ，SPIE，2014，8963：167-176.

[47] Herzog D，Jaeschke P，Meier O，et al. Investigations on the thermal effect caused by laser cutting with respect to static strength of CFRP. International Journal of Machine Tools and Manufacture，2008，48（12-13）：1464-1473.

[48] Fujita M，Ohkawa M，Somekawa T，et al. Wavelength and pulsewidth dependences of laser processing of CFRP. Physics Procedia，2016，83：1031-1036.

[49] Freitag C，Wiedenmann M，Negel J P，et al. High-quality processing of CFRP with a 1.1-kW picosecond laser. Applied Physics A，2015，119（4）：1237-1243.

[50] Salama A，Li L，Mativenga P，et al. High-power picosecond laser drilling/machining of carbon fibre-reinforced polymer（CFRP）composites. Applied physics A，2016，122（2）：1-11.

[51] Oliveira V，Sharma S P，de Moura M，et al. Surface treatment of CFRP composites using femtosecond laser radiation. Optics and Lasers in Engineering，2017，94：37-43.

[52] Weber R，Freitag C，Kononenko T V，et al. Short-pulse laser processing of CFRP. Physics Procedia，2012，39：137-146.

[53] Sonoya K，Reza J，Ishida K. Precision cutting fabrication of carbon composite materials using femtosecond laser. Journal of the Surface Finishing Society of Japan，2013，64：127-132.

[54] 赵煦. 基于短脉冲激光的碳纤维材料加工研究. 哈尔滨：哈尔滨工业大学，2014.

[55] Zhang K H，Zhang X H，Jiang G G，et al. Laser cutting of fiber-reinforced plastic laminate and its honeycomb sandwich structure. AOPC 2020：Advanced Laser Technology and Application，SPIE，2020，11562：216-223.

[56] 张开虎，姜澜，路明雨，等. 一种用于碳纤维复合材料的整形超快激光加工方法：CN114247989A，2022-03-29.

[57] Hu J，Zhu D Z. Experimental study on the picosecond pulsed laser cutting of carbon fiber-reinforced plastics. Journal of Reinforced Plastics and Composites，2018，37（15）：993-1003.

[58] Jiang H，Ma C W，Li M，et al. Femtosecond laser drilling of cylindrical holes for carbon fiber-reinforced polymer（CFRP）composites. Molecules，2021，26（10）：2953.

[59] Wang X H，Chen H，Li Z Y，et al. Helical drilling of carbon fiber reinforced polymer by a femtosecond laser. Applied Optics，2022，61（1）：302-307.

[60] Li Y D，Shen Y F，Huang Y S，et al. Research on UV femtosecond pulsed laser cutting carbon fiber composite materials. 24th National Laser Conference & Fifteenth National Conference on Laser Technology and Optoelectronics，SPIE，2020，11717：552-557.

[61] Lin Z Y，Hong M H. Femtosecond laser precision engineering：From micron，submicron，to nanoscale. Ultrafast Science，2021，2021：9783514.

[62] Kawata S，Sun H B，Tanaka T，et al. Finer features for functional microdevices. Nature，2001，412（6848）：697-698.

[63] Liu H G，Lin W X，Lin Z Y，et al. Self-organized periodic microholes array formation on aluminum surface via femtosecond laser ablation induced incubation effect. Advanced Functional Materials，2019，29（42）：1903576.

[64] Paula K T，Gaál G，Almeida G F B，et al. Femtosecond laser micromachining of polylactic acid/graphene

composites for designing interdigitated microelectrodes for sensor applications. Optics & Laser Technology，2018，101：74-79.

[65]　Zhang R，Huang C Z，Wang J，et al. Micromachining of 4H-SiC using femtosecond laser. Ceramics International，2018，44（15）：17775-17783.

[66]　Wu C，Fang X D，Liu F，et al. High speed and low roughness micromachining of silicon carbide by plasma etching aided femtosecond laser processing. Ceramics International，2020，46（11）：17896-17902.

[67]　Michalek A，Qi S，Batal A，et al. Sub-micron structuring/texturing of diamond-like carbon-coated replication masters with a femtosecond laser. Applied Physics A，2020，126（2）：1-12.

[68]　Karkantonis T，Gaddam A，See T L，et al. Femtosecond laser-induced sub-micron and multi-scale topographies for durable lubricant impregnated surfaces for food packaging applications. Surface and Coatings Technology，2020，399：126166.

[69]　Umenne P，Srinivasu V V. Femtosecond-laser fabrication of micron and sub-micron sized S-shaped constrictions on high T_c superconducting YBa$_2$Cu$_3$O$_{7-x}$ thin films：Ablation and lithography issues. Journal of Materials Science：Materials in Electronics，2017，28（8）：5817-5826.

[70]　Chimmalgi A，Choi T Y，Grigoropoulos C P，et al. Femtosecond laser apertureless near-field nanomachining of metals assisted by scanning probe microscopy. Applied Physics Letters，2003，82（8）：1146-1148.

[71]　Falcón Casas I，Kautek W. Subwavelength nanostructuring of gold films by apertureless scanning probe lithography assisted by a femtosecond fiber laser oscillator. Nanomaterials，2018，8（7）：536.

[72]　Wang W J，Zhao R，Shi L P，et al. Nonvolatile phase change memory nanocell fabrication by femtosecond laser writing assisted with near-field optical microscopy. Journal of Applied Physics，2005，98（12）：124313.

[73]　Liao Y，Cheng Y，Liu C N，et al. Direct laser writing of sub-50nm nanofluidic channels buried in glass for three-dimensional micro-nanofluidic integration. Lab on a Chip，2013，13（8）：1626-1631.

[74]　Liu J K，Jia T Q，Zhou K，et al. Direct writing of 150nm gratings and squares on ZnO crystal in water by using 800 nm femtosecond laser. Optics Express，2014，22（26）：32361-32370.

[75]　Lin Z Y，Liu H G，Ji L F，et al. Realization of ～10nm features on semiconductor surfaces via femtosecond laser direct patterning in far field and in ambient air. Nano Letters，2020，20（7）：4947-4952.

[76]　Lin Y，Hong M H，Wang W J，et al. Sub-30nm lithography with near-field scanning optical microscope combined with femtosecond laser. Applied Physics A，2005，80（3）：461-465.

[77]　Lin Y，Hong M H，Wang W J，et al. Surface nanostructuring by femtosecond laser irradiation through near-field scanning optical microscopy. Sensors and Actuators A：Physical，2007，133（2）：311-316.

[78]　Herrmann T，Klimt B，Siegel F. Micromachining with picosecond laser pulses. Industrial Laser Solutions for Manufacturing，2004，19（10）：34-43.

[79]　Davy S，Spajer M. Near field optics：Snapshot of the field emitted by a nanosource using a photosensitive polymer. Applied Physics Letters，1996，69（22）：3306-3308.

关键词索引